全国各类院校烹饪营养、食品科学、食品加工专业规划创新教材

食材学概论

张培寅 ◎ 编　著
其他编著人员：
　　张杰明　张彬妍
　　蒋　红　张　钧

中国商业出版社

图书在版编目(CIP)数据

食材学概论／张培寅编著． －－北京：中国商业出版社，2021.1
ISBN 978－7－5208－1264－1

Ⅰ.①食… Ⅱ.①张… Ⅲ.①食品-原料 Ⅳ.①TS202

中国版本图书馆 CIP 数据核字(2020)第 173399 号

责任编辑:李 飞　蔡 凯

中国商业出版社出版发行
010－63180647　www.c－cbook.com
(100053　北京广安门内报国寺 1 号)
新华书店经销
北京京丰印刷厂印刷
*
787 毫米×1092 毫米　16 开　20.75 印张　400 千字
2021 年 1 月第 1 版　2021 年 1 月第 1 次印刷
定价:68.00 元
*　*　*
(如有印装质量问题可更换)

前 言

可供人食用的、未经加工的天然食物，称食用材料，简称食材。本书从材料学角度、用材料学方法论，汇编了卫生学、医药学、食品安全学、商品学、民族学、心理学、宗教学、历史学、考古学、社会学、"食材从农田（产出）到餐桌（食用）"全程控制科学文献研究成果，和国内外丰富单味食材植物、动物、食用菌、调料、嗜好品等代表性经典资料，针对食材生产者、超市营销者、食品和食疗管理人员提供的业务工具类资料，为餐饮从业者、广大厨艺爱好者研讨食材提供辅助读物，编辑了这本用于食材认识、生产、加工、利用的材料学分支学科"食材学"专著。

本书由张杰明创意统稿，张杰明著§1导述、§8食材业，张钧著§2植物、§3动物、§4食用菌、水藻，张炼著§5调料、低碳菜，张彬妍著§6饮品、嗜好品，蒋红著§7检测、提制，张培寅著跋并审稿。书内有幸引用了许多由赵芹、孔庆萍推荐的报刊资料、文献，著者对书内被采摘的相关报刊资料、文献的作者、原编著者，致以衷心谢意！

著本书动意，幸得江苏大学、南京林业大学、镇江市科学技术协会、镇江市文广集团、新加坡泰兴隆集团机构镇江味佳园食品有限公司领导和同事支持推动，著者向上述领导和同事，一一致谢！

著 者
2020年10月

目录

§1 导述 .... (1)
食材学问 .... (1)
1.1 食材学理论 .... (2)
1.2 营养学对食材学理论贡献 .... (3)
1.3 营养 .... (8)
1.4 营养素 .... (9)
1.5 有机酸 .... (27)
1.6 生物碱 .... (33)
1.7 单宁、儿茶多酚类 .... (34)
1.8 食物酸碱性 .... (35)
1.9 蛋白类物质 .... (36)
1.10 油脂类 .... (41)
1.11 维生素 .... (50)
1.12 矿物质 .... (62)
1.13 次生物质 .... (65)
1.14 人工合成着色剂 .... (73)
1.15 食材内可能伴有的有害成分 .... (74)
1.16 食材内内源性有害成分 .... (74)
1.17 外源性有害成分 .... (76)
1.18 诱发性有害成分 .... (77)
1.19 食材基本电磁特性 .... (77)
1.20 烹饪后食材内产生的有害成分 .... (78)

§2 植物

植物类 ......(79)

- 2.1 植物组织 ......(79)
- 2.2 粮油作物 ......(90)
- 2.3 蔬菜 ......(121)
- 2.4 果品 ......(146)
- 2.5 "熬白菜" ......(155)

§3 动物

肉 ......(157)

- 3.1 肌肉组织 ......(159)
- 3.2 荤腥性食材挑着吃 ......(210)
- 3.3 栗子红烧肉 ......(210)

§4 食用菌、水藻 ......(212)

蕈简介 ......(212)

- 4.1 食用菌 ......(213)
- 4.2 藻类 ......(221)

§5 调料、低碳野菜 ......(225)

添加剂 ......(225)

- 5.1 调味料 ......(226)
- 5.2. 低碳野菜 ......(257)

§6 饮料、嗜好品 ......(261)

- 6.1 饮、品一句话 ......(261)
- 6.2 嗜好(毒)品 ......(272)

§7 检验、提制 ......(278)

食材靶向性技术 ......(278)

7.1 检验 …………………………………………………… (279)
7.2 营养素成分提制例 …………………………………… (288)

§8 食材业 …………………………………………………… (293)
概述 ………………………………………………………… (293)
8.1 食用农业 ……………………………………………… (294)
8.2 开拓安全食材产业 …………………………………… (309)

§9 跋 ………………………………………………………… (312)
9.1 食材部分信息速览 …………………………………… (312)
9.2 体差者对症挑食 ……………………………………… (321)

参考文献 …………………………………………………… (323)

§1 导述

食用材料的发展，历来被人类不断优先开拓而领先于相邻各大产业；当代食材研究迎接第六次产业革命前，逐步成为让人关注的学问，"食材学"也幸运地被推动形成材料学的新分支。

食材学问

论究食品（food）之食（eat）与品（article），在乎食品组成品种的营养素种类，这里通常首先指的是吃的什么可食用材料做的食品。例如，2016年10月17日，发射升空的神舟十一号两位航天员33天在太空吃的食品种类有100多种。

现如今，各行各业人忙于学习、科研、挣钱、上班等；不少人深思熟虑去锻炼身体、投资、找项目等，而对于计划吃什么却很少下功夫。

众多苦苦研究人自然衰老机制、健康与寿命"无所逃于天地之间"，都离不开人之吃的学问。可食用材料（edible raw materials）指供人吃的"东西"原料，学名菜肴原料（single tastes raw material dishes）、烹饪原料（cooking materials）、食料、食物、单味原料、食物原料、饮食原料、烹调原材料、膳食原料、食品原料、食用材料（edible material），简称食材（eat material，EM），EM专指人类食用兼药用粮油、蔬菜、肉类、鱼类等，还有辅食饮品、调味品、嗜好品等原料。EM是历时至今被人类研究时间最早、最长或世界上著书数量最多、对维持正常人寿命影响与问题最大的课题，了解、研讨、监管EM，成为人们追求知道怎么生产、选择吃得卫生保健、有滋有味等供给侧常用话题。EM也是人类感觉最美味的研究事业、最美味的论文、最美味的问题、最需要发挥众人智慧来一一探索的项目群。EM学问把具有丰富研究的食材成分以及其物理、化学特性与营养学的理论、应用、生产实践形成材料学分支学科的食材学（edible raw materials science，EMS），EMS

推动食材结构组织、营养素成分原料的生产、加工、物流、监管、检验、烹饪等需要一一识别研究，大家了解单味 EM 形态处于固态、液态、气态、复合固—液态、固—气—液态、气—固态、液—气态等多项状态情况，研究食材生产、物流、选用、再利用与国家政治、军事、经济、文化、社会方面的多重关系，成为研究这个大行业关系到国计民生的生命材料产业的学科。

食材学（EMS）学科学问范围包括供人吃的泛指主食、小吃、菜肴、糕点、饮料等原料，可追溯生产、加工机械智能化、秸秆废弃物利用等，是现代文明社会人命关天的重大支柱产物之一。中国古时人善于探讨可食、关于食材的认识科学内涵，许多文献中广泛论叙"无食我黍"。按食材材料的物理、化学性质、质量，与食材的热学、电化学、力学、光学特性、形态、变形、破裂、流动、振动、变性，对食材加工、应用品质之间影响，涉及食材的营养素价值、意义。

建立食材学学科以求现代食用农业信息中生产、物流、产业之间已有大数据为资源库，摘取其中精华部分为读者编成专著，向食材生产者、消费者、学者等，提供多维研究资料，以便大家来探索种类数量大、知识涉及学科面多、未知问题复杂的食材学讨论平台，重视开发产学研食材学学问进一步创造、创业，推动食材学学科为食用农业可持续发展，做功出力，进一步丰富食材学学问。

1.1 食材学理论

20 世纪 90 年代的营养学兴起了无公害食品、绿色食品、有机食品、天然食品、生态食品类食用材料研究，标志着人们对烹饪原料安全强制性管理，要求食品标示核心的营养素含量值及其占营养素参考值百分比项目的蛋白质、脂肪、碳水化合物、钠以及能量指标等。2008 年中国食品销售踏上 4 万亿元消费柱，相关食材产业经济总量占国家总 GDP 的 1/4，表现了人们对食材法定卫生安全质量方面的要求，展现了人们在食用农业发展上有了材料学学科的创建意念。当代关心食材的人越来越多，作为现代材料学分支的食材学按人体对食材营养的生理需要、心理需要、政治和学术需要，食材研究和科研教育事业应运而生。食材种类多，学问研究通常从农学、动物学、植物学、微生物学、食品学、营养学、卫生学、烹饪学、生物学、生态学、中医学、物理学、化学、电子工程学、特殊医学等多角度理论切入，以构成材料学分支的食材学，使人类文明发展史上的食用材料学成为一部学习利用材料、制造材料、创造材料的历史，担当食材推动科学与工业、农业、政治文明沿材料学基础发展的先锋。研究食材材料组成、结构、生产工艺、材料性质和食用性能关系的学科，总结其中的科学原则和规律，在食品经营者和消费者中树立科学的食品营养卫生观念，以维护人体健康的一门综合性应用科学。人们主张食材中的粮，乃兵家之性命、治国之本；人人需要科学地对待食材材料生产、利用、再利用知识的积累、再研究、再学习、再发展。研究人食用的固体、液态、气态以及液固气混合态单味原材料生产、消费以及其科学发展，创建食材学理论要成为农业、食用商业在材料方面的新学科，用材料学方法深入研究食材营养素资源知识，对人们生产常见代表性烹饪用主配原料类食材以及辅助原料，从而撰述食材单味原料的经典结构、功用、加工、应用、废弃物利用，以推动食材材料学学科之基础理论创建。

1.2 营养学对食材学理论贡献

"国际范围的政治家、经济学家、技术人员、医生和各种自然科学的大力合作才能解决营养问题"，人吃的东西要有养料（pabulum）、成分多种多样，还要了解这些营养材料有关加工的地方性、适应性、耐储性特点，了解食材质地、风味、色彩、外观形态、营养价值、经济可持续性和存在与发展的必要因素。从微观上来讲，能够在形态结构、特性上也"了解一些"食材，不容易。动物、植物、微生物之物类生物分子聚集态结构数量级高（$10^3 \sim 10^5$），微观形态各有特性，人吃的东西的学问浩博！食材形态复杂、概念广泛、包罗万象，时至现代史，从北京人开始使用火，至最终把人与动物界分开，人类孜孜不倦地研究食材与其成分，经历已万余年了。

现代人从出生后起生活至70岁暮，需要吃食物总量可达75t，这说明人正常生命生活70年中分别摄入的有水56t、碳水化合物14t、蛋白质2.5t，人的出生至70岁都在促进食材的生产时期（Food-gathering period）里。人们不能够说不吃这两个字，因为有了吃，也只因为有方便地通过吃，食的东西又称吃了营养材料或称摄入食材，人体才有可能方便地获得食材中各种营养。

人之食的内涵，包括：（一）专指吃，（二）指人吃的东西，（三）指一般动物吃东西动作，（四）指供食用或调味用的食物、食油、食盐之类。成年人机体内利用营养素在中间代谢、分解代谢、合成代谢完成食入物消化吸收，体内营养物质在胃、肠蠕动被转运、滤过、渗透、扩散、主动转运、细胞饮吸代谢作用下，人体有可能取得能量与机体组织需要营养素原料。有些不消化的、不容易吸收的物质人体也能通过粪便、汗尿、体气之功将废弃物千方百计排泄至体外。孙中山先生《上李鸿章书》记载：国以民为本，民以食为天。

人类起源于6600万年以前的地球，然后人类饮食史上的生食阶段时间只有经历了两百多万年，中国从元谋人食腐、食草出现食肉距今的170多万年前，至发现北京人的50万年前的猿人、山顶洞人时期古代人吃的是茹毛饮血、生吞活剥的食材，至今7万多年之前，至原始人时期，古人们才发明了用陶土制成罐、釜、甑以及陶灶，古人用陶器具以蒸煮食物、储藏食物，至此，烹饪原料从蒙昧野蛮年代转入食用文明发展与吃的考究时代。

汉字起源于8000年前，中国最早刻画汉字符号出现在河南舞阳贾湖遗址。中国最早甲骨文记载中考古学家发现自中华民族始祖黄帝年代以来才有了蒸谷为饭,《黄帝内经·太素》曰:"空腹食之为食物,患者食之为药物"。世界最早的农业科学著作前汉淮南王写《食经》120 卷、西汉科学家氾胜之执著的《氾胜之十八篇》中记载了禾种选高大者的关于食材分类种植经验。成书于西汉初年的《尔雅》书中分类记载有 1000 多种植物、600 多种动物,释草百种、释木几十种、释虫八十多种、释鱼七十多种、释兽八十多种等。公元 304 年(西晋·永兴元年)嵇含著《南方草木状》全书 3 卷,上卷草类 29 种、中卷木类 28 种、下卷果类 17 种、果和竹类 6 种,该书为世界史现存较早的植物学著作。

烹饪理论世界最早著作《吕览》(又名《吕氏春秋·本味》)里,吕不韦等门客集体在书中记载了烹饪用多味原材料分类,植物 130 种、动物 200 种、鱼 19 种、鸟类 38 种。东汉时期诞生的《神农本草经》(简称《本草经》《本草》),书中共列药物 305 种,至公元 5—6 世纪经陶弘景整理成为《本草经集注》,书中记载药物 730 种,公元 659 年唐高宗命苏恭修订和宋朝唐慎微编写成为《经史证类备急本草》,书中药物 1764 种。隋唐大医学家孙思邈著《千金翼方》第 26 卷记载分类果实、蔬菜、谷米、鸟兽等九类共 1105 种食材以及它们的性味、功能,《千金食治》告诉读书人:"不知食宜,不足以有生"。曾任隋炀帝尚食直长的谢讽在隋·谢讽著《食经》中载有 53 种肴馔,有多种食物类型。唐·孟诜在公元 659 年成书《食疗本草》3 卷中记载民间和医家"少好医药、长于饮食"疗法的世界第一本"食物疗法"专著。1330—1331 年,元·忽思慧成书的,在营养学专著《饮膳正要》三卷,记载分类对米谷品、禽品、鱼品、果品、菜品、调味品等 214 种主要食用方法均予以评述,成为中国第一部营养学专著。元·贾铭著《饮食须知》,记载有谷类 50 种、菜类 86 种、果类 59 种、鱼类 65 种、禽类 34 种、兽类 40 种。1578 年明代大科学家李时珍撰《本草纲目》记载分类谷、菜、果、虫鳞、介、禽、兽等 62 类 1892 种(其中新增 374 种)药、食两材,《本草纲目》中的谷部四卷集草实之可粒食者为谷部,凡 73 种,分为四类:一曰麻麦稻,二曰稷粟,三曰菽豆,四曰造酿。明人宋诩记录烹饪原料 1300 多种。1861 年清·袁枚著《随园食单》记载原料分类有海鲜单、特牲单、杂牲单、羽族单、水族单等。1863 年清·王士雄撰《随息居饮食谱》指出:"人以食为养,而饮食失宜,或为害身命。卫国、卫生,理无二致。凡食物 7 类 331 种每物求其实验,不为前人臆说所惑"。"五四运动"到现时期以来,因地球上的人口增加了许多,象鼻、虎肉、豹胆等大型野兽肉类野味食材来源越来越少,畜、禽家养的养殖业与米、麦、蔬菜等种植业资源得到了广泛开发,丰富的人工食材商业物流为烹饪技术—设备—手艺逐步提升创造了环境。1977 年,江苏新医学院编写组编撰《中药大辞典》共收集植物药 4773 味、动物药 740 味、矿物药 82 味、传统加工单味制品 172 味,辞目下分异名、基原、原植(动)物—栽培(饲养)、采集、制法、药材、成分、药理、炮制、性味、归经、功用主治、用法与用量、宜忌、选方、备考等 19 项顺序著录。1999 年南京中医药大学编纂《中华本草》,收载药物 8980 味。古典小说《薛丁山征西》三三回描叙古人常言说:人是铁,饭是钢,一顿不吃饿得慌。人之初,习向吃。人类生命通过吃维持生存下去,一切可以依靠食用的物质营养身体。

社会生产力发展后的现代人,对吃的食材开始进一步讲究起卫生、营养、经济、文明、生态、可循环利用了。

现代食用材料学学者们,秉承前辈食材学者建立在农学、生物学、生物化学、营养学、医学卫生学、商品物流学、军事后勤学、生态农学、食品烹饪工艺学等多学科基础上,纷纷努力着劲创建当代"食材学"学科。

人身体是从一个单细胞(受精卵)开始发育,成为拥有 $10^{14} \sim 10^{16}$ 细胞构成各种器官的、由大约60万亿~100万亿个细胞组成的魁梧人体,此人体多种细胞分属200多种细胞类型、体内酶有2000多种。以成年人体重相当于70kg来分析,体内化学组成26种元素中主要有效元素分布有:O、N、H、C、P、Fe、Si、Cl、Na、K、S、Cu、Zn、Mg、Co、I、Mo、Se、F、^{226}R、^{137}Cs 等。人体通过摄入食材可能获得26种不可缺少的关键化学元素,成人身体包含3.75亿个氢原子、1.32亿个氧原子、0.85亿个碳原子、1亿个钴原子、4亿个钼原子等。凡是含有一定量可为人体提供相应营养素的食材,称为有营养价值食材,常见标准人体26种化学元素排列参见表1-1。

表 1-1　　标准人体（重量 70kg 体重）26 种化学元素组成占人体含量质量表

元素	符号	功能	含量	质量	推荐择例食材
氧	O	水-水有机化合物组成成分	65.0	45000	空气氧、水等
碳	C	有机化合物组成成分	18.0	12600	有机食材
氢	H	水-水有机化合物组成成分	10.0	7000	有机食材
氮	N	有机化合物组成成分	3.0	2100	有机食材
钙	Ca	骨骼、牙齿等主要成分	1.5	1050	蛋、虾、豆
磷	P	配合生物合成与能量代谢	1.0	700	菇、瓜、虾、豆
硫	S	蛋白质铁硫蛋白组成成分	0.25	175	虾、豆、鱼、麦
钾	K	细胞内阳离子（K^+）组成成分	0.20	140	菇、豆、椒、肉
氯	Cl	细胞外阴离子（Cl^-）组成成分	0.15	105	虾、椒、叶青菜
钠	Na	细胞外阳离子（Na^+）组成成分	0.15	105	食盐、酱菜
镁	Mg	酶激活剂与骨骼成分	0.05	35	瓜子、茼蒿
铁	Fe	酶催化剂和血液	0.0057	4.5	黑鱼、蕈菜、肝
锌	Zn	催化剂和血液组成成分	0.0033	2.3	面粉、畜禽肉
氟	F	骨骼、牙齿等成分	0.0034	2.6~2.9	茶、海藻
铜	Cu	促进铁红细胞发育、益智	1.4×10^{-4}	0.1	鹅肝、玉米
硅	Si	皮肤、气管肌腱主动脉组成	0.02	15~18	谷物纤维素
钒	V	阻碍胆固醇与脂合成	$<1.4 \times 10^{-7}$	$<1 \times 10^{-4}$	山芋、苋菜
铬	Cr	缺乏可能引起动脉粥样硬化	$<8.6 \times 10^{-8}$	0.06	畜肉、肝
锰	Mn	人体多种酶组分和抗肿瘤	3×10^{-8}	0.02	米糠、面粉
钴	Co	血红细胞形成的重要元素	$<4.3 \times 10^{-6}$	<0.003	臭豆腐、肾
镍	Ni	激活胰岛素、防高血压	$<1.4 \times 10^{-7}$	<0.01	坚果仁谷物
硒	Se	人体谷胱甘肽过氧化酶组分	3×10^{-5}	0.01	魔芋、淡菜
钼	Mo	心肌肉多种酶组分、可防食道癌	$<7 \times 10^{-6}$	<0.0005	扁豆、大白菜
锡	Sn	血红素氧化酶诱导剂	$<4.3 \times 10^{-6}$	0.03	菠菜、蚕豆
碘	I	调节、参与甲状腺素合成	$<4.3 \times 10^{-6}$	0.03	碘盐、海带
锗	Ge	羧乙基锗倍半氧化物抗衰老	$<1.4 \times 10^{-7}$	<0.01	枸杞子、人参

为科学地利用动物或植物食用材料，人们不间断地学习、研究、开发食用生态农业、食物材料产业与医学、营养卫生学的关系，很需要有一个比较适应现代材料学系统食用原材料分类方法，能便于各界引用者方便查出食材分类属性、营养性质、烹饪要求、膳食特点、废弃物处理、检验方法、相应加工工艺与装备，使食用原材料学问，成为现代材料学学科中热门分支之一。古今中外关心食材分类因行业而不同，通常考虑烹饪原料的种类、产地、上市季节、外形、结构、品质特点、营养价值、用途、品质鉴定及主要原料的保管方法等，参考中国食材分类与饮食文化有悠久历史，饮食文化在中国的博大精深，是闻名古今中外的，餐饮文字著作之历史悠久也是闻名世界的，其中，关于食材分类的记载，也甚为丰富。

自然界生物（Biology）由活质构成，活质生物并具生长、发育、繁殖等功能，生物顶级分类最新方案在生命世界（living world）生物分域（domain）里，生物细胞壁主要成分都有几丁质的生物称为真核域生物（Cellular Eucaryophycota）或真核生物。全世界有科学记载生物界物种种类数量可能有 1 亿多种，食材纲目科系统真核生物学分类为：(一)动物（Animaiia）界、（二）植物（Plantac）界、（三）菌物（Mycetalia）界、（四）色藻界、（五）真菌界、（六）原生界。人类食用的生物材料域中，目前已知150多万种动物、50多万种植物和20多万种微生物中的常用食用材料约有75000种，其中3000多种是被人类品尝过的现代人称之为人工栽培利用的常用食用植物有200多种，归纳食材部分分类方法有：

1. **食材植物学分类法**：(1)按植物形态分科、属、种、变种，分双子叶植物与单子叶植物：①双子叶植物有十字花科（小白菜等）、豆科、茄科、葫芦科、伞科、菊科等。②单子叶植物有百合科、禾本科。(2)按植物食用器官分类分：①根菜类。②茎菜类。③果菜类。④花菜类。⑤叶菜类。(3)农业生态学按植物生物特性与栽培技术基本相似归类分：①白菜类。②根菜类。③茄类果类。④瓜类豆类。⑤葱蒜类。⑥绿叶蔬菜类。⑦薯芋类。⑧水生蔬菜类。⑨多年生蔬菜类。⑩食用菌类。

2. **材料学以描述自然特性分类**：按食用原材料形态区分有固体、液态、气态，种类繁多，兼顾现代人已众所周知作为食材的植物3万多种、动物1万多种、微生物5000多种。智能人群知识中选择代表性品种中可食部分、当代人习惯分类分法、遵循材料学对植物材料、动物材料、微生物材料用农业分类学渗入材料分类方法，来分别论述寻常老百姓每日食用、代表性的植物、动物、微生物类的食材群，农业代表性食材纲目科系列表见表1-2。

表1-2　　　　　　　　　农业代表性植物、动物的原料食材分类表

门类	纲类	目类	科类
植物	粮食	稻谷米	粳米、籼米、糯米、硒米、香米
		小麦粉	小麦、大麦、燕麦、青稞、黄米
		小杂粮	高粱米、小米、红豆、绿豆、糜子
		烹调油	豆油、菜籽油、花生油、芝麻油、猪油、牛油
	蔬菜食材	叶柄菜	白菜、青菜、菠菜、茼蒿、包菜、韭菜、油菜
		根茎菜	山芋、胡萝卜、白萝卜、土豆、洋葱头、藕
		花蕊果实	菜花、黄花菜、西红柿、青椒、茄子、豇豆
		瓜菜	冬瓜、西瓜、南瓜、丝瓜、葫芦、哈密瓜
		水果	苹果、香蕉、猕猴桃、草莓、梨、水蜜桃、杏
		食用菌	平菇、草菇、香菇、黑木耳、银耳、桑黄菇
		藻目	紫菜、海带、裙带菜、发菜、海藻、螺旋藻
		调味品	酸味品、甜味品、苦味品、辣味品、咸味品、
		食品添加剂	芡粉、食碱、山梨酸钾、茶多酚、叶绿素、盐
		药膳食材	人参、当归、黄芪、甘草、枸杞子、山药
		饮料	白开水、花茶、茶、豆浆、矿泉水、啤酒
		嗜好品	果脯、炒货、可可、咖啡、酒、香烟、槟榔、巧克力
动物	家畜	畜肉	猪肉、牛肉、羊肉、兔肉、鹿肉、骡肉、驼肉
	家禽	禽	鸡肉、鸭肉、鹌鹑肉、鹅肉、鸽肉、灰天鹅肉
	蛋奶	奶	牛奶、羊奶、骆驼奶、蜂乳、马奶
		蛋	鸡蛋、鸭蛋、鹌鹑蛋、鸽蛋、鹅蛋
	特产	虫、蛹	田鸡（养殖青蛙）、牛蛙、蚕蛹、蝗虫、蝎子
	水产	鳞介	草鱼、青鱼、甲鱼、虾、螃蟹、螺、蛤蜊、鲍

3. 餐饮行业食材分类属性明确、记忆方便、应用广泛:(1)按照烹饪原料在加工中的作用,分为主料、配料、调辅料。(2)按照原料的来源方面分为植物性原料、动物性原料、矿物性原料、人工合成原料。(3)按照烹饪原料在加工中的程度分为加工性鲜活原料、干活原料、复制品活原料。(4)按照商品加工体系分为粮食、蔬菜、果品、肉及制品、水产品、野味、干货及干货制品、蛋奶及蛋奶制品、调味品等食品类种。(5)按照饮食生产过程结构一日三餐,根据配置方式分主食(五谷食品)、副食品菜肴、饮料等。

4. 营养学营养价值标准食材分类:谷类营养价值、蔬菜水果营养价值、动物类营养价值、豆类营养价值、乳类营养价值、烹调调味品类营养价值。

5. 食用农业产业食材分类:种植、养殖、畜牧、水产业等分类;还有按照生物生产环境称为陆上、水下的种植、养殖种类分类。

6. 食品加工或物流业食材分类:保鲜、物流、炒货、发酵、饮料、油料、制糖、腌渍、快餐、餐饮用料及其制品。

7. 医疗保健按食材分类:在人的合理膳食结构中营养搭配按份额分类分为添加剂适量(每天摄入上限值 UL)的谷类,充足的蔬果,保证肉、蛋,增加奶、豆,控制油、糖、盐及其制品添加剂。

8. 生态学材料自然表现食材分类:食材按相体形态分六类形态有:固体、气体、液体、固—液体、液—气体、固—气—液体。

1.3 营养

"营养(nutrition)",为营(seek)与养(support)的结合,讲究谋求供养这个"过程",为对外部的来源物质吸收被生物体利用以维持、滋养生命活动的生物过程,营养有机体,摄入物质在体内消化、吸收、代谢等,以满足人体内自身生长发育、生理活动的系列过程。

营养过程,不等于营养过程营养素各物质,近代物流产业界称副食、吃菜、上菜(上肉、蛋、蔬菜等)的"菜",饮"酒"(饮白酒、水果酒、乳品、水果汁等),吃"茶"(喝白开水、吃绿茶、喝咖啡),都是有机体通过从吃的东西里吸取需要物、消化吸收、新陈代谢完整过程,以维持生长发育生命活动作用为目的。食物(pabulum)是生物食用摄入后能对生物供给予营养的物质。人对营养的需要是指要求收获多种营养素,人的营养行为或作用,顺应天地万物的能力很大。

人类自在地球上出现至今1.6亿年来,为繁衍生命与健康生存,人人都在千方百计地为吃到肉、菜、谷物,而辛勤探索并奋斗着。营养影响机体防御能力、疾病变化康复方向;人的营养物质通常特指人吃食材类麦制品、米制品、杂粮以及添加有养料食物食后能够供应维持生命体征的物质。

中华饮食文化讲究清淡、营养,为百姓饮食过程上称呼的吃饭,意指主食面条、馒头、大饼、糕点等作为饭来吃,可获得营养元素成分的认识。科学考古证明,万年仙人洞栽培稻遗址中国江西古人,稻作起源于1.2万年之前。稻,自人工栽培作业产业化至出现香大米饭、食材祈求好吃制品原粮,古代人萌发烹调技艺,搞不清究竟开始于什么时代。

人类到了距今2200年前,约于公元前200年秦帝国时代,世界上有了最早的烹饪理论著作《吕氏春秋·本味》。这本书记载了商汤时伊尹以至味说汤与五味三材,九沸九变,火为之纪,时疾时徐,灭腥去臊除膻等理论,论叙了食材本身的加工与如何发挥其滋味。

公元1742年,I. B. Beccari 提出植物性食物和动物性食物含有一些相同物质理论。1772年,苏格兰人 D. Rulherford 等发现食物中元素氮。1841年,德国科学家 J. Von Liebig 分析出了蛋白质,1881年,Johan kjeldahl 分析了发酵时期蛋白质含量变化与测定方法。1827年,J. B. Summer 证明酶是类似蛋白质,其后的桑格(F.Sanger)研究表明 DNA(脱氧核糖核酸)、RNA(核糖核酸)和蛋白质互相之间有密切关系。1847年,德国 J. von 李比希,出版第一本食品化学专著《食品化学研究》。1912年,波兰化学家芬克提出"维生素",1922年,柯勒姆分离出 VA、VD。至今世界公认维生素有14种。植物、动物机体代谢需要营养,与其对人需要营养学问的发展渐渐引起科学家关注起营养这个课题研究。

人们想了解有营养的元素,又想了解营养素是什么?营养素源于无机与有机由哪些元素构成?人称之的吃是为了谋求充饥,吃到营养维生素以利滋养机体,从外界吸取所需要的物质,来维持生长正常发育生命活动,必须从外界摄取食物满足自己生理需要的认识过程,也是人体获得并利用其生命运动所必需物质和能量的过程,即有机体从外界吸取需要物质来维持生长发育等生命活动的作用称为营养需求认知;食材经人食道挤压被吞咽入容积达1.5~2L的胃,在pH0.9~1.5分泌量约2L/d胃酸液环境下食材被消化5~360min后,渐渐成为半消化了的糜状物,并且纷纷进入十二指肠、小肠、大肠。人体胃可吸收部分水、酒精、无机盐,小肠可吸收部分单糖、水溶性维生素、脂溶性维生素、蛋白质、甘油、脂肪酸和维生素 B_{12} 胆汁盐,胰腺分泌胰液 pH7.8~8.4 分泌量约1~2L/d,胆囊向十二指肠运输800~1000mL胆汁参加人体脂肪、胆固醇代谢。小肠吸收钠盐和水溶性维生素速度最快,脂溶性维生素或维生素 B_{12} 与脂肪类营养素,需要与内因子结合后才能被肠绒毛细胞吸收,结肠尽力吸收维生素、无机盐和水,残余物作为粪便最后途经肛门排出体外。

1.4 营养素

46亿年以前至今的地球上先后产生生命体的有生命特征的生物大群中,研究公认生命起源于36亿年前的原始海洋,在30多亿年的漫长历史进化后地球上出现了细菌、蓝藻以至智能人;在距今五万多年历史过程以来的地球上,曾经生生不息地累计有过1千多亿人生活过;前辈人类学家、化学家、营养学家们,从地球上至今才发现111种元素与5000多万种有机物物种含在92种天然化学元素中和81种存在生物体细胞里,人类生命链目前已知60多种元素需要依靠从地球食材中摄取,人类已食用过千万种无毒可吃食材,货真价实的食材向人类贡献了营养素(nutrient)物质。考古学家生物体细胞研究发现,"贵州瓮安生物群贵州始怀海绵化石是动物群最原始的类群（没有器官只有细胞分化）"，为直径1.3mm、体积2~3mm³小小海绵动物化石，始怀海绵化石是寒武纪大爆发出现的营养素与"生物细胞体"历史关系见证。

1.4.1 不同食材细胞组织相近

食材结构在微观上按分子学说是由细胞（cell）组成，细胞是生命的基本单位，生物细胞具有基本的同源性、同一性、多样性，生物细胞都由同一祖先进化过来，生物细胞外形或功能按活细胞基本化学成分或基因不同变化巨大。19世纪自然科学三大发明之一细胞学认为：细胞基本组织又叫薄壁组织、营养组织，是一切有益的营养素类物质都分布在生物细胞组织内形成该生物特征。生物性食材物种组织相近特征在：(1)植物性食材的植物细胞组织由相邻细胞壁、细胞内壁、叶绿体、细胞质、粗面内质网、细胞核、核糖体、核仁、核孔、高尔基体、滑面内质网、线粒体、胞质丝、初级小窝、液泡、质膜等组成。(2)动物性食材的动物细胞组织由细胞膜、核糖体、内质网、高尔基体、线粒体、细胞质、内质网、核仁、细胞核、中心粒组成。以细胞为单位在离体条件下进行培养、繁殖，或人为地使细胞某些生物学特性按照科学家意望产生改变，从而改良生物品种或创造新品种或加速繁育动物（植物）个体获得的过程，称为细胞工程。现代食材细胞工程技术，可以打破生物的种、属、科而改变出新品种，甚至扩大遗传基因重组动物（植物）细胞之间不能杂交的自然屏障。应用细胞工程，现代技术中的超数排卵、胚胎移植、细胞核移植、植物组织培养与微繁殖、植物细胞大量培养、植物原生质体培养、植物原生质体融合、胚胎干细胞应用、造血干细胞应用、细胞克隆（clone）无性繁殖等技术，生产新食材。生物的分类，科学家认为，可分为生物群三类：(1)病毒与类病毒。(2)原核生物（蓝藻、细菌等）又称原核类细胞。(3)真核生物。电子显微镜下，研究生物体从组织细胞结构看出，通常动物细胞（animal tissues）、植物细胞（plant tissue）超微结构模式图描叙细胞显微结构（mieroscopic structure）生物体细胞组织，都是由外包裹质膜（plasmalermma）、细胞器（organelle）微小结构构成。

描绘生物群动物与植物细胞组织一般超微结构模式如下图所示。

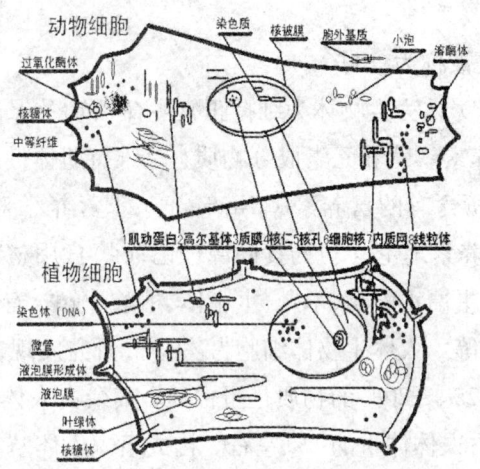

图1-1 图解描绘生物群一般动物与植物细胞组织超微结构模式示意图

生物体最简单细胞称为单细胞生物如星毛虫、小球藻等，大多数生物体由几个或亿万个细胞构成称为多细胞生物。描绘生物群中一般动物与植物细胞细胞质、细胞核、质体、细胞器、其他组织的图解超微结构模式图在电子显微镜下，可以看见的生命物质的原生质（protoplasm）分泌非生命物质细胞，细胞结构外一层细胞壁（cell wall）通常结构都有初生壁、中胶壁、次生壁三层。细胞初生壁、中胶壁上分布有纹孔（pit）或细胞之间细胞胞间连丝（plasmodesma）。细胞壁内包裹着细胞膜（cell membrane 或 piasma membrane）、细胞核（nucleus）与细胞质（cytoplasm）。高等植物细胞与动物细胞基本结构相似。动物与植物细胞特征不同的是：(1)植物分生物组织细胞、薄壁组织细胞、保护组织细胞、输导组织细胞、机械组织细胞、分泌组织细胞。(2)动物分生物上皮组织细胞、结缔组织细胞、肌肉组织细胞、神经组织细胞等。

1.4.2 人或动物器官组织共同点

人类寿命分自然寿命、平均寿命、例外寿命，人的自然寿命《黄帝内经》称"尽终其天年"，《尚书》记载"曰寿，百二十岁也"。中国明朝冷谦活150岁，古籍《搜神记》《列仙传》《神仙传》《太平广记》关于传说彭祖历经唐虞夏商周朝至殷末世年七百六十年岁而不衰老，寿高800岁（合公元历大约127岁）。法国博物学家布丰认为人类生长期为25年，其天年自然寿命在125~160岁。无论人活多久，都需要依靠其身体器官细胞活性维持生命特征；人体由约100万亿个细胞分十大系统：(1)皮肤系统。(2)骨骼系统。(3)肌肉系统。(4)消化系统。(5)呼吸系统。(6)血液循环系统。(7)排泄系统。(8)生殖系统。(9)神经系统。(10)感觉器官系统以及内分泌系统。

(1)动物细胞组织由受精卵经过胚胎发育、分化形成，细胞形态分为上皮组织/结缔组织/肌肉组织——神经（元），细胞外无细胞壁包被。(2)动物或植物生命体都是由真核生物细胞组织构成的，其中动物细胞一般都包括细胞膜—细胞质—细胞核等部分，动物细胞各真核直径在 10～100μm 之间。(3)动物细胞中心体内可能含有纤毛或鞭毛,而植物细胞除藻类一般不含细胞中心体。

1.4.3 有营养素的物质被称为食材

营养学（allimentology）认为生物体为维持正常生命活动及保证生长与繁殖所需的外源物质称营养元素,学名营养素。营养元素成分物质,是维持肌体健康以及提供生长发育和劳动力所需要的各种饮食物所含有的营养素（Nutrient）。营养学对营养素理论的论点有：(1)生物细胞理论;(2)营养素理论;(3)药食同源理论;(4)食用材料理论。典型植物化学营养素还有嘌呤、鞣酸、皂苷、蛋白水解酶、木碱、木脂体、植酸、酚酸、有机硫化物、柠檬烯、异硫氰酸盐、吲哚、类黄酮、辣椒素等。人体生物体细胞考察分析研究发现,正常人体重中有56%～68%是水分,占人体总重12%～20%的物质是蛋白质,其余占人体体重的5%～6%为脂肪、糖类,维生素、矿物质等只占人体体重的1%左右。构成组织人体基本生理功能性九大类营养素可分主营养素:(1)水,(2)蛋白质,(3)碳水化合物（糖类）,(4)脂肪。副营养素:(1)无机盐（矿物质）,(2)膳食纤维,(3)维生素及伪维生素（非蛋白质、非脂肪、非糖类的有机物）,(4)植物化学物质,(5)次生活性物质（次生物质）。人体必需45种营养素（物质）:①水,②单糖,③双糖,④寡糖,⑤多糖,⑥亚油酸,⑦亚麻酸,⑧VA,⑨VD,⑩VE,⑪VK,⑫VB_1,⑬VB_2,⑭VB_6,⑮VB_{12},⑯烟酸,⑰VC,⑱生物碱,⑲泛酸,⑳叶酸,㉑钾,㉒钠,㉓钙,㉔镁,㉕硫,㉖磷,㉗氯,㉘锌,㉙铁,㉚碘,㉛铜,㉜硒,㉝钼,㉞铬,㉟钴,㊱锗,㊲异亮氨酸,㊳亮氨酸,㊴赖氨酸,㊵蛋氨酸,㊶苯丙氨酸,㊷苏氨酸,㊸色氨酸,㊹缬氨酸,㊺组氨酸。所谓营养素必须含某种以及某些能供给人体能量、维持正常发育和生活机能、抵抗细菌侵入的物质,这些含有营养素组成与其所含热量组成成分统称营养成分。部分食材营养素化学组分关系,参见图1-2。

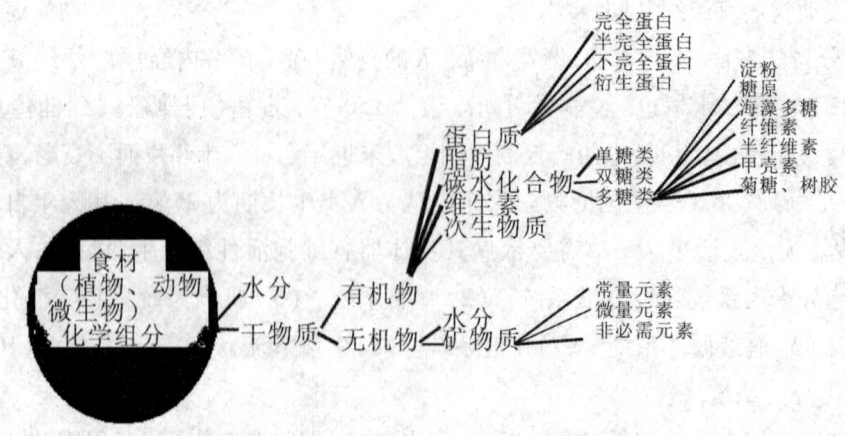

图1-2 营养素化学成分在部分食材内组织关系

1.4.4 食材营养素成分讨论

食材是独立存在于人意识之外客观实在、可供食客利用、对食入者有营养价值的有机物，食材系统分水型、氢型、氯化氢型、氨型，食材营养素中天然高分子化合物和合成高分子化合物营养成分已被研究、经验报告证明。

食材营养素已经在产业界诞生众多研究者、学者以及众多著作、学派，学问山多海深。科学技术界目前从食材微观晶态、液态、气态及其变性玻璃态或液晶态食材研究后，知道人体必需食材物质元素有 50 多种，已知这些食材物质有 11 种以上能按照人体需要数量、所希望的适宜配比来提供营养素。

常见营养成分主要生理功能参见表 1-3。

表 1-3　　　　　　　　　　常见营养素主要生理功能

营养成分名称	该营养素生理功能
蛋白质	细胞组织成分，供热能 16.9kJ/g
脂类	细胞组织成分，供热能 38kJ/g
糖类	细胞组织成分，供热能 16.9kJ/g
维生素	调节生理机能
无机盐	细胞组织成分，调节生理机能
水	调节体温，为生化反应介质
膳食纤维	促进机体健康减少疾病
特殊蛋白质酶	促进体内氧化—消化催化作用，也是蛋白质成分之一

要提醒人们的是，有毒有害法规超标残留物之外即使已知食材某一成分并不是必需营养素，也绝不意味着它是多余的。生物性食材的共同特点在结构细胞组织与器官系统上，是确定烹饪主食或副食品之色泽、气味、口感、能量、营养价值等相似或一致，这些关乎食材之评价与检验指标的营养元素物质来源。植物性或动物性食材内必需营养成分及非必需营养成分都是膳食保证的有意义成分，健康人按医嘱有限量摄入营养素，能够保持实验者未见营养缺乏症。

食材内营养成分分必需营养成分及非必需营养成分，参见表 1-4。

表 1-4　　　　　　　　　　必需营养成分及非必需营养成分

必需营养成分	非必需营养成分
无机盐	糖类
微量元素	类脂中磷酯、固醇
必需氨基酸	非必需氨基酸、肌酸、肌酸酐
必需脂肪酸	嘧啶、嘌呤
维生素	氯化血红素

生物细胞内营养素在动物体外被氧化，也可在生物体内以"燃烧"形式提供做功的能量，

体外氧化与体内氧化的化学本质是同步生物做功的能量以完成一些机械功、渗透功（转运功）和化学功（生物合成），不断地消耗能量才能维持生命存在，汇编成对照表参见表1-5。

表1-5　　　　　　　脂肪、糖等物理燃烧值汇表（热量/1g干物质）

项目	kcal	kJ	项目	kcal	kJ
胆固醇	9.90	41.42	纤维素	4.18	17.49
植物性脂肪	9.52	39.83	糊精	4.12	17.42
动物性脂肪	9.22	38.58	麦芽糖	3.95	16.53
乙醇	7.10	29.71	葡萄糖	3.75	15.69
甘油	4.54	19.00	木糖	3.75	15.69
淀粉	4.20	17.57			

营养素分解、释放的化学能量是转换为三磷酸腺苷（ATP）的化学能过程，其消耗部分表现为热，每克产热营养素产生能量值（Energy），称为物理卡价（食物粗卡价）。

生物体依靠体内消化、吸收功能以摄取食材营养素获得能量，以维持调节生理生化功能。营养素物理卡价用弹式测热器进行测定，测定的每克产热营养素能量值，人消化道不能完全消化吸收生热营养素，通常人体碳水化合物消化率98%、脂肪消化率95%、蛋白质95%计算，三种产能营养素的能量系数分别为：

（1）碳水化合物——每克能量17.15kJ（4.1kcal），生理能值＝17.15kJ×0.98＝16.9kJ（5kcal）。

（2）脂肪——每克能量39.54kJ（9.45kcal），生理能值＝39.54kJ×0.95H＝37.56 kJ（9kcal）。

（3）蛋白质——每克能量23.64kJ（5.65kcal），生理能值＝23.64－5.44kJ×0.92＝16.9kJ（5kcal）。

食材合计热量计算例：某食材含蛋白质15g、碳水化合物65g、脂肪30g。

计算：

蛋白质热量＝15×5 kcal＝75（kcal），碳水化合物热量＝17×5 kcal＝68（kcal），

脂肪热量＝23×5 kcal＝115（kcal），食材合计热量：115＋68＋75＝256（kcal）。

营养素等能定律（M. Rubner认为）指出，营养素物质通常可按其所含能量彼此取代，用文字表示即不论是蛋白质、脂肪或糖类，作为生物能源食材，为满足能量的需要（一种假设），能量取代关系为：1g脂肪＝2.27g糖类＝2.27g蛋白质，1g糖类＝1g蛋白质＝0.44g脂肪，1g有机酸产能约12.55 kJ（3kcal），1g纯酒精产能约29.29 kJ（7kcal）。

食材营养素水分之外的干物质中主要有：（1）碳水化合物。（2）脂肪。（3）蛋白质（肽、氨基酸）。（4）维生素。（5）膳食纤维。（6）矿物质。（7）次生物质。

食材内次生物质（secondary biomass）又称提取物（extract material）有酶、果胶、有机酸、单宁、含氮物质氨基酸、苷、膳食纤维、芳香物质、色素类物质、生物碱、游离氨基酸、低分子肽、核苷酸关联化合物、低分子碳水化合物、水溶性成分等。

1.4.4.1 碳水化合物

营养素干物质分无机物及有机物。粗灰分为有机物质与硅酸盐类物质。其中碳水化合物（Carbohydrates）由碳、氢、氧三元素构成，亦称糖类，旧称"醣"，是醛或酮基含多羟基醛类和多羟基酮类有机物里包含碳、含氮有机物或无氮化合物的总称。

能被人体消化吸收利用的碳水化合物淀粉、糊精、糖等称为有效碳水化合物又名脂肪族化合物；不能被人体消化吸收利用的碳水化合物膳食纤维、半纤维素、可溶性果胶、海胶等称为无效碳水化合物。碳水化合物一般占植物干体重80%、占微生物菌体干体重10%~30%；常见碳水化合物糖基数目分类参阅表1-6。

表1-6　　　　　　　　食材中最常见碳水化合物糖基数目分类

分类	糖种类	糖基数·	水解终产物及其他	甜度	食材来源
单糖	葡萄糖	1	葡萄糖	74	广泛
	果糖		果糖	133~173	瓜果
	葡萄糖		葡萄糖	32	—
二糖（双糖）	蔗糖	2	葡萄糖、果糖	100	食糖、广泛
	麦芽糖		葡萄糖	32	—
	乳糖		葡萄糖、葡萄糖	16	乳汁
多糖	淀粉	许多	葡萄糖	0	谷物、薯类、豆类
	糖原				肉、肝
	纤维素				蔬菜、瓜果

·糖基数1为3~6个碳原子构成，2为一分子葡萄糖和其他一分子糖构成，许多为单糖聚合度≥10的碳水化合物葡萄糖转移产物。

人们离不开不能给予人体提供"营养素"……即不容易消化的纤维素、半纤维素、果胶的碳水化合物，专家称它们是无效碳水化合物（unavailable）。碳水化合物不可等同于糖，旧称的醣类仅仅属于有机化合物中的一类。醣（carbohydrate）不同于糖（sugar）之区别，在碳水化合物中的醣如多醣是指由10个以上单糖分子组成的醣，才成为一大类碳水化合物之总称的醣。糖中典型碳水化合物有葡萄糖、蔗糖、乳糖、淀粉、膳食纤维、糖原（又称动物淀粉）。糖类在最常见食材中含量参阅表1-7。

表1-7　　　　　　　　食材中最常见含碳水化合物（糖类）　　　　　　　　（%）

植物性食材				动物性食材	
名称	含糖类	名称	含糖类	名称	含糖类
白糖	99.0~99.9	苹果	13.0~15.6	蜂蜜	75.6
大米	76.3~76.8	香蕉	16.4~23.1	牛奶	2.7
白面粉	74.4~78.2	胡萝卜	7.6~8.3	鸡蛋	1.6
绿豆	55.6~59.4	黄瓜	1.6~4.1	瘦猪肉	1.5
红薯	24~27.7	大白菜	2.0~2.5	猪肝	5.0
马铃薯	18.7~19.6	卷心菜	3.4~4.7	牛肉	1.2

碳水化合物中的单糖、多糖、果胶类或淀粉，在贮藏、加工条件下品质会呈现多种多样的变化，能使食材结构—性质随着环境条件变化而即时变化，这种变化严重影响着食材理化特性体系玻璃化转变，对其质构与货架期关键影响有：(1)淀粉结晶化失水干瘪"老化"。(2)淀粉结晶玻璃化质构松脆。(3)淀粉氧化结晶析出。(4)为防止淀粉颗粒破碎保持面筋黏合方便面添加剂使用2%~3%磷酸二酯添加产品内。(5)淀粉制品添加氧化玉米淀粉防止炸制产品加工时水分蒸发、口感变硬。(6)饮料添加适量麦芽糊精降低甜度、增强稠度、改善口感后，具有预防龋齿、预防高血压、预防糖尿病的食治辅助功效。碳水化合物成分分单糖及低聚糖，定量定性鉴定方法除薄层法之外，还利用还原糖类葡萄糖或果糖、麦芽糖不同糖与过量苯肼反应时生成晶体速度、晶形、颜色、熔点特点的糖脎（glucogen）常数，加以区别。常见碳水化合物糖脎常数，参见表1-8。

表1-8　　　　　　　　　　常见糖脎常数表

糖	析出糖脎所需时间（/min）	糖脎颜色	糖脎熔点/℃
葡萄糖	4~5	深黄	204
木糖	7	橙黄	160
鼠李糖	9	深黄	180（分解）
阿拉伯糖	10	橙黄	160
半乳糖	15~19	橙黄	196

按分子中碳原子数多或少糖类在单糖之外分：(1)双糖（disaccharide 分子式 $C_{12}H_{22}O_{11}$）又名二糖，主要有蔗糖、乳糖、麦芽糖、异麦芽糖。(2)丙糖（三碳糖 trioses），有棉籽糖、龙胆三糖、松三糖。(3)丁糖（四碳糖 tetrioses）。(4)戊糖（五碳糖 pentoses 分子通式 $C_5H_{10}O_5$ 代表糖是 D-鸡纳糖、L-阿拉伯糖）。(5)已糖（六碳糖 hexoses 分子通式 $C_6H_{12}O_6$ 代表糖是 D-葡萄糖、D-半乳糖、D-果糖）。(6)还有含七碳的糖、含有八碳的糖，多糖$(C_6H_{20}O_5)_{xT}$淀粉、纤维素。按材料水解程度食材分：(1)单糖（monosaccharides）。(2)低聚糖（寡糖，oligosaccharides）。(3)多糖（多聚糖，polysaccharides）；赋予满足人们口味甜味的物质称为甜味剂（sweeteners），甜味剂分糖类、非糖类。糖类甜味剂常见异麦芽酮糖醇、甘露糖醇、山

梨糖醇、木糖醇、乳糖、麦芽糖、蔗糖、果糖、葡萄糖,非糖类甜味剂常见甘草、糖精钠、甜菊糖苷(stevioside)、乙酰磺胺酸钾、D-塔格糖(熔点134℃)、木糖醇、阿斯巴甜(aspartarne)等。常见谷物或制品原料碳水化合物常数参见表1-9。

表1-9 常见谷物或制品原料中碳水化合物含量(按g/100g可食部分计)常数

名称	碳水化合物	纤维素	名称	碳水化合物	纤维素
全粒小麦	69.3	2.1	全粒稻谷	71.8	1.0
强力粉	70.2	0.3	糙米	73.9	0.6
中力粉	73.4	0.3	精白米	75.5	0.3
薄力粉	74.3	0.3	全粒玉米	68.6	2.0
黑麦全粉	68.5	1.9	玉米楂	75.9	0.5
黑麦粉	75.0	0.7	玉米粗粉	71.1	1.4
全粒大麦	69.4	1.4	玉米细粉	75.3	0.7
大麦片	73.5	0.7	精小米	72.4	0.5
全粒燕麦	54.7	10.6	精黄米	71.7	0.8
燕麦片	66.5	1.1	高粱米	69.5	1.7

1.4.4.1.1 单糖

食材内不能水解的结构最简单的、最小糖的单位碳水化合物糖类是单糖。单糖分子式 $C_nH_{2n}O_n$ 分子里一般含碳原子数3~7个,分子内空间排列特征分别为D-葡萄糖、L-山梨糖两类。单糖遇氧化剂会被氧化成糖酸(D-葡萄糖-γ-内酯酸化剂为内酯豆腐的凝固剂)。单糖衍生物有氨基糖、糖苷、糖醇、脱氧糖。单糖分:(1)多羟基醛糖(aldoses)类单糖的葡萄糖(glucose)、半乳糖(galaetose,Gal);(2)多羟基酮(ketoses)类单糖的果糖(fructose)。常见三种单糖特点:

(1)葡萄糖(dextran),葡萄糖别名右旋糖酐,是一种多羟醛,分子式($C_6H_{12}O_6$)存在通常是一水葡萄糖分子式($C_6H_{12}O_6$)·H_2O 的六碳多羟醛,分子式中氢原子链式结构 $H_2^4=16$ 种旋光异构体中有8个为右旋体,这种醛基己糖水溶液八个异构体旋光向右,故别名右旋糖,这是生物体内二糖—多糖最重要的组成。室温下的葡萄糖水溶液析出结晶型的葡萄糖(dextrose),为含有一分子结晶水的单斜晶系无色或白色晶体,构型为α-D-葡萄糖。比重(25/4℃)1.5446、熔点83℃,继续加热糖色逐步变褐色,在146℃(完全熔化)至170℃生成焦糖(分解),酸度0.015%、灼烧残渣0.08%。制备葡萄糖可由淀粉用根霉或内孢霉淀粉酶作用制得,也可由淀粉用经盐酸或稀硫酸水分解而制得。葡萄糖在20℃水中浓度能达46.71%。50℃水中果糖浓度超过665.58%,葡萄糖最高浓度243.76%。葡萄糖在50℃以上则失水变为无水葡萄糖,在90℃以上的热水溶液或酒精溶液中析出的无水斜方晶体,构型为β-D-葡萄糖。葡萄糖广泛分布在植物蔬菜、粮食、水果等种子、叶、花、根各部分,也分布在动物蜂蜜或血液、淋巴液、脊椎液、肝脏、肌肉等动物体各细胞处。葡萄糖在酸与热催化作用缩水生成二糖、三糖、多种低聚糖。葡萄糖(性状)为白色结晶性或颗粒状粉末,甜味为蔗糖0.56~0.75倍,易溶于水—热冰醋酸—吡啶及苯胺,微溶于醇,不溶于醚,不溶于丙酮。葡萄糖是麦芽糖—蔗糖等二糖与淀粉被生物消化后的最终产物。在药剂中作为甜味剂、矫正剂、黏合剂、渗透压调节剂、包衣剂、调味剂等。

葡萄糖具有对动物强心、利尿、解毒等作用，为医药上的营养药剂。葡萄糖也是制备葡萄糖醛酸、葡萄糖酸钙、糖浆、抗坏血酸原料。

常见水果或蔬菜游离糖常数参见表1－10。

表1－10　　　　常见水果或蔬菜游离糖含量（按占鲜重的百分数量计）常数

名称	D－葡萄糖	D－果糖	蔗糖	名称	D－葡萄糖	D－果糖	蔗糖
甜菜	0.18	0.16	6.11	葡萄	6.86	7.81	2.25
硬花甘蓝	0.73	0.67	0.42	桃子	0.91	1.18	6.92
胡萝卜	0.85	0.85	4.24	梨子	0.95	6.77	1.61
黄瓜	0.86	0.86	0.06	樱桃	2.1~6.5	2.4~7.4	0.2~1.0

（2）果糖（fructose）最初发现果糖存于果实内，通常以葡萄糖与果糖形式共存，果糖别名左旋糖。

人体对果糖易消化不需要胰岛素作用，婴幼儿、糖尿病患者酌情按量监控食用或药用。

（3）木糖（xylose）别名戊醛糖、木质醛糖，化学分子式（$C_5H_{10}O_5$），性状针状或柱状白色结晶比重1.525，味极甜，易溶于水或热醇，熔点144~154℃，分子构形α－L－木糖（α－L－xylose）别名戊醛糖，甜度是蔗糖的0.4倍；分子构型α－D－木糖醇结晶性粉末，别名木戊五醇（$C_5H_{12}O_5$），甜度是蔗糖的0.65~1.0倍。药物木糖由稻草或玉米芯经水解后氢化精制得到五碳醛糖（α－L－木糖）称木糖醇，是口香糖、果酱、果冻限制性添加剂，是防止龋齿甜味剂，也是糖尿病人甜味剂。

（4）脱氧糖（deoxyribose）分子中一个或多个羟基被氢原子取代的化合物，自然界有α－脱氧－D－核（脱氧核糖又称戊糖）、6－脱氧－L－甘露糖（L－鼠李糖）、6－脱氧－L－半乳糖（L－岩藻糖）等。

正常人食用过量木糖或木糖醇，有可能引起腹泻病。

1.4.4.1.2　单糖或低聚糖在烹饪中反应物

食材存贮或加工、烹饪，单糖或低聚糖及其含有成分食材如啤酒呈黄色、醋呈黑褐色、松花皮蛋清呈茶褐色、烧烤肉呈棕红色之类可能产生"褐变反应"又称羰氨反应、美德拉（Naillard reaction）反应。糖美德拉反应在真空下或≤20℃、pH7.8~9.2褐变速度较慢，≥20℃或含水量10%~15%、蛋白和糖含量高褐变速度较快。食材处于无水、稀酸、铵盐催化剂作用或加热条件下，可能产生卡拉蜜尔作用（caramelizatioon），又名焦糖化反应。没有氨基化合物的单糖和低聚糖糖类一般至140~170℃脱水降解，蔗糖加热至200℃起泡出现异蔗糖酐、蔗糖酐、蔗糖烯（蔗糖酐熔点138℃，蔗糖烯熔点154℃）。

1.4.4.2 糖苷

糖苷（glycoside 或 heteroside）旧称苷（dai），又称配糖体、配糖物、葡糖苷、糖甙（gan）。糖苷是指具有环状加工醛糖或酮的半缩醛羟基上氢离子被烷基或芳香基取代生成天然苷类（C—C）相结合碳键苷类成分缩醛衍生物。糖苷水解后能够产生糖类和非糖类多种有机化合物，是由具有环状结构糖分子中半缩醛上的羟基与非糖化合物分子中酚基（或羟基、芳香基）失去缩合生成的环状缩醛衍生物。糖苷完全水解后生成糖、非糖两部分，糖部分称糖基（glycone），非糖部分称糖苷配基（aglycone）。连接糖基与配基的键称苷键。要注意的是有些糖苷有毒。如：木薯中含亚麻配糖体、芦荟含羟基蒽醌衍生物（芦荟苷）、皂荚含溶血皂苷、桔梗有毒成分为皂苷、毒海参有毒素皂苷，人中毒量 0.5~3.5mg/kg（体重），食客应防食物中毒。

糖苷通常是由糖、醇、醛、酚、硫化物等构成的酯类化合物，它在酶或酸环境下会水解出糖与苷配基。苷水解后生成非糖化合物部分称为苷元（aglycone），如洋地黄毒苷（digitoxin）水解后生成毒性的洋地黄苷元（digitoxigenin），肥皂草苷（saponarin）水解后生成不易为酶或酸溶液加热所水解的肥皂草碳键苷（saponaretin）。糖苷广泛出现在植物性根、茎、叶、花、果实食材细胞内。糖通过还原性基团（半缩醛羟基）同某些有机化合物中的羟基或亚胺基缩成的产物有苦杏仁苷（$C_{20}H_{27}NO_{11}$）、水杨苷、核苷、芸香苷（$C_{27}H_{30}O_{16} \cdot H_2O$），多为带色晶体溶于水。糖苷是白色或带色晶体，晶形有 α、β 两种构型物，大多数苷是 β 糖苷，广泛存在于植物根、茎、叶、花、果实里。苷营养素中最常见的糖苷是花青素，大多数苷，含有苦味或特殊的香味和调料滋味。

糖苷类碳水化合物通性：(1)多数苷糖分子只含有一分子属单糖苷，糖苷分子含两个以上分子的属双糖苷或多糖苷，(2)糖苷类溶解度随苷元连接糖的数目不同，水溶性随大而大，脂溶性随大而减小，(3)糖苷类都有旋光性、无还原性，(4)糖苷容易被酶水解，(5)糖苷水溶液或乙醇溶液加入醋酸铅或碱式醋酸铅溶液后铅盐复合物沉出。

1.4.4.3 多糖

分子聚合度大于 10、能水解生成至少三个分子的高分子糖类、单糖分子缩水合成带色非晶形糖物质（单糖的聚合物）称多糖（polysaccharides），别名黏胶质、果胶学，学名多聚糖。

多糖的聚合度 10~15000 之间通常聚合度小于 3000，有的种类多糖也许有点甜味，大多不溶于水，有些在水作用下能形成胶体溶液，可被水解又会分解为双糖或三个以上许多单糖分子。多糖化学通式（$C_6H_{10}O_5$）$_n$ 为由数百乃至数千个葡萄糖分子组成的缩合物，溶于水的一般无味、无还原性。多糖被水解后，可呈现数千单糖或单糖衍生物，水解物单糖分子相同的称为同多糖；水解物单糖分子不相同的称为异多糖。异多糖分类有非天然物、天然物两类。

天然多糖常见淀粉、纤维素、果胶、活性多糖。活性多糖中的:(1)真菌多糖类有抗癌功能的香菇多糖、增加脑细胞组织 SOD 酶活力、预防抑制糖尿病的银耳多糖，以及猴头菇多糖、灵芝多糖、黑木耳多糖等.(2)植物多糖类,常见植物多糖主要有淀粉、糖原、糖醇、非糖甜味剂、膳食纤维、果胶等,植物多糖有增强机体免疫力提高、NK 细胞活性及淋巴细胞转化效率、杀肿瘤细胞、升高血小板数量的人参多糖;降血压、降血脂、抗氧化、提高人体免疫力的枸杞多糖(LBP)。植物多糖按分子构型分类有均多糖、杂多糖两类。多糖按来源分植物多糖、动物多糖。

1.4.4.3.1 淀粉

天然异多糖类的淀粉(starch),又称植物淀粉、β-淀粉,为右旋葡萄糖聚合物多糖类碳水化合物,淀粉是人类能量主要来源,100g 淀粉在人体内可以产生 300kcal(1.25MJ)能量。

淀粉乳浆加热至 60℃ 体积膨胀显胶黏性胶体溶液时,淀粉粒膨胀吸收比本身体积大 50～100 倍水分,淀粉晶体结构消失悬浮液变成糊状液,此黏稠糊状液称为淀粉糊。

谷物不同品种淀粉加热糊化的特性温度,见表 1-11。

表 1-11　　　　　　　不同品种淀粉加热糊化特性参考温度

项目	糊化特性温度范围/℃		
	开始	中点	终点
玉米粉	63	68	72
蜡质玉米粉	62	67	70
高直链玉米粉	67	80	110
高粱米粉	68	73.5	78
蜡质高粱米粉	67.5	70.5	74
大麦粉	51.5	57	59.5
黑麦粉	57	61	70
小麦粉	59.5～65	62.5	64～68
粳米粉	59～68	74.5	61～78
马铃薯粉	58	62	66
木薯粉	52	59	64
甘薯粉	70	—	76

淀粉微观形态结构在显微镜下,不同来源生成淀粉粒大小受种子品种、生长环境、成熟度和胚乳结构特征影响,各有尺寸及其多种形态、大小构成各不相同。

厨师用勾芡淀粉或称粉面、驼粉、团粉等,淀粉品种中的大米、小麦、玉米、马铃薯淀粉淀粉粒模式描述,淀粉粒球状晶体颗粒形状有:圆形、椭圆形、多角形、卵形三种。

马铃薯淀粉粒大的图像像贝壳、卵形,小的圆形,小麦淀粉淀粉粒大的圆状、小的卵形,大米淀粉淀粉粒呈多角形、图像像烧饼、表面芝麻样东一点西一点,玉米淀粉淀粉粒大图像晶体环状结构多圆形、小的有多角形。淀粉粒结构在偏光显微镜下看到马铃薯有多轮纹或环纹结构又称环层分子结构,小麦淀粉粒粒形轮纹比马铃薯轮纹稀小,玉米或大米环层分子结构更加紧密。

淀粉分子形态的淀粉粒分子由 600~6000 个 α-1,4 和 α-1,6—糖苷键连接右旋葡萄糖大分子单元葡聚糖组成,示意图参见图 1-3。

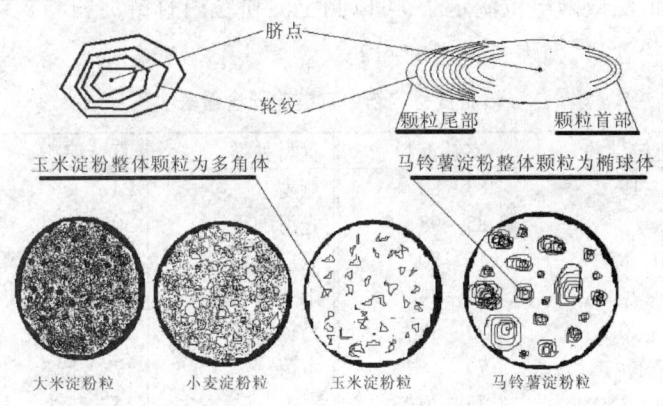

图 1-3 大米、小麦、玉米、马铃薯淀粉粒示意图

颗粒淀粉微观粒尺寸大小一般长轴长度 2~150μm,其中:(1)绿豆粉淀粉粒的粒径在 15~20μm,以直链淀粉为主达 60%。(2)马铃薯淀粉粒的粒径在 15~120μm,平均粒径 65μm,含 20%~22% 直链淀粉、78%~80% 支链淀粉。(3)山芋淀粉粒径 15~120μm,平均粒径 15μm,含 18%~20% 直链淀粉、80%~82% 支链淀粉。(4)玉米淀粉(又称栗粉、鹰栗粉)粒径为 2~30μm,平均粒径 16μm,含 22%~28% 直链淀粉、78%~78% 支链淀粉。(5)小麦淀粉粒(又称澄粉、汀粉)粒径 30~45μm,平均粒径 20μm,含 23%~24% 直链淀粉、70%~77% 支链淀粉。(6)稻米淀粉(分大米粉、糯米粉、熟糕仔粉)粒径 2~10μm,平均粒径 5μm。糯米支链淀粉为 100%。(7)挂糊优良淀粉是细腻光滑、洁白的菱角粉。

支链淀粉是淀粉粒分子排列形状直链是 α-1,4 和 α-1,6—两种葡萄糖苷键连接成线性葡聚糖,支链淀粉是由 α-1,4 和 α-1,6—糖苷键连接右旋葡聚糖。支链淀粉分支点有 α-1,6—键葡萄糖残基,每个分支伸展开来就像树木一样,遇到碘呈紫色至红紫色。

支链淀粉按 X-射线衍射图形差别,可将天然淀粉分为 A、B、C 三种类有:(1)小麦、玉米粉等谷物淀粉多属于 A 型。(2)马铃薯、芭蕉芋之 B 型淀粉来源于块茎类。(3)豆类、香蕉淀粉为 C 型。三种类型淀粉之外,还有支链淀粉与碘、丁醇、乳化剂、脂肪酸等形成混合后的 V 型淀粉,在天然淀粉中,至今没发现。直链淀粉(Amylose)是 D-吡喃葡萄糖通过 α-1,4—糖苷键连接卷曲结构直链状葡聚糖。直链淀粉是 1000 以上右旋葡萄糖 α-1-4 糖苷键支链小分子两端各有一个葡萄糖残基、具有次级结构、分子链卷曲成螺旋状,遇到碘呈显蓝色。直链淀粉分子是右手螺旋或螺旋形构象,螺旋形象内仅含氢原子,直链淀粉分子具有亲脂性,直链淀粉分子之间结合力比较强。

热水能够发生糊化溶化于水10%~20%的淀粉部分称为直链淀粉,不溶化的80%~90%淀粉部分称为支链淀粉。

直链淀粉螺旋形象有三类:(1)不规则卷曲。(2)部分断开螺旋。(3)螺旋型。应用淀粉—碘复合物吸光值法或碘电位滴定法,可以测定淀粉粒内直链淀粉与支链淀粉比例。粮油食材淀粉中直链淀粉含量,列表参见表1-12。

表1-12　　　　　　　　　粮油食材淀粉中直链淀粉含量表　　　　　　　含量(%)

食材种类	直链淀粉	支链淀粉	食材种类	直链淀粉	支链淀粉
大米	7~19	83~80	燕麦	24	
糯米	0	85~98	光滑豌豆	30	
黏玉米	50~85	15~50	皱皮豌豆	70	
玉米	5~26	84~74	山芋	20~26	
甜玉米	5~70	29~85	马铃薯	22~25	79
高粱米	27	70	木薯	17	83
小麦粉	24~25	75~70	大麦	15	

在低温静置状态下熟淀粉制品有转变口味、制品组织硬化,淀粉糊析出晶体沉淀物现象,这类淀粉老化现象俗称淀粉回生(Retrogradation),不含直链淀粉构成的淀粉当遇低温时不回生。

含直链淀粉构成的淀粉食品低温静置会形成硬凝胶块的回生淀粉,又称老化淀粉,这是因为低温下糊化(又名熟化)了的淀粉分子又自动将氢键结合成结束状排列成序结构,淀粉溶解度下降,分子结构向微晶束的混合组织发展,时间长硬化程度高即回生淀粉多,回生淀粉不易被淀粉酶水解。

直链淀粉与支链淀粉常见性质参见表1-13。

表1-13　　　　　　　　　支链淀粉与直链淀粉性质表

性质	直链淀粉	支链淀粉
相对分子质量	$10^5 \sim 10^6$	$1 \times 10^7 \sim 5 \times 10^8$
糖苷键	$\alpha - D - (1-4)$	$\alpha - D - (1-4)$,$\alpha - D - (1-6)$
对老化的敏感性	高	低
β-淀粉酶作用产物	麦芽糖	麦芽糖,β-极限糊精
葡糖淀粉酶作用产物	D-葡萄糖	D-葡萄糖
分子形状	以线形为主	灌木型

只有熟化高温后快速干燥急剧减少水分的淀粉制品(如方便面),达到熟化制品淀粉保持α型结构,才能防止老化淀粉出现避免淀粉回生。工业工艺上也用添加乳化剂的办法,避免淀粉回生。淀粉老化适宜的温度是2~4℃,在小于-20℃或高于60℃或含糖、弱碱性条件下不易被老化,所以速冻至-20℃以下温度保鲜的淀粉制品,可较长期保存。加入表面活性乳化剂蔗糖酯或单甘酯,能抗老化。淀粉老化速度快或慢的速度比较排列:玉米淀粉老化速度>小麦淀粉老化速度>山芋淀粉老化速度>土豆淀粉老化速度>木薯老化速度>黏玉米、糯米老化速度。防止淀粉老化添加亲极脂性单酰甘油或生物硬脂酰-α-乳酸钠(SSL),

以延长货架期。

淀粉被水分解后，有一些特性功能参见表1-14。

表1-14　　　　　　　　　　淀粉水分解后的一些特性功能

水解度较大产品a	水解度较大产品b	水解度较大产品a	水解度较大产品b
甜味	黏稠性	风味增强剂	抑制糖结晶
吸湿性、保湿性	形成质地	褐变反应	阻止冰晶生长
降低冰点	泡沫稳定性	可发酵性	

含直链淀粉量较高的淀粉粒糊化温度高些，籼米开始糊化温度70℃，糊化后淀粉便于人体消化吸收。糊化了的淀粉黏度，随淀粉品质不同而有区别，淀粉糊化后出现色缩聚反应，并向小分子含氧有机物焦糖方向反应。已糊化了的淀粉混合物，在65℃以下贮存由于直链淀粉与支链淀粉产生分离，出现老化（ageing）和陈化（staling）、米汤黏度下降而产生白色沉淀物现象。淀粉糊化温度参见表1-15。

表1-15　　　　　　　　　　几种常见淀粉糊化温度

淀粉	糊化温度/℃		淀粉	糊化温度/℃	
	开始	完成		开始	完成
粳米	59	61	小麦	65	68
糯米	58	63	荞麦	69	71
玉米	64	72	山芋	70	76
大麦	58	63	马铃薯	59	67

淀粉在烹饪中作用有：(1) 挂糊。(2) 勾芡着芡汁。淀粉糊工艺分水粉糊、蛋清糊、蛋泡糊、酥炸糊、发粉糊、干粉糊、拖蛋糊、面包渣糊，拌或淋、浇芡汁主要用抱汁芡、流芡、米汤芡、玻璃芡。

米烹饪适宜时间，取决于淀粉能否充分溶胀而不糊化，不形成夹生饭，米淘后20～30min煮（煮米饭电饭煲指示灯正常停灭）好不启锅盖，再焖20～30min，等米中多糖（淀粉、糖原、纤维素）遇水充分吸收，让米内多糖好比淀粉"发酵"似呈现（放出）二氧化碳与米香味。

方便面用淀粉糊含水量≤5%不会发生老化的特性（含水量30%～60%会发生老化），对蒸熟了的波纹面条油炸急速脱水（实现随便什么时候吃热水一冲面条吸水复原，糊化淀粉不老化），淀粉环境温度高于60℃或低于-20℃或pH≤4不容易发生老化。淀粉处于环境温度2～4℃容易发生老化现象。

淀粉糊中不被健康者小肠吸收的抗性淀粉，到了大肠（结肠）时，能被微生物发酵后产生短链脂肪酸与气体，有降低肠内酸碱值、防止结肠癌产生、增加脂肪排出、促进矿物质吸收、减少能量摄入的作用。淀粉在人体肠道逐步水解并逐步消化吸收，不会因突然葡萄糖过量引发饮食性糖尿病。

1.4.4.3.2 糖原

糖原（glucogen）又名动物淀粉、糖元、牲粉、醣、肝糖、肝淀粉，主要存在于动物体内，是肌肉与肝脏组织中的贮备多糖类物质，在真菌、酵母类细菌或高等植物中极少有。

糖原源于动物肌肉或肝脏食材细胞中存贮在动物体内的支链多糖故称动物淀粉，单糖结构 D-葡萄糖由非淀粉多糖组织由 N 个葡萄糖单位构成，人机体要糖原时就转变成为葡萄糖供应机体利用，对肝脏具有保护作用。糖原分子式（$C_6H_{10}O_5$）$_n$【性状】相对分子质量 $3 \times 10^4 \sim 6 \times 10^5$ 大分子多糖，分子中分支侧链有 12~18 个葡萄糖单位聚合形式形成的同葡聚糖。真菌、酵母菌等植物大细胞中也可能会出现糖原成分。制取糖原，可由肝脏用 30% 氢氧化钠处理再加乙醇沉淀而取得。

1.4.4.3.3 糖醇

糖醇（sugar alcohol），糖的衍生物麦芽糖醇又称麦芽糖醇糖浆（史称氢化葡萄糖浆）。是由麦芽糖氢化制得，甜度为蔗糖的 85%~95%。糖醇药品中的木糖醇（分子式 $C_5H_{12}O_5$）属于五碳醇，一般水果均含有木糖醇，其甜度约与蔗糖甜度相当。

D-山梨糖醇（分子式 $C_6H_{14}O_6$）存在于大多品种水果、海藻里，其工业产品一般由葡萄糖氢化而制成，甜度约为蔗糖甜度的一半。

1.4.4.3.4 非糖甜味剂

非糖甜味剂品种有葡萄糖基转移酶可以将蔗糖转化为异麦芽酮糖，又称异构蔗糖。还有从植物果实、叶、根等食材中提取物质具有相当高的甜味糖苷。

上市的非糖甜味剂有：甘草素、甜叶菊苷、索马甜、复合甜味剂（符合 GB 2760 中国国家标准）。

1.4.4.3.5 膳食纤维

食材中膳食纤维（Water-Soluble Dirtary Fiber, SDF）又名食物纤维、充盈物质，是植物性食材中含有的一些不能为人体消化分解的成分。毛豆含膳食纤维 4g/100g，小白菜 1.1g/100g，黄瓜 0.5g/100g。

膳食纤维中的不溶性膳食纤维（Water-Insoluble Dirtary Fiber, IDF）又称非淀粉多糖（non starch polysaccharides, NSP），为包含两者在内的总膳食纤维（Total Dirtary Fiber, TDF），膳食纤维能有效改善食材体积、改善食材质地。膳食纤维 β-D-葡聚糖是植物组织结构中天然化合物多糖，由 D-吡喃葡萄糖通过 β-D-（1—4）糖苷键连接构成的膳食纤维，被营养学家称为第七营养素，又称可溶性膳食纤维。食材中半纤维素（hemicellulose）是木糖、阿拉伯糖或木糖、阿拉伯糖与戊糖、己糖的聚合物。植物细胞壁都是由许多个失水 β-葡萄糖组成的多糖天然有机高分子化合物，它们是构成植物细胞壁的主要成分。

植物性部分食材品质特性中淀粉—纤维素的含量参数(%)参见表1-16。

表1-16　　　　植物性部分食材品质特性中淀粉—纤维素的含量参数　　　　(%)

名称	淀粉	纤维素	名称	淀粉	纤维素
稻谷	68.2	6.7	未熟香蕉	68	
小麦	68.7	4.4	熟香蕉	26下降至1	1.2
黑麦	60.5	2.7	苹果	9.6~12.3	0.9~2.1
方便面	70	0.7	杏	1.3	0.8
大麦	68.0	3.8	桃	9~10.5	0.8~1.3
去壳燕麦	61.6	1.4	葡萄干	81.8	1.6
黍	65.1	8.1	藕	12.77	1.2
高粱米	70.8	3.4	柿子	17.1	1.4~3.1
玉米	72.4	1.4	白萝卜	4.0	1.0
荞麦	71.9	3.2	马铃薯	14~25	0.7
大豆	26.0	4.5	山药	11.6	0.8
花生仁	22.0	2.0	大白菜	3.1	0.6
蚕豆	56.7	1.8	青菜	1.6	1.1
豌豆	54.7	2.0	旱芹菜	1.4~3.3	1.4
豇豆	55.2	5.6	菠菜	2.8	0.94
菜豆	56.1	3.5	甘蓝	4.7	0.9~1.65
绿豆	56.0	1.6	韭菜	4	1.1
赤豆	55.9	4.7	芦笋	15.1	2
扁豆	60.5	6.0	茭白	10	2.5
饭豆	55.2	4.8	冬瓜	1.9	0.2~0.7
葵花籽	9.6	4.6	辣椒	3.7~11	2.1
芝麻	12.4	3.3	西瓜	7.9	0.2~0.5
山芋(鲜)	29.0	0.5	番茄	3.5	0.5
山芋(干)	77.6	1.8	平菇	2.3	2.3

动物性食材品质特性中碳水化合物(淀粉—纤维素)含量参数(%)，见表1-17。

表1-17　　　动物性食材品质特性中碳水化合物(淀粉—纤维素)含量参数　　　(%)

名称	碳水化合物	名称	碳水化合物	名称	碳水化合物
牛肉	0.25	鸡肉	0.42	中华绒螯蟹	7.4
猪肉	2.4	鸭肉	2.33	鲨鱼	3.7
羊肉	0.31	鸡蛋	1.5	青鱼、草鱼	0.0
兔肉	0.16	鸭蛋	0.3	青虾	0.1

1.4.4.3.6 果胶

果胶（pectins）别名植物性黏液质、多糖、黏胶质,药剂（GB 246）果胶为淡黄色或无色粉末,只存在于陆生植物细胞间隙或中胶层中,通常与纤维素共生结合以前的、天然高分子化合物可溶性果胶（原果胶）。果胶是果胶及其伴随物（阿拉伯聚糖、半乳聚糖、淀粉、蛋白质等）混合物,是半乳糖醛酸与它的甲酯缩合物。果胶在果胶酶作用下会转变为果胶酸,果胶酸无黏性、不溶于水,果蔬细胞可能因组织中果胶酸剧增呈软变腐烂。原果胶往往存在未成熟果蔬细胞壁中胶层里,原果胶通常与纤维素结合黏结在细胞壁上,使植物组织硬脆、溶于水,不溶于酒精。原果胶被原果胶酶作用会分解出果胶,能与纤维素分离产生黏性,使植物组织（果实）变软。

1.4.4.3.7 阿拉伯胶

阿拉伯胶（araabic gum）,为豆科常绿乔木非洲阿拉伯胶木树或金合欢树属树皮切口渗流出树脂分泌物经水解制取的含氮酸性多糖五碳醛糖。

由阿拉伯胶木树分泌物树胶提取的阿拉伯树胶（中性）分子式 $CH_2OH（CHOH）_3CHO$,分子量240,又名阿拉伯糖,含有三种旋光异构体,黏性液体比重1.585（20/4°）,熔点155.5～156.5℃,容易溶解于冷或热水、不溶于醇。阿拉伯胶成分含70%的含N多糖,其中（70%含N多糖）主要组成有44% D-半乳糖、24% L-阿拉伯糖、14.5% D-葡萄糖醛酸、13% L-鼠李糖、1.5% 4-O-甲基-D-葡萄糖醛酸。阿拉伯胶与高糖具有相溶性,为香精避免挥发—氧化或糖果保湿的固形剂,广泛用于太妃糖、果胶软糖、软糕点的胶黏剂。

1.4.4.3.8 食品工业用多糖（胶）

食品工业用多糖（胶）中:(1)瓜尔豆胶（guar gum）是瓜尔豆种子提取多糖。(2)琼脂是红藻类海藻提取由琼脂糖（agrose）与琼脂胶（agropeetin）两部分组成的多糖。(3)海藻胶（algin）是褐藻提取由β-1,4-D-甘露糖醛酸和α-1,4-L-古洛糖醛酸组成的线性高聚（聚合度100～1000）多糖。(4)卡拉胶（garrageenan）是由红藻通过热碱分离提取的杂聚多糖。(5)壳聚糖（chitin）又称几丁质、甲壳质、甲壳素是由虾或螃蟹动物壳（外骨骼）分离提取的含水溶性氨基多糖。(6)黄杆菌胶（xanthangum）是由D-葡萄糖通过β-（1—4）糖苷键连接的主链和三糖侧链组成的生物高分子聚合物。(7)黄原胶（xanthan）是由纤维素主链和三糖侧链组成的五糖,α-葡聚糖（α-dextran）为右旋糖苷,是面团提高弹性和持气能力悬浮剂。(8)α-葡聚胶（α-dextran）,由α-D-吡喃葡萄糖残基通过α-（1—6）糖苷键连接的右旋糖苷,α-葡聚胶是口香糖或软糖降凝剂。

1.4.4.3.9 活性多糖

真菌多糖有帮助人体调节免疫功能,促进抗体形成的银耳多糖、香菇多糖、猪苓多糖、云芝糖肽，银耳孢子多糖、银耳多糖对糖尿病有明显预防、调节作用，黑木耳多糖、猴头菇多糖、灵芝多糖有降血压功能。植物多糖含有茶多糖、人参多糖、枸杞多糖等，茶多糖是茶叶复合多糖的简称，茶复合多糖由 30.92% 复合多糖类 + 17.87% 蛋白质 + 12.92% 果胶 + 16.48% 灰分组成。其中：茶（叶）碱是生物碱（白色结晶性粉末熔点 270～274℃）有较强利尿作用，有松弛平滑肌、解除支气管痉挛功能。枸杞多糖（LBP）是蛋白质枸杞复合多糖，具有调节人体免疫功能、抗氧化、抗衰老、降血脂、降血压、降血糖、抗疲劳、预防肿瘤等作用。人参多糖由人参淀粉加人参果胶组成，人参多糖可能增强人的机体免疫力、提高 NK 细胞活性、增加淋巴细胞转化率、保护骨髓造血功能，可辅助牛皮癣、风湿病、糖尿病、肿瘤的治疗。

1.5 有机酸

植物内含有的有机酸(又名酸度调节剂)有：儿茶素（酸）、苹果酸、食醋、乳酸、磷酸、葡萄糖酸、桂皮酸、秘鲁古柯酸、水杨酸、嘌呤、牛磺酸、氢化白果亚酸、萜类、酒石酸、柠檬酸等。

食材中的溶于水的有机化合物有机酸（organic acid）通常指羧酸 R－COOH 一类化合物，也是磺酸 R－SO$_2$OH、亚磺酸 R－SOOH、硫羧酸 R－COSH 类物质的总称。食材品种中三类有机酸为天然酸味剂、生物合成酸味剂、化学合成酸味剂，酸味是果实的主要风味特征之一。有机酸种类区分有：(1)分子式符合 $C_{XT}H_{2XT+1}$COOH 通式的饱和脂肪族直链一元酸的缬草酸、月桂酸等。(2)不饱和脂肪族一元酸的油酸、亚麻仁油酸、次亚麻仁油酸等。(3)羟基脂肪族一元酸的蓖麻油酸、羟基醋酸。(4)酮基脂肪族一元酸的乙酰丙酸。(5)饱和脂肪二元酸族的琥珀酸。(6)不饱和脂肪二元酸族的延胡索。(7)羟基脂肪族二元酸族的酒石酸。(8)饱和脂肪族三元酸族的丙三羧酸。(9)不饱和脂肪族三元酸的乌头。(10)羟基脂肪族三元酸族的柠檬酸。(11)环状脂肪酸族的大风子油酸。一种蔬菜中往往会含有数种有机酸，如：(1)番茄肉内就含苹果酸、柠檬酸以及微量草酸、酒石酸、琥珀酸。(2)甘蓝果肉含有柠檬酸、绿原酸、咖啡酸、香豆酸、阿魏酸、桂皮酸。(3)菠菜含草酸，还含苹果酸、柠檬酸、琥珀酸、水杨酸。(4)芹菜含有醋酸和少量丁酸。(5)胡萝卜直根含有绿原酸、咖啡酸、苯甲酸、XT－羟基苯酸。果实含酸量对微生物活动抑制有重要影响，加工果实原料 pH≤4.8 在 100℃温度以下可获得杀菌效果，新鲜水果有机酸通常含量参见表 1－18。

表1-18　新鲜水果有机酸通常含量（%）、（+表示微量存在）、（总酸度pH）

名称	总酸含量	柠檬酸	酒石酸	苹果酸	草酸	酸碱值pH
苹果	0.2~1.6	+	+	+	+	3.0~5.0
梨	0.1~0.5	0.24	+	0.12	0.03	3.2~3.9
李子	0.4~3.5	+	+	0.36~2.90	0.06~0.12	3.3~6.5
葡萄	0.3~2.1	+	0.21~0.74	0.22~0.92	0.08	2.5~4.5
草莓	1.3~3.0	0.9	+	0.1	0.1~0.6	3.8~4.4
甜樱桃	0.3~0.6	0.1	+	0.5	0	3.2~3.9

有机酸中的枸橼酸、路通、路丁、络通、芸香苷、抗通透性维生素是一种特殊的生物类黄酮与维生素繁衍生物。常见几种果蔬pH数值范围参见表1-19。

表1-19　　　　　　　　常见几种果蔬pH数值

果蔬名称	酸碱值pH	果蔬名称	酸碱值pH
西瓜	6.0~6.4	豌豆	6.1
草莓	3.8~4.4	菠菜	5.7
橙子	3.5~4.9	青辣椒	5.4
葡萄	2.5~4.5	甘蓝	5.2
柠檬	2.2~3.5	胡萝卜	5.0
樱桃	2.5~3.9	南瓜	5.0
苹果	3.0~5.0	番茄	4.1~4.8

食材内的有机酸能与色素、抗坏血酸、铁或锡等金属离子反应生成灰褐色氧化物。食材内有关营养素功能中分别有保护血管、调整血压、预防脑溢血、糖尿病、视网膜出血、牙龈出血的作用。水果在人的味觉上有酸味，有机酸盐经人体消化、氧化生成水、二氧化碳排出体外，留下为含有碱性阳离子的果渣（灰分），营养学称水果为生理碱性食物。米糠、猪肝、牛奶内含有的烟酸（VB_5），具有降低血管通透性、增强维生素的活性的作用，是维护微血管正常强度所必需的营养素。

1.5.1 草酸

草酸(Oxalic acid)，别名VB_{10}、蓚酸，学名乙二酸。草酸的钾盐和钙盐存在于植物酢浆草、酸模草、菠菜、大黄叶、甜菜、茶叶等食材里，食入易引起口腔糜烂。有人食用过量菠菜引起肾草酸钙（尿路）结石、胃出血。

草酸化学分子式$C_2H_2O_4 \cdot 2H_2O$，通常二水化合物为无色透明结晶体、味苦涩、无嗅、有毒。草酸有吸湿性，是优良漂白剂和还原剂，与钙及牪稀土属元素易生成钙沉淀，属金属还原剂铁锈化合物的漂白剂、脱色剂，可用含草酸溶液洗除衣服墨水渍洗、去铁迹斑。结晶体草酸有α（菱形）型、β型（单斜晶形）两种，α型无水草酸比重1.90（4°），二水物比重

1.653（19/4℃），熔点 101.5~102℃，157℃以上升华，无水草酸 189.5℃升华并分解。1 克白色粉末草酸溶于 7 毫升冷水，也可溶于 2 毫升沸水。草酸比醋酸（乙酸）的酸性强，能够与碳酸根作用放出二氧化碳，可应用做甘油或甲醇的脱色剂。食材内草酸含量高的，一般会降低素食者机体对钙的吸收，因为动物机体不能分解草酸，人体正常生理通常可能产生 20~60mg，少量由甘氨酸和抗坏血酸代谢生成的草酸经尿排出体外，进食 500g 菠菜的人相当于吃进 3.3g 草酸，含草酸多的蔬菜不去除（焯水）草酸吃了后也会降低营养素利用。食材草酸含量参数见表 1-20。

表 1-20　　　　　食材草酸含量参数（mg/100g 可食部分中）

食材	含量	食材	含量	食材	含量
菠菜	606~780	木耳	123~280	苋菜	433~1142
空心菜	691	芥菜	471	大黄	500
大白菜	691	小葱	19	草莓	15.4
圆叶菜	606	蕹菜	550~600	可可粉	500

按人体草酸尿中排泄能量只能增加至 0.2g 左右，不溶的草酸钙和肠道内细菌分解得越来越多草酸，会形成人体消化不良的草酸钙多起来后，大量草酸尿可能引起患者尿道结石。

1.5.2 植酸

植酸（Phytic acid）又名环己六醇磷酸、肌醇六磷酸，简称 PA，分子式 $C_6H_{18}O_{24}P_6$。浅黄色黏液 <120℃ 环境下相对稳定，高温会分解，与 VE 配合可作为保鲜虾防止变黑的抗氧化剂（GB 2760），为饮料防腐剂、止渴剂，是食疗美嫩肌肤、祛粉刺、抗龋齿、解肝脂肪、降血脂营养因子。豆科植物种子、麸皮、胚芽中植酸含量最大，几乎没有天然游离态存在的植酸。

植酸与草酸、多酚类化合物、消化酶抑制剂有机物，属于烹饪制品中的抗营养素。植酸来源于谷物肌醇磷酸的钾镁复盐，谷物肌醇磷酸环状肌醇水分解出植酸、植酸复盐释出植酸酶。植酸抗氧化剂是人体消化钙盐的助剂。市售植酸常见肌醇六磷酸钙镁等是从米糠中抽提出的，含量 ≥99%。

1.5.3 苹果酸

苹果酸（Citric acid）别名枸橼酸、2-羟基丙三羧酸，学名羟基丁二酸、羟基琥珀酸。高浓度苹果酸对人皮肤、黏膜有刺激性作用，是食材的著名调味品致酸素，是制造酯或盐类食品的酸味剂，未成熟果实苹果酸含量最高。苹果或葡萄、未熟山楂浆汁提取天然纯苹果酸，有三种立体异构体：(1) D-苹果酸或右旋苹果酸比重 1.595、熔点 100℃、沸点 140℃（部分分解）。(2) L-苹果酸或左旋苹果酸比重 1.60、熔点 99~100℃、沸点 140℃（部分分解）。(3) DL-苹果酸或外消旋苹果酸比重 1.601、熔点 129~130℃，沸点 150℃开始脱水分解出反丁烯二酸、180℃完全分解。

苹果酸化学式（$C_4H_6O_5$），含量 99.0% 无色至白色结晶或结晶性粉末，无臭味有不愉快酸味，易潮解、易溶于水、易被微生物降解。

1.5.4 酒石酸

酒石酸（Tartaric acid）别名右旋葡萄酸，酸葡萄含酒石酸，学名2，3—二羟基丁二酸，分子式（$C_4H_6O_6$）干燥物含量纯度99.5%、比重1.7598、熔点168~170℃，这种二羧基酸是无色、无臭、透明单斜形结晶或白色颗粒或粉末，味极酸。处于170℃以上环境的酒石酸会分解发出焦糖味，含水品称为右旋葡萄酸。

酒石酸异构体有α-酒石酸、ι-酒石酸、内消旋酒石酸（熔点205℃）、DL—酒石酸又称外消旋或αι—酒石酸（熔点159~160℃）；酒石酸钾钠用于配制斐林试剂。1g酒石酸能溶入0.75g水或溶入0.5g沸水、3ml醇、250ml醚、1.7ml甲醇、105ml丙醇，不溶于氯仿，酒石酸水溶液易感染霉菌、难长时间保存。酒石酸是啤酒发泡剂、发酵粉添加剂，自然界植物性食材可能存在这种有机酸，特别是葡萄汁中，酒石酸含量丰富。

1.5.5 水杨酸

水杨酸（Salicylic acid 或 Saligenin）化学名邻羟基苯甲酸，又名伪维生素S、VB_{11}，别名柳酸、撒酸、沙利西酸、α-羟基苯甲酸，是制备阿司匹林、工业染料的原料。

水杨酸化学分子式$C_7H_6O_3$，水杨酸有白色针或片状结晶和毛状结晶性粉末，无臭，纯净度≥99.5%，比重1.161，相对密度1.443，在70~100℃升华，熔点86~159℃，沸点211℃。

水杨树皮含水杨酸，水杨酸溶于15份水，易溶于沸水，水溶液呈酸性，用于作角质助溶剂或为人体作镇痛剂、为食材作杀菌消毒防腐剂、透皮促进剂；大剂量用水杨酸对人有毒。

水杨酸能够软化皮肤角质、止痒、保湿、治疗青春痘；水杨酸对皮肤有腐蚀性。

1.5.6 嘌呤

嘌呤（1-H Purine）又称尿圜、尿杂环、纯脲圜、普林、脲（杂）环或四氮杂茚，为含氮杂环化合物，具有相当稳定的芳香性，是核酸乌嘌呤、腺嘌呤、6-羟基嘌呤（阻止肿瘤生长）的组成部分，嘌呤衍生物广泛分布在咖啡碱、可可碱生物碱中，嘌呤分子式$C_5H_4N_4$，无色针状晶体，熔点216~217℃，水溶液在石蕊指示剂下呈中性，衍生物有腺嘌呤（有机碱）、乌嘌呤（有机碱）。核酸组成成分广泛存在于生物界，尿酸是为人体内嘌呤代谢的最终产物。人体内以嘌呤核苷酸形式（正常血中尿酸含有0~425μmol/L）存在并调节人体代谢、组成酶和提供能量。当人体代谢紊乱时，嘌呤类物质可能合成转化成尿酸（4,5—三氧嘌呤）逐步积累尿酸钠盐于肾脏、软骨、关节器官中，造成组织异物炎性高尿酸病症，严重者引起痛风、冠心病、诱发急性心肌梗死。嘌呤衍生药物嘌呤醇（allopurinol）可治疗高尿酸血症，吡唑嘧啶用于治疗痛风症，6-巯基嘌呤能选择性阻止肿瘤生长。痛风病患者不宜食用高嘌呤含量食材包括啤酒、蘑菇、紫菜。

食材胰脏每1kg含嘌呤8250mg、凤尾鱼每1kg含嘌呤3630mg、沙丁鱼每1kg含嘌呤2750mg。

食材每100g美食以含嘌呤1000~1500mg依次排列，次序：老火锅汤、浓鸡或肉汤、豆苗、香菇、紫菜、啤酒、鱼籽、贝类、鳝鱼、鲈鱼、鳕鱼、鲤鱼、白带鱼、酵母粉、牡蛎、浓肉汁、黄豆、脑、动物内脏；食材每100g含嘌呤150~50mg依次排列：螃蟹、乌贼鱼、小龙虾、虾、草鱼、鳗鱼、鸽肉、鹅肉、牛肉、猪肉、火腿、羊肉、鸡肉、蜂蜜、豆腐、豆腐干、芸豆、芦笋、蘑菇、菠菜、韭菜、四季豆、青豆、黑豆、豌豆、红豆、绿豆、粗粮、麦胚、鸡蛋、小麦麸、米糠。

1.5.7 牛磺酸

牛磺酸（Taurine）别名牛胆碱、牛胆素、α-氨基乙磺酸，分子式 $C_2H_7O_3NS$，白色棒状结晶，爱吸湿、溶解于水、不溶解于无水乙醇，纯度98.5%，受热至295~300℃分解。

牛磺酸是蛋白质之外磺化的一种游离氨基酸，即β-氨基乙基磺酸，最早获取方法是由牛黄中分离出来的故称为牛磺酸，属人体必需氨基酸。人体唾液、乳汁、血液、骨骼肌、心脏、卵巢、脑等器官内，共含牛磺酸这类人体必需氨基酸总量可达18g。牛磺酸对人体血管系统有独特的功能，主要是能保持心肌缩力、抗心律不齐、抗血乳酸积累、抗智力衰退、防止充血性心力衰竭、降低血压、调节眼睛晶体防治白内障，有解热、镇静、镇痛、抗炎、抗风湿等功能。

牛磺酸可采用鱼酱油、青鱼鱼背部肉、牛初乳、河虾、乌贼鱼、扇贝及无脊椎动物所含的丰富牛磺酸来补充。

1.5.8 琥珀酸

琥珀酸（Succinic acid）别名丁二酸，因存在于琥珀中而得名，被认为是贝类主要的呈鲜味道成分。琥珀酸分子式 $C_4H_6O_4$，比重1.564~1.572、水不溶物≤0.002%、无色晶体，熔点185~187℃，沸点235℃（部分变为无水物成为酸酐），容易溶解于水或无水甘油。

琥珀酸是药剂中的抗痉挛药、祛痰剂、利尿剂。

1.5.9 柠檬酸

柠檬酸（Citric acid）化学式 $C_6H_8O_7 \cdot H_2O$，又名枸橼酸，学名2-羟基丙烷-1，2，3-三羧酸。无水柠檬酸无色半透明结晶或白色粉末晶体，比重1.665，无臭、味酸、空气中有风化性、潮解性，有水物溶点100℃，无水品熔点153℃（比重1.542）。1g无水柠檬酸，可溶水0.5ml。食材来源于醋栗、覆盆子、茄子、柑橘类水果、柠檬、葡萄汁、番茄、山楂、樱桃、槐花米、荞麦。按水柠檬酸结晶酸味强度作基准100，无水柠檬酸结晶为酸味强度作基准110，苹果酸为125、酒石酸为130、50.0%乳酸为60、富马酸为165。成年人每日最大摄取量0.01mg以下为好。

1.5.10 醋酸

醋味的材料一般用淀粉酒精发酵含有的醋酸Ethylic acid，别名乙酸。纯净无水醋酸为无色澄明液体。分子式 CH_3COOH，有刺激性特臭与辛辣酸味，相对密度1.040~1.045，熔点16.75℃，沸点118.1℃，开杯闪点57.2℃，自燃点426.7℃。具腐蚀性、可燃性，蒸气有毒。

无水醋酸在低温凝固成为冰状特性，名称冰醋酸。普通醋酸pH1.3~2.0为无色透明液体，含醋酸36%、比重1.049。食醋含3%~5%乙酸和少量的酯、乙醇、糖、氨基酸、有机酸。

1.5.11 乳酸

乳酸（Lactie acid）别名α-羟基丙酸、丙醇酸，受热会脱水。

纯晶体乳酸熔点 18℃，黄色黏稠液体。分子式 $CH_3CHOHCOOH$ 或 $C_3H_6O_3$，比重 1.249。沸点 122℃，与水可以任意混合，浓缩至 50% 有部分出现乳酸酐，常见 85%～90% 乳酸含 10%～15% 乳酸酐。

来源于淀粉或牛乳、葡萄糖溶液发酵制得的乳酸，对食材有防腐作用、酸味比柠檬酸酸度好，是合成醋、合成酒、清凉饮料 pH 优良调节剂。

1.5.12 葡萄糖酸

葡萄糖酸（Gluconic acid）别名五羟基己酸，纯净葡萄糖酸熔点 131℃，几乎无色糖浆状液体，分子式 $C_6H_{12}O_7$，来源于葡萄糖经细菌的或化学的、电化学的氧化而得，工业用含量 50% 为淡棕色溶液，与水相溶，脱水干燥生成 γ- 或 δ- 葡萄糖内酯，葡萄糖内酯用作大豆蛋白凝固剂、饼干烘烤缓蚀膨胀剂。葡萄糖酸也是清凉饮料、食用醋 pH 优良调节剂，是方便面防腐调味剂。

1.5.13 磷酸

磷酸（Phosphoric acid）别名正磷酸、一缩原磷酸，含酸量 88% 磷酸冷却后纯品为无色结晶。

市售品含酸量 85%～97%，系无色无臭糖浆状液体，分子式 H_3PO_4，结晶比重 1.71，磷酸熔点 38℃，加热至 150℃ 失去水分至 200℃ 成为焦磷酸（磷酸沸点 213℃），磷酸加热至 300℃ 以上变为偏磷酸。磷酸溶解于水，会放出大量的热量。

味酸而含淡涩味的磷酸是百事可乐、可口可乐饮料的爽快温和的酸味调味剂。

1.5.14 肌酸

肌酸（Creatine）别名肌肉素、肌氨基酸、甲胍基醋酸，存在于脊椎动物的肌肉组织里，由精氨酸、甘氨酸、蛋氨酸合成。

肌酸水结晶物成单斜柱状结晶体肌肉素微溶于水，在 100℃ 失水，无水物熔点 295℃，303℃ 分解。肌酸可与 ATP 结合生成含有高能磷酸键的磷酸肌酸，是肌肉活动的贮存能量形式之一。

1.5.15 脱氢乙酸

脱氢乙酸（Dehydroacetie acid, DHA）又名二二六、6-二甲基-3-乙酰哌并酮-[2]，化学分子式 $C_8H_8O_4$。

结晶无色、无臭、无味，纯净品熔点 110℃、沸点 270℃，不溶于水、易溶于醇。鱼肝脂肪含 DHA 5% 左右，100g 带鱼肉可能含 0.25g DHA。

1.5.16 硫辛酸

硫辛酸（Biletan; Lipoic acid）又名 6,8-二硫辛酸，为 α-酮酸氧化脱羧酶系的辅酶及转羟乙醛基酶的辅酶。硫辛酸与人体代谢糖关系密切，酵母或肝脏含有硫辛酸，正常人体有自行合成功能。

1.6 生物碱

生物碱（alkaloid）旧称植物碱，是一类具有复杂环状结构碱性含C、H、O等元素、多为叔胺类的含氮有机碱性化合物。游离生物碱以有机酸盐形式呈现在植物体内，有2000多种，生物碱中有烟碱、茄碱、吗啡碱（安神）、毛果芸香碱（治眼疾）、喹啉碱（治疟疾原虫）、秋水仙碱（人工诱变植物多倍体）、肉碱、胆碱。嘌呤类衍生物生物碱类苦味物质可可碱、咖啡碱、茶碱。植物性苦味物质生物碱（alkaloid），含氮环核具有碱性天然生理活性有机物，植物界有百余科，生物细胞结构数十种。简单分类有茄科生物碱、毛茛科生物碱、百合科科生物碱、罂粟科生物碱。生物碱化学结构类型有吡咯啶衍生物类、吡啶衍生物类、喹啉衍生物类、异喹啉衍生物类、吲哚衍生物类、咪唑衍生物类、喹唑酮衍生物类、嘌呤衍生物类、甾体生物碱、莨菪烷衍生物类、无环生物碱类、结构未定生物碱类。生物碱味苦，是动物感觉物质有毒的信号。

动物性苦味物质有胆汁、蛋白质水解产物苦味质等往往有毒。生物碱类物质有复杂的环状结构、有一定旋光性和吸收光谱，对生物机体有强烈生理影响。一般不溶或难溶于水，像氨一样有强碱特性反应，与酸生成盐。用稀盐酸溶液可从植物组织中提取生物碱。植物中柠檬酸或苹果酸、鞣酸之类有机酸往往与植物碱结合一起存在。

1.6.1 胆碱（抗脂肪肝因子）

胆碱（bilineurine或choline）别名胆汁碱、氢氧化羟乙基三甲铵、β-羟乙基三甲基氢氧化铵，抗脂肪肝因子之一，有抗脂肪肝因子美称，是卵磷脂结构中关键组成部分，1849年首次从猪胆中被分离出来，当时定名胆碱。胆碱分子式$C_5H_{15}O_2N$或$HOCH_2CHN^+(CH_3)_3OH^-$，也是B族维生素类生物体组织中乙酰胆碱，它本身无色、性味苦辛，收水性强，为无色黏稠液体，具有强碱性安定物质。胆碱能生成鱼腥味二甲胺（DNA）、三甲胺（TNA）、哌啶（piperidine）、吲哚（indole）。

纯品胆碱无色，为黏稠强碱性液体，味辛而苦，吸水性强溶于水，在酸性溶液环境下对热甚稳定，在碱性环境下遇热即分解，胆碱易溶于水，在空气中易吸收水分与二氧化碳，对酸性溶液与热较稳定。在碱性溶液与热环境下，不稳定。是生物体组织中乙酰胆碱、卵磷脂、神经磷脂组成的原料部分，为人体代谢的中间产物。胆碱供体为蛋氨酸含有食材，胆碱部分含量特征参见表1-21。

表1-21　**食材部分胆碱含量（mg/100g可食部分中）**

食材名称	含量	食材名称	含量	食材名称	含量	食材名称	含量	食材名称	含量
鸡肉	14	小麦面粉	42	鸡蛋	124	牛奶	22	虾	59
猪肝	359	粳米	39	猪肉	63	带鱼	108	豆腐	27

胆碱苦味食材具有清热泻火、通便、燥湿、降逆、坚阴等功能。

1.6.2 茶碱

茶碱（theophylline）别名可可碱,茶碱的同分异构体又称综合茶叶药碱、梯乌新、1,3—二氧嘌呤、1,3—二甲基黄嘌呤、茶叶碱,纯品茶碱化学分子式 $C_7H_8O_2N_4$,无嗅,呈白色针状或粉状晶体,味苦,熔点 269~274℃,微溶于水,通常干茶中含量 0.002% 左右,是强利尿剂。

茶叶含 15%~20% 茶多酚（黄烷醇类、花色苷类、黄酮类、黄酮醇类、酚酸）,250℃ 开始分解。

1.6.3 咖啡因

咖啡因（caffeinum）又称咖啡碱、1,3,7-三甲基黄嘌呤、甲基可可豆碱、茶素、茶毒、马黛因、瓜拉纳因子、甲基可可碱。化学品咖啡因化学分子式（$C_8H_{10}O_2N_{44}$）无嗅、白色针形结晶、味苦,比重 1.23 密度 1.2g/cm,在空气中容易风化,热 80℃ 环境下失水,120℃ 以上开始升华,熔点 235~238℃,微溶于水,属于甲基黄嘌呤的生物碱,列为精神药品。咖啡碱分布在茶叶、咖啡果实内,咖啡碱苦味物质具有稳定人情绪、促进消化、刺激肠胃蠕动的作用,苦味咖啡有调整味觉灵敏度、促进食欲、诱导生物味觉细胞膜反应,能产生苦味信息,是苏醒药之一。咖啡碱有嗜好性、阻碍维生素 B_6、B_{12}、泛酸的吸收,中毒引起心动过速、骨质疏松、失眠导致死亡。

1.7 单宁、儿茶多酚类

1.7.1 单宁

单宁（cachou）又名鞣质、鞣酸、单宁酸（tannin）、炭尼酸、倍单宁酸、丹宁（denim 外来语）、没食子鞣酸,是植物中分子量大于 500 的多酚物质,在茶、咖啡、可可、高粱、椰子、葡萄籽皮、橡胶树或油漆树皮中广泛存贮。存在于植物的茎干、皮、根、叶、果实中的呈葡萄糖的没食子酸酯态单宁,称为天然鞣质。单宁在干红茶中占 5%、在干绿茶中占 10%。茶叶单宁属于多酚类色素物质。单宁主要成分是多元酚基和羧基的有机物,按化学结构分型有两类:(1)水解类单宁（HT）,指含酯键或配糖键的单宁,这种单宁以碳原子为核心在酸或酶作用下容易水解,产生桔酸（没食子酸）、双桔酸（双没食子酸）、鞣花酸等不具鞣质产物。鞣花酸不溶于水,呈黄色沉淀物,俗称黄粉,如栗木、漆叶、涩柿子中就含这种单宁。(2)缩合物类单宁（CT）所有芳香核以碳键相连,在强酸和强氧化剂作用下分子间可以缩合,产生红色沉淀物生产红粉,如儿茶、荆树条皮等就含这种植物鞣质单宁。

纯单宁是淡黄白色或浅棕色无晶形粉末或疏松有光鳞片形或海绵块状,有点臭气,具强烈涩味。在 180~200℃ 温度下可获得焦性没食子酸（焦桔粉）和儿茶类单宁酚,沸点 198℃、熔点 218~219℃,在空气中易氧化成为黑褐色醌类聚合物,一些植物果实去皮或切碎其肉在空气中单宁氧化的缘故。

几种果实单宁最大含量见表1-22参数。

表1-22　　　　　　　　　几种果实单宁最大含量

果实名称	单宁最小含量/%	单宁平均含量/%	单宁最大含量/%
柿子	0.15	0.28	0.25~0.3
草莓	0.12	0.2	0.41
苹果	0.025	0.1	0.27
樱桃	0.053	0.098	0.151
桃	0.063	0.1	0.22

体现与改善葡萄酒风味的单宁是保护人体心血管、抑制人体血液中低密度胆固醇（LDL）氧化，提高人体血液中高密度胆固醇（HDL）的药物成分，所以人类喜欢食用葡萄籽油、去苦涩的水果。

含单宁食材摄入过量刺激肠胃阻碍人体对铁的吸收，易发生便秘病症。

1.7.2 儿茶多酚类

茶叶内的儿茶多酚类（catechins）为黄烷醇类是多酚类化合物，在鲜茶叶内含量达14%~25%，常见儿茶素有四种：(1)L-表儿茶酚儿茶素。(2)dl 表没食子酸儿茶素。(3)L-表儿茶素没食子酸酯。(4)表没食子基儿茶素没食子酸酯。(5)L-表儿茶素+D, L-儿茶素。(6)L-没食子基儿茶素没食子酸酯。

"表"含义指儿茶素成分中母核有2，3位取代基处的吡喃同侧。此外还有具有聚合态及含有蛋白质结合态的儿茶素。90℃水430mL泡10g绿茶1min后，可得0.07g儿茶酚。

儿茶素化学分子式 $C_{15}H_{14}O_6 \cdot 4H_2O$，又名3，5，7，3′，4 - pentahydroxyflavan、儿茶酸。儿茶多酚类苦味物质有300多种，化学结构都为OH基，有除去活性氧（抗氧化能力）作用。

纯品儿茶素无色、无臭、有较轻苦涩味，白色针状结晶空气中易氧化成灰褐色，酶促褐的中间氧化物是邻醌。儿茶素微溶于水、醚，易溶于热水、醇、冰醋酸、丙酮，几乎不溶于苯、氯仿、石油醚，遇氯化铁呈黑绿色，熔点96℃，在100℃时失水，177℃成为无水品，约205℃时分解。

1.8 食材酸碱性

食材各呈酸碱属性的"食物相克"名著，市场上有千万种书刊，中国东汉时期大医学家张仲景巨著《金匮要略》书中提到48种不能同食的食物，认为"食物相克"是中国独有的说法，这是人们的不恰当解读造成的。有些人膳食营养素物质进入体内产生生理上不同酸性、碱性的生理反应，很敏感。若摄入酸性食材数量大的人，可能会导致血液pH下降，发生有关酸性中毒或缺钙病症。营养学普遍认为，食材灰分呈酸性反应的食材可称酸性食材，食材灰分呈碱性反应的食材可被称为碱性食材。进入人体消化系统后的食物不论原来为酸性、中性、碱性，均当消化、吸收、进入血液送往各器官，矿物质元素呈性经体内新陈代谢后的产物仍为碱性则该食物原材料属于碱性食材。反之，称为酸性食材。人类血液或体液的pH酸碱值一般稳定保持在7.35~7.45之间，低于pH 7.3为酸中毒（acidosis），超过pH 7.45为碱中毒（alkalosis），膳食搭配不当有可能引起机体酸碱平衡失调。

矿物质元素属含金属钙、镁、钾、钠、钙、铁离子为碱性食材，属含非金属氯、磷、硫等离子型为酸性食材。部分食材一般酸度/碱度属向参见列表1-23。

表1-23　食材一般酸碱度（碱度/mL 数）/灰分呈碱度（+）或碱度（-）属向

碱性食材	碱度/灰分呈碱度（+）	酸性食材	酸度pH/灰分呈酸度（-）
裙带菜	碱度60.8/	蛋黄	19.2/
茶	/灰分碱度+8.89	鲤鱼、蛋类	10~20酸度（-）6.4~18.8
海带	40/灰分呈碱度+14.6	畜、禽肉	10~20/灰分呈酸度（-）7.6~5.6
四季豆	/灰分碱度+5.20	虾	/灰分呈酸度（-）1.80
菠菜	/灰分碱度+12.0	糙米	9~14
芜菁、萝卜	6~10/灰分碱度+9.28	精米、面粉	3~5/
胡萝卜	9~15/灰分碱度+8.32	燕麦	15/
柑橘类	碱度5~10/	荞麦粉	/pH7.3~7.7
大豆	9~10/灰分碱度+2.20	玉米	5/
豆腐	/灰分碱度+0.20	大米饭	1/灰分呈酸度（-）11.67
山芋、蘑菇	6~10/	糙米	/灰分呈酸度（-）10.60
马铃薯	5~9/灰分碱度+5.20	白面包	2~3/灰分呈酸度（-）0.80
番茄、南瓜	3~5/	蚕豆	5~10/
西瓜	/灰分碱度+9.4	干奶酪	4/
苹果、蛋清	1~3/灰分碱度+8.2	牛奶	2/灰分呈碱度+0.32
洋葱	1~2/灰分碱度+2.40	芦笋	/灰分呈酸度（-）0.20

pH酸碱值一般稳定保持在7.35~7.45之间的中性典型食材有：淀粉、蔗糖、菜籽油、猪油、鲜奶油、黄油。

1.9 蛋白类物质

1956年中国成功合成胰岛素，是世界史上首先用全合成具有生物活力蛋白类物质胰岛素的国家。人体含有10万多种不同蛋白质（protein），在高等动物体内已发现蛋白质有500多万种，具有特异功能的蛋白质两万种，蛋白质组成成分氨基酸只有22种，蛋白质分子含多达几百个氨基酸残基的多肽链，已知一级最短蛋白质链如肠促胰链肽与胰高血糖素（glacagon）含20~100个氨基酸残基，蛋白质的氨基酸残基数在100~500个甚至几千个。食材类蛋白是指供人食用易消化、无毒、有营养物，蛋白为蛋中之白的液体或加工成黄色无定形粉末,遇热则凝固故可作溶液澄清剂。

1.9.1 蛋白质

蛋白类物质（protein matter）通常简称蛋白质(protein)，它指的是多种蛋白类物质的总称,蛋白质曾经旧称朊（ruan），所有生物体中蛋白质都是由22种基本氨基酸组成,各种氨基酸又都是按特定顺序构成的蛋白质。细菌、鸟类、鱼类与人类氨基酸顺序构成相似有35%,猪、牛哺乳动物与人类氨基酸顺序构成有90%相似。生物细胞含有的蛋白质是各种活动物质基础与生命源,是由50%~55%碳、6%~7%氢、20%~23%氧、12%~19%氮、0.2%~3.0%硫,以及铁、碘、磷、锌多元素构成20多种氨基酸类的高分子有机物,食材含氮量×6.23=蛋白质含量。格斯认为:"生命是蛋白质的存在方式。"大豆蛋白相对分子量与沉降系数影响见表1-24。

表1-24　　　　　　　　　大豆蛋白相对分子量与沉降系数影响

已知大豆组分	相对分子质量	占总蛋白的百分数	沉降系数/s
胰蛋白酶抑制剂	8000~21500	22	2
细胞色素C	12000		
血球凝集素	110000	37	7
脂肪氧化酶	102000		
β-淀粉酶	61700		
7S球蛋白	180000~210000		
11S球蛋白	350000	31	11
—	600000	11	15

粮油简单蛋白质按其溶解度好差关系与:清蛋白（Albumin）、球蛋白、胶蛋白（prolamin）、谷蛋白（glutein）含量有影响。

含有营养素的蛋白物是食材的主角成分,它们分布在植物性食材种子、根、茎、叶、花、果实等存在含氮物质（nitrogenous materials）中,有蛋白质、肽、氨基酸。蔬菜植物蛋白又称含氮物质,蔬菜植物蛋白不是供给人体的蛋白质来源,然而人体对米、肉中蛋白质消化率为75%可能性时,吃了蔬菜后的摄入者粮食内蛋白质消化率能提高到85%~90%。

蛋白质起泡力见表1-25所收集部分参数。

表1-25　　　　　　　　　不同蛋白质溶液起泡力

蛋白质	起泡力	蛋白质	起泡力
牛血清清蛋白	280	β-卵球蛋白	480
乳清分离蛋白	600	酶水解大豆蛋白	500
鸡清蛋清	240	酸法加工猪皮明胶	760
卵清蛋白	40		

食用蛋白性质功能参见表1-26。

表 1-26　　　　　　　　　　　食品用蛋白功能

食品类型	功能
饮料、汤、沙司	不同 pH 时的溶解性、热稳定性、黏度乳化作用、持水性
形成的面团焙烤面包、蛋糕等	成型与形成弹性膜、内聚力、热变形、吸水、乳化、发泡、胶凝、褐变、成熟化
乳制品	乳化、水与脂的吸收和保持、凝结作用、硬度
鸡蛋代用品	发泡、胶凝作用
香肠等肉制品	乳化、胶凝作用、水与脂的吸收和保持
植物组织蛋白	内聚力、热变性、水与脂的吸收和保持、不溶性、硬度
食品涂膜	内聚、黏合
巧克力类糖果制品	分散性、乳化作用

食材可食部分蛋白质含量如表 1-26 所示部分参数。

表 1-26　　　　　　　植物性—动物性食材可食部分蛋白质含量　　　　　　　　（%）

名称	含氮物质蛋白质	名称	含氮物质蛋白质	名称	含氮物质蛋白质
稻谷	8	小麦	9.4	玉米	5.2
鲜山芋	2.3	葵花子	23.1	棉籽	39.0
大豆	36.3	花生仁	26.2	芝麻	20.3
苹果	0.3~0.4	草莓	1.0	菠萝	0.4~0.3
梨	0.1~0.1*4/5	番石榴	0.7~1.1	龙眼	1.2
桃	0.5~1.7	杧果	0.6~0.7	荔枝	0.7~0.8
樱桃	1.1~1.4	葡萄	0.4~0.7	枇杷	0.4~1.1
马铃薯	1.5~2.3	冬笋	4.0~4.1	青大豆	4.4~7.2
绿豆芽	1.5~3.2	蘑菇	2.9	青蚕豆	7.4~9.0
甘蓝	1.2~1.4	胡萝卜	0.6~1.4	西红柿	0.7~1.3
大白菜	0.5~1.3	藕	0.4~2.3	茄子	0.7~2.3
菠菜	1.9~2.9	黄瓜	0.4~1.2	甜红椒	1.0~1.3
兔肉	24.25	牛肉	20.07	鸭肉	23.73
瘦猪肉	20.08	羊肉	16.35	鸡肉	19.50
肥猪肉	14.54	鹿肉	19.50	马肉	20.10
全鸡蛋	13.3	全鸭蛋	12.8	鹌鹑蛋	16.64
大黄鱼	17.6	带鱼	18.1	蓝圆鱼	22.7
鲤鱼	17.3	鲫鱼	13.0	青鱼	19.5
白鲢鱼	18.6	花鲢鱼	15.3	草鱼	17.9
梭子蟹	20.0	中华绒螯蟹	14.0	海参	2.5
鲍鱼	23.5	对虾	20.6	青虾	16.4
干猴头菌	26.3	干冬虫夏草	21.48~26.40	干蜂王浆	36~55

按脂蛋白含甘油三酯密度多或少，又依高或低的脂蛋白，分类脂蛋白命名有：(1)高密度脂蛋白，(2)低密度脂蛋白，(3)极低密度脂蛋白，(4)乳糜微粒。

蛋白质被人体消化吸收的体内利用程度生物价（Biological Value, B.V，氮保留量/氮的吸收量×100）用生物价比率 B.V 表示：

奶类生物价为 85~99，鸡蛋（全）生物价为 94~98，肉类生物价为 69~94，鱼生物价为 83，虾生物价为 77，大米饭生物价为 77~82，面粉生物价为 52~67，面包生物价为 79，大麦粉生物价为 64，小米生物价为 57，马铃薯生物价为 67~74，山芋生物价为 72。各种食材蛋白质可能供给氨基酸构成评价比分，即每克待评蛋白质中某种必需氨基酸毫克数/每克参考蛋白质中某种必需氨基酸毫克数×100（Amino Acid Score, A.A.S）数值。常用氨基酸构成比例评分用 AAS 表示：鸡蛋 100，人奶 100，牛奶 95，大豆 72，稻米 67，花生米 65，小米 63，全小麦 53，玉米 49。

1.9.2 氨基酸

蛋白质彻底水解（蛋白质分子→多肽→寡糖→二肽→氨基酸）后，化学分析发现最终产物可能分解出氨基酸（aminoacid）混合液，混合液可能含有：(1)非极性疏水性氨基酸。(2)极性中性氨基酸。(3)酸性氨基酸。这混合液是蛋白质混合液含量较多的食材经过烹饪后具有特殊风味儿的原因。

氨基酸分子同时含氨基和羧基，有机化合物组成含有复合官能团的蛋白质组织，氨基酸是蛋白质的基本单位。天然蛋白质含有复合官能团，通常应用盐酸水解法或碱法水解、酶法水解、稀酸碱水解蛋白质产物里，可分离出 22 种不同氨基酸，这些结晶熔点都差不多在 200~300℃。

氨基酸品种 175 种以上，通常理化特性有：(1)吸水系数与疏水性程度成正比。(2)除酪氨酸、色氨酸、苯丙氨酸吸收紫外光之外，一般氨基酸不吸收可见光。(3)除甘氨酸外天然氨基酸都有旋光性，都溶解于水以赖氨酸和精氨酸溶解度特别大。(4)所有氨基酸 pH 接近中性；氨基酸与亚硝酸作用生成羟基酸，放出氮气。(5)天然氨基酸固体白色结晶，加热在 150~200℃烘烤食材焦壳产生喹啉、喹喔啉、吡啶类杂环芳胺化合物，熔点通常在 200~250℃，300℃以上裂解产生吲哚、咪唑、吡啶类致癌化合物。氨基酸羧基具有一元羧酸性质可成盐、成酯、成酰胺、脱羧、酰氯化等。(6)只有钠盐氨基酸有鲜味（谷氨酸钠鲜味剂）。(7)氨基酸的热反应，能改变蛋白质和肽的亲水性、疏水性、功能性质，仅亲水性的脯氨酸与水生成黄色产物荧光波长 440nm，其他氨基酸波长 570nm。(8)植物或动物组织中蛋白质水解中后，只存在 L－型异构体 α－氨基酸。

各种氨基酸之间以肽键形式联结在一起，它们都可被酸、碱或蛋白质酶水解断裂为单个氨基酸。分子中一般同时含有氨基（$-NH_2$）和羧基（$-COOH$）组合的化合物称为氨基酸。人体需要的食材类 L－型 α－氨基酸，有 28 种，其中有 9 种为人体必需品种。人体组织，每天约有 3% 蛋白质分解产生的 90% 从体内氨基酸库代谢出尿素－二氧化碳、能量、非蛋白含氮化合物被排出体外。9 种人体必需从食材蛋白质摄取的氨基酸在部分食材中氨基酸含量，参数请见表 1-28 摘录。

表 1-28　　　　　　　摘录几种食材中氨基酸分含量　　　　（单位：mg/100g）

食材名称	氨基酸分含量								
	赖氨酸	胱氨酸	蛋氨酸	色氨酸	苯丙氨酸	苏氨酸	异亮氨酸	亮氨酸	缬氨酸
胡萝卜	21	5	9	9	24	20	23	35	40
马铃薯	93	28	30	32	81	71	70	113	113
甘蓝	52	17	12	8	34	44	37	62	69
菠菜	136	42	48	55	124	143	102	203	180
大白菜	30	4	9	8	25	26	24	37	44
花椰菜	127	44	34	26	96	102	95	158	149
茄子	23	4	8	6	22	19	20	36	34
蘑菇	170	20	20	40	80	100	80	140	90
玉米	0.27	0.18	0.13	0.08	0.47	0.31	0.29	1.05	0.46
小麦	0.33	0.30	0.14	0.14	0.59	0.34	0.46	0.80	0.57
稻谷	0.31	0.12	0.10	0.09	0.36	0.28	0.29	0.58	0.47

不同色泽植物含有氨基酸种类—含量差别很大，食材或其制品产生褐变往往与还原糖对氨基酸发生影响或产生糖氨反应有关，食材内含有酪氨酸在酪氨酸酶作用活力下：马铃薯去皮层或切碎片表面氧化会生成黑色素，果蔬食材内甘氨酸具特有甜味，含有谷氨酸、天门冬氨酸之类可使果蔬制品都呈特有鲜味，氨基酸与醇混合物反应生成的酯类物质会使制品溢出香味。氨基酸评分（Amino Acid Score, A.A.S）= 每克待评蛋白质中某种必需氨基酸毫克数/每克参考蛋白质中某种必需氨基酸毫克数 × 100%。氨基酸在人体代谢过程中，经脱去氨基之一系列生理活动后有可能生成乙酰乙酸（酮体）的一类氨基酸有：亮氨酸、异亮氨酸、苯丙氨酸、酪氨酸，这些"生酮氨基酸"在人体代谢过程中产生的酮体有可能随同脂肪代谢氧化分解，也有可能合成脂肪酸进一步而最终形成脂肪。

丙氨酸、谷氨酸、天冬氨酸、甘氨酸、丝氨酸、苏氨酸、半胱氨酸、缬氨酸、精氨酸、乌氨酸、脯氨酸、羟脯氨酸，在人体代谢过程中，经脱去氨基之一系列生理活动后生成相对应的α-酮酸后，有可能最后转变成葡萄糖或糖原，这些生糖氨基酸脱去氨基后生成的酮酸、糖原、脂代谢共同构成人体内酮酸代谢库。人体内酮酸代谢库有可能合成氨基酸、蛋白质、葡萄糖、糖原、脂肪，这些"生糖氨基酸"也有可能代谢氧化分解产生能量，最终代谢生成 CO_2 和水。

1.9.3 肽

蛋白质分子中氨基酸之间通过肽键（peptide bond）相连，氨基酸之间通过肽键相互连接而成的化合物称为肽，氨基酸残基形成化合物最简单肽（寡肽），由两个氨基酸分子组成称为"二肽"，由三个氨基酸分子组成称"三肽"，其余类推。多肽分子中氨基酸之间通过肽键相互连接而形成长链称"多肽链（polypeptide chain）"。为氨基酸分子中的氨基与另一个氨基酸分子中 COOH 的羧基缩合失去一分子水所形成。肽是蛋白质被水解失去一分子水形成的中间产物。

生物体内存在许多活性肽，它们主要是生命活动功能性物质也是生物体新陈代谢产物，小麦胚芽或酵母中含有的谷胱甘肽（存在于动物、植物细胞内）。蛋白质是由一条肽链氨基酸单元或多条肽链氨基酸单元构成的聚合物。含有 D-氨基酸和二氨基庚二酸短肽，是生物细胞壁与蛋白质成分之一。三肽类谷胱甘肽是谷氨酸、半胱氨酸、甘氨酸组成的三肽。三肽在植物、动物、微生物的生物细胞里，分布很广。三肽三个及三个以上氨基酸分子组成的肽称为多肽（polypeptide），可把蛋白质看成是具有一定立体构象的大分子多肽。多肽中氨基酸失去水分子后称为氨基酸残基。多肽是某些氨基酸、毒素、抗生素的成分，具生物生理功能或生物学效应。相对分子质量超过10000个氨基酸分子组成多肽称"蛋白质"。肉中的肽主要是谷胱甘肽、肌肽、鹅肌肽。

　　非蛋白态含氮化合物在肉类表现有各种嘌呤碱基、游离氨基酸、核苷、胆碱、尿素、氮之类，一些激素、毒素、抗生素属于这类多肽，毒蘑菇中含有的 α-毒伞肽、β-毒伞肽、γ-毒伞肽、ε-毒伞肽、三羟毒伞肽、毒肽—羟毒伞肽酰胺之类肽，对人有毒。

　　生物体内存在许多活性肽，它们大多是新陈代谢产物在生命活动中有各自（清除自由基或降低血脂、通过机体免疫力）重要生理功能。在生物体新陈代谢活动上是优良自由基清除剂、组织解毒剂、抗过敏剂。

1.9.4 胰岛素

　　胰岛素（insulin），是因其由胰脏兰氏小胰岛 β-细胞分泌产生含51个氨基酸中脱掉4个碱基而转变为胰岛素和连接肽（C肽）两条肽链组成的蛋白类的一种激素。胰岛素 A 链有21个氨基酸，B 链有30个氨基酸经2个二硫键相连接。胰岛 α-细胞分泌产生含29个氨基酸组成的单链肽类，有使动物血压升高功能。动物性胰岛素由：(1)21氨基酸胰岛素 A 链和(2)30氨基酸胰岛素 B 链连接，AB 两链之间由2个胱氨酸的二硫键连接，二硫键一旦断裂将使胰岛素丧失活性。单纯白色粉末结晶性胰岛素分子式（$C_{90}H_{150}N_{22}O_{24}S_2$），溶于水溶液，在-18℃时可制成硫酸盐。原产于中国的小叶紫色空心菜（蕹菜、薤菜、瓮菜、竹叶菜、子藤菜、水藤菜、通菜、无心菜），这些菜无根须者优，嫩茎空心呈圆筒状，叶浅绿色或紫红色似竹叶，茎叶含有丰富的纤维素、胰岛素成分。

1.10 油脂类

　　油脂类指：(1)微生物细胞内可能积累脂肪。(2)动物体皮下组织、肌肉、腹腔、肝脏结缔组织储蓄的脂肪。(3)植物体种子果仁、根、茎、叶、花贮存的脂肪。食材中的脂质类，参见表1-29。

表 1-29　　　　　　　　　食材脂质类

主类	亚类	组成
简单脂质	酰基甘油	甘油 + 脂肪酸
	蜡	长链脂肪醇 + 长链脂肪酸
复合脂质	磷酸酰基甘油	甘油 + 脂肪酸 + 磷酸盐 + 含氮基团
	鞘磷脂类	鞘氨醇 + 脂肪酸 + 磷酸盐 + 胆碱
	脑苷脂类	鞘氨醇 + 脂肪酸 + 糖
	神经节苷脂类	鞘氨醇 + 脂肪酸 + 碳水化合物
衍生脂质		类胡萝卜素、类固醇、脂溶性维生素

植物种子中磷脂成分组成含量（干基%）参数请见表 1-30。

表 1-30　　　　　食材中磷脂成分组成含量（干基%）参数

种子名称	磷脂成分组成			种子名称	磷脂成分组成		
	甘油醇磷脂	磷脂酰胆碱	磷脂酰乙醇胺		甘油醇磷脂	磷脂酰胆碱	磷脂酰乙醇胺
大豆	1.6~2.5	35.0	65.0	芝麻		52.2	47.8
葵花子	0.6	38.5	61.5	亚麻子		36.2	63.8
小麦	1.3			鸡蛋黄		71.3	28.7
油菜籽	0.9~1.5			牛肝		49.0	51.0
花生	0.7	35.7	64.3	牛肾		45.6	54.4

表示有机物不饱和程度的指标称碘值，用于油脂测定碘值指 1g 样品能吸收碘的厘克数。碘值越大油脂不饱和程度越高，碘值大于 130 称干性油。碘值小于 100 的花生油、菜籽油、蓖麻油称为不干性油。碘值 100~130 的棉籽油、大豆油称为半干性油。碘值大于 130 的红花油、亚麻油、桐油属于干性油。

1.10.1 脂、油、蜡

广义脂肪（fat）统称包括类脂（lipoids）、磷脂与胆固醇（phospholipids, sterols）、油（oil）和油脂（lipa），通常称室温下呈固态动物油脂（animul fat）为脂（fat）。植物油脂（vegetable fat）中含 99% 油质物三酰甘油酯室温下呈液态，被称为油（oil）。动物油脂常见猪板油、起酥油、色拉油、奶油。油脂是类脂（lipids）、类脂物、脂质类、蜡（wax）类的总称。动物或植物油脂内含三酰甘油酯含量比例高达 99% 左右，这就是人们习惯说的：(1) 固体油脂状三酰甘油酯叫名脂（grease）。(2) 三酰甘油酯液体状态叫名"油"，为油和脂的统称，是常温下呈液体状态的碳氢合化物，油品种分为植物油、动物油、矿物油、香精油（精油）。(3) 植物、动物、矿物含有油脂具有可塑性、能燃烧、易熔化（熔点 60~90℃）、不溶于水、在碱性溶液里稳定性高、在人体内不容易消化的食材称为蜡（wax），蜡有蜂蜡、白蜡、鲸蜡、羊毛蜡、苹果皮蜡，蜡是带有醇而没有甘油的脂肪酸酯。

1.10.2 脂肪酸

脂肪基本结构单元脂肪酸（fatty acids,FA）是碳氧氢构成链状羧酸有机酸总称，是羧基与脂肪羟基油脂和脂肪连接而成的一元羧酸，是脂和油分子的基本单位，自然界有40多种脂肪酸。

化学家通常对三个脂肪酸结合物形成的脂肪称三酰甘油（TAG 甘油三酯），天然不饱和脂肪酸大部分脂肪酸为顺式结构只含一个不饱和双键或非共轭脂肪酸。天然油脂甘油酯属于高碳脂肪酸又称高级脂肪酸、亦称真脂、中性脂肪。

植物油脂不饱和脂肪酸含量都高、碳链短、熔点低。植物性食用油花生油、菜籽油为单不饱和脂肪酸，大豆油、玉米油、芝麻油、葵花子油为含多不饱和脂肪酸的。

动物性食用油猪油、牛油、羊油为含饱和脂肪酸（SFA）的动物性食用油，这些高碳数脂肪酸形态呈固体、熔点较高、不溶于水，脂肪酸与碱作用生成盐、与醇作用生成酯。

食用油通式描述 R·COOH （R 是脂肪羟基），按羟基 R 性质脂肪酸分：(1)羟基 R 只有单键的饱和脂肪酸，羟基 R 含双键一个或多个的不饱和脂肪酸，亚油酸、亚麻酸、花生四烯酸、油酸〔$CH_3(CH_2)_7CH=(CH_2)_7COOH$〕之类为不饱和脂肪酸又名单不饱和脂肪酸。(2)饱和脂肪酸（SFA 又称 ω-9），是不含双键的脂肪酸，常见于花生酸、硬脂酸、软脂酸、豆蔻酸、月桂酸。

饱和脂肪酸（saturatedfatty acid,SA）有：甲酸（H·COOH）、醋酸（CH_3·COOH）、软脂酸 $CH_3(CH_2)_{14}$·COOH、硬脂酸 $CH_3(CH_2)_{16}$·COOH。饱和脂肪酸是脂肪酸碳（长链碳数>14、碳原子是偶数）链不含双键者，称为饱和脂肪酸；动物或植物脂肪酸含有十六酸（软脂酸）、十八酸（硬脂酸）、二十酸（花生酸），其次是十二酸（月桂酸）、十四酸（豆蔻酸）都是饱和脂肪酸。

脂酰链甲基后第三个碳原子出现一个双键的不饱和脂肪酸，称 n-3（ω-3、二十二碳六烯酸和二十碳五烯酸），在第六个碳原子出现一个双键的不饱和脂肪酸称 n-6（ω-6、亚油酸、二十碳六烯酸），饱和脂肪酸化学结构烃基中含一个或几个双键的有：(1)n-3（即 ω-3）系列不饱和脂肪酸，ω-3 又称 Omega-3 写作 Ω-3、ω-3、n-3、奥米加-3、欧美茄-3,是一条由碳、氢原子相互连接的18个以上长链的第一个不饱和双键位于甲基端第三个碳原子上的脂肪酸，故名 Omega-3。Omega-3 主要营养成分有 α-亚麻籽酸（ALA）、二十碳五烯酸（EPA）、二十碳六烯酸（DPA）组成，ω-3 中 DHA 可以增加人体胰岛素敏感性对人体有降血脂、降血压、降心率、预防脑血栓功效。(2)n-6（或 ω-6）系列不饱和脂肪酸。Omega-6 不饱和脂肪酸只有 2~4 个双键。含有丰富 ω-6 的食材有玉米油、葵花子油、红花油，以及谷物、鸡蛋、水果、蔬菜、鱼，人不必担心身体缺乏它。(3)Omega-9 为单不饱和脂肪酸（Monounsaturated,fatty acid,MUFA），MUFA 在人体内转变成油酸、n-3 后有促进低密度脂蛋白胆固醇氧化、保护血管壁作用。单不饱和脂肪酸分子式含一个双键，在人体内对胆固醇无升降影响;富含单不饱和脂肪酸的橄榄油、菜籽油、花生油、玉米胚芽、杏仁的组成成分之一。多不饱和脂肪酸（Polyunsaturated,fatty acid,PA）指两个以上双键且碳链长度在16～22个碳原子直链的脂肪酸,通常由多元不饱和脂肪酸又名必需脂肪酸（EFAs）系列ω-3（α-亚麻酸,ALA）、ω-6（亚油酸）、ω-9（油酸）组成,多不饱和脂肪酸（PUFA）能降低人体内胆固醇。食用油脂是甘油和多种脂肪酸组成的甘油三酯混合物。动物油主要成分为胆固醇、棕榈酸、肉豆蔻酸、月桂脂酸等。

按化学结构单元组织油脂分:单纯脂、复合脂、脂的前体及衍生物、结合脂。有机酸羧酸（RCOOH）分类有脂肪酸、芳香酸、饱和酸、不饱和酸,食用油含有多元不饱和脂肪酸、单元不饱和脂肪酸、饱和脂肪酸。脂类化合物物理性质与生物吸收、消化、新陈代谢生物功能关系密切,脂类化合物种类繁多、各种化学性质千差万别,主要大类分:(1)脂肪酸（饱和或不饱和脂肪酸、脂肪酸盐）。(2)油脂（油、脂肪）。(3)磷脂（甘油磷脂、鞘磷脂）。(4)糖脂（甘油糖脂、鞘糖脂）。(5)甾族混合物（胆固醇类、胆甾酸、甾体激素）。(6)萜类（单萜、倍半萜、二萜、三萜）。单纯性酯（甘油三酯、混合甘油二酯、蜂蜡）,复合酯（糖脂）,衍生物（脂肪酸、类固醇、烃类、B-胡萝卜素）,脂蛋白（密度极低的脂蛋白VLDL、低密度脂蛋白LDL、高密度脂蛋白HDL）,磷脂（卵磷脂又名蛋黄素、脑磷脂等）,胆固醇又称胆甾醇。隐性脂已知脂类（Lipid）有:三酰甘油酯与类脂中的磷脂、糖脂、固酯、固醇酯、卵磷脂,这些油脂脂质类不论形态共同物理特征是不直接溶于水。油脂类（fats）又称脂质类（lipids）成分组成结构分类有简单脂质（simple lipids）、复合脂质（complex lipids）、衍生脂质（derivative lipids）。

甘油,属于40多种脂肪酸类最简单的三元醇。脂肪（fat）由三个脂肪酸和一个甘油分子化合产物,脂肪所含碳、氢比例比糖要多,氧占有量比例少,固态或半固态的碳氢混合化物中,脂肪比糖在动物机体内的生理反应产生热量更大。脂肪分子式是由甘油与三个分子脂肪酸（三脂肪酸甘油酯$C_3H_5[COOR]_3$）和一个甘油分子缩合而成,故称为甘油三酯（triglyceride,TG）或三酰基甘油。甘油三油酸酯（中链脂肪酸组成的$C_8～C_{11}$产物,MCT）、亚油酸类的脂,在人肠道内不容易被消化吸收,因而引起人们开始关心脂肪组织内成分的组成成分。油脂内通常含少量的类脂（亦称脂质）（lipids）。

类脂类脂肪包含各类脂肪及磷脂（phosphatide,PL）、固醇类（sterols）又名甾族化合物、鞘磷脂（sphingomyelin）类固醇（steroid）、萜类（terpinyl）、蜡（wax）。

脂类营养素化学结构各异,有简单的链状分子或复杂的环状及支链分子结构,亦有能与蛋白质结合成为复合分子（脂蛋白）的。种子中磷脂含量参数请见表1-31摘录。

表 1-31　　　　　　　　　　　　种子中磷脂含量　　　　　　　　　　　　　　（%）

名称	磷脂含量	名称	磷脂含量	名称	磷脂含量	名称	磷脂含量
大豆	1.95	小麦胚	1.55	菜籽	1.02~1.5	棉籽	1.25~1.8
葵花子	0.6~0.8	大麦	0.74	玉米	0.28	亚麻籽	0.44~0.7
花生仁	0.4~0.6	黑麦	0.57	稻米	0.64	米糠油	0.5

大豆磷脂（soybean phospholipids）由卵磷脂 + 脑磷脂 + 肌醇磷酸 + 磷酸酸种成。

磷脂为含磷酸的脂质，主要包含：(1)甘油醇磷脂，(2)神经氨基醇磷脂。甘油醇磷脂磷脂酸（phosphatidie，PA）衍生物卵黄中，含有磷脂酰胆碱类的卵磷脂（phosphatidyl cholines，PC）、脑细胞中的脑磷脂（phosphatidyl ethanolamines，PE）、丝氨酸磷脂 PS、肌醇磷脂 PI。

生命细胞中卵磷脂和鞘磷脂组成的胆碱（choline），骨骼内磷脂酰、胆碱、肌醇，神经组织中含有 55% 的磷脂。

磷脂包括磷脂酰乙醇胺、磷脂酰丝氨酸，都是由甘油、脂肪酸、磷酸乙醇胺或磷脂酰丝氨酸组成。磷脂是生物细胞膜、细胞器（线粒体—内质网等）膜的重要成分，与生物体脂质运转、血凝、神经冲动的传导有关。

磷脂不是人类必需营养素，因为人体有生物合成功能。油在食材营养素中作为脂肪的主要用途或影响是：(1)与水在烹饪中为良好传热介质，赋予油炸食材形状与色、香、味。(2)油是脂溶性营养素溶剂和载体。(3)面包点心模具的润滑剂、雕塑剂、口感改良剂。(4)豆浆牛奶水包油型饮料的乳化剂或蛋黄酱或肉汤内的油为烹调汤的乳化剂。(5)烘烤食材淀粉与面筋不互相辅粘的取酥剂。(6)油与水化合物对食材制品有保护温度迟缓下降的作用。(7)油营养素产热量高达 39.58kJ/g，油是储蓄热能最高的食材，能供给人体所需热能。

油脂在动物体内生理反应可产生 9.3al（39.58kJ/g）热能，脂肪在动物体内生理反应化学式如下：$C_{17}H_{35}COOH + 26O_2 \rightarrow 18CO_2 + 18H_2O + 热能（39.58kJ/g）$。常见油脂种类特征：

(1)动物类油脂特征在：①乳脂肪类，这是有相当数量 C_{12} 以下低级脂肪酸组成的反刍动物乳汁里所含油酸、硬脂酸、棕榈酸，这类低级脂肪酸熔点低、碘值高、气味芳香。②熔点高、可塑性好含有完全饱和甘油酯 C_{16} ~ C_{18} 脂肪酸的家畜脂肪。③含有 C_{20} 以上长链多不饱和脂肪酸、脂肪酸碳双键数目在 6 个以上的高度不饱和油脂哺乳动物油、肝油、鱼肝油。

(2)植物类油脂特征在：①月桂酸类，这是有 C_6 ~ C_{14} 脂肪酸的相当低含量不饱和脂肪酸组成的低熔点油，棕榈类植物椰子树或巴巴苏树类籽仁含这类不饱和脂肪酸，其氢化油是重要工业用油。②没有三饱和甘油酯、饱和脂肪酸与不饱和脂肪酸含量比在 2:1 的可可脂，可可脂软（融）化温度 32~36℃，是巧克力主要关键原料。③饱和脂肪酸含量低于 20% 不存在三饱和甘油酯不含芥酸的菜籽油、橄榄油、红花籽油、葵花子油、芝麻油、玉米油、花生油、棉籽油。④部分含有易氧化不易贮藏亚麻酸的大麻籽油、亚麻籽油、麦胚油、豆油。

脂肪酸组成的普通类脂,分为4组:(1)含高度不饱和多烯脂肪酸以亚油酸为主的,有亚麻子油、鱼油。(2)含饱和脂肪酸(saturated fatty acid,SFA)为主的,有猪油、牛羊油、可可脂、黄油。(3)含不饱和脂肪酸(unsaturated fatty acid,USFA)为主的,有菜籽油、花生油、橄榄油。(4)含不饱和双烯必需脂肪酸即亚油酸脂肪的,有黄豆油、葵花子油、玉米油、红花油、棉籽油。

不饱和脂肪酸分子结构上,有一个以上双键通常为液态油状,品种有花生油、菜籽油。根据脂肪烃分子中烃基(烃分子链)饱和程度如油酸 $CH_3(CH_2)_7CH=CH(CH_2)_7COOH$ 含有双键,含有双键的不饱和脂肪酸还有亚油酸(两个双键)、亚麻酸(三个双键)、花生四烯酸(四个双键)。不饱和脂肪酸在氩气280℃×65h加热后生成烃、酯、二聚物。食用油脂肪酸比例含量见表1-32。

表1-32 几种食用油脂肪酸比例含量

油脂	饱和脂肪酸	不饱和脂肪酸	油脂	饱和脂肪酸	不饱和脂肪酸
棉籽油	25	75	椰子油	92	8
花生油	20	80	奶油	60	40
菜籽油	6	94	猪油	42	58
豆油	13	87	牛脂	53	47
麻油	14	86	羊脂	57	43

食用油化学成分复杂,性质中饱和脂肪酸无干燥性(不干燥油),不饱和脂肪酸有干燥性,一般热带植物油脂脂肪酸多有饱和性,如椰子油、棕榈油等饱和脂肪酸含量高表现为不干性油。

食用油中脂肪酸、脂类、三酰基甘油在氧环境高温下发生两类不同氧化反应,参见图1-4。

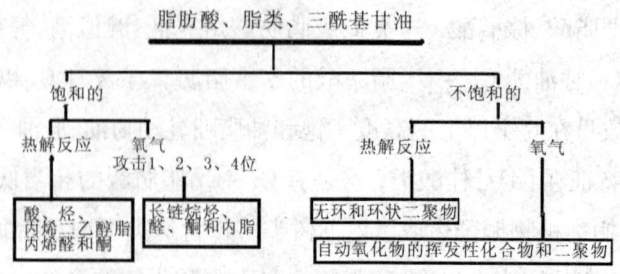

图1-4 食用油脂类的热分解产物部分关系

亚麻酸分子式($C_{17}H_{31}COOH$)中,含两个双键不饱和双烯酸的脂肪酸,常与油酸一起存在于植物油里。亚麻酸学名8-12-15-三烯十八酸又名亚麻仁油酸、次亚麻子油酸,比重

0.914，熔点 -11℃，沸点 229~230℃，油酸也是天然的不饱和脂肪酸分子式 $CH_3(CH_2)_7CH$ ⇌ $(CH_2)_7 \cdot COOH$，油酸水解物甘油酯是橄榄油等植物油主要成分之一、纯品油酸无色无味，一般为呈黄色至红色在空气中颜色转深。"维生素F"载体类植物油，是促进摄入者早期生长发育、促进血液凝固、帮助保持血压正常、有助于皮肤和毛发健康，帮助腺体发挥生理作用的主食用油。科学家在必需脂肪酸分类一度把 VF 当成维生素放在维生素种类里，几年后发现 VF 并没有维生素的功能，于是"维生素F"之名多已废弃不用了。脂肪酸中，只有单键（$H \cdot COOH$）的油脂成分物称为饱和脂肪酸。如：甲酸（$H \cdot COOH$）、醋酸（$CH_3 \cdot COOH$）、软脂酸 $CH_3(CH_2)_{14} \cdot COOH$、硬脂酸 $CH_3(CH_2)_{16} \cdot COOH$。

饱和脂肪酸（三酰基甘油和脂肪酸）真空加热 200~700℃×1h 产物为烃、酸、酮。

动物油脂肪与植物油的不同点，是不同油的甘油酯酯键处动物油有甘油根、磷酸根、胆碱根类物质。动物油含有少量（1%~1.55%）磷脂，并含由甘油根、磷酸根、胆碱根组成的卵磷脂（lecithin）和脑磷脂（cephalin）。反式脂肪酸猪油脂肪酸饱和脂肪酸含量 43%、单不饱和脂肪酸（油酸）占有量约 44%、亚油酸和亚麻酸（多不饱和脂肪酸）约占 9%、其他脂肪酸约占 3%。油酸分子式 $CH_3(CH_2)_7CH$⇌$CH(CH_2)_7COOH$ 比重 0.8905，熔点 13.2℃，沸点 268℃，无色液体，商品黄色或红色。

反式脂肪酸（Aflatoxins，TFA）学名 Trans fatty acid 又名反式脂肪，人造奶油中含有 35% 左右 TFA，是植物油加氢制取的甘油与脂肪酸组成三酰甘油酯的羧酸化合物，TFA 在通常牛奶中只含有 3%~5%，牛油中含 TFA 4%~11%，面包之类食品含 TFA≤0.3 可以标示含量为 0.0。TFA 顺式十八烯 -9- 酸含有一个双键不饱和脂肪酸酸相反物质又名反式十八烯 -9- 酸。反油酸分子式 $CH_3(CH_2)_7CH-CH(CH_2)_7COOH$ 比重 0.8505，熔点 43.7℃，沸点 288℃，白色固体不溶于水、溶解于乙醇，反式脂肪酸为碳链上含有一个或一个以上非共轭反式双键所有异构体的总称，是人体非必需脂肪酸。反式脂肪酸指原料为液体植物油经人工化学加氢原子后，变成为固体（室温下）形态脂肪称这类脂肪叫氢化油，这种氢化油中的脂肪酸为反式脂肪酸。含有丰富反式脂肪酸的氢化油又称起酥油、植物氢化油、人造黄油。反刍动物肉和乳制品含反式脂肪酸，食用油氢化产品主要成分为反式脂肪酸，经超高温加热后的油脂会产生反式脂肪酸，反复在用的高温油炸制品也含反式脂肪酸。

威化饼干、巧克力夹心饼干、起酥饼、派、珍珠奶茶、油炸薯条可能渍染了反式脂肪酸，反式脂肪酸摄入多了的人也可能危害记忆力、发胖、心血管动脉健康下降、生育无力、发育迟缓、胎儿不健康。

营养学提出应用食用高度不饱和脂肪酸含量高的油类，可以降低血清胆固醇水平或防止其升高，高度不饱和脂肪酸为人体必需脂肪酸，它们属于亚麻酸族，有亚麻酸、亚油酸、油酸、不饱和单烯酸。TFA 饱和脂肪酸在氩气 280℃×65h 加热（裂解）后生成烃、酯、二聚物。饱和脂肪酸与胆固醇易结合并沉淀于血管壁成为动脉硬化因素，所以每人每天摄入动物油限值小于 20g 左右为宜。

1.10.3 胆固醇

胆固醇(cholesterol 或 cholestenone)分子式 $C_{27}H_{46}O$，别名胆脂醇、胆甾醇，又名异辛甾烯醇，是一类不被皂化的呈白色或微黄色圆形颗粒或叶状结晶性固体中性醇，旋光度 $-30°\sim 31°$，灼烧残渣 0.05%。胆固醇是性激素（合成固醇激素）、胆汁酸、VD 原料也是生物膜结构组分，因为胆囊汁中含量具有代表性故得名。动物体内最重要的胆固醇以游离或酯化形式分布在脑、神经、皮脂、胆汁；通常是以游离的或酯化的形式存在于动物组织或体液里，游离与酯化的比例约 1∶3，动物脑、神经、皮脂、胆汁里胆固醇含量丰富。人体肾上腺、大脑、神经组织、肝含量较多，体重约每千克含有 2g，健康人血浆胆固醇浓度 $150\sim 250mg/dL$。人体内血液胆固醇是与蛋白质相结合以脂蛋白形式出现的，对于人体贡献很大的胆固醇重要生理意义是：胆固醇是 VD_1 - 肾上腺皮质激素 - 性激素的前体、胆固醇是合成胆汁酸的原料、胆固醇对生物膜的通过性以及神经髓鞘绝缘或传导有调节功能，胆固醇含量度与人体组织视网膜通透性、神经髓鞘绝缘、神经传导息息相关，胆固醇是破坏肿瘤细胞及其他有害物质的物质；脂蛋白极低密度胆固醇（VLDL）和脂蛋白低密度胆固醇（LDL-C）称为"致动脉粥样硬化因子"坏胆固醇，脂蛋白高密度胆固醇（HDL-C）可将血管壁多余胆固醇携带至肝脏处理去除被称"抗动脉粥样硬化脂蛋白"好胆固醇。通常过度拥有胆固醇的人，容易形成动脉粥样硬化、胆结石；人体过低胆固醇拥有量致免疫力下降。

胆固醇几乎无臭、不容易溶解于水，只能溶于丙酮、氯仿、二氯六环、醋酸乙酯、石油醚、植物油之类有机溶剂，与光接触起反应，易溶于热乙醇、溶于植物油中，比重 1.007（20/4℃），熔点 $148.5\sim 150℃$、沸点 360℃（部分开始分解），在高真空下升华。胆固醇与卵磷脂为构成细胞膜物质，只见于动物脂中，胆固醇主要存在于动物脊椎组织细胞里，尤以神经、脑组织中含量较高。

膳食脂肪中含有的总固醇(cholesterol)，人血脂及脂蛋白测定项目有总胆固醇（英文缩写 CHOL），亦称类固醇（steroids）、甾族化合物。固醇又称甾醇（sterol）、脂醇、异辛甾烯醇，总固醇是脂类含有羟基的环戊烷多氢菲全氢菲类衍生物固体化合物的总称，广泛存在于动物、植物界，固醇衍生物分别有动物类胆固醇、麦角固醇、胆汁酸、维生素 D、雄性激素、雌性激素、肾上腺皮质激素、昆虫的蜕皮激素、毛地黄素、皂素、口服避孕药。类固醇主要有不饱和化合物小麦胚含有的植物二氢固醇（分子式 $C_{27}H_{45}OH$）、麦角固醇、谷固醇、油料（黄豆、蓖麻子、椰子、玉米、棉籽、亚麻子、棕榈子、花生、油菜籽、米糠、芝麻）中的豆固醇、细胞固醇。1843 年法国化学家高布利从蛋黄细胞膜分离出脂肪酸及磷酸复合物"卵磷脂"，卵磷脂能强化脑细胞保护脑力、预防血栓形成；在蛋类、黄大豆中有卵磷脂分布。人体内每天自然合成的内源性胆固醇，大约达 $0.4\sim 1.2g$。人血浆中正常维持每百毫升含 $150\sim 250mg$，胆固醇称总脂的数量的 5% 为类脂，又称定脂，以其确保保障人体健康。胆固醇是激素制造原料，是生物胆汁酸和类固醇激素的前体，胆固醇衍生物 7-脱氢胆固醇经紫外线照射后可能转化为维生素 D_3。动物体内最重要的固醇通常是以游离的或酯化的形式存在于动物组织或体液、血液里,游离与酯化的比例约1:3。

常用食材中胆固醇含量参见相关文献摘录表1-33。

表1-33　　　　　　　常用食材中胆固醇成分含量（mg/100g）参数

类别	名称	含量	类别	名称	含量	类别	名称	含量	类别	名称	含量
肉类	猪脑	2571	肉类	羊奶	34	蛋类	全鸡蛋	680	油	黄油	296
	牛脑	2447		羊肚	124		全鸭蛋	634		酥油	227
	羊脑	2004		羊肝	323		全鹅蛋	707		牛油	135
	猪肾	405		牛肝	257		鸡蛋黄	1705		羊油	107
	猪肝	368		肥牛肉	194		鸡蛋粉	2303		猪油	98
	猪肺	314		瘦牛肉	63		咸鸭蛋	742		鸭油	83
	猪肠	180		肥羊肉	173		松花蛋	649		植物油	0
	猪肚	159		瘦羊肉	65	水产类	鱼子	600	水产类	鳊鱼	94
	猪心	158		兔肉	83		蟹黄	536		鲅鱼	75
	猪舌	116		鸽肉	110		泥鳅	136		鳜鱼	124
	猪蹄筋	117		鸡肫	229		黄鳝	126		鲢鱼	99
	猪大排	111		鸭肉	80		甲鱼	120		鳙鱼	112
	肥猪肉	107		鸭肝	515		青鱼	100		草鱼	86
	瘦猪肉	77		鸡肉	117		小黄鱼	74		大黄鱼	86
	猪肉松	163		鸡肝	429		鲤鱼	84		带鱼	76
油脂	猪油	85	甲壳类	小虾米	738		鲫鱼	104		鲑鱼	101
	奶油	168		河蟹	235		鲫鱼籽	460		牡蛎	100
	可可	2	奶	牛奶	13		海蜇皮	16		海虾	117
	炼乳	39		脱脂奶粉	28		海参	0		河蟹	267

动物脑、神经、皮脂、胆汁里胆固醇含量丰富,是生物膜结构组分。动物血液里胆固醇与蛋白质结合形成脂蛋白,溶解于血液中并在体液、组织内运转,体液组织内脂蛋白胆固醇有:高密度脂蛋白胆固醇(HDL-A)、低密度脂蛋白胆固醇(LDL-B)、极低密度脂蛋白胆固醇(VLDL-C)。极低密度脂蛋白胆固醇(VLDL-C)俗称"坏胆固醇"会形成血管壁脂质斑块导致血管狭窄、引起脑卒中,健康人血液坏胆固醇在1.8~3.4mmol/L。低密度脂蛋白(LDL)担负着依靠血液与血管把肠、肝合成的胆固醇运输到全身各处,并同步将多余胆固醇存放在血管壁、身体细胞组织末梢上,容易沉积在血管壁上的LDL含有至浓度160mg/100mL以上或小于35mg/100mL,可能引起心血管疾病。

高密度脂蛋白(HDL)功能是把留在血管壁、身体细胞组织末梢上的多余胆固醇提取出来可能会把部分HDL带回肝脏,HDL对血管壁、身体细胞组织末梢处有清洁作用,有疏通血管保护心脏的作用,故有专家称高密度脂蛋白(HDL)为好胆固醇,称低密度脂蛋白(LDL)为坏胆固醇。

营养学认为人体对 HDL、LDL 都需要，问题是人们摄取脂类中的胆固醇含量有度，保持 HDL、LDL 总量在体内有适当平衡量，以维持健康的体质。人体内胆固醇新陈代谢失调了，会引起动脉粥样硬化、胆结石病症。不健康人摄入主要由饱和脂肪酸组成油脂，会有使血清胆固醇浓度高于 260mg/100g 的风险。

肉类食材中的胆固醇在烹饪时，适当调整的办法有：(1)以文火或称温火、慢火、小火（食材汤类混合物在 95℃ 少沸腾汽泡情况下），加热炖煮长时间可使食材内含胆固醇饱和脂肪酸含量大大减少至 10% 以下。(2)含胆固醇的肉类与不含胆固醇的黄豆、海带、辣椒类蔬菜相配合，利用植物性食材里的磷脂或辣椒素降低肉类胆固醇摄入量。(3)大蒜素可能使肉类中胆固醇下降 10%～15% 含量。(四)生姜中的类水杨酸也具有一些降低胆固醇的功效。

1.10.4 食用蜡

食用蜡（edible wax），由高级脂肪酸和高级一元醇的酯组成的物质称为蜡，作为食品被膜剂。蜡是油腻的、可溶性的、光滑黏稠体或固体。食用蜡品种有：(1)地蜡、石蜡之类矿蜡。(2)鲸蜡、虫蜡、蜂蜡等动物蜡。(3)巴西棕榈蜡、糠蜡等植物蜡。

石蜡（paraffin wax）又名固形石蜡，为石蜡碳氢化合物混合物。固体石蜡白色或无色半透明、无臭无味，熔点 48～93℃，用于制造合成脂肪酸或高级醇，食品卫生监控按 GB2760 规定用于胶姆糖基础剂，食用石蜡最大允许使用量为小于 50g/kg。

蜂蜡（Bees wax）又名白蜂蜡，是带有醇而没有甘油的脂肪酸酯，比重 0.965～0.969，熔点 63～64℃，成分组成主要为棕榈酸花酯的蜂蜡熔点 72℃，呈淡黄色、黄色、黄白色不透明蜡质蜂蜡，具有蜂蜜香气，熔点 62～67℃，为口香糖或食品的黏合、防水添加剂，蜂蜡在口香糖等食品黏合剂或防水剂。

巧克力糖豆用巴西棕榈蜡（carnauba wax）相对密度 0.997，熔点 80～86℃。

硬脂酸（stearic acid）又名油酸氢化油，是混合脂肪酸经分段低温分离出来的半硬型固体或粉末，有微弱牛脂似滋味，熔点 69.6℃，沸点 383℃，不溶于水。

1.11 维生素

维生素又称新陈代谢原质，西文（vitamin, V）音译旧称维他命缩写 V。曾汉音译"维他命"意在它们是天然、极微、维持动物细胞正常生理功能所必需的有机物。维生素是人体或动物维持正常生理功能所必需的低分子有机生命元素，1912 年波兰化学生物家 C·Funk（芬克）博士在伦敦工作室创造了维生素这个词。

食材中维生素保留率更加小，为此，了解维生素的物理化学特性、应用技术保持物性和含有量的经济意义，自然大。维生素种类按它们的溶解特性分两类：(1)能溶解于水的维生素物质称水溶性维生素（water-soluble vitamins）。(2)只能溶解于油类溶剂的 VA、VD、VE、VK 称为脂溶性维生素（fat-soluble vitamins）。

水溶性维生素有硫胺素（VB_1）、核黄素（VB_2、VG）、泛酸（VB_5、遍多酸）、烟酸（VB_3 又称 Vpp）、异烟酸、钴胺素（VB_{12}）、叶酸（VB_9）、VC、生物素（VBH）等水溶性维生素成分组成的商品叫作复合维生素 B（vitamin B complex），属于 VB 族类维生素还有吡哆醇（VB_6）、肉碱（VBt）、VP，水溶性维生素都以溶于水为主要共同特征。水溶性维生素一般不溶于有机溶剂及脂肪，它们被动物摄入并代谢后的废弃物，容易从尿中排出体外。绝大多数水溶性维生素能以辅酶（coenzyme）或辅基（prosthetic group）形式参加酶系统生理活动，一些特殊人群（病患者）不能完全依赖生物供给。

部分维生素的作用与食材品种来源请参阅表1-34。

表1-34　　　　　　　　　部分维生素的作用与食材品种来源

类别		维生素英文代表字母	维生素别名	对人体生理作用	食材维生素来源品种
脂溶性维生素		A（A_1，A_2）	抗干眼病醇、视黄素、视黄醇	参与视力作用、防皮肤角质化	鱼肝油、胡萝卜、绿色蔬菜等
		D（D_2，D_3）	骨化醇	调节钙-磷代谢	蛋黄、奶制品、干菜
		E（$\alpha-\delta$）	生育酚	预防不育病症	谷物油、玉米、黄豆
		K（K_1，K_3）	氢化甲萘锟、凝血维生素	在肝内合成凝血因子Ⅱ至Ⅹ促进血液凝固	肝、包菜、番茄、菠菜
水溶性维生素	VB族	B_1	硫胺素	构成辅酶成分、抗炎	葡萄、谷类、蚕豆
		B_2	核黄素	预防口腔炎、促生长	肝、南瓜丝瓜、山楂
		B_3、Vpp、…	烟酸、尼可丁酸	促进消化、血液循环	米糠、鱼肉、酵母
		B_5	泛酸、遍多酸	调节肠胃道表皮活动	麦粉、胚芽、肝
		B_6	吡醇素	与氨基酸代谢有关	米糠、胚芽、肝
		B_{11}	叶酸、VM、PGA	预防恶性贫血、生血	叶菜茎果、肝、红豆
		B_{12}	氰钴素	预防恶性贫血、	肝、肾、鱼、乳、肉
		B_{13}	乳清酸	防肝功能障碍、黄疸	牛奶、酵母
		H	生物素、D-促进素	促进脂类代谢	硬果、肝、谷类蔬菜
		H_1、PABA	对-氨基苯甲酸、Bx	预防灰发、防晒剂	肝、酵母
			胆碱	防止脂肪积累	肝、蛋黄、谷类胚芽
		B_8	肌醇	防止脱发、防脂中毒	肝、酵母、谷类胚芽
	VC	C	抗坏血酸	促进细胞间质生长、防治坏血病	花菜、辣椒、雪里蕻、猕猴桃、红枣
	V	P	柠檬素	增加毛细血管活力	柠檬

1.11.1 维生素A（视黄醇）

1913年发现的维生素A（retinol、VA）又名维生素甲、维他命甲、抗干眼病维生素、抗干眼病醇、视黄醇、视力保护神、脱氢视黄醇，英文缩写VA，VA是指具有视黄醇生物活性β-紫罗宁衍生物（不仅是前维生素类胡萝卜素）的总称。

1.11.2 维生素D（骨化醇）

存在于肝脏中的维生素D（VD）包括钙化醇（caleiferol）、胆钙化甾醇（cholecalciferol）、抗佝偻病维生素、骨化醇、维他命丁，VD是一种具有胆钙化醇生物活性甾醇营养素的总称，已知VD可分离出结晶VD_2、VD_3、VD_4、VD_5四种，鱼卵、奶油、瘦肉、蛋黄富含VD。

1.11.3 维生素E（生育酚）

1922年发现维生素E（VE）又名生殖醇、生育酚、生育维生素、维他命戊、胎果酚等，能抑制不饱和脂肪酸氧化为过氧化物，VE是所有具有生育酚生物活性化合物的总称。天然维生素 E 分生育酚、生育三烯酚两类，生育酚与生育三烯醇统称 VE。每类又分 α、β、γ、δ 四种。植物油中以小麦胚芽油 αγβ 生育酚 VE 含量最多，大豆色拉油、玉米油、芥花油都含 VEα - 生育酚为主，长期食用的人易发生气喘病，可能发病血栓静脉炎。VE 食材来源一般含量，查看表 1 - 35 参数。

表 1 - 35　　　　　　　　VE 食材来源一般含量　　　　　　　　（μg/100g）

食材名称	VEα - T	VEα - T3	β - T	β - T3	γ - T	γ - T3	δ - T3
葵花子油	56.4	0.013	2.45	0.207	0.43	0.023	0.087
大豆油	17.9	0.021	2.8	0.437	60.4	0.078	37.1
玉米胚芽油	27.2	5.37	0.214	1.1	56.6	6.17	2.52
橄榄油	9.0	0.008	0.16	0.417	0.471	0.026	0.043
菠菜	26.05	9.14					
面粉	8.2	1.7	4.0	16.4			

VE 对人生理有防治习惯性流产、先兆流产、不育症功能，能增强细胞抗氧化能力（抗氧化物）、抑制细胞内细胞膜脂类不被氧化，保护细胞免受自由基危害，维持细胞生理功能，还有有改善微血管血液循环防止动脉粥样硬化、脉管炎、新生儿硬皮症，有效增加精子生成和繁殖能力。人过量吃 VE 出现月经过多、恶心，停药后慢慢消失。

1.11.4 维生素 K（抗出血维生素）

1935 年发现天然维生素 K 只存在有 VK_1、VK_2 两种。1939 年分离得到维生素 K（VK）又名甲萘醌、血液凝固剂、凝血维生素、止血维生素、抗出血维生素，是由一系列萘醌类物组成的可消除自由基的营养素，为人体肝脏制造凝血酶元所必需，也可用 2 - 甲基 - 14 - 萘醌的衍生物人工合成物。油状物 VK 微溶于有机溶剂里，受到光、氧化剂、强酸卤素作用会分解。

植物类 VK_1 中文名叶绿醌，化学分子式（$C_{31}H_{46}O_2$），VK_1 可从苜蓿提取，提取物黄色油状物比重 0.967（25℃）、熔点 -20℃ 加热至 110～120℃ 以上分解。

动物类 VK_2 又名甲萘醌、聚异戊烯甲基萘醌，分子式（$C_{41}H_{56}O_2$）熔点 53.5～64.5℃。

人工合成的 VK_3 是甲基萘醌或 2 - 甲基萘醌 -[1,4]衍生物，分子式（$C_{11}H_8O$）、结晶性粉末、微臭、不溶于水，熔点 106～107℃ 分解，对人体皮肤有刺激性。人工合成的 VK_4 叫作乙酰甲萘醌，分子式 $C_5H_9O_2$、白色或微黄色结晶性粉末、微臭、不溶于水、易溶于沸乙醇，熔点 105～114℃。VK 是预防阻塞性黄疸或胆囊管和新生儿出血病、人体缺乏凝血酶原症的良药，是帮助血液凝固、血小板形成和预防贫血症与预防血友病的天然维生素。人体缺乏 VK 或会营养不良，会发生贫血症。人过量吃 VK 可能多出汗、血压下降、面部潮红。VK 的食材来源于牛肝、鱼肝油、绿叶植物蔬菜、番茄、芝麻油或动物的蛋黄、海藻、紫苜蓿、菠菜、甘蓝菜、莴苣、花椰菜、香菜。

1.11.5 维生素 B 族

1911 年命名维生素 B 族（VB），VB 族种类世界公认有 12 类以上。VB 族维生素水溶性维生素群中，通常为包含 VB_4 硫胺素、VB_2 核黄素、VB_5 泛酸、B_4 腺碱即精氨酸 + 甘氨酸 + 半胱氨酸的混合物，还选择性地有 VB_3 烟酸、VB_6 吡哆醇、VB_{11} 叶酸、VB_{12} 氰钴素、肌醇、维生素 C 或生物素（VH）。按规定组成的混合制剂 B 族维生素中水溶性维生素族群包括 VB_1 至 VB_{17}、VBc – VBM、VBx、VC、VG、VP、VPP。

1.11.5.1 维生素 B_1（盐酸硫胺素）

VB_1（thiamine）单斜系无色或白色粉末或针状晶体化学分子式（$C_{12}H_{18}O_4NSC_{12}$），在 pH = 3 时 140℃ 加热 1h 不破坏，在碱性环境下被加热易分解（煮稀粥不能放碱），熔点 248（分解）~250℃，不溶于脂性溶剂，1g 能溶于 1mL 水，3.0μg 纯品盐酸硫胺所具有活性度为 1 国际单位。

VB_1 易与无机盐或有机盐，形成相应盐类天然食材内的 VB_1，有一个伯醇基能与磷酸形成磷酸酯、硫胺素焦磷酸盐，与盐酸形成硫胺素盐酸盐，与硝酸形成硫胺素单硝酸盐。

VB_1 食材部分含量特征参见表 1 – 36。

表 1 – 36　　　　食材部分 VB_1 含量参数（mg/100g 可食部分中）

食材名称	含量	食材名称	含量	食材名称	含量	食材名称	含量	食材名称	含量
大米	0.33	小麦粉	0.24	黄豆	0.41	猪肉	0.53	鸡肉	0.07
黑米	0.41	燕麦	0.3	绿豆	0.25	猪血	0.03	鸭肉	0.22
玉米	0.21	山芋	0.12	大白菜	0.03	牛肉	0.02	鸡蛋	0.16
小米	0.59	黑大豆	0.2	白萝卜	0.02	羊肉	0.15	鲫鱼	0.04
生花生仁	1.07	豌豆	1.02	蚕豆仁	0.59	鸡蛋黄	0.27	干酵母粉	6.56

严重缺乏 VB_1 的人可能会患上干脚气病、肌肉组织萎缩、湿脚气病、肌肉组织水肿、婴儿脚气病、喉咙组织水肿。过量吃 VK 的人可能头昏、乏力、恶心，停药后病症消失。

1.11.5.2 维生素 B_2（核黄素）

食材中的核黄素即 VB_2（riboflavin）往往与磷酸和蛋白质结合形成复合物。1879 年英国布鲁斯发现 1933 年分离出来的 VB_2，又名核黄素（riboflavin）、曾用名 VG、维生素乙。核黄素具有糖醇结构的异咯嗪衍生物纯品是具有荧光色素的橘黄色针状晶体，含有核糖醇、味苦、有微臭、对碱环境不稳定、微溶于水或醇溶剂。动物细胞中核黄素参加组成单核核苷酸（FMN）、黄素腺嘌呤二核苷酸（FAD）两种氧化还原辅酶。医药用 VB_2 为人工合成物，微溶于水或醇溶剂。干燥 VB_2 对热甚为稳定、对碱环境不稳定、对光敏感紫外线光下光化学分解产生光黄素"日光异体"，VB_2 分子式（$C_{17}H_{20}N_4O_6$）熔点 282℃（分解）。食材来源于绿叶蔬菜、雪里蕻、油菜、植物油、蘑菇、动物肝、牛奶、鱼、豆制品、酵母食品，VB_2 食材部分含量特征参见表1-37。

表1-37　　　食材部分VB$_2$含量（mg/100g 可食部分中）

食材名称	含量	食材名称	含量	食材名称	含量	食材名称	含量	食材名称	含量
干大红菇	6.9	奶粉	1.16	大杏仁	1.82	猪肾	1.14	鲫鱼	0.07
干酵母菌	3.35	山楂晶	1.34	桂圆肉	1.03	鹌鹑蛋	0.31	甲鱼	0.37
香菇	1.26	黄鳝丝	2.08	鸭肝	1.05	鸭蛋	0.35	带鱼	0.06
紫菜	1.02	蚕蛹	2.23	猪肝	2.08	鸡蛋	0.17	虾	0.07

1.11.5.3　维生素B$_3$（烟酸）

1867年德国化学家从烟草中提取了一种化合物取名烟酸，1937年有人用烟酸治抗癞皮病确认烟酸是抗癞皮病因子，1945年后有科学家用别名VB$_5$又名蒸酸、嘧啶-3-甲酸、蒸六圜、蒸碱酸、烟碱酸、抗癞（糙）皮病因子、抗糙皮症素、氮苯酸-〔3〕、尼古丁酸，尼克酸（nicotinc acid）、Vpp、烟酸碱，烟酸在人体内参与脂质代谢可转变为尼克酰胺。

VB$_3$广泛存在食材内，含有这种营养素的物种有：小麦胚芽、麦粉制品、粗糖蜜、牛乳、米糠、麸皮、酵母、动物肝、肉、肾。烟酸VB$_3$部分食材含量特征，参见表1-38。

表1-38　　　食材VB$_3$来源一般含量（μg/100g）

食材名称	VB$_3$含量	食材名称	VB$_3$含量
干啤酒酵母	200.0	荞麦	26.0
牛肝	76.0	菠菜	26.0
蛋黄	63.0	烘烤花生	25.0
猪肾	35.0	全乳	24.0
小麦麸皮	30.0	面包	5.0

人体血液内结合体VB$_3$量约0.1μg/mL，每日（d）尿排出量3~5mg/d。人对VB$_2$的需要量至今尚未查明，只知道VB$_3$是人体内碳水化合物及脂肪新陈代谢功能关系密切的关键物质之一。普通饮食供给量能够达到6~12mg/d，显然是足够的，人体拥有足够VB$_3$有助抗压、消除疲劳、安定情绪。VB$_3$对动物体内碳水化合物与脂肪代谢有协调作用，是人体维持消化系统健康、合成性荷尔蒙不可缺少的物质，能缓解偏头痛。

人肠道内细菌能自然为寄生主贡献它们合成的VB$_3$，只有抗生素或避孕药吃多了的人、缺乏了VB$_3$的人，皮肤易生糙皮病以及皮炎或牛皮癣、口腔可能发炎、生舌炎、食欲不振、疲劳、过敏、烦躁、关节炎、失眠症、感觉异常。过量吃VB$_3$的人可能出现皮肤潮红瘙痒、呕吐、腹泻、荨麻疹，停药后病症消失。

1.11.5.4　维生素B$_4$（腺嘌呤）

维生素B$_4$（Adenine为精氨酸+甘氨酸+半胱氨酸混合物）又名腺碱、腺嘌呤、六-氨基嘌呤磷酸盐、磷酸氨基嘌呤。腺碱商品通常的精氨酸+甘氨酸+半胱氨酸三者组成的混合物,腺碱中有:6-氨基嘌呤、乙酰甲萘醌、腺素、腺碱、胰碱、腺嘌呤盐酸盐、氨基嘌呤磷酸盐、磷酸氨基嘌呤。

嘌呤类衍生物的腺碱为白色或微黄色结晶性粉末、有酸醋臭味,不溶于水,化学式 $C_5H_3N_4(NH_2)\cdot 3H_2O$ 或 $(C_5H_5N_5)\cdot 3H_2O$,加热至110℃成为无水物熔点112~114℃ 至360~365℃分解,加热至220℃开始升华,加热至≥365℃完全分解。

VB_4 腺嘌呤在动物胰组织里有刺激白细胞增生辅酶作用、参与肝内凝血酶原 RNA/DNA 的合成,具有选择性阻止肿瘤再生长的作用,可帮助发挥胰细胞生理正常代谢功能,其磷酸盐有刺激白细胞增生作用。腺嘌呤来源于胰食材中,也存在于大米、甜菜、茶叶、忽布等多种植物里。

1.11.5.5 维生素 B_5(泛酸)

维生素 VB_5 又称烟碱酸、右旋泛酸、d-泛酸、本多生酸,成年人肠道菌自行合成产生辅酶 A 可促进乙酰化作用供应人体对 VB_5 的需要,故人类通常不会突然 VB_5 缺乏得病。VB_5 以辅酶 A 形式存在于人体细胞内,人体细胞内辅酶 A 随食材摄入体内,辅酶 A 由人机体生理功能将食材含有(+)-VB_2 在体内经作用形成。

VB_5 广泛存在于动物肉、肝、肾、奶、酵母食材内,对玉蜀黍疹有抵抗性,是一种与动物机体分解蛋白质、碳水化合物功能关系密切的自然类型维生素。

1.11.5.6 维生素 B_6(吡哆醇类)

1945年确认的吡多辛又名 VB_6(Pyridoxine)、吡哆醛、吡多辛、吡哆胺、吡哆素,天然品是潜在共存的三种化合物,是形式上由吡哆醇(PN)、吡哆醛(PL)、吡哆胺(PM)三种化学物能在生物体内吡啶相互转化衍生物。吡啶衍生物的吡哆醇(PN)类,别名吡哆醛、吡哆胺、吡哆素、吡哆醛、盐酸吡多醇、羟甲吡啶、盐酸抗皮肤炎素、盐酸吡多辛、盐酸羟甲氮六环、盐酸羟甲嘧啶、盐酸 B_6 醇、盐酸维生素 B_6、VB_6。

至少是有三种(PN-PL-PM)形态共存在的 B 族维生素 VB_6,通常药品 VB_6 为羟甲吡啶(Pyridoxine)、羟甲吡啶醛、羟甲吡啶胺组合物。VB_6 含量98.5%,分子式($C_8H_{11}O_3N$),无色晶体、味咸、无臭、溶于水,在空气中稳定。加热至204~212℃分解—升华。

VB_6 食材部分含量特征参见表1-39。

表1-39　　食材部分 VB_6 含量(mg/100g 可食部分中)

食材名称	含量	食材名称	含量	食材名称	含量	食材名称	含量	食材名称	含量
标准面粉	0.07	土豆粉	0.42	鱼肉	0.45	鸡蛋	0.03	牛奶<	0.03
玉米粉	0.06	辣椒	0.83	鸡肉<	0.5	黄豆	0.46	猪肉<	0.24

VB_6 营养素自然食材来源有瘦肉、果仁、糙米、麦芽、豌豆、大豆、花生、核桃、香蕉、植物油、

蔬菜、谷物、酵母、鱼。

1.11.5.7 维生素 B_7（辅酶 R）

维生素 H（VH）是合成维生素 C 的必需物，基本分子结构为脲和带戊酸侧链噻吩组成的五元骈环的异构体，天然生物素是羧化酶辅助因子具有活性的 D-生物素。D-生物素（biotin 又名 D-Biotin 或 coenzymeR），和硫胺素一样为水溶性含硫维生素是尿素环状衍生物附带一个噻吩环，由八种异构体组织成的生活素（biotin）。D-生物素是羧化酶的辅酶，别名辅酶 R、辅酵素 R、D-促进素、D-生物素、促生素（Biotin）、生物活素、维生素 H、VB_7。VB_7 出现于蛋黄中的 α-生物素、肝 β-生物素。辅酶 R 食材来源一般含量特征参见表 1-40。

表 1-40　　　　　　生物素 VH_1 食材来源一般含量　　　　　　（μg/100g）

食材名称	生物素含量	食材名称	生物素含量	食材名称	生物素含量
牛肝	61.9~96.0	蘑菇	16.0	玉米粉	5.8
牛肉	0.6~2.6	菠菜	7.0	猪肉	1.8~7.1
浓牛奶	1.2~4.5	花生	30.0	鸡肉	1.5~4.7
奶酪	1.8~8.0	莴苣	3.0	红皮鸡蛋	9.4
小麦	5.2~7.6	豆	3.0	红干辣椒	41.1
马铃薯	0.6	苹果、番茄	0.9~1.0	柑橘	2.0

未经煮熟之蛋类含有损蛋肮（Avidin）复合物，生蛋蛋肮复合物一旦与 VH_7 结合会生成不被肠胃消化吸收的复合物，令人体 VH 缺乏症发生。

1.11.5.8 维生素 B_8（腺嘌呤核苷酸）

1942 年发现并合成多生物素称腺嘌呤核苷酸，亦称生物胞素、维生素 B_8、腺素苷、反蛋白伤害因子。维生素 B_8 是多种辅酶基的成分，针状维生素 B_8 分子式 $C_{10}H_{13}O_4N_5$，迅速加热至 234~235℃ 进入熔点，易溶于水，在水中析出带有 1.5 个结晶水，在真空加热至 110℃ 变无水物，能帮助脂肪代谢，食材肝、肾、鸡肉、蛋黄、蘑菇、酵母、大豆、杏仁、葵花子富含 VB_8。

1.11.5.9 维生素 B_9（叶酸）

叶酸（Acidum folicum 或 Folie acid）别名叶精、维生素 M、维生素 L、生长素、生物素、VBc、VB_9、VM、U 因子、Wills 因子、casei 因子、干酪乳杆菌生长因子、蝶翅酸酰谷氨酸、叶片酸、胚胎儿守护神、蝶酰-L-谷氨酸（PGA）、蝶呤衍生物是酿啤酒脱苦味酵母菌提取成分。叶绿素植物都含有结合型叶酸盐，结合型叶酸盐不能被干酪乳杆菌利用，动物肝、谷物、肉类、蛋类、乳类含有微量游离态叶酸盐。人体肠道中微生物，能自然合成一些叶酸。食材叶酸含量参见表 1-41。

表1-41　　　　　　食材部分叶酸含量（μg/100g 可食部分中）

食材	含量	食材	含量	食材	含量	食材	含量	食材	含量
面包干酵母	4090	啤酒酵母	3909	小麦粉	329			鸡肝	770
大白菜	24.8	面粉	16.7	大米	192	干香菇	41.3	猪肝	145
菠菜	347	南瓜	10.9	洋葱	24.8	紫菜	151.7	鸡肉	3.0
菜花	29.9	茄子	12.2	橘子	26.4	花生米	106	牛肉	3.0
胡萝卜	96	玉米	41.3	苹果	6.0	牛奶	5.5	羊肉	2.0
豇豆	66.0	青椒	14.6	香蕉	22.0	海米	24.8	猪肉	8.3
苜蓿	30.0	芹菜	10.2	芝麻	66.1	整鸡蛋	193	黄豆酱	126

药剂叶酸是抗坏血酸药辅助药物，也是纠正缺乏纠正巨幼红细胞性贫血、舌炎、胃炎药，为对热性口腔炎、舌疮治疗药，也是癞皮病、妊娠期贫血、男性精子数量降低、女性宫颈癌卵腺癌结肠癌营养性药食材之一（不用于恶性贫血）。

1.11.5.10 维生素 B_{10}（叶酸衍生混合物）

维生素 R，是叶酸与多种维生素衍生的混合物，别称 VB_{10} 叶酸衍生混合物。

1.11.5.11 维生素 B_{11}（对氨基苯甲酸）

1941年确认的维生素 Bx 别名 PABA 又名 4-对氨基苯甲酸 Aminobenzoic acid 或 ρ-aminobenzoic acid、PABA、VBx、VB_{11}、对-氨基安息香酸、PAB、VBH_1）、维他命 BX、解毒药，没毒性。VBx 为从含有 VB 复合群食材里分离出来的帮助叶酸分子合成和帮助动物机体吸收泛酸的维生素部分，它也是水溶性B族维生素组成部分之一。VBx 对动物性腺与细胞生殖力有抗氧化特性，延缓皮肤出现皱纹、帮助毛发维持自然色泽、预防皮肤癌。细菌性的维生素 Bx 分子式（$C_7H_7O_2N$）自然纯品是无色或淡黄色针状晶体，熔点186~188℃，色泽在光或空气中氧化变黄。VBx_{1g} 溶质 PABA 可溶解于200mL 25℃冷水，易溶于沸水、乙醇。对氨基苯甲酸 Bx 有对抗磺酰胺药物作用、有增加人体防晒的用途，是制造各种酯类、叶酸、防晒剂等物质的原料，动物生长期缺乏时，雏鸡不能长育。

VBx 为维生素的复合物结合体之一，防晒剂原料之一。

VBx 食材来源广泛存在于各种动物或植物体内，酵母中含量尤其丰富，可采用肝脏、肾脏、酵母、糖蜜、卵磷脂、蛋、鱼或小麦胚芽、大豆、花生等中摄取。

1.11.5.12 维生素 B_{12}（钴胺素）

1948年前旧名的氰钴胺、钴胺素（cobalamine）、VB_{12}，又名红血球形成因子、红色维生素，是在维生素种类群中唯一含有金属元素钴的咕啉衍生物，是以三价钴原子为化学分子式结构中心的共轭复合体，为人体必需矿物质钴的重要来源。VB_{12} 参加生物体一碳单位代谢将5-甲基四氢叶酸（THFA）的甲基移去形成四氢叶酸（THFA），影响红细胞核酸与蛋白质的合成。纯品化学分子式 $C_{63}H_{90}N_{14}O_{14}PCo$，分子中的钴按-CM、-OH、$CH_3$ 或 5'-脱氧腺苷（辅酶 B_{12}）、基团相连形式分氰钴胺、羟钴胺、甲基钴胺，性状为浅红色结晶、无臭味、易吸湿，在空气中可吸收12%水分，加热至210℃以下稳定，210℃以上发生红色并变深色，≤300℃不熔化。

VB_{12}在动物瘦肉、肝、肾、心、蛤蜊、蚝、蝦类，含量（湿重）>10μg/100g，鱼、蟹、蛋黄、浓奶或小麦、大豆等食材毛重内含量在1~10μg/100g。部分食材VB_{12}含量特征参见表1-42。

表1-42　　　　　食材部分 VB_{12} 含量（mg/100g 可食部分中）

食材	含量	食材	含量	食材	含量	食材	含量	食材	含量
鸡肝	49.0	生蛤蜊肉	19.1	鸭蛋	5.4	鸡蛋黄	3.8	鸡蛋	1.6
猪肝	26.0	墨鱼干	1.8	猪肉	3.0	羊肉	2.2	牛肉	1.8
贝类	>10	鱼、螃蟹	3~10	乳酪	1~3	牛奶	0.4~1	羊肝	10.4

1.11.5.13 维生素 B_{13}（乳清酸）

VB_{13}又名乳清酸、4-羟基尿嘧啶、6-氧-4-嘧啶甲酸。化学分子式 $C_5H_4N_2O_4$，性状为含有一分子水的针状结晶体或有光泽白色结晶性粉末、无臭、味酸，是牛奶特性产物之一。乳清酸加热至345-346℃熔化（分解），难（微）溶于冷水、溶于沸水。乳清酸药品由草酸二乙酯与醋酸乙酯缩合成丁酮酸二乙酯后，再以脲素环合经水分解制得，为黄疸或肝脏障碍性病症早期预防治疗药物之一，有助于对多种肝硬化病症的治疗。

人体缺乏乳清酸可能发生多发性硬化病。

VB_{13}食材牛乳乳清、酸奶、微生物生长素的液体炼乳、根菜等。

1.11.5.14 维生素 B_{14}（VB_{10}与VB_{11}）

VB_{14}由维生素 B_{10} 与 VB_{11} 两种或两种以上营养素，混合而制得的混合物。

1.11.5.15 维生素 B_{15}（潘氨酸）

VB_{15}潘氨酸(pangamic acid)又叫泛配子酸、类维生素物质。旧称VB_{15}是潘氨酸钙或二甲基甘氨酸葡糖酸酯的有机物，对摄入者提供活泼甲基帮助机体生化反应形成化合物、合成蛋白质，具有扩张血管、促进心脑组织和肌肉组织对氧的吸收、降低对胆固醇吸收防止脂肪肝的形成、抗疲劳、增强肌肉摄入氧的能力、增加机体耐力。日常饮食糙米、麦粉制品、向日葵、南瓜子、芝麻、肝、啤酒酵母凡复合维生素丰富的食材内也都含有VB_{15}，而且VB_{15}本身没毒性。

1.11.5.16 维生素 B_{16}（肌酸）

VB_{16}(Creatine)又名环己六醇、肌酸、肌肉素、肌氨基酸、甲胍基醋酸、α-甲基胍乙酸。肌酸化学分子式（$C_4H_9O_2N_3$），水中形成单位结晶水，潮解性结晶、有甜味、溶于水，加热至100℃失水，无水品熔点295℃加热至303℃分解，干品含氮82%~89%，灼烧残渣0.01%。

VB_{16}存在于各种动物细胞组织中。脊椎动物肌肉组织里在横纹肌VB_{16}含量最高，肌酸与磷酸结合生成肌磷酸，是储有高能磷酸键的物质，对肌肉收缩的耗能过程有密切关系。食材营养素肌酸来源：脊椎动物肉组织。

1.11.5.17 维生素 B_{17}（苦杏仁苷）

VB_{17} 又称苦杏仁苷（amygdalin）、氨川苷、苦杏仁素、扁桃苷，属于非 B 族维生素营养素。苦杏仁苷由一单元苯甲醛或一单元氢氰酸和两单元葡萄糖组合的苯甲醛和氰化物化合物，是二十来种氨川甙类结构的混合物，纯品有剧毒。

过量食用生杏、桃、枇杷、李子、樱桃、银杏核仁素食者，可能引起急性食物中毒。

VB_{17} 化学式 $C_{20}H_{27}O_{11}N$，性状无水物为白色结晶、有苦味、溶解于水以及乙醇，熔点 214～216℃。中国古人利用苦杏仁为肿瘤患病者提高免疫力，用于治疗某些癌症。

1.11.5.18 肌醇（肌糖）

肌醇（inositol）又名环己六醇、六羟环己烷、肌糖、类维生素物质。1940 年才定名的肌醇为生物体有机组织中 B 族维生素成分之一，是肌醇磷酯原料，几乎人体组织中都含有一磷酸肌醇，大脑组织细胞中存在二磷酸肌醇和三磷酸肌醇。肌醇之营养情况现时尚无定论，只知道肌醇与细胞内钙代谢有关，肌醇与细胞内钙代谢物三磷酸衍生物，可在细胞受刺激时从脂质结合物中释放，能动员细胞内钙离子进入分泌、代谢光传导及细胞分裂。肌醇纯品化学式 $C_6H_6(OH)_6 \cdot 2H_2O$ 或 $C_6H_{12}O_6$，是无色或白色晶体、味甜、有水物比重 1.524、无水物比重 1.752、在 100℃ 时变为无水物、熔点 225～226℃。肌醇对热或酸溶液或碱溶液稳定，溶于水，不溶于醇溶液，基本结构是六碳环上带六个羟基有九种形式物质，其中肌型肌醇具有生物活性。食材营养素肌醇来源：肝、心、肾、肉。

1.11.5.19 维生素 B_{19}（肉毒碱）

肉毒碱学名 β-羟基-γ-（三甲胺基）丁酸，别名 VB_{20}、曾用维生素 BT、肉碱名称，高等动物能自身合成。人体缺乏肉碱致脂肪堆积、肌肉无力。迄今，未发现有人因膳食因素导致缺乏病症。

食材部分肉毒碱含量特征参见表 1-43。

表 1-43　　　　食材 VBt 部分含量（mg/100g 可食部分中）

食材名称	含量	食材名称	含量	食材名称	含量	食材名称	含量	食材名称	含量
羊肉	2100	牛肉	674	西红柿	29	水稻	18	玉米	0
猪肉	300	鸡肉	75	牛奶	20	菠萝	10	菠菜	0

高等动物体内可自行合成后的左旋肉毒碱，存在于高等动物的横纹肌和肝脏组织细胞内。肝细胞与横纹肌自身能合成左旋肉毒碱，左旋肉毒碱其功能是运送脂肪酸去肌肉需要能量的氧化区域，并参与调节脂肪酸的氧化速率。正常人肝脏组织可自给自足肉毒碱生理需要，不需通过食物摄取该物质。但是长期缺乏铁或缺乏赖氨酸、烟酸体质的人，人体合成肉毒碱前体营养素不足，严重缺乏肉毒碱容易发生贫血症、进行性心肌炎、雄性精子活力下降。肉毒碱来源食材多见于芝麻、动物肝脏心脏、瘦肉内、蛋黄内含量较丰富。

1.11.5.20 维生素 B_{20}（肉素）

肉素 VB_{21} 别名甲基甘氨酸、肌氨酸（Sarcosine）、甲基氨基乙酸，含量达 99% 肉素的分子式

($C_3H_7O_2N$),潮湿性结晶、具甜味,溶于水,212℃分解。来源:肌肉、肝脏、心脏、肾脏。

1.11.5.21 维生素 B_{21}(芦荟提取物)

芦荟提取物为从百合科多年生草本植物叶形短茎汁中提取的苷与芦荟素(barbaloin)的复合物。已发现化学成分160多种中有芦荟多糖、芦荟苷、芦荟大黄素、芦荟大黄酸、芦荟蛋白、维生素、蒽醌化合物、矿物质。

芦荟提取物可从中国芦荟、巴巴多斯芦荟、木立芦荟、青鳄芦荟提取,VB_{22}性寒、味苦,对人体有抗病原微生物、促进造血功能、降低血脂、泄泻、清热、杀菌杀虫消炎、去热结便秘、健胃抗癌作用,是美容、增强机体免疫力的辅助营养品。

1.11.6 维生素 C

人体不能合成维生素 C,VC(ascorbic acid,)又名抗坏血酸、丙种维生素、抗坏血病维生素、维他命丙、己糖醛酸。VC 1928年被发现,1932年定名(L-Ascorbic acid)。VC 分子式 $C_6H_5O_3$、酸性来源于分子结构烯二醇羟基,是一个羟基羧酸的内酯有强还原性。VC 为多片状或片状至针状白色或微黄色单斜晶体或结晶性粉末,无臭,酸味,不纯品或天然品在空气里氧化快是强还原剂。VC 一般指的是类似碳水化合物类的 L-抗坏血酸,由葡萄糖合成。食材内 VC 含量特征参见表1-44。

表1-44　　　　　　　　VC 食材来源一般含量(mg/100g)

名称	VC含量	名称	VC含量	名称	VC含量	名称	VC含量
甘蓝	45~50	青辣椒	120~185	大白菜	9~19	小白菜	28
番石榴	30	山楂	89~190	草莓	35.0	圆白菜	16
柑橘	22	冬季花椰菜	45~113	菠菜	22~39	花菜	61
苹果	5	黑葡萄	4~20	土豆	73.0	蕹菜	25
香蕉	6	草莓	35	番茄	10~8	芥蓝菜	76

1.11.7 维生素 P(芦丁、生物类黄酮)

1936年匈牙利生物化学家孙蒂乔治从柠檬皮提取物白色结晶发现非花色苷型类黄酮(flavonoid)具有保持微血管细胞壁正常的渗透性,命名维生素 P(VP),后人取名芦丁、路通、黄酮类、黄酮类化合物(flavonoid)、生物黄酮素(bioflavonoid)、枸橼素(citrn)。VP 包括苷类物质有1670多种。1950年美国营养研究所生物化学术语联合会提议以生物类黄酮命名这类天然物,定名维生素 P。天然"生物类黄酮"有800多种如代表化合物查耳酮、双氢黄酮、异黄酮、黄烷酮、黄烷醇、双黄酮、黄酮(2-苯基苯并吡喃酮)、黄酮醇、花色素、儿茶素它们都显黄色,是植物中广泛存在的酚化合物,是抗硫胺素。维生素 P 含苷的化合物600多种,非苷化合物分1000多种,为生物黄酮混合物;VP 中有色物达400多种。

玉米、番茄、青辣椒、红皮洋葱、葡萄、柑橘食材内含有天然生物类黄酮营养成分,有利食用者摄取后预防糖尿病—视网膜病—静脉曲张栓塞—牙龈出血。

§1 导述

1.11.8 维生素 Q（辅酶素 Q_{10}）

维生素 Q 又称 VQ、肌肤动力源 CoQ_{10}、辅酶素 Q_{10}、辅酶 Q、泛醌，是由醌环与 30~50 个碳原子组成泛醌类维生素脂溶性苯衍生物，泛醌分子中含有醌基由异戊二烯基单位连接，按异戊二烯基单位数值相应命名出 Q_1, Q_2, Q_{10}。

维生素辅酶素 Q_{10}，参与腺苷三磷酸（ATP）产能物质的代谢活动，为哺乳动物体线粒体内膜呼吸链活泼性能基团，有抗氧化剂作用能消除自由基修复受损胶原体、延缓肌肤细胞老化。正常人体内都能合成 VQ。

1.11.9 维生素 T（酵母素）

维生素 T 指从芝麻萃取出来的帮助血小板形成和血液凝固的物质，能促进蛋白质合成，生物学与医学研究报告有限。VT 也存在于昆虫表面、霉菌菌丝、酵母菌发酵液体上，是由叶酸、VB_{11}、脱氧核糖核酸的混合物组成的可促进蛋白质合成的混合物，不是新的因子。

1.11.10 维生素 U（碘甲基甲硫基丁氨酸）

维生素 U（VU）又名甲硫丁氨酸，分 VUI、VUII，VUI 指氯甲基蛋氨酸，分子式 $C_6H_{14}ClNO_2S$，分子量 199.7；VUII 指蛋氨酸与氯甲基甲硫基丁氨酸合成的碘甲基甲硫基丁氨酸，分子式 $C_6H_{14}NO_2IS$，分子量 291.2。维生素 U 在甘蓝、莴苣、苜蓿、绿叶蔬菜中都发现微量存在；维生素 U 商品药，一般由蛋氨酸与碘甲烷反应制得，白色结晶性粉末 VU 有特殊腥臭味、味咸苦，熔点（分解）134~138℃。易溶于水、不溶于乙醇水溶液，水溶液呈酸性反应。作药物的 VU，主要用于治疗胃溃疡，药用过量摄入者可能引起便秘。

1.11.11 抗维生素

抗维生素是维生素群内一些天然存在或人工合成结构上与维生素相似，进入人体后在代谢过程中与有关维生素竞争使有关维生素不能发挥功效，与某些天然存在的或人工合成在化学结构上与维生素相似的、然而处于生物体代谢过程中趋于与维生素功能相反竞争的化合物，称为抗维生素。抗维生素有：VC 的对应抗维生素是葡萄糖型抗坏血酸，VB_1 硫胺素的对应抗维生素是丁基硫胺素，VB_2 核黄素对应的抗维生素是异核黄素，VB_3 尼克酸、尼克酰胺相应的抗维生素是 β-乙酰吡啶，烟酸的相应抗维生素是 β-乙酰嘧啶。

1.11.12 自由基与抗自由基

自由基（free radical）亦称游离基，指化合物分子的共价键受到光或热之类影响可能裂解而生成不成对价电子的原子或原子团，这种不成对价电子的原子或原子团物质在通常环境下不稳定、活性强、容易自行结合成稳定分子或与周围物起反应产生新氧化代谢物。常见氧自由基有超氧自由基（Oo2）、羟自由基（OHo）、脂质过自由基（ROOo）。自由基又称氧毒为百病之源，这些在人体内大量存在的带不成对价电子的原子、分子、离子或原子团不受成对电子的自旋阻遏约束构成可能影响正常生物活动危害因素，虽然这类自由基物自然存活时间仅仅有 10^{-6}~10^{-8} s，人体内产生的95%氧自由基物与其余的硫自由基物、碳自由基物有时会攻击人体细胞膜、攻击人体毛细血管、攻击脂蛋白、攻击人体酶系统、攻击人体 DBA 导致突变、侵蚀胰岛细胞、侵蚀晶状体发生白内障、损害关节膜、损害脑膜细胞、损害人体免疫力激发致病因子诱发非细菌性病症。人体抗氧化物质有酶类、非酶类。

酶类指以谷胱甘肽过氧化物为代表,能将人体内过氧化物,转化成为无害物的物质;还有一些酶如超氧化物歧化酶、过氧化氢酶、过氧化物酶。非酶类能清除自由基或阻断自由基毒性的营养素有硒、VE、VC、β-胡萝卜素、黄酮类化合物,以及含微量元素铜、锌、锰之类食材,它们中有藕、姜、枣、油菜、豇豆、山楂、石榴、猕猴桃、桑葚、柑橘。

1.12 矿物质

矿质营养(mineral nutrition)分布于生物活细胞中,以化合物、络合物、螯合物、含氧阴离子等形式存在于器官内,生物体内矿质元素往往是以磷酸盐、硫酸盐、碳酸盐或与有机物化合物、络合物、螯合物形式结合的盐或与有机物结合盐形式存在的。营养学称食材组织在燃烧后残留物"灰分 crude ash,CA"为矿物质(mineral substance)又名无机盐(Inorganic salts)、生物元素(Bioelement)、微量元素(microelement)。

按人的实际摄入物分类食用物质客观分:常量元素、微量元素、超微量元素、无营养价值有毒超痕量元素五类:(1)常量元素(macro-element),有钙、镁、钾、钠、磷、铁、氯7种。(2)微量元素(minor-element),又称痕量元素,有碘、铜、锌、硒、锰、铬、钼、镍、钒、锡、氟、硅、硫、锶、硼、铝、银、钛、锗、溴20种。(3)超微量元素(submicro minor element),是铅、汞、金、镭、碲、镉、砷,这些超微量元素是构成生物类食材生理机体细胞、体液组织的主要成分部分,可为生物机体组织的再建、修复、生理代谢增进免疫功能。(4)非营养性低毒超微量元素,对人体毒性并不大尚未发现对机体具有营养价值的分布在食材内的矿物质元素,如铝、硼。(5)无营养价值有毒超痕量元素,对人体存在毒性肯定营养学上没有有益作用的矿物质元素,如汞 Hg、铅 Pb、砷 As、镉 Cd、锑 Sb。常见食材可食部分矿物有机物钙、磷、铁的一般含量列表见表1-45。

表1-45　　食材可食部分矿物有机物中的钙、磷、铁一般含量（mg/100g）列表·

名称	钙	钾	磷	铁	名称	钙	磷	铁
豌豆苗	59~156	160	41~219	1.8~7.5	方便面	14~25	80~153	3.5~4.1
青毛豆	100~135	579	188~219	3.5~6.4	馒头	18~58	78~136	1.7~1.9
蚕豆	71~84.2	992	330~340	3.6~7.0	大米饭	6~15	22~62	0.3~2.2
大白菜	33~69	220	30~42	0.4~0.5	玉米粉	6~49	4~196	0.1~3.2
小青菜	35~163	178	28~48	0.6~1.9	白芝麻	560~620	368~513	13~14.1
包心菜	49~62	124	26~28	0.6~0.7	黑芝麻	564~780	368~516	22.7~50
菠菜	72~220	350	34~53	1.8~2.5	燕麦片	47~186	291~297	7~66.2
苋菜	180~200	473	46	3.4~4.8	瘦牛肉	9~86	120~233	2.7~2.8
蕹菜	99~100	266	37~38	1.4~2.3	瘦猪肉	3.0~6.0	18~162	1.0~1.9
苹果	2~11	2	1~12	0.3~0.7	猪肝	11	270	25
鸡蛋	34~55	60	130~210	2.0~4.1	瘦羊肉	12~52	136~230	1.5~6.7
带鱼	24~28	280	160~191	1.1~1.2	兔肉	12~23	165~293	7.4~220
草鱼	36~38	312	173~202	0.7~0.8	鸡肉	2~39	102~210	1.1~2.1
虾	21~991	329	139~695	0.1~18.4	鸭肉	6~91	86~202	0.7~23.
虾皮	99~2000		582~1005	5.5~6.7	牛奶	104~120	73~1.01	0.3
螃蟹	126~280	181	142~182	1.6~13.0	全奶粉	659~676	469~571	1.2

动物肉矿物质含量（单位:mg/100g）

名称	钙	磷	镁	钾	钠	锌	铁
6周龄鸡腿肉	3.90	181	20.2	252	72.7	1.44	1.06
6周龄鸡胸肉	2.83	200	15.9	265	42.8	0.62	0.64
半腱性牛肉	4.28	216	27	417	55.2	2.92	2.00
半腱性猪肉	5.87	190	21.5	341	88.7	5.47	3.00

·据参考资料收集参考数据。

食材中的生物矿物化合有机物内，只有其中的有机可溶性复合物或螯合物的糖、肽、核苷酸、核酸、有机酸、氨基酸、蛋白、蛋白质可能为健康人摄入、消化、量力吸收。几种常见蔬菜钙与草酸含量参阅表1-46。

表1-46　　　　　　　　　几种常见蔬菜钙与草酸含量

蔬菜名称	100g干蔬菜中钙或草酸量		100g鲜菜中可利用钙量/mg·
	钙/mg	草酸/mg	
大白菜	163	691	-83
苋菜	159	1142	-140
圆叶包菜	62	606	-167

·100g鲜菜中可利用钙量=（钙含量/钙相对原子质量-草酸含量/草酸相对原子质量×40），其中钙相对原子质量=40；草酸相对原子质量=60。

食材中可能出现有毒残留物，需要控制的有毒残留物有：

(1)无毒残留物在食材中的部分无公害、有限的吸收物质（正常人摄入超限值也会产生麻烦），有：①锌，作为生物锌进入人体含量需要在2~4g范围内，动物肉含生物锌20~60mg/kg，鱼肉含生物锌15～20mg/kg，小麦含锌20～30mg/kg。②铁，食材中矿物质铁只有肝、血豆腐、瘦肉、豆类、苋菜富含微量有机铁Fe^{2+}，生物铁的柠檬酸铁铵、硫酸亚铁、硫酸铁铵、葡萄糖酸亚铁，人机体有可能吸收效率达97%以上。③铜，绿色蔬菜、鱼肉富含有机铜蓝蛋白。④钴，豆类含生物钴1.0 mg/kg左右，玉米生物钴含量可以达0.10 mg/kg。⑤铬，生物机体内耐糖因子GTF依靠铬Cr元素组成，富含铬的食材有红辣椒、胡萝卜、肝、糙米、麦麸、葡萄、黑胡椒、肝、肾、啤酒酵母，是预防糖尿病、冠心病降低血清胆固醇水平的辅助食材。常见食材可食部分矿物有机铬Cr元素含量列表见表1-47。

表1-47　　　　　　　　食材可食部分铬Cr元素含量　　　　　　　　（ng/kg）

食材名称	铬Cr	食材名称	铬Cr	食材名称	铬Cr
麦麸	2.18	精面粉	0.23	糖浆	0.75
粗面粉	2.10	黑面包	0.40	精白糖	0.02～0.13
全小麦	1.75	白面包	0.14	粗红糖	0.24～0.35
细面粉	0.60	蜂蜜	0.29	葡萄糖	0.03

（2）有毒残留物及其监控量，该物质称为毒物（poison）。毒物有天然的、人为的两大类，天然毒物分人体外来毒物、人体内产生毒害残留物两大类来源。食材内可能混入的毒物有：①苦杏仁苷、氢氰酸等植物性毒；②鱼胆酸、河豚毒、狂犬病毒、海参毒素等动物性毒；③有机农药、杀虫剂、过量用口服药；④吸收气体里毒物；⑤卤素、毒气体、金属化合物、重金属盐类。可能对人有潜在毒性的元素，称为有害元素，有害元素残留物禁止混入食材。

食材内可能混入的有毒残留物及其监控量需要控制残留的有公害元素主要有：(1)砷（As），元素砷通常无毒，对人中毒可能性极小。雄黄（As_2S_2）或雌黄（砒霜As_2S_3）三价砷能与硫基有关酶形成有毒螯合物使动物机体组织新陈代谢紊乱、抑制机体内磷酸酯酶损害人体染色体，影响细胞的有丝分裂。食材总允许残留量（以As计）≤0.2mg/kg。(2)铁（Fe），人为硫酸亚铁致死量200～250mg/kg，铁中毒病人早期可能有恶心而呕吐，发病阶段分暂时好转期、迟发性休克期、肝肾损害期、后期。发现恶心需要多饮牛奶解毒、肌注或滴注促排灵。正常人体高铁血红蛋白MetHb≤0.03。(3)镉（Cd），镉是人体不必要元素。生物体里含的镉，可能置换出体内含锌酶中的锌影响肝细胞线粒体氧化磷酰化过程，出现骨痛病。食材含镉总量（以Cd计）必须≤0.03mg/kg。(4)铅（Pb），铅在人体里的半衰期大约1460d，铅中毒者视神经萎缩，口有金属味，食材铅（以Pb计）总量必须≤0.2mg/kg。(5)汞（Hg），工农业生产产生的有机汞（Oyganomercurial），对水稻或鱼污染危害最大，粮食含汞5mg/kg以上可使膳食者食后中毒。食材残留汞总量（以Hg计）必须≤0.02mg/kg。(6)亚硝酸盐（HNO_2），天然食材存在N-亚硝基化合物含量极微，通常在≤10μg/kg。腌制品香肠、咸鱼、咸肉、腊肉、肴肉、水晶肴蹄、腌咸菜、发酵制品N-二甲基亚硝胺允许量≤3mg/kg。

1.13 次生物质

动物、植物或微生物性食材内营养素,由水分与干物质组成。其中干物质分无机物以及有机物,无机物(粗灰分)为有机物质与硅酸盐类(灰分)物质,成分中除蛋白质、碳水化合物、脂肪主要物质以外的一些生理意义尚不很明了的物质种类繁多,数量一般很大,包括鞣质、香精油、橡胶、树脂、生物碱。这类营养素称为次生物质(Secondary biomass)。植物性或动物性的次生物质部分选择讨论:酶、磷脂、植酸盐、固醇、单宁、有机酸、生物碱、糖苷类、芳香物质、脂类物质、乳(乳脂肪-乳蛋白-乳糖-乳酶-乳活性物质等)类,动物性食材里的生物合成浸出物中的次生物质有:核甘酸、嘌呤、生物碱、胍(CH_5N_3)guanidine 化合物、活性肽、挥发性物质、呈味物质、甲壳素、色素中茄红素、虾青素、血红素。

1.13.1 酶

酶(enzyme),旧称酵素又称生物催化剂。生物体中的一个酶分子在 1min 内能催化数百至数万个底物分子转化,酶是生物体产生高度专一性催化能力的活性有机胶状物质。

人口腔唾液,含有分泌物 α-淀粉酶,只要在口腔唾液拌和 5~20s,可使淀粉中 α-1、4—糖苷键分解为麦芽糖-异麦芽糖-糊精。酶是生物体活细胞产生、在细胞内-外均起催化作用、有高度专一性的特殊蛋白质。生物体中酶控制着人体所有生物大分子(蛋白质、碳水化合物、脂类、核酸)与小分子(氨基酸、糖、脂肪、维生素)细胞的分解或合成,食材生物生长、发育、成熟不同时期,随着生长期进步其品质中的色泽、质构、风味、营养基质因各类多种酶催化在细胞内有效生理活动,促成了生物体,酶是生命的源泉。酶的命名通常是根据其底物(培养基)或作用性质而得名的。

国际生物化学协会酶学委员会根据酶催化反应类型酶促反应,将习惯性或系统性命名分类酶,六类主要酶定为:

(1)淀粉酶(Amylase)按酶来源分霉淀粉酶、细菌淀粉酶、麦芽淀粉酶、胰液淀粉酶、唾液淀粉酶等。按酶作用机理分别有 α-淀粉酶、β-淀粉酶、葡萄糖淀粉酶(Glucoamylase)也称淀粉葡萄糖苷酶(Amyloglucoamylase)、异淀粉酶(Isoamylase)又称支链淀粉 α-1,6-葡萄糖苷键酶也称普鲁兰(Pullanase)。食材制品糊化后在人体内淀粉酶又称淀粉水解酶作用下,依次消化分解为糊精、麦芽四糖、麦芽三糖、麦芽糖至葡萄糖。

(2)蛋白酶类有:①氧化还原类(oxidoreductases 如过氧化氢酶、细胞色素氧化酶、乳酸脱氢酶等)。②转移酶类(transferases 如转氨酸酶、己糖激酶)。③水解酶类(hydrolases 如淀粉酶、蛋白酶、脂肪酶、磷酸酶等)。④裂解酶类(lyases 如醛缩酶、柠檬酸合成酶等)。⑤异构酶类(isomerases 如消旋酶、磷酸丙糖异构酶等)。⑥连接酶类(ligases 如氨基酸-tRNA 连接酶、谷氨酰胺合成酶)。

(3)脂肪酶(lipaes)或称脂肪酸活化酶(thiokinaes)、脂肪分解酶(Lipaes)、脂化酶(Esteraes),都属于脂肪水解酶,脂肪水解酶在-29℃仍然有活性,最适脂肪分解温度是 30~40℃。

(4) 植酸酶 (phytaes) 在人体消化钙盐过程中起极为重要作用。面粉或酵母含有活性植酸酶。

(5) 核酶类有：①分子内催化 R - 酶 A. 自我剪切酶、B. 自我剪接酶, ②分子间催化 R - 酶。

(6) 酶辅助因子是无机金属离子，也可以是小分子有机化合物。酶辅助因子无机金属离子有：锌离子、铁离子、铜离子、锰离子、钙离子。

酶的有机辅助因子有烟酰胺核苷酸、黄素核苷酸、铁卟啉、硫辛酸、核苷三磷酸（NTP）、乌苷、辅酶 Q、谷胱甘肽（G - SH）、辅酶 A、维生素 H、硫胺素焦磷酸（TPP）、磷酸吡哆醛和磷酸吡哆胺。

酶的组成有：(1) 单成分酶，(2) 双成分酶。

仅由蛋白质或核糖核酸组成的酶称单成分酶，除了蛋白质或核糖核酸组成的成分之外还需要有其他非生物大分子成分的酶称为双成分酶。单纯的酶蛋白，或酶 RNA 不呈现酶活力，单纯的酶辅助因子也不呈现酶活力，只有两者结合在一起形成的全酶（holoenzyme）才能显示出酶活力。

辅酶 Q（coenzyme Q、CoQ）又名泛醌，是氧化还原酶的辅助因子即苯醌衍生物泛醌（ubiquinone），由数目不同异戊二烯基苯环与一对醌基组成的生物素，按异戊二烯基苯环数目又称异戊烯单位 $n = 6 \sim 10$ 或醌基 1、2、3 至 10 不同相应命名辅酶 Q_1 或辅酶 Q_{10}。

固定化酶应用在食材中的影响见表 1 - 48。

表 1 - 48　　　　　　　　食材中应用固定化酶的影响

固定化酶品种	在食材中应用的影响
α - 淀粉酶	测定面粉品质、转化 - 发酵制糊精、麦芽糖、糖浆、酒精、醋等
β - 淀粉酶	制高麦芽糖浆
葡萄糖淀粉酶	生产玉米糖浆、葡萄糖
纤维素酶	水解纤维素细胞壁（番茄去皮、杏仁去皮、秸秆发酵）等
果胶酶	果汁澄清等
脂肪酶	使牛乳产生特殊风味、脂肪转化成甘油 - 脂肪酸
葡萄糖氧化酶	与过氧化氢酶合用降低或除去食材（罐头、果汁）中氧气、除去糖
葡萄糖异构酶	由葡萄糖制果糖
α - 1,4 - 葡萄糖苷酶	生产玉米糖浆、葡萄糖
三甲基胺氧化酶	鱼制品脱除腥味
戊聚糖酶	从小麦内提取微生物戊聚糖酶水解半纤维素
叶绿素酶	水解叶绿素生产植醇、脱植基叶绿素
过氧化氢酶	牛奶巴氏杀菌
β - 半乳糖苷酶	水解乳制品中的乳糖
转化酶	水解蔗糖生成转化糖
蛋白酶	牛乳凝聚、改变啤酒澄清度、制备蛋白质水解液
组织蛋白酶	动物蛋白水解物（HAP）或植物（HVP）蛋白水解物提取物调味品
钙活化中性蛋白酶	SANP Ⅰ、Ⅱ 含酶二聚体分别含有免疫功能
乳蛋白酶	碱性丝氨酸蛋白酶产生水解蛋白作用

酶的促褐变控制方法有：(1) 水煮、蒸汽热、烫热、喷火处理。(2) 柠檬酸或苹果酸、抗坏血

酸稀溶液浸泡，低于 pH 3 溶液酸处理法。(3)亚硫酸盐或二氧化硫漂白，1.028×10^5Pa 5~15min 真空处理或 10mg/kg 二氧化硫气体或亚硫酸盐处理（花青素被破坏）法。(4)水或糖水、食盐水浸（涂）除去（隔离）氧气。(5)添加浓度 0.5mmol/L 肉桂酸或对位香豆酸及阿魏酸之酚酸药剂，控制水果、蔬菜的酶促褐变。食材生长期、成熟期生理活动依赖于酶作用，经粗加工、物流至上市烹饪还是离不开酶的影响，食材从田间到餐桌一直受到自身内源性酶影响，还有微生物无孔不入的酶催化作用，可能引起食材色泽、质构、风味、营养价值变化。

1.13.2 气味

气味（smell）指人体感觉器官鼻闻、舌品尝感觉到的滋味物质，是导致人机体感知味道具有味觉刺激特点的呈味物质，千姿百态，一万多种的滋味物质已被人类发现 600 多种单味成分化学结构、性能。中国人饮食文化讲究食之有道，吃东西有"七滋八味"的学问，有香味、腐臭味、苦味、甜味、酸味、辣味、淡味、鲜味、涩味、清凉味、异（怪）味、怪味甚至不正常的哈喇味。

1.13.3 香味

自然界芳香性物质已发现 44 类混合物食用香料（flavor），4000 多种，人们利用芳香物质美化环境、促进健康、净化空气、入药治病、烹制香味食材、开展经济贸易。

专家识别得到万余种气味，人的嗅觉物质浓度与阈值（Threshold Value，乙醇香气阈值 100000μg/kg、味道阈值 52000μg/kg）之比值，等于香气值（FU）数值高或低来衡量。

含氮芳香有机化合物有大蒜中的大蒜素、生姜中的二甲基硫酸、芥子油中的异硫氰酸丙烯酯，香味食材内混合物含有酯、醇、醛、酮、萜、烯成分。常见混合物呈香成分：(1)萜类衍生物类。(2)芳香族化合物类。(3)脂肪族化合物类。(4)含氮与硫化合物。

混合物呈香成分中萜类衍生物有：(1)单萜衍生物橙花醇、薰衣草醇、月桂花烯、樟脑。(2)开链倍半萜衍生物金合欢醇、γ-没药烯、萘型倍半萜 α-桉叶醇、奥型倍半萜愈创木醇、三环倍半萜广藿香酮。(3)二或三萜衍生物紫杉醇，芳香族化合物为苯环的化合物，有芳香烃类的苏藿香烯、芳香醛类的洋茉莉醛、芳香醇类的肉桂醇、芳香酮类的乙酮、芳香醚类的α-细辛醚。脂肪族化合物，都是小分子芳香酸，有脂肪醇类的人参烯醇、脂肪醛类的紫罗兰叶醛、脂肪酮类的芸香叶酮、脂肪酸类的肉豆蔻酸。含氮与硫化合物，为氮与硫的有机化合物，含氮芳香有机化合物有茉莉花、玳玳花中的吲哚、柠檬中的吡咯、川芎中的四甲基吡嗪，含氮芳香有机化合物有大蒜中的大蒜素、生姜中的二甲基硫酸、芥子油中的异硫氰酸丙烯酯。

果实蔬菜里的芳香物成分与含量能够确定食材香气强度、香味类型、持香时限，呈香风味代表性气味分：(1)腐败气味。(2)辛辣气味。(3)醚类气味。(4)薄荷气味。(5)樟脑气味。(6)麝、麝鼠、海狸、灵猫香气味。(7)花香植物类食材香气。

世界各地品种奶酪 400 多种，奶酪香气丰富主要含有游离脂肪酸、β-酮酸、甲基酮、丁二酮、醇类、脂类。啤酒中含有300多种挥发成分,烤面包含70多种羰基化合物与25种呋喃类挥发物,炒花生生出280多种香气成分,焙烤可可含380多种香气成分,焙烤咖啡豆产生580多种香气成分。呈香物质主要有:(1)香兰素(vanillin)呋喃类有谷物香、水果香、坚果香、焦糖香、肉香、葱蒜香。(2)噻唑类有鲜菜香、烤肉香等,吡嗪类有咖啡香、巧克力香、蔬菜青鲜气香。(3)乳品醇酸类有内酯类、醛酮类。(4)奶酪游离类香味物质。(5)清香物质类薄荷醇、D-樟脑是代表性清凉风味物质。

新鲜畜禽肉风味物质成分主要由 H_2S、CH_3SH、C_2H_5SH、CH_3CHO、CH_3COCH_3、CH_3OH、C_2H_5OH、$CH_3CH_2COCH_3$ 和 NH_3 等挥发性化合物组成。在300多种气味里典型挥发物碳氢合化物、醛、酮、醇、酯、呋喃化合物,含氮化物,含硫化物复杂组合,组合代表性气味是血腥味。成熟肉血腥味失去,取代性香味含有游离氨基酸、肽、糖类、维生素、核苷酸以及羰基化合物、脂肪酸、脂肪醇、内酯、和芳香族化合物,相对分子质量20~300、熔点-60~300℃之间的物质,沸点低成为具有气味官能团的发香气体,有酯、醇、酸、醛、醚、萜、芳香族化合物、硫醇。

食材出现不良气味有:水或小麦、鲇鱼为地霉素土味,霉味;大豆油出现2,3-二甲基-5-甲基吡嗪土味-烧烤味;啤酒出现2-糠基乙基醚苦涩陈旧味;奶粉出现十四醛令人恶心呕吐干草味。

1.13.4 色素

色素(pigment),指食材本身发色团和助色团具有颜色并能使其他物料着色的物质调色剂(着色剂),色素来源有天然物也有人造物两类不同本质物质,食材色素分有色又有营养的色素、有色无营养只显色的色素。食材含有的色素物质,能吸收自然光波长400~800nm可见光,电磁波区域小于380或大于770nm红外区域光称为不可见光电磁波区域),不同物质呈现不同颜色。

美食家通常认为食物颜色:"红色可解馋,黄色可止渴,绿色则使人清凉,蓝色看了发冷,绿叶蔬菜沸水焯过油亮翡翠"令人大开食欲。

食材本身具有颜色并能使其物料着色的天然有机物色素,根据原生态分食材中原生(固有)色素、着色剂两类。

原生态食材天然色素分类分植物类、动物类、微生物类、矿物质类四类。色素稳定性等级分:(1)对热稳定。(2)易氧化。(3)热功能性稳定性差、对金属离子与pH敏感。(4)对光敏感。(5)对热敏感易变性。(6)对热很稳定。食材天然色素成分特点参见表1-49。

表 1-49　　　　　　　　　　　　食材天然色素成分特点

食材	色素名称	种数	颜色	主要来源	溶解性	主要结构特性	稳定性
植物类色素	叶绿素	25	绿色	绿叶蔬菜	有机溶剂	四吡咯衍生物	1
	类胡萝卜素	600	黄至红	水果、蔬菜	脂溶性	异戊二烯衍生	1-2
	花青素	150	红紫蓝	水果等	水溶性	多酚类衍生物	3
	类黄酮	4000	黄色	植物	水溶性	多酚类衍生物	1
	儿茶素	20	反应型	茶叶	水溶性	多酚类衍生物	1
	单宁	20	反应型	植物	水溶性	多酚类衍生物	1
	红花色素		黄至红	红花	水溶性	醌类衍生物	1
	甜菜苷	70	黄至红	红甜菜	水溶性	醌类衍生物	1
	姜黄素	1	黄色	姜黄、芥末	有机溶剂	酮类衍生物	1
	核黄素	1	黄绿色	植物	水溶性	异咯嗪衍生物	1-4
动物类色素	血红素	6	红色	畜禽肉	有机溶剂	卟啉类衍生物	1
	虫胶色素	3	橙黄、紫	紫胶虫	水溶性	醌类衍生物	1
	胭脂虫红		红色	胭脂虫	水溶性	醌类衍生物	1
	黑色素		黑色	动物	水溶性	醌类衍生物	1
	虾青素		红至蓝色	虾、螃蟹	脂溶性	类胡萝卜素	1-2
微生物色素	红曲色素	6	红色	红曲	水溶性	酮类衍生物	1
	藻红素		红至绿色	海藻	有机溶剂	色素蛋白	5
矿物质色素	二氧化钛	1	白色	矿石		无机盐	6
	碳酸钙	1	白色	矿石等		无机盐	6

食材中油溶或水溶性天然色素物质分为六类47种（见 GB 2760）。色素物质具有直接营养价值的有：叶绿素、类胡萝卜素、花青素、花黄素、苦味啤酒花。动物血、肉、皮等色素层和色素细胞色彩物质的总称，简称色素物质。动物性色素主要为：血红素、虾青素。食材本身具有颜色并能使其物料着色的天然有机物色素，根据原生态分食材中原生（固有）色素、着色剂两类。

1.13.4.1 叶绿素

植物细胞质中的细胞器内含有叶绿素（chlorophyll）、酶、脱氧核糖核酸等物质。从化学结构来看叶绿素属于吡咯、卟啉类色素，是镁卟啉衍生物化学名镁卟啉二羟酸叶绿醇甲醇二酯。叶绿素是叶绿酸、叶绿醇、甲醇组成含由碳、氢、氮、氧镁原子组成的酯络合物，为四吡咯色素之一。叶绿素不溶于水、不耐热、不耐光，易溶于有机溶剂，受热时细胞壁空气被排出，致细胞壁更透明而明显色泽转深。高级植物的叶绿素绿色有机酸，富含镁的戊酮卟吩环与叶醇基通常与蛋白质构成叶绿体细胞，植物细胞叶绿体多呈扁球形，每个基粒球长 $2\sim10\mu m\times$

球径 2～3μm，每个基粒球叶绿体内含有百万以上叶绿素分子和酶，叶绿体基质中含环状双股脱氧核糖核酸分子和 70S 核糖体。按叶绿体细胞成分分类叶绿素有多种（叶绿素 a、b、c、d 以及细菌叶绿素、绿菌属叶绿素）品种。叶绿素铜钠（胃仙 U 原料）被人体摄入后，对机体细胞有促进新陈代谢功效，可帮助肠胃病胃溃疡面愈合、改善肝功能。菠菜、蚕粪内含有丰富的叶绿素铜钠盐提取物称为铜叶绿素钠盐，乙醇提取物铜叶绿素钠盐在酒、糖果、罐头、糕点、饮料中可添加 ≤500mg/kg。叶绿素（镁）与血红素属喆又名卟吩的衍生物统称喆族化合物又称卟啉（porphyrins），在泥螺肉、酸橙子、无花果、油菜、芹菜、香菜、马齿苋、马兰头也发现含光敏物卟啉。卟啉从太阳射向地球的紫外线 UVA 波长 320～400 纳米光线得到能量，可能使人皮肤过早老化、发生成片红斑、水肿、丘疹、丘疱疹、风团，甚至皮层糜烂，渗出苔藓样脓疮。

1.13.4.2 类胡萝卜素

胡萝卜素（carotenoid）分子通式（$C_{40}H_{56}$）是不含氧的类胡萝卜素总称，通常类胡萝卜素又是岩藻黄素、橙黄素、堇菜黄素、新黄质、叶红素、维生素 A 元、胡萝卜烯 600 多种类胡萝卜素总称，为天然存于植物中一类烃类维生素 A 元前身物。食材含类胡萝卜素已知成分种类达 300 多种，如番茄中的番茄红素、胡萝卜中的胡萝卜素、玉米中的玉米黄质、辣椒中的月桂酸酯、包心菜中的花青素、龙虾中的虾黄素。类胡萝卜素中含有 85% β-胡萝卜素晶体物（熔点 183～184℃）、含有 15% α-胡萝卜素晶体物（熔点 188℃）、其余是 0.1% γ-胡萝卜素晶体物（熔点 178℃）。脂溶性化合物的类胡萝卜素溶于有机溶剂，脂肪氧化酶可加速类胡萝卜素氧化降解，缓和类胡萝卜素氧化降解速度办法一般采用热烫、油炸、烧烤钝化酶热处理。普遍存在于植物叶绿体有色体中的色素物质分类常见有：(1) α-胡萝卜素，(2) β-胡萝卜素，(3) 叶黄素，(4) 玉米黄素，(5) 紫黄素，(6) 隐黄素，(7) 番茄红素，(8) 番茄黄素，(9) 番茄叶黄素，(10) 辣椒红素，(11) 辣椒玉红素，(12) 虾青素（虾黄素），(13) 胭脂树素，(14) 岩藻黄素，(15) 新叶黄素，(16) 藏花酸。

植物色素有异戊二烯衍生物类色素，这类单元组成共轭双键长链为基础的色素，是从浅黄色至深红色脂溶性色素有番茄红素、胡萝卜素。植物色素中：(1) 胡萝卜素（carotene），胡萝卜素分子式（$C_{40}H_{56}$）一类黄色或橙色色素，异构体有 α、β、γ 三种，为以异戊二烯为残基具有共轭键的多烯色素。胡萝卜素中：β-胡萝卜素（β-carotene）有 272～300 多种异构体，α-胡萝卜素（carotene）。在蛋黄、西红柿、南瓜、山芋或胡萝卜中有芦丁-番茄红素以及 ψ-胡萝卜素，ψ-胡萝卜素具备 β-紫罗酮环能转化为 β-胡萝卜素。(2) 番茄红素（lycopene），番茄红素是胡萝卜素的同分异构体，又称茄红素。秋天叶绿素受温度影响被破坏，只剩余叶黄素了。

1.13.4.3 花青素

多酚类酸性色素花青素（cyaniding，OPC）又称矢车菊色素、花色素苷、花色素、花色苷、花青苷、花色素苷（anthocyanin），属于多酚类化合物一个分支大类，被认为属于类黄酮水溶性植物色素；花青素品种有 3S-3'S、3S-3'R、3R-3'R。花青素存在植物溶胞内的细胞溶中，酸性细胞溶花青素花呈红色，碱性细胞溶花青素花呈蓝色或紫色。溶于水后的花青素溶液，耐光度很差。接触 SO 后的花青素溶液生成加成物色彩，会淡退。所有花青素都具有 2 - 苯基并吡喃阳离子结构的衍生物，花色素苷多酚类化合物（tea polyphenol compounds）由黄烷醇类、花白素类、花色素类、黄酮、黄酮醇类、酚酸类成分组成花色素苷品种，有 250 多种。

现代已知花青素发现有 30 多种，食材中花青素可能有天竺葵色素（花葵素）、飞燕草色素（花翠素）、3′ - 甲花翠素（牵牛花素）、二甲花翠素（锦葵色素）、牡丹色素、芍药色素、紫丁香色素、蓝紫色素、红色色素。

原花青素（proanthocyaniding）与花色素相似，以 4→8 或 4→6 键形成的二聚物或高聚物，在无机酸存在下受热生成黑色素。原花青素基本结构单元是黄烷 - 3 - 醇或黄烷 - 3,4 - 二醇，无色花色素仅限于黄烷 - 3 - 醇或黄烷 - 3,4 - 二醇的聚合物。

保色剂酒石酸氢钾，对花黄素 pH 有良好调节作用。

1.13.4.4 花黄素

黄色蔬菜水果含有花黄素（xanthin）又称黄酮类色素、原花青素（proanthocyanidin）、无色花色素、无色花色素苷、花黄色素、黄酮、花氰等，是维生素 P 的组成部分。花黄素通用分子式（$C_{40}H_{56}O_2$）主要有槲皮素、橘皮素、柠檬素、圣黄素，化学结构是 α - 苯基苯并吡喃酮的化合物色素，这类酮的化合物色素分布含有黄酮、黄酮醇、黄烷酮、黄烷酮醇。花黄素的糖苷（花色苷）存在于植物细胞液中，是幼苗黑暗处叶黄、黄花黄、果实黄的浅黄色或无色组成部分。花黄色素遇到铁离子有可变成蓝绿色的特点，利用这个特点也能够检验苹果、梨、柯拉果、可可豆、葡萄、莲子、高粱米、荔枝、沙枣、蔓越橘、山楂、马铃薯、芦笋、荸荠等变黄或黄褐色的。

1.13.4.5 岩藻黄质

海带、藻类提取物中含岩藻黄质（fucoxanthin）亦称岩藻素，岩藻素通用分子式（$C_{42}H_{58}O_6$）别名氧化 β - 胡萝卜素 oxo - carotene；岩藻黄质是从海带、金藻、褐藻类蒸馏液，水洗去表面盐（离子）→用二甲基亚砜（每克海藻用 2～6mL 二甲基亚砜）浸提→用乙酸乙酯和硫酸氨混合液萃取乙酸乙酯，蒸馏乙酸乙酯后得岩藻黄质色素。岩藻黄质密度 1.09 熔点 166～168℃。

1.13.4.6 甜菜色素

多酚类色素物质甜菜色素（betalaine）又称甜菜色苷、甜菜红素，由苋菜及莙达菜、仙人掌果实、商陆浆果之类花或红甜菜（紫菜头）植物中提取，甜菜红苷占全部甜菜色素的 75%～95%。甜菜色素种类已知有 70 多种，都属于酮类水溶性红色色素，在 pH3.5～7.0 水溶液呈红色至紫色，温度 100℃ 以下稳定性好。食品行业用在糖果、冷饮、火腿肠产品上。

1.13.4.7 咕吨酮和醌类

杧果果实皮提取的杧果苷化合物名为咕吨酮（xanthone），这种黄色色素是品种规格中现已有 20 多种的糖苷化合物之一。开花植物或真菌、细菌、地衣、藻类细胞液里含有醌类（

quinone）色素，不饱和酮结构醌类色素分有蒽醌类、萘醌类、苯醌类品种200多种。萘醌类20多种化合物代表性品种有胡桃中提取的胡桃醌，石苁蓉提取的萘醌，真菌和开花植物提取的苯醌类小刺青霉素，地衣提取的地衣红。醌类红色素含四醌、菲醌、类异戊二烯醌。

1.13.4.8 红曲素

天然色素红曲霉菌发酵大（糯）米得到红曲米提取的天然红曲素学名红曲色素（monascin），古称丹曲，溶于水，食疗用途作生物胆固醇抑制剂抑制肿瘤、降胆固醇、降血压、降血脂。

红曲素色素酮类衍生物为氧茚并类化合物，六种红曲素与它们的化学式：(1)红曲素结构式（$C_{21}H_{26}O_5 \ R \rightleftharpoons COC_5H_{11}$），(2)黄红曲素结构式（$C_{23}H_{30}O_5 \ R \rightleftharpoons COC_7H_{15}$），(3)红斑红曲素结构式（$C_{21}H_{22}O_5 \ R \rightleftharpoons COC_5H_{11}$），(4)红曲玉红素结构式（$C_{23}H_{26}O_5 \ R \rightleftharpoons COC_5H_{15}$），(5)红斑红曲胺结构式（$C_{21}H_{23}O_4 \ R \rightleftharpoons COC_5H_{11}$），(6)红曲玉红胺结构式（$C_{23}H_{27}O_4 \ R \rightleftharpoons COC_7H_{15}$）。

0.25%浓度红曲色素水溶液如果添加100mg/kg抗坏血酸或亚硫酸钠、过氧化氢、放置48h后仍然不变色。

食品工业肉或豆制品、烹制粉蒸肉、豆腐乳广泛采用红曲素来着鲜红色。

1.13.4.9 姜黄素

生姜根茎提取黄色天然色素姜黄素（Curcumin）是姜根－茎中提取含量3%~6%姜黄的二酮类化合物，俗名姜黄，化学分子式（$C_{21}H_{20}O_6$），性状是深黄色有光结晶粉末，有胡椒气味并略微带苦味，不溶于水，溶于醇、溶于浓硫酸或冰醋酸、二氧化硫、碱（溶液呈红色），熔点180~183℃，特别适合蛋白质着色。

多年生草本植物生姜根茎提取黄色天然色素姜黄成分为姜黄素、脱甲基姜黄素、双脱甲基姜黄素，着色性强不易被还原。食品添加剂用量10mg/kg。

1.13.4.10 紫胶虫色素

梧桐科芒木属树昆虫紫胶虫（Coceus lacceae）体内分泌物紫胶，又称紫草茸，紫胶中含有萘醌类色素成分，有紫胶红酸AR（N－乙酰二胺基）、BR（乙醇基）、CR（α－氨基丙酸基）、DR（紫胶红酸D）、ER（乙胺基）。紫胶虫色素在pH4~8之间受铁离子影响显黄→橙→红→紫色，食品添加剂最大允许使用量500mg/kg。

1.13.4.11 胭脂虫色素

胭脂虫（Cochineal）是寄生在胭脂仙人掌上的昆虫，雌虫体内萘醌色素称为胭脂红酸，胭脂红酸溶于水、乙醇、丙二醇、在油里不溶，pH<4显黄色，pH4~8显橙→红→紫色。

饮料可以添加量<0.005%。

1.13.4.12 血红素

血红素（haemtin或hemo）是高级动物性食材血液或肌肉提取呈红色的色素主要成分，其与蛋白质结合可能生成肌红蛋白（Myogobin, Mb）或血红蛋白（Hemoglobin, Hb）及色素蛋白质（Chromoprotein），为四吡咯色素之一。血红素化学近似式（$C_{24}H_{32}O_4N_4 \cdot FeOH$）

又名高铁血红素，纯品蓝色或棕黑色粉末，热至200℃不溶解也不分解，溶于热醇。腌渍制肴肉促进发色、稳定色泽加入亚硝酸盐或硝酸盐起呈色作用，是利用肌红蛋白与一氧化氮（NO）反应生成亚硝酰基肌红蛋白（MbNO）呈鲜红色。抗坏血酸可以防止MbNO进一步与空气中氧发生氧化，使已形成色泽稳定下来。腐败肉血红素分解出胆色素呈浅黄色至绿色，腐败肉在微生物作用下可能发出腥臭味。

1.13.4.13 虾青素

诱惑人的红色虾红素又称虾青素（astaxanthin，ASTA），虾红素（astacene）化学名3,3′-二羟基-4,4′二酮基β胡萝卜素、色素Ajo67-69CAS №472-61-7，分子式$C_{40}H_{52}O_4$分子量596.86。虾青素化学结构与β-类胡萝卜素的结构相似，是动物柔软保护组织许多色素细胞中的类胡萝卜素物质之一，能促进机体免疫力增强。

健康教育专家宣传虾青素是抗氧化剂，它清除自由基能力的排队是：番茄红素的1800倍，一氧化氮的930倍，叶黄素的1200倍，VE的1000倍，一氧化氮的900倍，辅酶Q_{10}的800倍，花青素的700倍，纳豆的700倍，核酸的680倍，盐藻的500倍，茶多酚（teapolyphenols）的320倍，β-胡萝卜素的110倍。1kg螯虾壳含800~1000mg虾青素；1kg螃蟹或青虾含80~100mg虾青素。类胡萝卜素酯呈现在植物花、果实细菌体内，在动物羽毛、禽蛋黄、金鱼和鲑鱼颜色中也发现了红色类胡萝卜素—虾黄素。虾青素异戊二烯衍生物脂溶性类胡萝卜素，可能出现在由动物或植物蛋白配位时龙虾壳里显黄色、橙色、红色、紫色、蓝色。

当虾被加热烹饪虾黄素结合蛋白变性凝固使虾黄素游离虾壳氧化生成虾红素。

甲壳素又叫甲壳质、几丁质，制法工艺：虾或蟹壳→浸10%~15%盐酸24~48h→6%~10%氢氧化钠煮沸1~2h→1%~1.5%重亚硫酸钠脱色→冷冻干燥→粉碎。

1.13.4.14 醌类衍生物色素

醌类衍生物色素不稳定，是芳香族母核两个氢原子各由一个氧原子代替的混合物。动物类虫胶色素（紫草茸色素）用量控制<100mg/kg，胭脂虫色素用量控制<0.005%，紫草色素（碱蓝素）用量控制<0.005mg/kg，醌类衍生物色素属于价格较高的着色力好的天然色素。

1.14 人工合成着色剂

GB 2760允许24种食品着色用人工合成色素常见如下：(1)辣椒红（paprika red）、苋菜红（amaranth）允许饮料最大添加使用量ADI<1.25 mg/kg、食品<50mg/kg。(2)玉米黄（maize yellow）、柠檬黄（tartrazine）饮料ADI<7.5 mg/kg、食品<100mg/kg。(3)日落黄（sunset yellow FCF）饮料ADI<5.0 mg/kg、食品<100mg/kg。(4)胭脂红（ponceau 4R）饮料ADI<2.5 mg/kg、食品<50mg/kg。(5)靛蓝（indigo carmine）饮料ADI<2.5 mg/kg、食品<100mg/kg。(6)亮蓝（brillant blue）饮料ADI<12.5 mg/kg、食品<25mg/kg。(7)新红（new red）饮料ADI<2.5 mg/kg、食品<50mg/kg。(8)赤藓红（crythrosine）允许最大添加使用量ADI<1.25~50mg/kg。(9)焦糖色（caramel red）允许最大添加使用量ADI<1500mg/kg。

(10)二氧化钛(Titanium dioxido)允许最大添加使用量 ADI <500~5000mg/kg。

食用合成着色剂性能比较参见表1-50。

表1-50　　　　　　　　食用合成着色剂性能比较表

名称	溶解度			坚牢度·							
	水温度、溶解/%	乙醇	植物油	耐热性	耐酸性	耐碱性	耐氧化性	耐还原性	耐光性	耐食盐性	耐细菌性
苋菜红	21℃ 17.2	极微	不溶	1.4	1.6	1.6	4.0	4.2	2.0	1.5	3.0
胭脂红	20℃ 23	微溶		3.4	2.2	4.0	2.5	3.8	2.0	2.0	3.0
柠檬黄	21℃ 11.8	微溶		1.0	1.0	1.2	3.4	2.6	1.3	1.6	2.0
日落黄	21℃ 25.3	微溶		1.0	1.0	1.5	2.5	3.6	1.3	1.6	2.0
靛蓝	21℃ 1.1	不溶		3.0	2.6	3.6	5.0	3.7	2.5	34.0	4.0

·——坚牢度项目数表示:1.0~2.0为稳定,2.1~2.9为中等稳定,3.0~4.0为不稳定,大于4.0为很不稳定。

1.15 食材内可能伴有的有害成分

食材内可能出现的伴有有害、有毒成分,主要有:苷、酚、酶、肽、组胺、生物碱、毒蛋白,上述食源性有害、有毒成分进入人体内,对机体组织器官发生异常作用并且破坏机体正常生理功能,引起人体机体变态反应性功能性或器质性疾病病理变化,会引起摄入者慢性(或致癌病)中毒、亚慢性中毒、致病性中毒、急性中毒性食源性过敏性疾病皮炎、肥胖、糖尿病高血压、冠心病、肿瘤,这类疾病又统称食物中毒,这些食物中毒主要因素是食材内可能伴有的有害成分。

食材内也许伴有(涉及违法违规)的有害、有毒的天然成分,食材中可能分布有害、有毒物质分生物性、物理性、化学性,生物性指微生物或寄生虫、昆虫之类残留物。

物理性残留物指放射线元素残留物,化学性残留物指农药、废水、废气、废渣、废添加剂残留物。

诱导食材内有害有毒残留物残存原因,分别有:内源性(天然含有)的,外源性与诱发性的。

食材中对人体伴有有毒的或有潜在危险性的物质一般称它们为嫌忌成分(undesirable constituents)或食品毒素(toxic substances,toxicants)。

1.16 食材内内源性有害成分

在1000多种植物性的毒素中,人类不小心遇到其中之一中毒之后,可能出现神经性中毒病症、腹泻、消化道过敏,植物性食材可能发现内源性有害化学物质,列表参见表1-51。

表 1-51　　　　　　　　植物性食材可能发现内源性有害化学物质

有害物	化学物质	来源	致病症状
蛋白质抑制剂	相对分子质量 4000~24000	豆类、谷类、甘类	胰肥大
血球凝集素	相对分子蛋白 1万~1.24万	小扁豆、豌豆	红细胞凝集或裂成丝状
皂苷	糖苷类	菠菜、花生、甜菜	红细胞溶解
棉酚色素	棉酚	棉籽	肝损伤、水肿、出血
山薰豆素	β-氨基腈及衍生物	鹰嘴豆	骨畸形、中枢神经损伤
过敏原	蛋白性元素	所有食物	过敏反应
苏铁苷	甲基氧化偶氮甲醇	苏铁属坚果仁	肝致癌
蚕豆病	蚕豆嘧啶葡糖苷与伴核苷	蚕豆	溶血性急性贫血
植物性抗毒素	异黄酮、呋喃类化合物	山芋、芹菜、豌豆	肺水肿、皮肤过敏、伤肝
双稠咯啶碱	二氢吡咯	茶叶、发芽土豆	肺功能下降、致癌
黄樟素	烯丙基取代苯	黄樟、黑胡椒	致癌

动物内源性有害天然动物毒素分类有:(1)粮食、水果腐败变质元凶霉菌毒素(mycotoxins)类。(2)加热至100℃以上×20h不分解的(17种)黄曲霉毒素。(3)致肝病稻谷黄霉米毒素(青霉毒素)。(4)加热至120℃可破坏毒性的山芋、蚕豆、玉米产生的镰刀菌毒素。(5)可能造成人脑心肺水肿霉变甘蔗产生的节菱孢霉菌中3-硝基丙酸毒素有害天然动物毒素肉毒、鱼类毒素(河豚鱼毒素)类,蛤蚧、鲍鱼、兔海类,有毒昆虫的生物碱、苷类、毒蛋白、肽、组胺、海豚鱼毒素。还有:(1)非蛋白神经毒素类:①河豚毒素(氨基全氢间二氯杂萘 $C_{11}H_{17}O_8N_3$ 220℃×20~60min 分解),②肉毒素鱼毒素($C_{35}H_{65}NO_8$),③海产品涡鞭毛海藻毒素污染蛤类、长须鲸西加鱼毒素,含致病毒素污染螺类、海兔蛋白腺毒腺污染液,④鱼肉组胺酸被脱羧酶细菌作用后,形成的腐败组胺物。(2)动物有毒组织毒素分:①甲状腺-淋巴结腺毒素(毒素600℃以上分解)内分泌腺,②肝内牛磺胆酸、脱氧胆酸、胆酸含量高的肝脏。(3)动物类内源性有害有毒毒素:①海参的海参毒素、家畜肾上腺皮质激素、甲状腺素,②动物肝脏中毒素牛磺胆酸、脱氧胆酸、胆酸,③青皮红鱼(沙丁鱼、金枪鱼等)的鱼类肌肉中组胺酸含量较高细菌感染毒素,④海葵含海葵毒素,石房蛤含甲藻毒素,⑤河豚鱼非蛋白类氨基全氢喹唑啉型神毒素(分子式 $C_{11}H_{17}O_8N_3$ 氨基全氢喹唑啉型化合物)。(4)微生物内源性有害毒素与霉菌列表参见表1-52。

表 1-52　　　　　微生物性食材可能发现内源性有害化学物质

有害毒素	霉菌	来源	致病症状
黄曲霉毒素	黄曲霉	豆类、谷物、肉残留物	肾损伤、致肝病
杂色曲霉毒素	构巢曲霉、杂色曲霉	谷物	致癌物
棕曲霉素	鲜绿青霉	谷物、咖啡、肉残留物	致肝病
黄变米霉毒素	棕曲霉	大米	致肝病、脂肪变态
岛青霉毒素	岛青霉	谷物	肾损伤、致癌物
棒曲霉毒素	荨麻、霉棒曲霉	谷物、苹果制品	水肿、致肝病
镰刀霉毒素	赤霉、镰刀菌	玉米、小麦	高雌激素病症
橘毒素	鲜绿青霉	稻谷、玉米、大麦	致肾损伤
3-硝基丙酸	节菱孢菌	甘蔗	致中枢神经损伤
甘薯黑疤霉酮	霉菌	红甘蔗	影响呼吸等中毒至死亡
麦角生物碱	麦角菌	谷物	
黑葡萄状穗霉毒素	黑葡萄状穗霉	秸秆、牧草	麦角中毒性惊厥 呼吸器官障碍

1.17 外源性有害成分

食材中可能含有丙烯酰胺类，过去测定情况参见表 1-53。

表 1-53　　　　　一些食品可能含有丙烯酰胺·含量测定情况

食品	丙烯酰胺含量水平/($\mu g/kg$)		样品数
	平均	范围	
油炸土豆片	1312	170~2287	38
油炸土豆条	537	<50~3500	39
烘焙食品	112	<50~450	19
饼干、薄脆饼干、面包	423	<30~3200	58
谷物早餐食品	298	<30~1346	29
爆米花	218	34~416	7
柔软面包	50	<30~162	41
裹面包馅煎鱼/海产品	35	<30~39	4

·——丙烯酰胺分子式 C_3H_6ON，单体有毒，熔点 84~85℃ 致癌物。

典型外源性污染有害成分可能：(1)人摄入 0.05mg/8kg 有机汞（每周/体重）中毒。(2)相对密度达 4.0 的重金属甲基汞（CH_3-HgCl）、氧化铅、氧化镉、亚硝酸砷。(3)有机氯、有机磷、有机硫、有机氟、有机砷、汞类、拟除虫菊酯农药。(4)二噁英（PCDDs 或 PCDFs）化合物。(5)β 内酰胺类、四环素、磺胺、庆大霉素、红霉素、瘦肉精(盐酸克仑特罗即 β - 肾上腺素激素)。(6)工业废杂渣含放射性物质弃物。(7)腌渍或烘烤、包装、烹饪不当,污染上的苯并[α]芘多环芳烃基、杂环胺类、亚硝胺、氯丙醇、丙烯酰胺类致癌物质。

1.18 诱发性有害成分

食材被诱发性次生灾害发生残留物有害成分,可能是人为错误地加入的常见典型案件,混入植物性毒素:(1)蕨类植物中的硫胺素酶可破坏生物体内硫胺素。(2)豆科脂肪氧化酶可氧化降解亚油酸 – 亚麻酸。(3)人体缺乏红细胞 6 – 磷酸葡萄糖脱氢酶(G – 6 – PD)(遗传性的)吃蚕豆得蚕豆病。(4)甜瓜蒂含甜瓜蒂毒素刺激胃黏膜。(5)灰灰菜含卟啉类感光物质会使食用者皮下出血。(6)真菌植物蘑菇白毒伞。(7)鳞柄白毒伞含有毒肽(一羟毒肽、三羟毒肽、羧基毒肽)。(8)人误食毒伞肽,致死亡。

1.19 食材基本电磁特性

电磁(magnetism)对人类胸、心脏、肺、肾、脾、肌肉、神经以至毛囊存在着不同程度的微弱磁场,人体磁场始终保持理想的平衡状态就可以有效地激活体内谷氨酸脱羧酶、葡萄糖氧化酶、尿激酶酶的活性;磁对食材影响因物质原子极化取向可能出现图 1 – 5 方向。

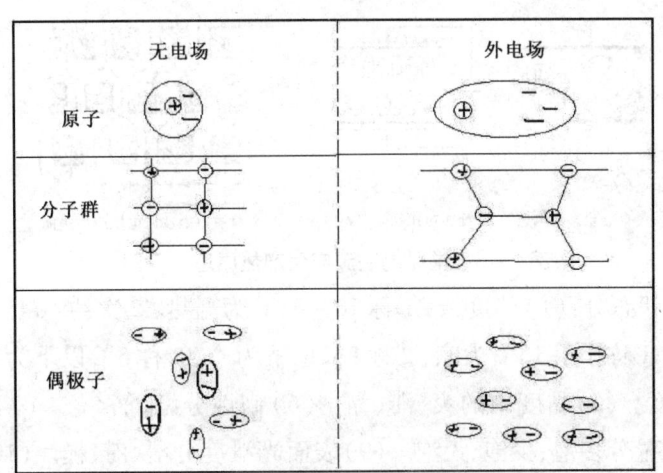

图 1 – 5 物质电解质(特别是水分子)原子极化取向可能出现极化取向示意图

电磁对广义上的食材电特性指:(1)食材类电解质生物电势差能源产生的主动电特性。(2)食材被环境刺激动态的电特性(击穿电位、刺激电位、电容率、导电率、电磁波反应)。

食材在电磁场中由于电阻、电容和电感作用,会产生热能反应称为介电损耗,电介质吸收能量(E)是和频率成正比的。

按电介质加热应用 $E = 55.6 \times 10^{-14} U^{-2} f \varepsilon\tilde{~}_\gamma$,原理,电介质分子的原子(或离子)中的电子云在电场作用下发生畸变。

膳食制品电磁炉加热就是利用了水分子特别容易被电磁波极化发热的物理现象,常用电磁波应用情况参见表 1 – 54。

表1-54　　　　　　　　常用电磁波应用情况

波长	电磁波类型	主要适用场合	应用对象
1~1000mm	微波	微波加热	食品干燥、解冻
		微波萃取	天然产物中的有效成分、果胶、麦角胆固萃取
		微波杀菌	保健品、乳制品杀菌
0.78~1000mm	红外线	红外线加热	点心、肉类、红烧保鲜
200~400nm	紫外线	紫外杀菌	食品加工环境消毒
		紫外保鲜	果蔬保鲜

食材基本物理特性有：(1)单元素的尺寸（粒长、粒径）、综合尺寸（大小）、外观形状（新鲜度、色泽、成熟度）。(2)表面积、体积、密度（真实密度、容积密度）。(3)食材允许表示的比重、容重、质量、颗粒度、粒径、孔隙率、硬度、黏性、流动性、黏弹性、黏附性、黏聚性、着色性、光物性、传热性、电特性。电磁炉、微波炉应用了膳食原料食材电压电磁施电产生热量感应原理，原理过程参见图1-6。

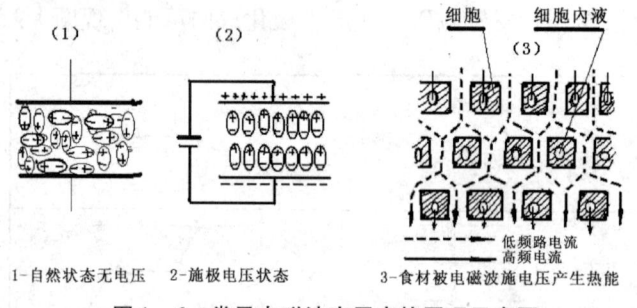

1-自然状态无电压　　2-施极电压状态　　3-食材被电磁施电压产生热能

图1-6　常见电磁波应用产热原理示意图

食材常见物理状态分：(1)热度指：①称20~25℃为温热、②大约40℃为热、③大于60℃为烫。(2)冷度指：①称小于15℃为凉、②称5℃以下为冷、③称5℃以下为冻。(3)软、硬度。(4)湿度、干度、焦度。(5)黏度中的爽、滞、黏。(6)韧性分嫩、筋、老。(7)密度分为松、酥、脆、实。(8)含气泡量分多泡、少泡、无泡。(9)表面光滑度分滑、滞、糙。(10)层次分一体、多层次、少层次。

1.20 烹饪后食材内产生的有害成分

烹饪（cook）指对食材进行涮、熘、焯、氽、贴、烧、烤、煮、炒、炸、煎、煨、煮、焖、蒸、烟熏、火燎在300℃以上的热处理过程，但煎、炸、烤食材时间长食材表面淀粉热分解或油分解后，可能容易产生对人有害的毒物丙烯酰胺，或可能产生：吲哚、咪唑、嘧啶类己二烯环状单聚体、二聚体、三聚体、多聚体、丙烯酰胺污染物类诱发的多环芳烃与苯并[α]芘致癌物。

§2 植物

小麦、水稻、玉米主食及蔬菜、瓜果副食食材的可调控卫生安全生产手段越来越多，也成为农艺、物流、存贮、加工、烹饪、医药、科研、营销、监管者关心的课题。

植物类

植物（plant），如今地球上已发现繁衍生存至今品种数目众多的生物的祖先30亿多年以前就在人类难以生存的古地球环境上安家了。其中如今人们已认识植物界群落里有植物75万多种，有高等植物27.5万多种、低等植物15.6万多种，广义植物包括：(1)藻类1.8万多种。(2)真菌类12万多种。(3)苔藓4万多种。(4)蕨类1.2万多种。(5)种子植物25万多种。植物在光能的辅助下，可将简单无机物（CO_2、水）完成碳水化合物绿色产物合成过程，这个过程叫作光合作用（photosynthesis）；植物生存呼吸作用不仅能将无机物合成有机物，它的矿化功能还能将复杂的有机物分解成为无机物物质，每年能把2000亿t碳转化为有机物。绿色植物有光合作用；非绿色植物有矿化作用。植物光合作用典型化学式表达式为：

$$6CO_2 + 12H_2O + 光能·叶绿素 \rightarrow C_6H_{12}O_6 + 6H_2O + 6O_2\uparrow$$

植物对自然环境有如下四大效果：(1)植物吸收二氧化碳制造氧气，$1hm^2$树林每天可吸收1t二氧化碳气体放出0.75t氧气。(2)植物能够吸收与转化一部分有毒气体如柳杉、臭椿能吸收二氧化硫，刺槐、女贞能吸收氟化氢，枸杞、夹竹桃能吸收氯化氢，松、柏能释放出杀菌剂杀灭病菌。(3)每亩树林地一年可滞留粉尘6t，有效防灰尘。(4)树林里声波直波传出，直波速度仅为空旷地区的百分之一，树木有隔噪音、夏天遮阳、冬天有防风作用。

2.1 植物组织

人类前仆后继地品百味、尝万苦，生生不息，在盛行文字文明的公元前1066年出版的《诗经》里，描述过200多种植物，这是中国人对植物认识的最古老的文献。

植物体（vegetable matter）基本单位细胞群（组织）中的超微组织，通过发育生长可能形成：①反足细胞。②珠心。③卵核。④卵细胞。⑤胚珠。⑥极核。⑦精子核。⑧珠孔。⑨珠被。⑩合子。⑪初生胚乳核。⑫自由胚乳核。⑬原胚。⑭基细胞。⑮胚柄。⑯发育胚。

⑰胚乳。⑱胚胎。⑲胚芽。⑳子叶。㉑种皮。㉒胚根。植物细胞在不分裂时染色体极度伸长、变细、不易着色,故不容易被肉眼看见,植物细胞内之生命部分总称原生质体(protoplast)。真核生物植物细胞模式图标示植物细胞结构在光学显微镜下称显微结构、在电子显微镜下称亚显微结构或超显微结构,通常植物细胞之组织有(1)细胞壁。(2)细胞膜。(3)细胞质,细胞核。(4)叶绿体。(5)线粒体。(6)液泡。(7)胞间连丝。(8)高尔基复合体。后来科学家又确认细胞为生活物质,细胞生活物质是原生质,原生质发育生长衍生出原生质体(protoplast,1848),细胞核(nucleus,1883)含核膜、核仁和染色体(chromosome,1888)。植物细胞超微结构部分可见:(1)胞间层-初生壁。(2)液泡。(3)核膜、染色质、核仁、核孔。(4)叶绿体。(5)线粒体。(6)核糖。(7)高尔基体。(8)圆球体—微粒体。(9)内质网。(10)微管。植物细胞原生质质体代谢产物称为后含物(细胞内贮藏着营养物质),后含物生成物质有:(1)淀粉之淀粉粒形成的淀粉体。(2)蛋白质。(3)油类(oil)。(4)细胞中的无机物晶体(crystal 蜡、单宁、钙结晶)。

植物细胞壁主要成分多糖纤维素$(C_6H_{10}O_5)_n$与其间渗透周围的非多糖纤维素。

植物细胞壁通常由苯丙烷骨架构成的高分子化合物$[-C_6H_5(OCH_3)\ C_3H_6O-]$木化性能的木质素(lignin)组成。植物细胞之间关系密切、组织(tissues)有同化、分生与输导生长分化、高度分化、集合的组织系统(tissues system)构成植物体组织,演化发育出现基础组织、胚性细胞组织,植物组织分生吸收、同化、贮藏、通气、传递,生命活力生殖了表皮、厚壁、纤维、分泌组织系统,植物细胞群来源相同、形态构造相似、执行同一生理功能的称为细胞组织,具有一定形态构造和执行某种生理功能的一部分植物体叫作植物的器官,例如植物体的根、茎、叶。丁颖 1933 年发表的《广东野生稻及野稻育成之新种》论文里,提出植物组织培养的实验室主要术语和术语。植物体组织类型分分生组织与成熟(永久)组织两类。植物组织培养实验室培养器具及仪器主要用途见表 2-1。

表 2-1　　　　　　　　　　植物实验室培养器具及仪器

实验室	器具以及仪器	主要用途
准备工作室	消毒、灭菌的器具: 干燥灭菌鼓风烘箱, 高压蒸汽消毒、灭菌锅, 紫外线消毒,化学消毒, 过滤网消毒, 灼烧消毒	玻璃器皿干烘灭菌 120~160℃×40~120min;玻璃棒或金属工具用酒精灯火灼烧消毒;有机物高压蒸汽消毒灭菌 120℃×kgf/cm²(0.1MPa)15~30min;皮肤消毒灭菌 70%~75%乙醇水溶液 15~30s;植物组织消毒灭菌 2%次氯酸钠水溶液浸泡 30min;0.2μm 无菌过滤器不过滤病毒,0.2~0.45μm 无菌过滤网只能滤下杂菌
操作室	摇床,超净工作台, 生物显微镜,冰箱空调机, 接种箱以及接种器皿	培养室光照强度 μmol/m²s 或勒克斯(lx),采用自然光照为主,辅助光照在 1000~5000lx,湿度 70%~90%,温度 15~35℃,超净工作台,70%~75%乙醇与水溶液,灭菌 15~30s 后接种

考证食用植物要了解植物性食用材料全株及其种子、根、叶、茎、花、果组织化学成分性能,研究凡无毒或微毒且禀赋的植物营养素,以便作为人类食用原料的可行性。

2.1.1 果实与种子

植物果实（fruit），是被子植物雌花花蕊子房受精发育生长后的生殖器官，包括果皮和种子。种子中的种胚萌发能力，与存贮环境有关，谷物种子生活萌发能力通常有 5~50 年，甚至长的可达百年以至千年以上，挪威斯瓦尔巴特岛存贮有 13000 年以来的 82.5 万个样本种子。世界最大种子棕榈科复椰子属复椰子树果实（fruit）达 30kg/单重，果肉煲汤入药治久咳。一朵花结成一个单果果实称为单果，单果分类有：

1. 鲜果，果皮肉质多并且还有浆汁的果子，鲜果分：(1)浆果，浆果外果皮较薄，中与内果皮均肉质化了，果品有葡萄、柿子、香蕉、枸杞。浆果香蕉、葡萄不经过受精卵作用子房也能膨大形成不含种子果实，称为单性结实或无子结实。(2)核果，核果外果皮较薄，中果皮均肉质化，内果皮坚硬，种子一到四个，果品有核桃、樱桃、梅、李、杏。(3)柑果，柑果外果皮革质，果皮上有挥发油，腔中果皮较疏松，内果皮成囊状易于分离，内果皮上的表皮毛肉质多浆，芸香科植物柑果果品有柑橘、柚子、柠檬。(4)瓠果，指浆果由子房和花托一起发育而成的瓠果，瓠果花托与外果皮结合成为坚硬的果壁，中与内果皮均肉质化，胎座也发达，瓠果果品有西瓜、黄瓜、栝楼。(5)梨果，指果实大部分由杯状花托形成小部分为子房形成的假果，梨果花托外果皮中果皮均肉质可食用，内果皮纸质或革质化，梨果果实有苹果、梨、枇杷、山楂。

2. 干果类果实成熟后外果皮自行开裂的果类，叫裂果，果实成熟后外果皮不能自行开裂叫闭果；采摘保鲜果实称鲜果，脱水干燥无汁肉果称干果（dry fruit），果实成熟时果皮干燥开裂或不开裂。干果有不裂果、裂果两大类：(1)裂果果类（dehiscent fruit）有：①荚果（legume），如大豆、花生、蚕豆、扁豆种子。②蒴果如凤仙花、酢浆草种子、蓖麻子、马齿苋种子。③长角果，如青菜、油菜种子。④短角果又名角果，如荠菜种子、萝卜种子。⑤蓇葖果，如八角茴香种子、长春花种子、淫羊藿种子。(2)不裂果又名闭果类（indehiscent fruit），果实成熟后外果皮不自行开裂的果类有：①瘦果，果实由 1~3 个心皮的子房发育而成，内含一粒种子，果皮与种皮能够分离，如向日葵、蒲公英。②翅果，如榆树、鸡爪槭种子等，果皮延伸成翅，子房内含一粒种子。③坚果如板栗、白栎种子等，果皮坚硬，内含一粒或多于一粒种子。④颖果，如小麦、水稻、玉米种子等，果实由 1~3 个心皮的子房形成，内含一粒种子，果实籽粒一般都有果皮与种皮不易分离的皮层，以及胚（胚芽、胚茎、胚根和子叶）、胚乳 3 部分。⑤双悬果，如胡萝卜、芹菜果实成熟后，种子会分离成两瓣并悬在中央果柄上端，果皮干燥伞形科果类双悬果型植物果实特点是不开裂的种子，仍包裹在果实里。

果实的果皮组织上，肥厚肉质称肉果（fleshy fruit）。肉果单纯由子房壁发育而成的，称真果（true fruit），真果有肉质果浆果、柑果、核果、瓠果、梨果；果实由子房与花被、花托、花序轴结成的称假果（spurious fruit），假果有瓜类、苹果、凤梨，图 2-1 描绘的是柿子、樱桃开花发育生长结果模式构造示意。

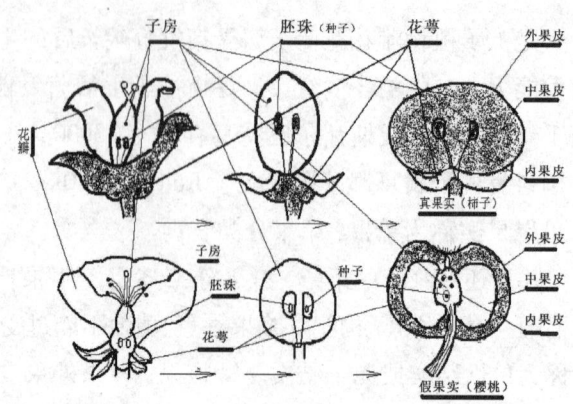

图 2 – 1 柿子、樱桃开花发育生长结果过程模式构造示意

有花植物的花胚是花在经过传粉、受精发育子房发育成的没有出现分化前阶段，又称原胚。种子是裸子植物卵细胞受精后生成的果实也是植物特有的繁殖器官。

经过传粉、受精后花梗发育为果柄，花心枯萎后，子房发育为外、中、内三层。

花受精后的卵细胞（合子），进入休眠期，经过休眠期的合子在水分、温度、环境适应情况下，种皮吸水膨胀→分裂→合子细胞发育长出具有胚根、胚轴、胚芽、子叶的幼苗胚。花朵结果由一朵花内雌花蕊或复雌花蕊子房发育而成，果实类型分：

（1）单果（simple fruit）又称单花果，有向日葵、茶果、桃、李；

（2）复果（aggregate fruit）又称聚花果，有莲子、五味子、悬钩子、金樱子；

（3）聚生果又称复合果，有桑树果、无花果、草莓、菠萝。

由胚珠发育形成繁殖器官材料的一粒种子，即植物种子进入生长期前→经过短暂休眠期后→发芽→萌发幼苗→生长根茎叶→枝条转变成为花芽→开花、传粉、受精卵→果实→叫作种子（俗称从种子到种子过程），就是植物一生全部经过的生活史，又称生活周期、世代交替。

植物的种子内层，称核（内含籽实）、外层称果皮亦名外果皮，中层称为中皮，中果有些多肉、多汁，内层称为内果皮，组成种子。植物种子这个器官自内及外的结构，由原胚珠完成花受精后发育而成，器官内分胚、胚乳、种皮三部分。胚乳型种子成熟后分别有：（1）无胚乳种子。（2）有胚乳种子。种胚上有胚芽、子叶、胚根、胚轴。种子的常用重量单位为"千粒重"，原因是大多数种子单重在 g 以下，而在非洲塞舌尔群岛特产海椰子树墨绿色果实成熟雌性种子宽20cm高17cm重达20kg一枚，风化后干重达300g以上一枚，千粒重单位衡量就不适用了。单子叶植物竹类、油桐树、橡胶树、松树等的种子胚较小，胚乳占去大部分位置，种子外形有盾片、胚芽、胚根，属有胚乳种子。各种果实的种子有各种种胚，种胚萌发能力表现在植物种子的寿命上。因为植物种子必须经过一定相对天然静止后、处在代谢十分缓慢的后熟（after–ripening）与休眠（dormancy）时期、休眠后的种子，在获得合适（水、温度、氧气）环境条件下，果实种子种胚才能进入萌发（seed germination）活动状态。

双子叶植物油菜、核桃的种子外形有种脊与种脐，属无胚乳种子。

2.1.2 根

维管植物胚根发育而来的体轴地下营养器官（organ）称为根系（Root system），根据根系形状、粗细发育特征来识别植物，易于区分的器官根发育的特征是，种子发芽时胚根首先膨胀突破种皮，胚根向下生长形成圆柱形初生根，圆柱形初生根向四周生长分枝长成复杂的分枝叫作根系。种子萌发胚根首先突破种皮，使根冠芽冲破种皮最初生长出向下生长的初生根，初生根又名主根，主根外有表皮、皮层，皮层内有中柱，中柱细胞组织由中柱鞘、维管束以及根的初生木质部组成，主根从根（Root）四周分枝生长成为根系。植物根系特征：(1)直根系（tap root system）根，特征是主根单一生长得粗而长，如蚕豆的根系。(2)须根系（fibrous root system）根，特征是植物生长一生根系粗细差不多，如水稻的根系。

很多植物的主根上，又能生长出许多分枝，植物学称为侧根，主根与侧根间生长的小分枝叫作技根，由胚根直接部位生长出来的生长部位称呼为定根，从茎或叶柄等部位生长出来的没有固定点的根称为不定根。

植物主根根系通常比较粗大容易形成垂直向下生长成直根系；植物主根不发达或早期死亡而从茎基部生长许多大大小小的不定根群，这种类型根系称为须根系。根据维管植物（蕨类植物、种子植物）生理机能吸收水分、无机养料和合成有机物根形态有：(1)主根（main root），种子有一根发芽根并一生生长粗而长，如绿豆根系。(2)侧根（fibrous root system），植物主根缘于茎部分派生出来第2级、第3级、第4级粗细繁复根群，如菠菜根系。(3)不定根（adventitious root），植物生长过程上有可能从茎节、叶茎处再生长根系，如水芹菜根系。(4)变态根分类有：①贮藏根贮藏养料、肉厚多汁、形状多样的有肉质直根（fleshy tap root），这类根有胡萝卜、萝卜、甜菜等，块根（root tuber）有山芋、土豆、木薯、大丽花块根。②气生根，生长在地面以上空气中的根，如玉米支柱根（prop root）、常青藤攀缘根、吊兰暴露在地面或水下具有呼吸空气功能的呼吸根系，水生水松、红树的多支。③寄生根，植物营养来源主要依靠茎缠绕在寄生植物茎上，能寄生在其他植物细胞组织里，吸取寄主植物体内营养，两者维管相通互相吸取养料的根，这些植物有菟丝子。④根瘤菌根，植物根上特别生长有形状不同的瘤状突起称为根瘤（root nodule），这是土壤里微生物浸入植物根组织细胞间互惠共生的天然产物。

植物根的根尖（root tip）由根冠（root cap）后的皮层（cortex）、维管柱等细胞组成。按形态分营养物贮藏根、气生根、营养繁殖寄生根多种类型。根瘤菌固氮作用还能向土壤内分泌一些含氮化合物，起造绿肥效果。

一些豆科植物根上根瘤菌能把植物本不能直接吸收利用的游离态氮，转化为能被植物直接吸收的含氮化合物，使植物根获得成活必需的氮素养料。豆科植物的根组织与真菌菌丝缠绕互生，形成内外生菌根，菌根与土壤微生物根瘤菌共生态根系，还能促进根细胞内贮藏物质的分解、产生某种生长刺激素，增进植物发育生长。

部分栽培植物根系模式图参见图2-2。

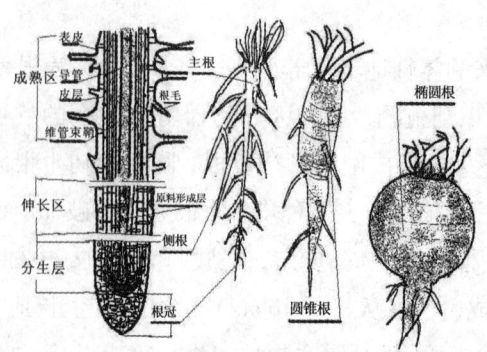

图2-2 部分栽培植物根系模式

2.1.3 茎

茎（stem）是植物三大营养器官之一。茎在植物种子胚组织中已经生成，极为罕见种子植物没有茎（有人发现过无茎草）。植物有地上茎（aerial stem）和地下茎（subterraneous stem）两大类。

茎是种子植物和蕨类植物由种子胚乳发芽生长出来的体轴地上部分维管束群，长成该种子遗传基因具备的茎体芽细胞，这部分植物的营养器官由腋芽原基、叶原基、生长点、幼叶构成，称为茎尖体又简称茎（stem），植物茎的下部与根连接部分称为根茎。

根茎初生细胞组织按着生位置分定芽或不定芽，芽性质分叶茎芽、花茎芽、混合茎芽，茎体芽构造分鳞芽或裸芽，依芽生理活动能力分活动茎芽与休眠茎芽。植物茎芽由皮系统、维管系统、基本组织系统部分组织构成。种子植物先生出了苗（shoot），然后生长分枝。一般裸子植物落叶松有单轴分枝；被子植物马铃薯有合轴分枝，被子植物茉莉的假二叉分枝（false dichotomous branching）、三类型胚芽有分枝。植物茎为根向其全身输送水、无机盐、养料，确保植物的枝、叶、花、果健康，是支持枝、叶、花、果正常生长的重要器官，植物茎按照质地分为草本、木本，双子叶植物初生的茎有表皮、皮层、中柱、初生叶显微组织。

图2-3为双子叶植物茎部分横切面初生构造模式，显微组织图。

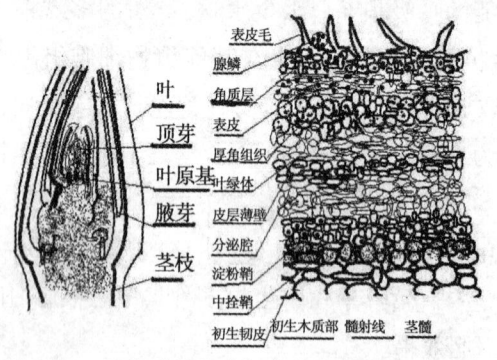

图2-3 双子叶植物茎部分横切面初生构造模式

植物接近地面部分的根与茎界面分类有地上茎、地下茎两类：

（1）植物地上茎（aerial stem），又称地上枝。植物地面以上茎上着生叶的部位称为节（node），两茎节之间的部分称为节间生叶（leaf）或芽（branch bud）的茎发出长出体称枝条（shoot）或简称枝。根茎茎节处基本分生组织生芽长出枝条，都称为地上茎。植物地上茎按茎质地类型差别分被子植物草质茎、裸子植物木质茎。植物地上茎变态之形态有：①直立茎植物，主茎木质化细胞为主，如向日葵、榆树茎系。缠绕茎植物，主茎攀缘寄生缠绕在其他支持物体上，如何首乌、牵牛花、菜豆茎系。②攀缘茎植物，主茎不能直立，依靠其他支持物体才能生长，有卷须攀缘寄生在其他支持物体上，这种植物如丝瓜、葡萄、豌豆、黄瓜、南瓜茎系。③斜升茎，植物植株下部呈弧曲形，如山黄麻木、酢浆草。④斜倚茎，植物植株斜倚地面，如马齿苋茎系。⑤平卧茎，植物植株在地表平面的基部分枝，茎草质、细长，如蒺藜茎系）。⑥葡萄茎植物，植株在地面或主茎直立蔓延生长，粗大茎不能直立，如酢浆草茎系。⑦茎卷须，茎枝蔓或叶芽处生长出以细胞为主的茎卷须，卷须末端膨大能分泌黏液成为吸盘，便于植物吸在他物上，如爬山虎。⑧天门冬的茎，为叶状茎。⑨百合花为小鳞茎、秋海棠为小块茎、荸荠为球茎。⑩禾谷科植物在地下或地面处所发生的分枝称分蘖（tiller）。

植物胚茎芽生长出地面长成主茎，主茎上长着叶子、叶腋处产生侧芽，又由侧芽生长出新的枝条，枝条再产生顶芽和侧芽，继续植物生理过程会进入二级分枝、总状分枝、茎变态成长。植物茎节节间上部生长的或生分枝的环形部位组织，称为节，节与节之间称为节间（internodes），可能有枝、叶、花、果。裸子植物类木质茎有个别植物生长有茎刺（茎节枝蔓或叶芽处生长出木质尖刺，有茎刺或皮刺、托叶刺，如皂荚树、山楂树）。禾谷科作物生育期地下或接近地面处所发生生长芽分枝分蘖节处，会有一、二、三、四、五、N多位数形式的蘖位，令植物地下根、地上的茎以及生殖系统茂盛，如稻、麦分蘖力很强。玉米、高粱米分蘖力比较小，很难分蘖。

（2）植物地下茎（subterraneous stem）变态有四种类型：①茎节与茎节之间变态生长粗大，根须状，如芦苇、毛竹、莲藕的根状茎（rhizome）。②植株地下茎末端膨大形成块状、肉质，如菊芋、洋生姜、马铃薯块茎（stem tuber）。③植株短茎地下茎端长成扁圆盘状，内茎层肉质表层叶化，如大蒜、百合、洋葱的鳞茎（bulb）。④植株地下茎先端，长成膨大球状—球状皮层内部是肉质。如慈姑、芋艿球茎（corm）。

（3）各种植物各有特点，植物基因各有不同，其基因遗传习惯与适应生长环境也不同，形成各个植物由自己的茎顶端分生组织中的初生组织组成初生结构，从而质地上也大不同。

不同遗传基因质地的植物茎，其形态分草茎、木茎、习惯茎三大类。

地上茎分：

（1）木质茎以茎、枝、蔓组织木质化细胞为主，木本植物中杨、柳、桂皮树枝条、杆枝有典型特征。

（2）草质茎以由木质茎类型植物衍生出来单子叶植物木质化茎质地柔软，称为草质茎。草质茎植物，统称草本植物。

草质茎植物茎枝蔓木质化细胞没有或只有微量，如向日葵、棉花、大豆等，它们很多只有半年生长期，也有1年、多年生长期类型，如水芹菜的茎系等；水稻、玉米等秸秆，是有髓腔特性的植物茎；玉米、棉花等秸秆没有髓腔特性。

（3）习惯茎，从植物生长习惯与接受日光、主要营养来源、空气流动方向等因素养成习惯茎。

2.1.4 叶

植物叶（leaf）是种子植物制造有机养料的重要器官，植物叶有以下功能：

（1）植物体内叶绿体中含有叶绿素光合作用（photosynthesis）制造养料、存贮营养素。

（2）叶能够将根吸收的水分与无机盐，从叶面气孔蒸发一部分的蒸腾作用（transpiration）和降低叶面内温度作用，用于防止强光灼伤叶。

（3）叶的表面叶孔具有吸收二氧化碳或氧气的气体交换、有的叶还能吸收二氧化硫、一氧化碳、氟、氢、氯气等有毒气体，和吸收叶面微量灰尘物质起除毒、除尘的功效。

（4）植物叶可将喷洒到叶面上的肥料通过叶细胞吸收入体内代谢为植物营养素补充根的营养。

（5）在变态条件下叶能出现不定芽或不定根为植物承担营养繁殖等特殊任务。

植物变态叶分：

（1）叶变成鳞片成为芽鳞（秋海棠）繁殖器官的变态叶；

（2）叶刺，如仙人掌之类植物叶生长托叶刺；

（3）菊科花序保护花或果实的苞片叶；

（4）叶卷须，如香豌豆复叶前端若干小叶变为卷须叶、菝葜的托叶变为卷须；

（5）捕虫叶，如猪笼草捕缠小虫而获得氮素补充的动感会卷虫的植物叶；

（6）叶状柄，如相思树叶退化成少数羽状复叶；

（7）营养素贮藏叶如百合花鳞茎上的叶。

高等植物在茎节处节维管束筒某节点的叶迹上分出叶眼，由其中侧生叶迹萌发生长出来的叶片（blade）、叶柄（petiole）、托叶（stipule）三部分，这三部分俱齐的叶称为完全叶（complete leaf）。

豌豆叶缺少三部分之一者称为不完全叶（incomplete leaf）。

白菜叶无托叶。

荠菜与莴苣都是无托叶、无叶柄的不完全叶类蔬菜。

叶，对苗芽端的生长点，起保护作用。

叶，能够适应养料储藏功能发生组织特化形成肥厚肉质片、特化形成须状。

双子叶植物茎部分横切面初生构造，模式参见图2-4。

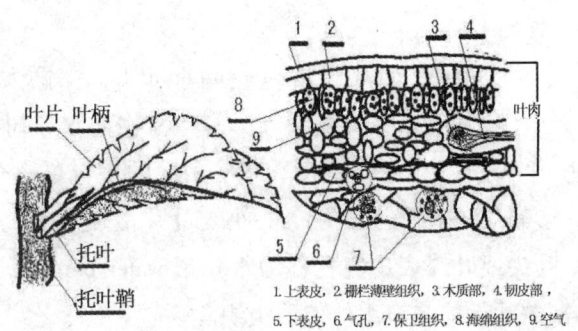

1.上表皮,2.栅栏薄壁组织,3.木质部,4.韧皮部,
5.下表皮,6.气孔,7.保卫组织,8.海绵组织,9.空气

图2-4 双子叶植物茎部分横切面初生构造模式

植物的叶,一般会有规律地分布在茎轴上的排列称叶序,基本叶序有互生(如向日葵叶),对生(如女贞叶),轮生(如夹竹桃叶),套生(如蝴蝶花叶),基生(如蒲公英叶),簇生(如银杏树叶),两种以上叶序(如紫薇花叶)异形以及交互对生。

叶对茎上生长的排列程序,即叶在茎枝条上着生的位置称叶序,有多种类型:(1)杨树叶子依次交互着生在茎的每个枝条的节上称为互生叶序。(2)桂花树等叶相对而生在茎的每个枝条的节上称对生叶序。(3)夹竹桃树等叶在茎的每个枝条的节上有规律地生长三或三个以上叶称轮生叶序。(4)银杏树等的叶在茎节间缩短节的茎上着生密集成簇生状称簇生叶序。植物叶子系统由叶片、叶柄、托叶三部分组成简称叶或叶片,叶片形状是指叶子的形状(叶形)、叶片尖端形状(叶尖)、叶片靠近茎秆一端(叶基)、叶片外部边缘(叶缘)不同外形的部分特征。植物叶形,按类型区别有:①针形(例如雪松)。②线形(如麦、稻、韭菜叶)。③披针形(如水蜜桃叶)。④椭圆形(如桂花树叶)。⑤卵形(如向日葵、女贞树叶)。⑥圆形(如猕猴桃树叶)。⑦条形(如水杉树叶)。⑧匙形(如金盏菊叶)。⑨扇形(如银杏树叶)。⑩镰刀形(如红豆杉叶)。⑪肾形(如意堇叶)。⑫心形(如紫荆、酢浆草叶)。⑬提琴形(如白英叶)。⑭菱形(如乌桕叶)。⑮三角形(如扛板归叶)。⑯鳞形(如侧柏叶)。⑰剑形(如柳树叶)。⑱箭形(如慈姑叶)。⑲楔形(如黄杨叶)。⑳戟形(如小旋花叶)。植物叶的尖部称叶尖,形状区别指:①卷须状。②芒状。③动物尾巴状。④端尖长两侧边叶向内弯。⑤锐尖叶长边叶尖端硬直。⑥骤尖叶长边叶尖端如鸟喙或荞麦叶。⑦钝形。⑧心形。⑨凹形。⑩凸形。⑪微凹形。⑫微凸形。⑬倒心形(如酢浆草的叶)。

植物的叶基指叶片靠茎杆处一端的形状有:①心形。②箭形。③耳形。④抱茎形。

植物的叶缘指叶片上除了叶尖、叶基、叶柄外,叶子边缘形态完整无缺的有:①全缘形。②齿牙形。③锯齿形。④小锯齿形。⑤圆锯齿形。⑦手掌脉络形。⑧羽状浅裂形。⑨波状形。

植物的叶脉指生长在叶片里的维管束形成有规则脉纹的分布,称为脉序。脉序分布程序有中脉、主脉。中脉两侧,发出的脉序为侧脉,连接侧脉次级脉称为小脉或细脉。叶脉有三种类型:①网状脉(如蓖麻叶)。②平行脉(如稻类、麦类、芭蕉的叶)。③叉状脉(如银杏叶)。植物叶的附属物有叶毛、叶腺鳞、叶面粉、叶腺体、叶油腺点。常见叶毛分别有柔毛、绒毛、绢毛、刚或刺毛、星状毛、腺毛。

植物叶片类别有单叶（simple leaf）、复叶（compound leaf）两大类。复叶植物如槐树羽状复叶、五加树掌状复叶、鸡眼草三出状复叶等。单叶植物如水杉树叶、梧桐树叶、白玉兰叶。叶的结构有叶皮、叶肉、叶脉三个基本部分，叶皮表面的皮包裹整个叶片，分上、下不同的表皮，上、下表皮内，分布有许多微小气孔，如：小麦叶片上表皮气孔为 3300 个/cm^2、下表皮气孔为 1400 个/cm^2，叶尖或叶缘表皮气孔称为水孔（water pore）。上表皮、下表皮内由薄壁细胞组成，内含丰富的叶绿体与海绵体肉质组织。

禾本科植物叶，都是单叶，叶形状扁平呈狭长带形有叶片与叶鞘两部分。根据植物叶生长环境与水适用性，有不同特性关系，有水里生长的沉水叶（submerged leaf），沉水叶植物不怕水，这类植物的叶具有叶绿体但是没有叶气孔、叶肉不发达、没有海绵体肉质组织，沉水叶植物叶细胞具有大细胞组织，大细胞组织里存贮供应光合作用的空气，这类植物又称水生植物。根据植物叶与光照强度特性关系，分类有阳地植物（sun plant）、阴地植物（shade plant）、耐阴植物（tolerant plant）三种类型。

"落叶"，是植物的一种自然现象。因为植物体内都存在有自然脱落酸植物激素抑制剂（具有 3% 硫氰化铵 N$_4$HSCN 的喷施效果），这种植物自然抑制剂，能刺激植物的叶与柄分离而脱落，甚至能刺激植物的花、果呈现脱落后果。大多数植物叶生长期几个月或一年，荔枝等树叶寿命一年以上，松树叶寿命两年以上，冷杉树叶寿命 3~10 年，紫杉树叶寿命 6~10 年。

2.1.5 花

中国辽西发现 1.6 亿年前"中华施氏果"化石证明被子植物出现历史距今 1.8 亿年。大花草科大花草花朵直径达 1m，化石"潘氏真花"1 朵为 1 厘米的生活在距今 1.625 亿年前的史前时代，电子显微镜下分析看花，识别植物的指路牌，是花（flower），植物一旦开花特性差异就能显示出来了，根据花的特征区别什么象形花、可能属于哪科？种子植物依靠繁殖器官雌雄两性配子（精子与卵子传递受精）的融合，形成合子新个体，来完成有性生殖（sexual reproduction）。花是植物导向配子的生殖结构，孢子植物依靠细胞母体分离，产生新个体实现无性生殖（asexual reproduction）。花的生成因子，通常生长在茎节处某个节点不发育变态枝节上，种子植物从种子萌发时，茎端发育细胞→启发→蛋白质系列活化里有变态短枝花生成因子存在。植物开花，分为雄蕊群、雌蕊群，雄雌蕊同时生长者称为两性花植物，雄、雌蕊两者均具一者为单性花，植物开花雄、雌蕊都不具有者，为中性花(如鸡爪槭花)。花的组成：花梗、花托、萼片、花被、花蕊以及雄或雌蕊群花朵内的子房、花柱、柱头、性蕊、花丝、花药、花瓣，承担完成植物生殖过程。各种植物花组织各部分的形态、结构是固定的，这是被子植物分类的依靠。组成花机构部分的数量、排列、对称性、子房位置、色彩相互之间的关系，称为花程式（floral formula）。花程式表现在每朵花的区别，花的程式用英文字母：K - 代表花萼、C - 花冠（corolla）、A - 代表雄蕊群、G - 代表雌蕊群、G p - 代表花被。整齐花程式前边,加一个("*")代号,程式两侧对称的花用("ě")代号,单性雄花用("♂")代号,单性雌花用("♀")代号,两性花用("♂∥♀")代号,如:百合花的花程式(* $P_{3+3}A_{3+3}\underline{\ }G_{3+3}$),蚕豆花的花程式(ě * $K_{3(5)}C_{1+2+(2)}A_{(9)+1}\underline{\ }G_{(1;1)}$)。花的横剖面图画叫花画式(floral diagram),花画式用花朵部分的简单花横剖面图,用来表示该酷似花式品种排列特点。花结构的主要特点:(1)萼片(sepal),植物花朵叶柄连接处,有时生有叶状体托叶(盘),这个叶状体称为萼片,萼片组合为花萼(calyx)。生长在花下面的变态叶称为苞片,苞片与聚合生长花序下片苞片造成围托花的总苞。变态叶有百合花百合鳞叶、菟丝子的叶极端部分叶卷须、猪笼草的捕虫叶、相思树叶柄不发达叶状柄以及托叶变态叶部分刺形状的叶刺。(2)花序(inflorescence),为有规律地排列在一总花柄上的花。总花柄又称花序轴(rachis)。

花是植物适应于生殖的变态,由花芽发育来的,一朵完全花构造六部分模式图,参见图2-5。

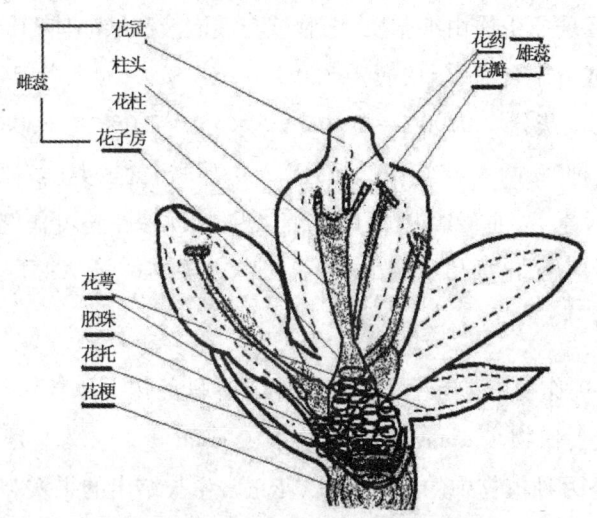

图2-5 完全花构造六部分模式

花一朵朵开放的顺序分为有限花序或无限花序。花序分类为:(1)有限花序(definite),有限花序花开的顺序是花序轴顶端花首先开放,例如二歧聚伞序花的石竹花、单歧聚伞序花的唐菖蒲花或附地菜花、复伞形花序花的胡萝卜花、圆锥形花序(panicle)花的稻花、燕麦花、油菜花,复穗形花序(compound spike)花的小麦花、胡萝卜花。复头形花序花的小麦花、胡萝卜花。(2)无限花序的花,花开的顺序是花序基轴部分花首先开放。无限花序花如:①荠菜、紫藤开的总状花序。②苹果、梨开的伞房花序。③车前草花的穗状花序。④垂柳、桑树的柔荑花序。⑤五加、蒜的伞形花序。⑥无花果的隐头花序。⑦玉米(苞叶称佛焰苞、雄蕊群花序、天南星、半夏、香蒲)的肉穗状花序。⑧向日葵、金盏菊的头状花序。⑨车前草、马鞭草的葇荑花序。(3)花药、花粉、小孢子,它们是形成开花植物花托产生雄蕊原基,先从雄蕊原基进而形成的原始体孢原细胞萌发,进一步发育形成具有初生壁细胞,初生壁细胞构成造孢细胞、花粉粒（营养细胞生殖细胞等）、生成被子植物有性生殖单元，称为花药。花药形成孢原细胞生长发育，进行平周分裂产生造孢细胞的小孢子母细胞，小孢子母细胞即花粉母细胞。花粉母细胞经过两次→四次（称为四倍体）→分裂生长成为小孢子，形成花粉粒是花一个单核的细胞即小孢子，小孢子不断分裂生长扩大，细胞核 DNA 繁殖复制；花粉通过昆虫传播授粉的花称虫媒花，花粉通过风传播授粉的花称风媒花，花粉通过鸟传播授粉的花称鸟媒花，花粉通过水流传播授粉的花称水媒花。花的营养细胞、生殖细胞，逐渐成熟成为花粉（pollen），又叫花粉粒、种子植物的雄配子体，含有一个营养细胞（或两个精细胞）。

双子叶蔬菜的花，由花的雄配子（精子），与雌配子（卵）融合（成为受精卵）后，形成了双倍体细胞系产生合子，合子发育生长形成胚、孢子（营养）体，世代单倍体（N）孢子体结合生成双倍体（ZN）配子，按规律进行与完成，使受精卵发育生长为胚珠→配子核融合结合形成胚和胚乳→胚乳细胞三相发育分裂产生丝状体→原胚细胞发育成为胚的球形或心脏形种子细胞。植物细胞受精胚珠，由细胞壁与原生质体构成，原生质体由原生质、液泡构成。植物细胞受精胚珠原生质由细胞质、细胞核与液泡液和结晶体四部分组成。

花的代表性营养成分中含有：蛋白质（7.0%~26.0%）、糖类（24.0%~48.0%）、脂肪（0.90%~14.5%）、灰分（0.90%~5.4%）、水分（7.0%~16.0%），以及维生素、植物激素，花粉内含：94 种酶、两大类（DNA 和 RNA）核酸、黄酮类、多种类胡萝卜素、生长素（人生长素和植物生长素）、油菜素内酯、雌二醇、睾酮，洋槐花粉可作健胃剂、镇静剂。花粉制品有：片剂、胶囊、小食品、化妆品。

2.2 粮油作物

粮油（grain-oil）作物，泛指经济植物里的禾本科谷物类原粮作物、豆类作物、油料作物、薯油料作物统称粮食作物（grain crops），粮（grain），广义上是指食用植物谷种、谷类，是现存世界种源 6 万种植物中的根、茎、叶、花正常生长结出的果实。

物流产业按农业食用植物原料形状、构造、物理化学性质、工艺品质与加工性质，对食用植物种群（食用原物料）区别称：(1)粮油。(2)果蔬。人类对有特殊利用价值、为人类栽培的经济植物分：(1)粮食植物。(2)油脂植物。(3)蔬菜植物。(4)果树植物。(5)蜜源植物。(6)建筑装潢植物。(7)药用植物。(8)芳香植物。(9)饲料植物。(10)色素植物。(11)花卉植物(12)胶汁植物。(13)水土改良植物。(14)具有抗有害气体的植物。(15)除虫植物。食用植物（food plant）必须具有某些营养素、对动物摄入无害、能够维持生物机体功能的植物体及其复合物；对动物有害的植物称非食用植物，人是不能吃的。

粮食谷物包含油料作物，又被称为粮油食材简称粮油类，不包括用于繁殖的种子、根茎。粮油类经济植物是人类生活、娱乐、交际、酒菜餐用食材的主角淀粉和脂肪重要原料。全球粮食产量 1961 年 9 亿吨，2000 年达 20 亿吨，2012 年达 24 亿吨，2013 年达 25 亿吨。全世界对于主食、辅料或称副食品之类食材地位的解释，当今世界上近 70 亿人口中仍处于饥饿线的人口数有9.25亿！专家们有时或把蔬菜、畜禽肉、鱼虾类之间食材地位来一个小小变换。米、小麦、玉米谷物并称世界三大农作物，是中国主餐食用，食材加工业制酒精或白酒、味精、柠檬酸、淀粉糖原料。

粮油类作物，通常泛指谷物、豆类、薯类等粮食、油料作物。粮油植物通常指主要粮食作物种类中的：水稻、小麦、玉米、大豆、薯类五大作物，此外还有荞麦、糜子、谷子、高粱米、燕麦、青稞、绿豆、红小豆、豌豆、蚕豆、豇豆、扁豆、芸豆小杂粮，小杂粮生育期短（泛指栽培时间短）、国家明细不统计（种植面积小）、种植地区或方法特殊、有特产用途之说法。著名中国粮油植物原产种源种有5000多个，其中国产优良粮食作物种子有：小麦农华101、水稻隆平206、玉米登海605。在世界食用植物种源中，中国自主选育的蔬菜、粮棉油类品种种子国产占有率，在85%以上。其中有43%以上为世界著名良种。粮油类作物的地位常会因其所处在自然环境与物质的丰乏、战争与和平等因素，而发生举足轻重的变化。在种植面积大的植物种类上，2013年粮油生产土地中国保持着大于18亿亩产谷物6.19亿t，创造连续十年大丰收。2013年世界著名水稻生产大国的中国水稻生产面积保持着4.3亿亩（0.29亿hm^2）、小麦全国生产面积在3.4亿亩（0.23亿hm^2）以上，常年种植油菜666.7hm^2左右。

2015年中国粮食总产量62143.5万t（12429亿斤），当年1至11月进口粮食1.13亿t。中国老百姓生活习惯上把粮油植物类食材，分类称主料、辅料。

中国餐饮或物流行业称主料中的五大主食（staple food grain）：(1)稻谷。(2)小麦。(3)燕麦。(4)玉米（玉蜀黍）。(5)马铃薯（土豆）。粮食类食材，即俗称五谷杂粮是指稻（Paddy）、黍（Broomcorn millet）、稷（Millet）、麦（Wheat）、豆（Legumes）五类，粮食类食材按主粮、次粮及其制品分类，以大米与小麦粉为主粮，则杂粮指主粮之外次低位粮食及其制品的粗粮类。粮食分：谷类（cereals）、豆类（beans）、薯类（yams）、粮食制品（grain products）。

外来语作物（crop）在中国俗称庄稼。符合中国人口味的油菜和白菜被认为是非常理想的"太空食品"。俄罗斯十年前在国际空间站建成了"空间温室菜园"，20余次植物培养试验培养了甜豆、番茄、小麦和生菜等多种植物。大田栽培植物泛指：(1)农作物，一年内从种子萌发到完成种子成熟生命活动周期植物称一年生植物。(2)把以光合作用同化的二氧化碳第一个产物是三磷酸甘油酸三碳，代谢途径的作物叫作三碳作物，三碳作物如小麦、水稻、大豆、山芋。(3)把以光合作用同化二氧化碳第一个产物是草酰乙酸四碳，代谢途径的作物叫作四碳作物，四碳作物如玉米、甘蔗、高粱米。粮油植物叶的光合作用，可有效地把CO_2和H_2O合成为糖、淀粉，将含氮的无机盐合成蛋白质等有机化合物。

粮油作物按种植产物与用途分：(1)禾本科植物。(3)豆类作物。(3)油料作物。(4)薯类作物。

粮油作物种子蛋白质中各类简单蛋白质的相对含量参考值见表2-2。

表2-2　　粮油作物种子蛋白质中各类简单蛋白质的相对含量参考值　　单位：（%）

蛋白质来源	蛋白质总量	白蛋白	球蛋白	胶蛋白	谷蛋白	醇溶蛋白
大米	8~10	2~5	2~8	1~5	85~90	80
小麦	10~15	5~10	5~10	40~50	30~40	30~40
大麦	10~16	3~4	10~20	35~45	35~45	35~45
燕麦	8~12	5~10	50~60	10~15	5	
黑麦	9~14	20~30	5~10	20~30	30~40	
玉米	7~13	2~10	10~20	50~55		30~45
高粱	9~13	无	无	60~70	30~40	32
大豆	30~50	极少	85~95	极少	极少	
芝麻	17~26	4	80~85	极少	极少	

粮油作物种子籽粒化学成分相对含量例见表2-3参考值。

表2-3　　粮油作物种子籽粒化学成分相对含量（含量占总重干基每100g中可能含g重量）

来源	水分	蛋白质	淀粉	脂肪	纤维素	VC/mg	VE/mg	胡萝卜素	灰分
稻米	13.0	6.~10	68.2	1.3~2.6	6.7	8~32	0.6~1.36	0	2.7
小麦	13.8	7.~15	68.7	0.9~1.8	4.4	0	0.3~1.4	0.0002	2.1
大麦	14.0	10~16	68.0	1.4~1.7	3.8	0	1.2~1.28	0.0037	2.7
燕麦	15.0	8~12	61.6	6.7~7.0	1.4	0	0.8~3.07	0	2.0
玉米	13.2	7~13	72.4	2.3~8.4	1.4	10	1.7~1.9	0.0034	1.7
花生	8.0	12~30	22.0	25~39.2	2.0	0.001	2.9~18	0.0001	2.5
大豆	10.0	30~50	26.0	10~17.1	4.5	0	17.~18.9	0.0017	5.5
芝麻	5.4	17~20	12.4	53~60.5	3.3	0	38~68.5	0.0019	5.0
菜籽	5.8	26~28	17.6	33~49.8	4.6	0	31~110	0	5.4

部分谷物与薯类及其熟制品主要成分参数收集排列，见表2-4。

表2-4　　谷物与薯类及其熟制品每百克主要组成成分　　（g/100g）

名称	水分	蛋白质 N·6.25	粗脂肪	糖类	纤维素	水不溶纤维	粗灰分	热量 /kcal
糙米	14.0	7~10	2.2	71.1	4.0	2.7	1.4	384
小麦	14.0	10~15	1.9	61.6	10.6	7.8	1.4	375
玉米	14.0	7~13	4.9	60.9	9.0	6.8	1.4	39.6
山芋	71.2	2.0	0.1	22.4	3.3	2.6	1.0	98
土豆	77.8	2.0	0.1	15.4	2.5	1.9	1.0	70
方便面	3.6	9.5	21.1	60.9	0.7	0.12	0.06	472
馒头	47.3	6.~7.8	1.2	43.2	1~1.5	0.05	0.02	208
咸面包	34.1	9.5	3.9	50.5	0.5	0.02	0.01	274
粳米饭	70.6	2.6	0.3	26.0	0.2	0.033	0.03	117
黑米饭	64.3	9.4	2.5	68.3	3.9	0.33	0.13	333
米年糕	60.9	3.3	0.6	33.9	0.8	0.03	—	154

现代代表性大宗粮食作物品种往往是以面食为主流食材面粉做主要原料的，或者应用稻米做米食制成品的米食，其次是玉米粒磨成粉的精加工制品，再次是应用薯类加工的薯以及油料等食材加工工艺制成品。粮食制品是将原粮经加工后制成的制品，主要有谷制品、豆

制品、淀粉制品。谷制品有面制品或米制品,面制品常见品种有方便面、挂面、通心粉、面筋。

2.2.1 小麦

小麦面（cooked wheaten），是粮食作物小麦磨成粉,通称面粉（wheaten flour）、简称面粉（flour）。小麦的主要制品面粉分普通面粉、特制面粉、标准面粉。中国面粉生产企业107555家中10万t年产量以上规模面粉企业有75家,面粉通常用于生产方便面、面条、面包、饼干、糕点,2002年中国面粉总产量6900万t,面食（cooked wheaten food）制品原料面粉用769万t,其中用于制品面包用面粉80万t、饼干用面粉120万t、挂面用面粉200万t、方便面用面粉369万t。以小麦粉为原料的方便面（instant noodles）,是面条硬化的面条块方便即时食用或添加调味品、沸腾水浸泡或煮烹软化拌和大量菜肴美食。当今世界上仅次于大米的第二大主食类制成品就是方便面,2015年中国方便面22家企业销售额490.91亿元,为2011年全球方便面销售额的一半、2018年中国、俄罗斯、日本方便面目标产量可能达2000亿包。必须要遵从食物多样原则、健康饮食以五谷为主。中国是世界上方便面最大的生产国和消费国,2012年中国方便面销售量已突破1038亿包。小小的一包方便面从航天高处到深矿井深处,无处不在,已成为人类急食、救急食、战争、工作、旅行、休闲首选食用品,方便面产业界也创新不断可持续地发展着。2012年5月20日在第八届世界方便面峰会（天津）上介绍,方便面行业的发展对扩大消费需求,特别是救灾济困、应急保障,发挥着重要作用,中国31个省市自治区除了传统的大家熟知的像食糖、猪肉、牛羊肉、冬春的蔬菜之外,还增加了方便面、矿泉水等应急事件的储备。方便面又名"曲形面""即食面""快餐面","泡面"是挂面的熟变形面,方便面比挂面形状标准、精美、耐保存、携带方便、安全卫生、营养丰富,压延成曲形的方便面面条,单根直径1~2mm,蒸汽成熟10~15min后挤压制块,复合压延、140~150℃棕榈油脱水,冷却后包装。按GB 174001 SB/T 3211标准 QS 320007010391食品生产许可证着味面饼的方便面,品质理化指标主要有水分≤12.5%、复水时间3~5min后不夹生、不牙碜、无明显断条、无异味、无虫害污染、每100克能量1918kJ。

热风干燥或油炸膨化的方便面(Super moodles)制品,部分理化指标见表2-5参考值。

表2-5　　　油炸或热风干燥制品理化（LS 76、GB 2726质量标准）指标

项目 品名	水分/%	酸值（以脂肪含量计）	度/%	复水时间/（min）	盐分/%	含油/%	过氧化值（脂肪含量计）/%
油炸方便面	≤10.0	1.8	85	3	2	20~22	≤0.25
热风干燥面	≤12.5	—	80	3~5	2~3	—	—

公元前205年(西汉汉高祖三年)韩信军用蜇面(荞面与小麦粉糊化八成熟),切成宽条形散装面条,吃时加水泡后食用。现代面食分类越来越多,按性能用途分为通用面粉（标准粉、富强粉）、专用面粉（方便面粉、饼干粉、面包粉、水饺粉）、营养强化面粉（含钙面粉、富铁面粉、7+1营养强化面粉）,其制品共同特征是面食使用的原料都是以植物种子粉末,或其浆

状物食材经热加工后再制成固态、半流质态、流质态、多种形态然后才能供食用的标志性半成品或熟制品。面食是中国人俗称吃饭（have a meal）的主食之一，都是小麦粉制品与肉、菜、汤液群类食材的总名词。

面食中代表性面条品种是线条状制品，其中大宗制品有方便面（instant noodles）、火面（matured of chafing dish noodles）。面条（noodles）可能选用定量的添加剂有：纯碱（碳酸钠）、小苏打（碳酸氢钠）、复合磷酸钠、柠檬黄、海藻酸钠、蓬草灰；添加剂过氧化苯甲酰、甲醛次硫酸氢钠（吊白块）、明矾（十二水硫酸铝钾），禁止在方便面生产上添加。面条流行品种中上档次的称为"中国十大面条"：北京炸酱面、武汉热干面、山西刀削面、河南烩面、兰州拉面、四川担担面、杭州片儿川、昆山奥灶面、镇江锅盖面（伙面）、吉林延吉冷面。地方特产面条还有苏州二黄面、台湾牛肉面、延边冷面、上海阳春面、广州熬面粉、昆明过桥米线，还有山东打卤面、蓬莱小面、山西臊子面、安徽板面、贵州肠旺面、广州馄饨面、香港捞面、台湾担子面、淮安手擀面与鱼汤挂面。方便面成分除小麦粉之外，添加的添加剂有含维生素E精炼棕榈油、淀粉、食用盐、醋酸酯淀粉、谷氨酸钠、碳酸钾、碳酸钠、三聚磷酸钠、六偏磷酸钠、焦磷酸钠、聚丙烯酸钠、瓜尔胶、栀子黄、5′-呈味核苷酸二钠、特丁基对苯二酚、大豆磷酯，符合 GB 17401、GB 17409、GB/T 22699、LS/T 3211、QS 3200 0701 0391、QS 3406 1201 0210、SC 112321、GB 2760 规定；营养成分（每100g含）标签参数能量1837kJ、蛋白质7.9g、脂肪22.5g、碳水化合物54.7g、钠1587mg。方便面内抗氧化剂有 VE、茶多酚、叔丁基对苯二酚，增味剂有5′-呈味核苷酸二钠、琥珀酸二钠、谷氨酸钠，改善弹性的三聚磷酸钠、羧甲基纤维素、碳酸钾、乙酰化二淀粉磷酸酯、大豆磷酯、瓜尔胶以补充面粉营养素不足。镇江锅盖面具有一筒（包）佐餐料分别配制有七荤为：长鱼丝、牛肉丝、牛肚丝、牛油、白虾仁、青蒜等，八素小刀面（含碱和酵母粉的刀切面条）为：红椒丝、黑木耳、酸蔬菜、锅盖面酱油、芝麻油、味精、盐，锅盖面脂肪含量合理、营养素多于40个、不太咸。

方便面型锅盖面面菜分量比例各半，用户沸水浸泡后色泽艳丽、汤清味道美、菜嫩面滑、可口适众，采用北方小麦原料加工制品性凉不燥，食疗有利于治心神不宁、精神忧郁、脚气病。当饭吃的面食（cooked wheat food），通常由小麦或大麦、玉米或几种谷物加工的面粉（wheat flour）或稻米粉（ground rice flour）玉米粉（com flour）原料制成品。

中国面食分：(1)面条（noodles）类。(2)挂面（fine dried noodles）类。(3)馒头（steamed bun）类。(4)包子（steamed stuffed bun）类。(5)水饺（boiled dumpling）类。(6)馅儿饼（pie）类。(7)月饼（moon cake）类。(8)烧饼（baked sesame seed cake）类。(9)油炸饼（deep-fried dough cake）类。(10)八宝粥（eight treasures gruel）类。中国面食还有作为菜肴制品：面筋（gluten）类、面酱（fermented flour paste）类。

制品原料以面粉为主食（principal food）的方便面、面条、面包、馒头之类代表性原料都是小麦，2015年全世界小麦年产超过7亿t。

小麦（Wheat）祖种原产地中国，古称麳、来。武丁卜辞的"告麦"记载，别名淮小麦、

— 94 —

麸、麦子;浮小麦是未成熟的嫩麦粒。公元前1238—1180年小麦为河南一带主要粮食作物,《诗经》(公元前6世纪)中有王风记载:"丘中有麦"。小麦种植种类分东方小麦、波兰小麦、密穗小麦。人类考古史论证论文作者中国科学院地质与物理研究所研究员吕厚远,发表在英国《自然》杂志2002年12月的中国新石器晚期的小麦面条论文中麦的简史上指出:"青海省和县有那碗来不及食用的面条被密封在地下,直到4000年后才重见天日"。考古学报告新疆罗布泊孔雀河下游发现4000多年前随葬品小麦粒,1955年安徽省亳州新石器时代遗址出土,每粒平均长3.87mm×粒径2.68mm古小麦(现代栽培小麦通常尺寸为平均长5.49mm×粒径2.90mm);禾谷类作物的粮食与油料在《论语》记载中,称五谷,与《黄帝内经》中五谷一脉相承,两相对应;西汉氾胜之著《氾胜之书》述穗选法"取麦种,候熟可获",西汉董仲舒建议汉武帝:"使关中民益种宿麦"。公元前677年秦德公内间《汉书·郊祀志》记载"作伏祠"尝麦祭祖民间有"头伏饺子二伏面",公元130年东汉刘熙《释名·释饮食》记载"饼,并也"。公元420年左右南朝·宋时期出现"水引馎饦"一种肉汁和面搓成一尺多长筷般粗若干条、手拉"令薄如韭叶",一条一条下沸水中煮熟供应食客,至五代时期金陵"面条湿者可穿结带"。公元950年诗人贯休诗句"饼亿莼羹美",诗中饼释汤饼又释叫水溲饼即后人俗称"面条"。公元13世纪意大利马可·波罗把元代中国面条带到威尼斯,之后意大利市场出现粗面条的"斯帕盖蒂"、细面条的"马凯罗尼"、蛤蜊面、通心粉、巴里拉150多种。中国野生小麦,异名淮麦、来、徕、麸,品种有30多个,麦类商品品种包括小麦胚芽(Wheat germ)、大麦(Barley)、燕麦(Oat)、筱麦也称油麦、双子叶蓼科植物荞麦(Buckwheat)、薏仁米(Job's tears)又名六谷米、青稞(Highland barley)、黑麦等。

禾本科植物小麦亚族小麦属,分别属于3个组系,栽培种现以带壳或裸粒两类为主。小麦种子0~4℃萌发,25~32℃发芽、生长、开花、结果。旱地作物小麦适于机械耕种,栽培季节播种期分冬小麦(山芋轮作)、春小麦。小麦穗是禾本科660多属万余种单子叶植物中代表特征,一年生或越年生小麦秆高1m,有6~7节,5月花期穗状花序直立顶生长5~10mm,6月颖果腹面呈深纵沟,小麦颖果分:(1)纺锤形穗。(2)圆外颖多小花小穗。(3)拟蜜穗。

现代中国小麦正在形成独创的二系杂交小麦应用技术体系,整体水平国际领先。中国栽培小麦主基因位于15KDS上,Ha编码1个15KD白复合体位于糊粉层,由2个多肽分别为:(1)按1:1比例或6:4组成。(2)形成软质(Ha)对硬质,按显性时是pi a与pin组成。中国小麦有86个变种,其中硬粒小麦有9个变种,圆锥粒小麦有13个变种,拟蜜穗粒小麦有16个变种。中国种植小麦历史悠久品种丰富,分布着许多著名小麦品种,在精致级高强筋小麦,饺子、方便面面粉小麦生产基地中有江苏淮安淤黏土带淮麦20号、淮阴9720、兴化扬糯麦1号、扬麦158,安徽淮河流域的南大2419、白麦、皖麦38,黄土高原济麦22、中麦895、高忧503、山西冰糖包,河南大口麦,陕西黑小麦。

小麦籽粒形状分:纺锤形、倒卵形、长圆形、椭圆形,麦粒长度分别有长、中、短三类不同尺寸,其中长的指8~10mm粒长,中的指6~8mm粒长,短的指4~6mm粒长;小麦籽粒麦粒颖果结构顶端有茸毛,背面隆起,胚位置于背面基部,腹面有凹陷腹沟,腹沟两侧部分呈颊圆形而丰满。麦穗脱粒去壳后再将属于颖果的小麦外颖脱去,麦种胚结构分为皮层、糊粉层、胚、胚乳四部分。麦粒颖果颖壳颜色有红、白、紫、蓝四个颜色。小麦的种皮色彩,是皮层色素引起的,颜色的深或浅色由果皮含有花青素丰缺决定。麦种不同,籽粒颜色分别有:红(包括淡红色)、琥珀色(角质效率高硬度大)、白(包括部分淡黄色)三类,河南省南阳市农科所周中普 1998 年收获彩色小麦分黑、绿、蓝、紫、咖啡多种。小麦种子种皮深红色或褐色麦粒数占有量≥90%并角质率≥70%的,称为红皮硬质小麦又称红麦。种皮白色或黄白色的小麦称为白麦。麦粒外形横断面分别有心形、多角形。

小麦籽皮层,重量占总量 8%~10.28%,皮下糊粉层占总量 2%~9.48%,胚占 2.22%~4.0%,胚乳占麦粒干总重 78.33%~83.69%。小麦种皮深红色或褐色麦粒数占有量≥90%并粉质率≥70%的,称为红皮软质小麦。硬质红皮小麦又称玻璃质小麦,硬质麦粒切碎时感觉硬度比较高,切面透明呈玻璃形态和皮薄毛茸不明显特征,小麦千粒重是在 1000 粒重量为 17~41g,与颗粒均匀度在 1.7~20mm 矩形样筛的面上达≥80%。麦皮层又称麦皮 6 层的外 5 层粗纤维较多,麦粒果皮部分由表皮、中果皮、横细胞、内表皮管状细胞等组成,皮层的种皮部分由果皮延长细胞组成内外两层皮下组织,麦粒皮层又名麦麸占种子总重比例约 9%。麦粒皮层内包裹着的线状无色细胞充满球状蛋白质属的糊粉粒,这类糊粉蛋白层学名糊粉层不含淀粉占种子总重比例约 3%~4%。糊粉蛋白层是由胚乳表层细胞转化而来的,它既是胚乳吸收养分的细胞层,同时也是灌浆废物的累计层,糊粉层细胞富含糊粉粒和圆球体而不含淀粉体。糊粉粒中积集磷、镁、钙、钾等矿物质元素和蛋白质组成植酸钙类形式颗粒,这类细胞寿命长,通常萌发期内胚乳细胞解体时仍有活性,对于肠胃病者糊粉层营养素难以消化、吸收。小麦类脂膜蛋白对脂类、淀粉都有亲和力增加小麦籽粒硬度。小麦粒品质分类分硬质量麦、软量麦,测定方法有:对每一个品种取 100 粒样品,挑选出玻璃质为硬粒、粉质为软粒,玻璃质与粉质参差为半硬质。麦粒硬粒率计算公式:

硬粒率(%)= 硬粒粒数 − 半硬粒数 × 样品数%

应用 ZLY-1 自动粮食硬度计或微型硬度计(ground time GT 法)测定小麦硬度,取 30g 干样品,精度为 0.1 天平秤取 6g 试样、按仪器操作方法测定。麦粒质硬度,影响麦粒磨粉后的破损淀粉粒数量、面粉颗粒度大以及小、出粉率、润麦加水量与磨粉机械能耗。

小麦籽粒胚乳组织占种子总重比例约 82%~86%,其次约 2% 重量比为种子的胚芽鞘、胚芽、初生根、胚根鞘、根冠等细胞组织,此胚部各组织含糖、酶丰富,是大部分小麦生理活性较强也易于遭受虫害的部位。小麦淀粉全淀粉吸水率为 0.44%,被淀粉酶破坏后的淀粉吸水率为 2.00%,面粉含水量 12.5%~14.5%,在冷环境<15℃处于水里不溶解,加热时吸收水分膨胀与水形成胶体,麦淀粉在 30℃时吸水率较低(大约可吸水分达 30%),麦淀粉蛋白质在≥50℃环境下会逐渐凝固(影响未来工艺发酵效率)并且吸水膨胀,凝胶化温度为 58~64℃,65℃开始糊化,67.5℃完成糊化。小麦籽粒各部分通常化学成分(以干物质计)参见表 2-6。

表2-6　　　小麦籽粒各部分通常化学成分（以干物质计）　　　　　　（%）

籽粒部位	部位的重量比	蛋白质	淀粉	糖	纤维素	多缩戊糖	脂肪	矿物质
整粒	100	16.06	63.1	4.32	2.76	8.1	2.24	2.18
胚乳	81.6	12.91	78.8	3.54	0.15	2.72	0.68	0.45
胚	3.24	37.63	0	25.1	2.46	9.74	15.0	0.32
糊粉皮层	15.16	28.75	0	4.18	16.2	35.65	7.78	10.5

小麦种子一般含淀粉53%~70%、蛋白质9%~11%、糖类2%~7%、还含有1.4%~2%脂肪（油酸、亚油酸棕榈酸）、谷甾醇、卵磷脂、尿囊素、精氨酸、淀粉酶、麦芽糖酶、蛋白酶、VB。小麦淀粉（starch；）又称糖类，分子式$(C_6H_{10}O_5)_n$，商品小麦粉含水分12%~18%，一般淀粉含有75%~90%的糖苷键结合形成的支链状化合物不溶于水淀粉，这类淀粉遇到水在55~60℃糊化成为半透明胶体溶液。小麦胚乳淀粉粒细胞含氮化物多面筋的筋力大，胚乳内直链与支链结构形式淀粉占胚体积2/3，籽粒淀粉含量湿基可达13.5%~29%、干基53.4%~71.9%。小麦粉含的糖类分别有单糖类的葡萄糖、半乳糖、果糖、二糖类的蔗糖、麦芽糖、棉籽糖，多糖类的葡果聚糖、葡二果聚糖。

小麦淀粉粒颗粒长轴的长度小的2~10μm、大的25~35μm，大米淀粉粒2~10μm，玉米淀粉粒平均10~15μm，马铃薯淀粉粒15~120μm。

常见粮食淀粉糊化特性见表2-7。

表2-7　　　　　　　　　常见粮食淀粉糊化特性

淀粉来源	糊化温度范围/℃		
	开始温度	中点温度	终点温度
玉米	63.0	68.0	72.0
蜡质玉米	62.0	67.0	70.0
直链玉米	67.0	80.0	110.0
高粱米	68.0	73.5	78.0
蜡质高粱米	67.5	70.5	74.0
大麦	51.5	57.0	59.0
黑麦	57.0	61.0	70.0
小麦	59.5	62.5	64.0
大米	68.0	74.5	78.0
马铃薯	58.0	62.0	66.0
木薯	52.0	59.0	64.0

各类新鲜面粉气味，清淡微带甜气味，小麦面粉品种分类有等级制和专用制见表2-8。

表2-8　　　　　　　小麦面粉（wheat flour）品种分类等级制和专用制表

等级粉	标准粉	颜色稍黄、水分≤4%、含麦麸量1.25%、面筋质≥24%、纤维素≤0.8%、应用于制作糕点或烧饼等
	普通粉	颜色黄、水分≤12.5%、含麦麸量1.25%、面筋质≥22%、纤维素≤0.5%、应用于制作低档面条或烧饼等
	特制粉	颜色白、水分≤14.5%、含麦麸量0.75%、面筋质≥26%、纤维素≤0.2%、应用于制作方便面、面包、水饺子等
专用粉	1. 自发面粉	普通粉的面筋质≥22%、添加碳酸氢钠等发酵药剂后可强化自发
	2. 方便面粉	面条、水饺、馄饨之类选用高蛋白、高面筋质，以使面品不粘汤
	3. 面包粉	角质率高，烘烤蛋糕、饼干等蓬松体积大制品
	4. 汤用粉	面粉经高压蒸汽加热2min处理后，破坏了面筋质，粉吸水率大

面粉生产工艺从小麦质量验收、分离杂质、韧清、毛麦处理、水分调节、净麦处理到皮磨、心磨、渣磨、清粉、筛理，最后将筛下面粉称重包装、将筛上麸皮供作饲料或制酒、酵母、味精原料。

面粉通常有表2-9成分。

表2-9　　　　　　小麦面粉常见复合营养素含量（mg/100g干重）

营养素	麦粒	面粉	营养素	麦粒	面粉
VB_1	0.40	0.104~0.024	泛酸	1.73	0.59
VB_2	0.16	0.035~0.06	VB_6	0.049	0.011
烟酸	6.95	1.38~1.60	肌醇	340.0	47.0
VH	0.016	0.0021	对氨基苯甲酸	0.51	0.050
胆碱	216.0	208.0	叶酸	0.12	0.061

小麦品种鉴定参考1985年国际种子检验规程用ISTA聚丙烯酰胺凝胶电泳鉴定法标准有：(1)小麦标准GB/T 1351，面粉添加剂标准GB 2760（允许使用抗结剂磷酸三钙，膨松剂碳酸钙，凝固剂石膏，增稠剂葫芦巴胶；面粉处理剂明确规定限制使用过氧化苯甲酰、溴酸钾、L-半胱氨酸盐酸盐、偶氮甲酰胺、碳酸镁、过氧化钙）。(2)小麦千粒重测定法GB 5519。(3)小麦容重测定法GB 5498。(4)谷物豆类作物种子粗蛋白（半微量凯氏法）测定法GB 2905。(5)谷物油类作物种子水分测定法GB 3523。(6)面筋测定法GB 5508。

中国小麦年产量83%的冬播夏收冬小麦专用品种内，商品小麦分六类：(1)硬质白皮小麦，麦粒皮色白色或黄色≥90%，角质率≥70%。(2)软质白皮小麦，麦粒皮色白色或黄色≥90%，粉率≥70%。(3)硬质红皮小麦，麦粒皮色深红色或红褐色≥90%，角质率≥70%。

(4)软质红皮小麦,麦粒皮深红色或红褐色≥90%,粉质率≥70%。(5)不符合上述4种种类的特色小麦。(6)其他麦类,有黑面包用黑麦、裸大麦又称青稞。小麦按GB1351国家标准将小麦品种按皮色、粒质分为九类:(1)白(色)硬(质)冬(小麦)。(2)白硬春。(3)白软冬。(4)白软春。(5)红硬冬。(6)红硬春。(7)红软冬。(8)红软春。(9)混合小麦。

2.2.1.1 磨粉品质

面粉等级分:特制(富强)粉、标准粉、普通粉。专用小麦粉分:方便面粉、面包粉、糕点粉、水饺皮面条粉、家庭用(普通的,自发的)粉、西餐制汤粉。

通常认为磨粉品质指标为:(1)磨粉出粉率(磨粉机 Flour extrctin)79%~87.1%,磨粉机 Jubior-3100-1型,取250~300g,种子制粉用 Buller 布勒磨粉机取0.5~10kg 种子制粉,测定前种子不得有>0.02%杂质,送检样品水分在10%~13%,测定时软质小麦加水调节按 AACC 28-10法水分含量至14.0%~14.5%。磨粉出粉率调节要点:(1)硬质小麦加水调节水分含量至16.0%~17.0%;(2)软硬中间小麦加水调节水分含量至14.5%~15.5%润麦,润麦后检验进入研磨、筛理、清粉、打麦麸又称刷麸、称重操作(70粉出粉率为>72%,85粉出粉率为>86%)。(2)种皮百分率(Seed-Coat-Percentage 9%~11%,麸皮在来样中的百分率)。(3)容重(Test Weight >790g/L 为一级,690 g/L 为五级)。(4)籽粒硬度(Grain hardness 磨粉时间法,四倍体硬粒小麦颗粒粉(Semolina)质地致密强韧、机械强度大,煮后能保持原来形状、颜色、滑爽、不黏腻、有小麦清香。

2.2.1.2 小麦面粉品质检验主要项目

(1)白度,小麦白度(Whiteress),引用SDD1型数字白度计按GB 5504进行,样品小碟放进光电比色计孔内转动转盘孔标线,在84.5标线上读出白度数值,记录用 UA 或%表示,通常小麦白度数字范围在70%~84%,品质合格面粉颜色白而带微黄、无异味。

(2)灰分,方便面、面条、水饺面粉灰分≤0.55%。一等级精制面粉灰分≤0.7%,标准粉灰分≤1.2%。面粉中灰分传统测定法是取试样2g以马弗炉500~550℃灼烧2~3h后,称灼烧残余物重量与试样万分比率。大多数品种小麦全籽粒灰分为1.7%左右,麸皮为小麦籽粒重量23%~25%,占粗灰分1.9%。

(3)面粉沉降值(Sedimentation),指黏度计管浸入热水器,到搅拌条件下黏度计降落至糊化了的面粉水悬浮混合液,最下部稳定状态需要的总时间。降落值测定法应用降落数值仪,由样品粉碎机、水浴锅、自动搅拌装置、黏度管、数字显示计时器组成。测定过程:取7g粉样置于100℃水浴锅黏度管(FN管倾斜45°)状态加25mL水,试管直立摇晃10次后去试管塞,搅拌器搅拌60s从计时器观测降落数值FN单位s(淀粉酶强弱液化值PLN=常数6000/FN-50线性关系)秒数s。面包粉降落值需要250~350s,糕点粉降落值需要>160s,酥性饼干粉降落值需要>180s,发酵饼干粉,降落值需要>220s,水饺粉降落值需要>250s,面条专用粉降落值需要>200s,馒头粉降落值需要>250s。

(4)面筋含量(Gluten content)是小麦蛋白质存在的特殊形式,1728年发现面粉中存在黏弹性物质面筋质,C. H. Bailey1926年确信于1745年发现的小麦面粉中存在的面筋(Gluten)。面筋含有55%~75%水分称为湿面筋,面筋中的蛋白质是小麦储藏性由麦胶蛋白和麦谷蛋白组成的。湿面筋蛋白质占有量为其干物质总量的80%左右。面筋含量关系面筋具有弹性、黏性、延展性,有少量非蛋白质物质的复杂蛋白质复合物。干面筋蛋白质成分含面筋蛋白(gluten)中43.02%是麦醇溶胶蛋白(gliadin)和39.01%的麦谷蛋白(glutenin),其余清蛋白及球蛋白约占4.10%~4.41%,还有一些成分是15%脂类、2.8%~10.0%糖类、2.0%~8.0%淀粉、9.44%~6.45%和2.48%~0.05%矿物质灰分。小麦面筋以干物质计化学成分参见表2-10参数。

表2-10　　　　　　　　小麦面筋以干物质计化学成分参数

测定	麦胶蛋白	麦谷蛋白	麦清蛋白与麦球蛋白	淀粉	糖类	纤维素	脂肪	灰分
1	39.09	35.07	6.75	9.44	-	2	4.2	2.48
2	43.02	39.1	4.41	6.45	2	-	2.8	2.00

面筋含量测定用测过水分含量的样品10g置于小(200mL)搪瓷碗里,加pH6.2氯化钠溶液20g/L,玻璃棒搅拌和面至不粘手掌,然后加水浸过面团,室温下30min后滴入750mL上述氯化钠溶液,过程中边滴氯化钠溶液边搓揉面团,搓揉清洗至面团滴入碘化钾溶液不再显示出蓝色为止。计算湿面筋(14%)=样品重量与容器重量-容器重量÷样品重量×水分系数86/100-每百克试样含水量克数。

小麦专用品种分类有等级制和品质指标见表2-11。

表2-11　　　　强筋小麦专用品种分类有等级制和品质指标符合SB/T10136~10145

类别	项目	一等	二等
籽粒	容重(g/L)≥	770	
	水分(%)≤	12.5	
	不完善粒(%)≤	6.0	
	杂质总重(%)≤	1.0	
	矿物质(%)≤	0.5	
	色泽与气味	正常	
	降落值时间(s)≥	300	
	粗蛋白质(干基)(%)≥	15	14
小麦粉	14%水分基的湿面筋(%)≥	35	32

中国小麦国家标准有GB 13515小麦、GB/T 17892优质小麦、强筋小麦、GB/T 17893优质小麦、弱筋小麦。小麦品种的按面筋含量在5%~50%分类分:(1)高筋粉含有面筋>30%,

(2)中筋粉含面筋6%~30%,面筋含量在20%~25%之间称为中下筋粉,(3)低筋粉含面筋>20%。面包粉面筋含量在36%~47%。小麦磨粉一次加工品质与食品加工(二次)品质国际通用的分类,专用小麦品质按面筋中二硫键多肽链含量起交联作用,将小麦品质按面筋含量高低分类,分强筋小麦,弱筋小麦。认定小麦籽粒蛋白质干基含量(干基)分:

(1)含量>15%强筋小麦,(准强筋二中等小麦粉用于面包、丹麦酥酥皮制品);

(2)含量14±1%,中筋小麦,(准强筋二中等小麦粉用于方便面、面条、馒头、包子制品);

(3)含量≤13%弱筋小麦(准强筋二等小麦粉用于西点饼干、松糕、蛋糕蓬松面制品)。

用于制饼干用粉的小麦为弱筋小麦,国际通用小麦分类指标见表2-12。

表2-12　　　　　　　　小麦一、二次主要加工品质的国际分类指标

项目		强筋	中筋	弱筋
籽粒蛋白质含量(干基,%)		>15	14±1	≤13
面粉湿面筋含量(14%水分基,%)		>32	30±1	≤20
一次加工	容重(g/L)≥	780	770	750
	千粒重(g)≥	32	32	32
	角质率(%)≥	80	50	≤50
	质地	硬质	中硬	软质
再加工	面粉吸水率(%)≥	62	60±2	
	面团形成时间(min)≥	3.5	2±0.5	≤1.5
	面团稳定时间(min)≥	6	4±1.5	≤1.5

专用小麦品质按面筋分类指标主要有:

(1)角质率>70%(籽粒硬质)、蛋白质含量高(>15%),面筋强度大延伸性长适用于生产面包用粉的小麦,为一等强筋小麦。

(2)半硬质高筋小麦粉面筋强度中等,延伸性好—含有蛋白质12%~14%是方便面、饺子、馒头用粉的小麦,为二等高强筋小麦。

(3)粉质率>70%(籽粒软质),蛋白质含量低(>11%),面筋强度小延伸性较好的面粉。

2.2.1.3 面团质量

中国小麦质量标准参见表2-13。

表 2-13　　　　　　　　　　中国小麦质量标准（GB 1355）　　　　　　　　（%、无苦味）

等级	加工精度	灰分	粗细度	面筋质	含量砂	磁性物	脂肪酸
特级一等	按实物样对照检验粉色麸星	≤0.7	CB 36 筛后在 CB 42 号筛不超过 10.0%	≥26.0	≤0.02	≤0.003	≤80
特级二等	按实物样对照检验粉色麸星	≤0.85	CB 30 号筛,留存在 CB 36 号筛≥10.0%	≥25.0	≤0.02	≤0.003	≤80
标准粉	按实物样对照检验粉色麸星	≤1.10	过 CQ 20 号筛,留 CB 30 号筛的不超过 20.0%	≥24.0	≤0.02	≤0.003	≤80
普通粉	按实物样对照检验粉色麸星	≤1.40	全部通过 CQ 20 号筛	≥22.0	≤0.02	≤0.003	≤80

测定方法参考 GB/T 14611~14612, SB/T 10136, AACC 10-31A 指标。

2.2.1.4 面粉制品烘焙品质

小麦面粉制品烘焙品质三项指标是:(1)体积（volumc），一般 100g 面粉烘烤面包的体积在 433~900cm^2。(2)比容（Specific Volumc），范围 245~254.0cm^3/g。(3)面包百分制评分（Loaf Score）分值。

2.2.1.5 面粉制品蒸煮品质

中国 2010 年起面粉企业在面粉里不允许添加增白剂过氧化苯甲酰（过氧化苯甲酰又名氧化二苯甲酰白色结晶性粉白色，熔点 103~106℃分解、易燃烧）、过氧化钙。小麦面粉味甘，性温，有微毒。主治饮食不，发热发烦，主补虚、止渴养心敛汗。长时间食用使人肌肉结实，养肠胃，增强气力。

2.2.2 稻米

中国大米饭（cooked rice），为煮熟谷类制品的统称，与"面食"对应俗称"饭"，指以稻谷加工脱壳后淡黄色糙米或白米（因稻谷壳人消化不了）或米与高粱米之类谷米煮熟饭又称干饭，干米饭种类中唯独用水稻去壳后的米粒称为大米（rice），水淘米再加水煮蒸至成熟的水与米过程叫"做饭""煮饭"。做成熟米饭俗称白米饭、干饭。

米的淀粉糊化温度（GT）指淀粉发生不可逆膨胀时 90% 淀粉失去折射性（马氏间隙）面糊的水温（测定方法是取 6 粒精米在 10ml 7% KOH 溶液里 30℃下浸泡 23h 的平均碱消

值），稻米淀粉糊化温度分别低温的（55～69℃）、中温的（70～74℃）、高温的（74.5～80℃），糊化温度（GT）与稻米品种中的淀粉直或支链含量分布有关。高直链淀粉米饭硬度胶稠度与蛋白质含量有关，蛋白质含量高，胶粒短（27～40mm）胶稠度大米饭硬度高，蛋白质含量低，胶粒长（61～100mm）胶稠度小米饭硬度软，胶粒长（41～60mm）胶稠度中等米饭硬度为中。

中国 GB 1350 标准，具体指出了各类稻谷质量指标，GB 1354 大米国家标准与 NY 5115 无公害食品大米、NY/T 419 绿色食品大米等分别将籼米、粳米、糯米；按商品质量指标分级区别在特等、标准一等、标准二等、标准三等四类的等级级别。食材稻米品质要求稻谷或糙米、精米、熟米、碎米、干磨粉、湿磨粉、米淀粉形态原料，经加工（蒸煮调味成熟等）后成为的制品可能是米饭、米粥、米糕、米粉、米线、耳块成品又称食品的安全卫生指标。稻米经加工烹调后可制成的干米饭用原料生米。原料生米，煮成熟的一般米饭食味值 71～78 平均 75.83，其中南粳 46、南粳 9108 米饭食味值，都是 78，江苏省稻米的无机砷、铅、镉重金属含量都比日本稻米低，日本 5 个米饭食味值为 68～78 平均 74.2。江苏南粳 9108、镇粳 10、南粳 46 属于低谷蛋白、高醇溶蛋白、高亚麻酸、硒含量丰富水稻米中的江南大米。

稻属植物类型分：（1）家稻（栽培稻）。（2）野生稻。普通野生稻俗称禾、鬼禾、野禾、鹤禾。沼泽植物普通野生稻之外，在中国发现了具有药用功能的药用野生稻和疣粒野生稻。世界上野生稻资源按地理位置生态种资源分类有：（1）粳型 Sinicah 或 japonica。（2）籼型 indica。（3）爪哇型 javanica 以及印度尼西亚 bulu 型。

世界公认的稻品种目前除南极洲外各大洲有稻种达 100 多个，论述栽培稻和光稃栽培稻的水稻颖果品质，现代栽培的水稻（rice）品种主要有：（1）普通栽培稻（Oryzasativa）。（2）光稃栽培稻（Oryza Glaberrima）。

在全世界稻种 15 万多份资源中，包含中国 AA 染色体多年生普通野生稻 4 万多份之外，有具有 CC 染色体（$2n=24$）疣粒野生稻。

稻生物学种分：（1）亚洲稻。（2）非洲稻。栽培有：（1）直播稻。（2）再生水稻。（3）杂交稻。亚洲稻的种源地在云南百越民族地区。

中国生态栽培稻人工栽培历史，始于距今 2 万年 2 千多年之前，考古专家发现在浙江省余姚县河姆渡、江西万年仙人洞等 70 多处理新石器时代遗址中，发现水稻稻谷遗迹距今 1.83 万～1.18 万年前，是世界上最早种植水稻的国家。

稻（rice 又名薄稻），是<u>丛生草本类稻属植物的总称</u>，水稻碾制脱壳后剩下的稻种胚包括糊粉层称为米的部分。

稻组织结构模式示意图参见图 2-6。

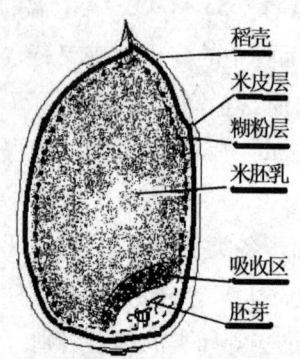

图2-6 稻组织结构模式示意图

人工直播栽培中国稻技术记载,在史书《史记·夏本记》记:"禹令益予众庶稻可种卑湿",长江下游的广泛栽培历史在今泗洪县梅花镇,2011年顺山集遗址出土驯化后稻谷为很多碳化的稻谷,经碳14检测,这些稻谷标本距今8100~8300年古稻。传说中国"丝绸之路"之前的世界史话上出现过"稻米之路",大约距今6000年前中国云南百越稻被先民们,曾经沿澜沧江路线经怒江、红河、珠江、江浙、闽、越南,后跨越河,将亚洲稻传到缅甸、印度,向东跨江越海传至朝鲜、日本、马来西亚、菲律宾,漂洋至欧洲、美洲,考古学研究发现印度是在公元前1500年至前2000年之间、印度尼西亚在公元前1648年前后才开始亚洲水稻人工栽培,中国浙江省河姆渡至少在7000年前就已开始栽培热带稻或籼稻,距今2300年前亚洲稻被传入日本、西非,北美和澳大利亚的亚洲稻栽培开始时间不超过600年,美国南卡罗来纳州约在1690年形成完整的亚洲稻稻作体系,在欧洲,葡萄牙和西班牙从8世纪开始种亚洲稻,意大利南部从9至10世纪开始种亚洲稻。现代杂交稻品种中的黑水稻、富硒水稻,是家稻(栽培稻)、野生稻资源。亚洲已育成苗期或成熟期抗铝毒和耐洪涝、耐碱盐、耐低温品种及耐铁毒和耐高温稻米种。世界稻种品种谱系里高产的绝大多数国际稻IR系统半矮秆栽培品种(系),都来源于中国矮秆品种低脚乌尖及其衍生种1号稻。水稻现代栽培稻类型,根据栽培地区土壤水分生态特点分陆稻(旱稻)、水稻。水稻分浮稻、深水稻(浮稻茎可生长长达5m)两类型。浮稻具有浮生于深水中特性,茎叶特别发达,地上茎节会分蘖、生根,其葡萄茎可生长至9~18尺,深水稻茎,生长长度5~8尺。中国特产深水稻种"水涨谷长"株高在一人半高、"深水莲"株高三人高、"一丈红"株高丈余。粳俗称粳米是稻谷的总称。有黏性的属糯米、没黏性的属粳稻,糯米饭软,粳米饭相对较硬。中国南方多水稻、北方多旱稻,旱稻米在大西南山区称火米。古代人称祭祀稻米谓嘉蔬,婺源县的"婺源早"与江西万年县荷桥"野禾早"结的稻穗谷粒号称"三粒米一寸长",这种在1400年前出现的"三粒寸"贡米被当朝黄帝降旨:"代代耕食,岁岁纳贡",赐名称"嘉禾"。水稻专家考察指出,粳米收割于每年六七月的粳稻称为早稻,早稻得土气较多只可以充饥,收割于八九月粳稻称迟稻俗名晚稻,晚稻得光热多,入人肺解肌体内热。中国原生态稻种有3个,即(1)普通野生稻。(2)药用野生稻。(3)疣粒野生稻。

中国水稻栽培稻主产种6个：(1)粳米。(2)籼米。(3)糯米。(4)紫红糯米。(5)黑米。(6)香米；富硒米。

粳、籼、糯稻属于栽培稻属里的亚种，它们又分别有早稻、中稻、晚稻、越冬稻生产期类型与品种。栽培稻中的籼稻为普通野生稻籼亚种进化品种之一，富硒水稻又称富硒稻谷，为通过生长过程自然富集而非收获后添加硒、符合GB 1354规定，三级大米中硒含量在0.04~0.31mg/kg之间。

稻米中的大米（粳米 GB 1354）标准中，米硬度、米蛋白（主要成分为谷蛋白，其次为米胶蛋白、球蛋白等）含量、米粒大小、淀粉多少、出糖高低，关系米饭品质常见主要选择条件。选择米认清品种籼米（早籼、晚籼）、糯米、粳米、杂交稻米、陈化米至关重要，看米粒大小、充实肥大、碎米少于1/3、米粒腹部玻璃质（透明角质）呈现、气味清米香，都有关系。不同品种米里含淀粉分子链模型不同，米淀粉直链与支链组织成分特性如表2-14所示。

表2-14　　　　　　　　　　米淀粉中直链与支链组织成分分布含量表

品种	支链淀粉比例/%	直链淀粉比例/%
糯米	98~100	0~2
粳米	80~84	16~20
籼米	74~77	23~26

食材米的品质与稻米田间生产后的颖果去壳后，糙米加工处理、储藏、安全调整。稻谷碾去壳后糙米加工处理在质量方面要求：(1)碾米碾去米糠皮8%~10%，精米率>70%。(2)外观子粒长5.6~7.5mm、垩白度1%~5%，透明度1%~5%。(3)蒸煮品质口感软滑、糊化温度55~79℃、胶稠度41~60mm（蛋白质含量>7%口味较好）。(4)安全与营养品质符合GB 1354-大米 和GB 2715 粮食卫生指标实现品质控制。(5)米中无青粒米、无未熟米、无受害米、无胚腐米、无发酵米、无死米。

稻米谷粒外层起保护作用的芒、外内颖（谷壳）、颖果皮、种皮（色素）、珠心、糊粉层、胚乳、种胚组成，米粒外颖、内颖构成的谷壳重量占稻谷总颗粒重度的20%左右，其余为食材部。

谷壳内的米果皮占稻谷总颗粒重度的1%~2%、种皮+珠心+糊粉层占4%~6%、米内种胚占稻谷总颗粒重度的1%、盾片占稻谷总颗粒重度的2%、淀粉胚乳占90%以上。米颗粒内以类球蛋白与植酸盐组成蛋白体和脂粒构成胚乳细胞群为主，胚乳细胞内含淀粉体，内含复合淀粉体的胚乳细胞壁富含蛋白体和脂粒构成的糊粉层和次糊粉层。按稻米淀粉中直链与支链组织成分分布含量之差异来判断，通常对含有直链淀粉比例20%~30%其余是支链淀粉的稻米称呼黏米。直链淀粉含量在精米里随着百分比变化，是米饭黏性、硬度、吸水性不同的原因。如直链淀粉含有量中等（含量20%~25%的）热米饭蓬松、饭冷却后质柔软、食味好。稻米胚乳内直链淀粉含量高的米，煮饭胀性大、饭易干松。饭冷却后，质硬、食味差。

中国 GB 1350 标准具体规定了各类稻谷质量指标, GB 1354 大米国家标准与 NY 5115 无公害食品大米、NY/T 419 绿色食品大米等分别将籼米、粳米、糯米按四类分级为特等、标准一等、标准二等、标准三等的等级。

稻谷初碾从碾坊除去稻壳碾出的糙米,含米糠加蛋白质含量最高。经抛光除去米外层米糠果皮、种皮、糊粉层的精米,损失的是米糠中果皮、种皮、糊粉层内含有的脂肪、蛋白质、粗纤维、中性洗涤纤维、矿物质、硫胺素、核黄素、烟酸、α-生育酚(VE)。

稻谷一般要求收获即晒干至(含水量13%±1%),去杂后存放3个月以上稳定谷物物理化学指标稻谷营养成分通常见表2-15。

表2-15　　　　　米部分营养主要组成成分表　　　　　(%)

名称	水分	蛋白质	脂肪	糖类	粗纤维	灰分	VB$_1$	VB$_2$	VB$_M$
籼糙米	13.0	8.3	2.6	74.2	0.7	1.3	0.34	0.07	2.5
籼米标一	13.0	7.8	1.3	76.6	1.4	0.9	0.19	0.06	1.6
籼米标二	13.0	8.2	1.8	75.5	0.5	1.0	0.22	0.06	1.8
粳糙米	14.0	7.1	2.4	74.5	0.8	1.2	0.35	0.08	2.3
粳米标一	14.0	6.8	1.3	76.8	0.3	0.8	0.22	0.06	1.5
粳米标二	14.0	6.9	1.7	76.0	0.4	1.0	0.24	0.05	1.5
糯米标一	14.0	6.4	1.5	77.1	0.2	0.7	0.20	0.02	1.5
糯米标二	14.0	6.2	1.5	76.2	0.3	0.9	0.20	0.06	3.5

★表内:VB$_1$——硫胺素;VB$_2$——核黄素;VB$_M$——叶酸。

稻米胚乳细胞内淀粉体是多面体体形,尺寸3~9μm、呈单峰分布。稻谷谷物除去谷壳便得糙米,100kg 稻谷碾去谷壳后得80kg 糙米称糙米率为80%。中国优质稻谷主要分为四类,其质量指标见表2-16。

表2-16　　　　　中国优质稻谷主要质量指标*(GB 1350~1354)

类别	等级	出糙米率≥%	整精米率≥%	垩白粒率≥%	垩白度≥%	直链淀粉含(干基%)	品味(分)	稠度(泊)	粉碎粒≤%	异种粒≤%	黄粒米≤%	杂质≤%	水分≤%
籼稻	1	79.0	56.0	10	1.0	17~22	9	9	2.0	1.0			
	2	77.0	54.0	20	3.0	16~23	8	8	3.0	2.0	0.5	1	13.5
	3	75.0	52.0	30	5.0	15~24	7	7	5.0	3.0			

续表

粳稻	1	81.0	66.0	10	10	15~18	9	80	2.0	1.0			
粳稻	2	79.0	64.0	20	30	15~19	8	70	3.0	2.0	0.5	1	14.5
粳稻	3	77.0	62.0	30	50	15~20	7	60	5.0	3.0			
籼糯稻		77.0	54.0			≤2.0	7	100	5.0	3.0	0.5	1	13.5
粳糯稻		80.0	60.0			≤2.0	7	100	5.0	3.0	0.5	1	14.5

*——气味标准 GB 1350，上述测定指标如出现一项不合格则为非优质稻谷。

稻米的直链淀粉含量在精米里随着百分比变化，是米饭黏性、硬度、吸水性不同的重要原因。稻米与小麦并列为细粮，以区别于玉米、高粱、薯类等粗粮。

评价稻米优与劣品质的差别，从加工→外观→蒸煮→食味→营养→卫生等方面进行。稻谷检验品质样品扦取方法分：(1)小样，(2)原始样，(3)平均样品，(4)试验样品。扦样登记项目包括扦取时间、样品编号、名称、数量、产地、生产年度、扦样所处（车、船、站、堆、垛、仓库等号码）、原料包装状态、扦样负责人姓名。扦得样品即时避光在≤15℃环境下保存，等待在一个月内的检验测定。中国 GB 1350 标准具体指出了各类稻谷质量指标，GB 1354 大米国家标准与 NY 5115 无公害食品大米、NY/T 419 绿色食品大米等分别将籼米、粳米、糯米按四类分级分为特等、标准一等、标准二等、标准三等的等级。

籼米又名机米、南米，籼米支链淀粉含量高，煮成熟米饭食味品质感觉硬。稻米一般性特点参见表2-17。

表2-17　　　　　　　　　　稻米的一般性特点

种类	粒形状和色泽	硬度	黏性	出饭率（膨胀性）	烹饪特性
粳米	粒形短圆、横断面近圆形，色泽蜡白半透明或较透明	高	黏性低于糯米	出饭率（胀性）、黏性、硬度都小于籼米而大于糯米	通常为大米饭主食材，也用于烹制稀粥、用于制粉等，一般不用于作发酵原料
籼米	粒形细长、横断面近圆形，色泽蜡白半透明或较透明	中	黏性低于籼米	出饭率高、胀性大	用于配制米粉制品、作为制发酵酒原料，也用作烧米饭或稀粥
糯米	粒形短圆、横断面近圆形，色泽蜡白半透明或较透明	低	稻品中黏性最大	稻品中其胀性最小、出饭率最低	用于配制糕点小吃点心蒸饭团、酒酿、米粉调料

粳米米淀粉最高黏度95℃，热浆黏度（hot viscosity HPV）81℃的籼稻在82.3℃米粉

会糊化,粳米煮熟后的米饭黏性常常比籼米米饭黏性大。通常要求粳米直链淀粉含量17%~21.4%,味道中等以上,胶稠度45mm以上。

糯米直链淀粉含量一般小于2%,按小于8%的米为极低直链淀粉米,8%~20%的米为低等直链淀粉米,20%~25%的米为中等直链淀粉米,高等直链淀粉米直链淀粉含量可以大于25%。稻谷各部位营养成分分布特点参见表2-18。

表2-18　　含水量为14%的稻谷各部位营养成分(重量百分比)分布特点

项目	粗蛋白/(g N×5.95)	粗脂肪/g	粗纤维/g	粗灰分/g	有效糖类/g	烟酸 VB_3/mg
稻谷	5.8~7.7	1.5~2.3	7.2~10.4	2.9~5.2	64~73	2.9~5.6
糙米	7.1~8.3	1.6~2.8	0.6~1.0	1.0~1.5	73~87	3.6~5.3
精米	6.3~7.1	0.3~0.5	0.2~0.5	0.3~0.8	77~89	1.3~2.4
米糠	11.3~15	15.0~19	7.0~11.4	6.6~9.9	34~62	26.7~49.9
稻壳	2.0~2.8	0.3~0.8	34.5~45.9	13.2~21.0	22~34	1.6~4.2

糙米碾白制精米,精米(或配制米、留胚米、免淘水、强化米、发芽糙米等)干物质含75%~90%淀粉,米胚乳含蛋白质7%~8%,脂肪1.3%~1.8%和粗纤维及很低B族维生素,淀粉主要是77%~89%有效糖类;富硒米通过碱反应得富硒米蛋白;糙米3d发芽后发芽糙米与原糙米比较:可溶性糖增加3倍、可溶性蛋白质增加13.8%、VC提高至17.8mg/kg、植酸盐水解,发芽糙米更营养。现代水稻最大产量品种的粳米稻,起源于野生稻籼亚种演变而成的变异种型,中国优质米品种资源特色粳米(Rice,精制米、精小站、蒸谷米、齐眉米),香米(Scented rice 香气成分有2-乙酰-1-吡咯啉),紫米(Mayve glutinous rice),黑米(black rice 主要成分有花色素),糯米(glutinous rice 又称元米、茶米、瓜米、江米,糯米总淀粉为82.46%其中直链淀粉在9.48% 糊化胶稠度软约78至80mm,蛋白质含量≥6.87%、氨酸0.32%)。

籼、粳稻亚种谷粒形态特征鉴定项目有千粒重、谷粒形状、糙米率、米色、米质、膨性率、米饭品质与营养本质等。稻谷质量指标与大米加工价值性能,指稻谷形态、结构、化学成分、物理特性、碾米工艺性对米品质关系有关米标准常用术语主要有:

(1)千粒重,测定1000粒种子的重量数据≥30g/千粒称特大粒,27~29g称大粒,千粒重大于28g的米称大粒,24~26g称中粒,21~23g称小粒,≤20g称特小粒。水稻生长开花结果的壳稻(重量占种子总量16%~28%)与颖果(果实糙米)等组成,去壳稻(稻芒、外颖、颖、穗轴)后,颖果糙米外层果皮和种皮(占种子总量1%~28%)、珠心(占4%~6%)、种胚(胚芽、根、胚层等占1%)、盾片(占2%)、次糊粉层和含淀粉胚,(占90%~91%)。稻米水分含量14%~15%、相对密度约1.4,比重1.18~1.22,1L容重相当于790~830g、好稻容重在560kg/m³左右。

(2)谷粒形状,谷形分别有卵圆形、椭圆形、短圆形、直背形、新月形。对于稻米颗粒长宽粒形按长宽比达3.0以上称为细长形,2.1～3.0称中长形,1.1～2.0称短粗形,1以下称圆形。米粒形按长度≥7.5mm称超长米,6.61～7.5mm为长粒米,5.51～6.60mm为中长粒米,5.5mm以下为短粒米。有裂纹、爆腰粒米粒形占有量2/3以上者,称为碎米。

米粒在环境温度50℃条件下,强度(硬度)最大。

(3)糙米率,指谷粒1000g脱去稻壳后白米的重量百分比,真糙米蛋白质含量达9.5%以上。

(4)米色,一般籼稻谷粒稃壳为浅黄色或秆黄色,谷粒各处颜色均匀一致,籼稻谷粒稃尖紫色点仅限于一点,稃茸毛短而密,籼稻米粒腹白心白较大、透明度低。一般粳稻稃壳为秆黄色或黄褐色,粳稻稃壳上部颜色深,稃尖紫色范围比较大至稃壳上端,稃茸毛长而密稀,粳稻米粒腹白心白较小透明度高或全透明。稻品种鉴定方法有:用染色法碘化钾显色鉴定法或苯酚法鉴定,用CS－930型双波长薄层扫描仪荧光鉴定,粳稻米粒在苯酚液中不易有色、粳稻米粒在氢氧化钾溶液中浸种米粒易溃烂。稻米米色分琥白、乳白、红、紫黑原色,有超级稻彩色稻米米色中的绿胚米、红香玉胚米、黄色香糯米、黑糯米等。人们普遍认为某些水稻品种的花色素具有药用价值,黑稻米每100g含1mg色素、3mgVC、0.2mg核黄素、比无色稻米中铁钙磷等微量元素含有数量要高一些,黑稻米黑色素利用甲醇水浴提取法或用0.1%盐酸的95%乙醇溶液提取,可得到紫苑苷(70%花青素－3－葡萄糖苷和12%甲基花青素－3－葡萄糖苷以及花黄素xanthin花青素cyaniding等物质)。米色根据米腹白、大小、心白的大小、色泽、碎米率综合评定,分级有上、中、下三等。正常稻谷为鲜黄色或金黄色富有光泽,未成熟稻谷稻壳呈绿色,发霉稻谷壳有霉菌斑点,米粒有霉味。

(5)稻粒品种,分籼、粳、糯稻种子,用颜色化学区别方法:以0.2%碘化钾溶液(0.2g碘化钾溶解于水中后,再加入0.1g碘,然后对容量瓶用水定容至100mL刻度),向已经去壳粉碎的培养皿中10粒米的米粉,滴2～3滴0.2%碘化钾溶液试色剂,米粉显现出的颜色,一般来说,紫蓝色为籼稻,紫红色为粳稻,红棕色为糯稻。糯稻加工去壳的米粒(胚乳)称为糯米又称江米,元米为大米一种,糯米支链淀粉含量100%、呈蜡白色不透明,在淀粉－碘比色法测定时精米波长590～620nm,糯米含有0%～2%的直链淀粉,使胚乳淀粉粒之间和之内存在呈不透明细孔(糯米颗粒呈不透明状),糯米颗粒重也只有非糯米(非糯米颗粒呈半透明状)颗粒重的95%～98%。

(6)米糠油,稻谷贮藏温度≥15℃ 3～4个月经历后,熟老化的谷粒糊粉层(层厚30～50μm)呈奶油色,谷粒糊粉层里的甘油三酯、磷脂类圆球体颗粒藏温<50℃一般谷粒不会破裂。水稻谷粒含2.5%～4.0%脂类,稻谷出糠率7%米糠中含粗脂肪13%～22.0%、米胚含粗脂肪17%～40%可加工出米糠油(fat－rice);江苏淮安粳米富含亚油酸,易被人体吸收的碱溶性谷蛋白含量80%左右、醇溶谷蛋白含量5%左右,亚油酸含量高达75%。

(7)1964年中国杂交稻研究成功取得成果:①浮根较多。②稻茎粗壮(茎长3～18尺)。③温感性强。④光合优势强。⑤光呼吸强度较低。⑥干物质运转率较高。⑦新陈代谢旺盛的。

⑧便于扩大试种 2005 年最新超级稻浙江 GS2 基因"宝大粒"水稻,千粒重达 48g 以上。杂交稻至 2013 年试验田形成控种、控水、化控育壮秧、精确机插与增施蘖肥为核心的(超)高产栽培技术,"创造了我国稻麦两熟制条件下机插水稻最高产纪录亩产 961.2kg,并被农业部列为全国主推技术"。2014 年中国 4.4 亿亩水稻田中有 2.5 亩超级稻,农业部 2014 年种业十大事件《国家级水稻玉米品种审定绿色通道试验指南试行》,湖南省溆浦县超级稻百亩方亩产 1026.7kg,超级稻每公顷大面积产量 16t(1067kg)项目将实现。2015 年全国被农业部认定超级稻品种 118 个中,江苏省品种有"两优培九""冈优 725""武粳 15""南粳 9108"等 19 个,两优 1000 百亩片 102 亩平均产量 1067.5kg/亩创全国纪录。2016 年云南个旧大屯镇新瓦房村 101 亩"超优 1000"夏稻平均产量 1088kg/亩,海南超级稻基地年平均产量 3075kg/亩、夏稻达 1538.78kg/亩创新世界纪录。2016 年夏青岛胶州湾白泥地公园 30 亩初级海水(淡水盐度 1% 灌溉条件下)海水水稻从 75~150kg/亩提高至 200kg/亩以上。两系法杂交稻,中国江苏省农科院等单位在 2013 年获得国家科技进步特等奖项目,两系法杂交水稻技术研究与应用,利用光敏不育系水稻为基本材料培育的自由杂交的稻。

(8)作稻田生态养殖技术在中国自古以来稻田种植万余年栽培技术中,低碳植物稻甑皮对生态系统内非生物成分中的水、土壤矿物质、有机碎屑、气体、阳光、地热,对生物成分的稻禾、杂草、微生物、浮游生物、底栖动物、小杂鱼或稻鸭共作,即古人对稻田种植时期生态系统内的非生物成分与生物成分成员之间相互联系、相互制约、统一呼应双赢,专家们已著有成果研究。现代食用农业中的有机、无公害水稻生产栽培技术之一的稻田养殖,是指利用稻田浅水环境辅以种植水稻植株下饲养幼螺、螃蟹苗、小鱼苗、小虾苗、小苗鸭,实现种植 - 养殖共生、生物除草、防虫、增加有机肥与饵料、松土通改善水质,实现养殖与种植可持续生态产业双丰收。低碳稻作是提倡稻种采用抗旱品种、水稻覆膜栽培、稻鸭共作、稻后期管理滴灌、水稻秸秆在旱季作物生长季还田措施技术,对于减少甲烷与稻田氧化亚氮排放保护大气良好环境有贡献。

(9)"水没稻"种植法,七八月水稻生长期先后六次引水灌溉,其中一或二次水灌完全漫秧苗顶 24h 或 0.5h 称为渠"水稻水疗"以淹灌死各种虫,用水中虫喂养稻田浅水里的苗蟹、苗鱼、苗虾、苗鸭,实现稻水产品两丰收。

中国稻的常见米制品分:颗粒米、糙米、精米、熟米、碎米、干磨米粉、湿磨米粉或米淀粉。米深加工食品常采用吃法种类有:方便饭、颗粒米饭、熟米粉、米糕、膨化米饼、米面包、米粉、米粉条、米线、米糕、酒酿、年糕、糍粑、锅巴、米豆腐、稀米粥、大米布丁、米酒、米醋,花样繁多的米制品有近万种,吃法多多。

2.2.3 玉米

玉米(Corm)别名苞谷、苞米、包芦、棒子、玉茭、玉麦、珍珠豆、珍珠米、番麦、御麦、玉蜀黍、粟米、叙利亚高粱、西天麦,是一年生禾本科草本喜温四碳作物,又称非光呼吸作物、高温植物。考古学家认为野生玉米始由八万年前的种源地墨西哥,哥伦布 1492 年到古巴发现了玉米并带回这种"印第安种子"，1573年明代·田艺蘅《留青日札》记载"旧名番麦、以其曾经进御，故名御麦。"1575年阿拉伯商人将玉米种子带到新疆种植。1776年的安徽省《霍山县志》记述"今者玉米延山漫谷西南二百里，皆恃此为终岁之粮矣。"当今的玉米是世界三大粮食作物，"黄金作物"之一，全球粮食产量第一的玉米（第二排名是小麦，第三排名是大米），全球玉米种植总面积为20多亿亩，其中中国玉米种植总面积3亿多亩，年产量水平1.05亿t，占世界年产量的五分之一。

中国农业部2014年种业十大事件《国家级水稻玉米品种审定绿色通道试验指南试行》、山东李登海种业早熟杂交玉米"登海618"百亩方，2005年"登海超试一号"创造出亩产1402.86kg的世界夏玉米高产最新纪录。玉米是中国粮食地位仅次于水稻、小麦产量的食用农作物。

玉米品种类别区分有：(1)甜玉米（Sweet com）又称蔬菜玉米、水果玉米，含有可溶性糖可达21.2%。镇江世业镇生态玉米营养成分中这种甜玉米可溶性固形物在17.7%~21.2%之间，具有制玉米面、玉米花、玉米糁、玉米油等多种玉米食用制品原料的用途。(2)糯玉米，含自然界最大高分子1,6—糖苷键聚合葡萄糖单位1000~3000000个。(3)笋玉米（Young com），味道清香。(4)爆裂玉米，玉米花膨爆后体积扩大可增大达25~45倍。(5)青贮玉米（silage fermentation），家畜爱好的青贮玉米。(6)优质蛋白玉米（QOM Quality Protein Maize），富含赖氨酸作为玉米片等小食品原料。(7)高油玉米玉米胚中脂肪好含量17%~45%、含维生素E达72.48mg、烟点在245℃。(8)高淀粉玉米，玉米籽粒重可达333.9g，颗粒淀粉含量73.84%~80.0%，可供高血压心血管病、糖尿病人食用。(9)彩色玉米，玉米皮占颖果总重量10%左右、蜡熟期果皮彩色分别呈现红、黑、紫、蓝、黄、白等颜色。彩色玉米类型有太黑硬粒型、一号黑玉米、黑甜甜质型，玉米中出现的玉米黄素代表食材有黄玉米。

常见玉米营养素成分，见表2-19。

表2-19 　　　　　　常见玉米营养素成分表（g/100g含量）

种类	水分	蛋白质	脂肪	碳水化合物	灰分	维生素/mg			
						B_1	B_2	B_3	C
黄玉米	12.0	8.5	4.3	72.2	1.7	0.34	0.10	2.3	0
白玉米	12.0	8.5	4.3	72.2	1.7	0.35	0.09	2.1	0
鲜黄玉米	51.0	3.8	4.0	40.2	1.1	0.21	0.06	1.6	10
黄玉米粉	13.4	8.4	4.3	70.2	2.2	0.31	0.10	2.0	0

玉米籽粒按种的籽粒形状、胚乳性质和结构、稃壳对玉米品种分类类型有9个：①硬粒型，②马齿种型，③粉质种型，④蜡质种型，⑤半马齿种型，⑥爆裂种型，⑦甜粉种型，⑧甜味种型，⑨有稃型。

玉米籽粒顶部颜色分别有白色、浅黄色、亮黄色、深黄色、微红色、红色、橙黄色、紫色、深紫色、黑紫色等特殊颜色。

玉米籽粒颜色分别来源于果皮糊粉层和淀粉层胚乳等部分，果皮属母体组织，基本色取决于母本的基本型,颜色性状遗传主要受果皮色基因 P 和 p,以及褐色果皮基因 Bp 和 bp 所控制,其父本为白色果皮的话,杂交种 F1 为黄色。玉米籽粒由果皮、种皮、外胚乳、糊粉层、胚乳和胚组成。

玉米籽粒千粒重在 200~300g 为谷类粮食中籽粒老大。玉米籽粒结构按果穗出籽率衡量,出籽 75%~85% 籽粒各部分重量百分比得当,这个情况下玉米果皮、种皮的皮层占有量为 6%~8%、胚乳与糊粉层占 80%~85%、胚(盾片、胚芽、胚初生根、基部、胚轴)部分占 10%~20%。玉米胚乳淀粉层颜色性状受黄色胚乳(Y)和白色胚乳(Y_1)对基因控制,黄色为显性、白色为隐性。

玉米籽粒含水分 12%~13% 时碳水化合物占 72% 左右(玉米粉含淀粉量通常在 6.9%~72%),玉米淀粉经丙烯腈共聚化学处理的产物再皂化的制品吸水率可达本身重量的 3000~4500 倍,成为超级吸水剂。

玉米粉含脂肪 4.3% 左右、纤维素 1.8%~3.5%、灰分 1.1%~3.9%、蛋白质 5%~8.5%,还有 0.1%~0.34% 的胡萝卜素与丰富的 B 族维生素,可产生热量 1800kJ。

中国玉米粉质量分级,按照表 2-20 有 2 个等级。

表 2-20　　　　　　　　玉米粉质量标准(GB/T 10463)

等级	皮胚含量 干基/%	粗细度/%	含砂/%	磁性金属物/g/kg	水分/% 吉林等五省地区 11月至次年3月	4月至10月	其他时间
精制玉米粉	≤2.0	全部通过 CQ10 筛	≤0.02	≤0.003	≤18.0	≤14.5	≤14.0
普通玉米粉	≤5.0	全部通过 CQ10 筛	≤0.03	≤0.003	≤18.0	≤14.5	≤14.0

玉米糊粉层颜色性状受紫、红、白等 7 对基因控制,其显隐性关系为紫>红>白。玉米糊粉层含基质蛋白和颗粒蛋白体(主要是醇溶蛋白 zein)的蛋白质 6.9%~14.8%,玉米蛋白质中水溶性多糖含有达 31%,油分可达 8.1%。玉米籽粒各部位营养成分参见表 2-21。

表 2-21　　　　　　　　玉米籽粒各部位营养成分(g/100g 含量)

成分	全粒	胚乳	胚芽	玉米皮	玉米冠
皮籽粒		82.3~86.4	11.5	5.3	0.8
淀粉	64~78	86.4~9.4	8.2	7.3	5.3
蛋白质	8~14	9.4~0.6	18.8	3.7	9.1
脂肪	3.1~5.7	0.8	34.5	1	3.8
糖	1.5~3.78	0.6	10.8	0.3	1.6
矿物质	1.1~3.9	0.6	10.1	0.8	1.6

标准中国玉米 GB/T 1353、绿色食品玉米 NY/T 418 与食用玉米 NY/T 519、淀粉行业玉米 GB/T 8613、发酵业玉米 GB/T 8614、饲料用玉米 GB/T 10363/17890、玉米粉 GB/T 10463。食用玉米淀粉 GB/T 8885、工业玉米淀粉 GB/T 12309、玉米笋罐头 ZBX 77005、玉米胚油 ZBX14013、玉米安全卫生标准要符合 GB 2715 粮食卫生标准,符合国际食品法典委员会（CAC）玉米产品标准,有玉米 CODEXSTAN153、速冻整玉米粒 CODEXSTAN132。

玉米加工副产品有:胚芽、玉米浆、黄浆水（麸质）、玉米皮。标准玉米主要质量内容要求:(1)适合人类食用安全消费的。(2)无异味无活虫。(3)危害人健康的污秽物不超过限值（0.1%）。(4)含水量小于 15.5%。(5)杂物曼陀罗、蓖麻子、猪屎豆、莠草不得有。(6)秸秆之类渣物不得超过 1.5%。(7)泥土与小石子不得超过 0.5%。(8)不得有化学或金属污染物。(9)没有有公害微生物或寄生虫。(10)玉米水分小于 13% 存贮温度低于 30℃ 可以安全度夏。

玉米粒性平味甘,开胃、利水、降糖、降血脂、通便,玉米粉含谷胱甘肽、硒、镁类多种抗癌,能催化有机过氧化物还原、加速自由氧基分解、破坏化学物质对人体致癌性。

玉米化学成分中含膳食纤维 10.5g/100g、粗纤维 0.4g/100g,能刺激肠胃蠕动加速粪便排泄,预防便秘、肠炎、阑尾炎、息肉症、疝气、肠癌、结肠癌类疾病。

玉米蛋白质中缺乏色氨酸,爱吃玉米制品的人要吃一些豆制品补充色氨酸。

缺乏色氨酸的人可能引发玉蜀黍皮疹（癞皮病又名糙皮病）。

《本草纲目》记载关于玉米简史:"番谷"玉蜀黍种出西土,明代徐光启《农政全书·树艺》记载:"蜀秫注云:别有一种玉米或称玉麦或称玉蜀秫"。

清代文人张宗法 1760 年《农政全书》记载:"玉米累累然如茨实大,有黑、白、红、青之色,有硬有粘。"

2.2.4 土豆

土豆（Potato）食材商品部分为薯块称块茎,惯称马铃薯又名洋芋、土卵、土芋、黄独、山药蛋、阳芋、地蛋、地豆、地瓜、洋番薯,印加语"爸爸",美国叫"爱尔兰豆薯",学名马铃薯（white potato）,别名上豆、洋山芋、洋番芋、洋芋艿、土芋、香芋、荷兰薯、爪哇薯、浑番薯。中国土豆种植土地面积达 1.5 亿亩,与稻、麦、玉米年产量排位列第四,与高粱齐名成为全球五大作物之一。马铃薯属有青枯病连作反应植物,为三年内不易连续种植植物。图 2-7 描画示意土豆块茎形象的结构。

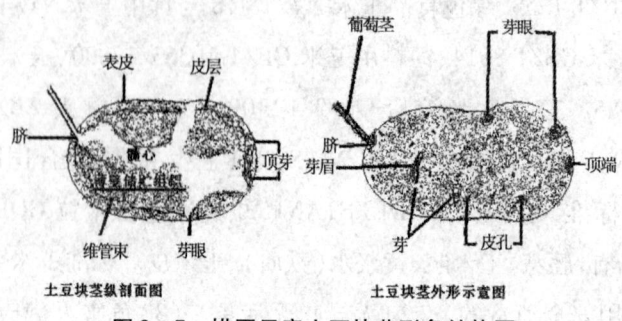

图 2-7 描画示意土豆块茎形象结构图

中国土豆野生种有 150 多个,栽培品种至 2013 年拥有 430 多种,新品种 200 多个,理论产量达 8t/亩,中国现全国平均产量达 1t/亩,主粮化全粉加工土豆用品种已经有 5~8 个,常见栽培土豆品种有:白发财(山西、河北),里处黄(山西、内蒙古),红纹白(辽宁,吉林、山东),男爵(多地),苏联红、克新 4 号(辽宁、吉林、黑龙江),还有深眼窝(甘肃),高原 7 号(青海),西北果巫峡、火鸡(四川),大名红、丰收白、跃进(河北),郑薯 4 号(河南),界首红皮(淮北),红窝(安徽),七百万(南京),三十六湾大、洋芋(浙东)、景宁六十日、红皮黄心腰子种(浙南),上海红皮、杭州小北门、中薯 2 号、东农 303、加拿大"Shepody"、荷兰"Bintje"。种植面积 450hm^2 总产量 6000 万 t 左右,产量列世界第一位,至 2020 年种植面积 1.2 亿亩产量 1.5 亿 t,土豆将成为未来中国大米、小麦、玉米之后第四主粮食用农作物。

土豆将成为中国大米、小麦、玉米之后第四位主粮的研究课题:(1)小麦粉当前市场价 3000 元至 4000 元/t,土豆粉目前市场价最低在 9000 元/t,土豆粉做方便面、面条、馒头要考虑消费者价格信心。(2)从外形上看,土豆块茎纵剖面,块茎结构分表皮层、形成环层、外部果肉、内部果肉四部分,小麦粉内含有面筋蛋白容易发酵,土豆粉不含面筋蛋白,单土豆粉发酵黏度高、成型物易开裂,发酵难成型。(3)土豆口味单调,多元化多样化食品空间大、价格链空间小。

长期贮藏适宜温度只能在 2~4℃,5~6℃贮藏马铃薯会发芽,在 20℃以上发芽速度缓慢,当 6~20℃之间发芽为最快,应选择贮 10~12℃环境下上市。

茄科茄属一年生草本植物马铃薯春季、秋季两季都可栽培,块茎有休眠期需收获后存贮一段时期才能发芽,地下茎根由表面皮层、内皮层、维管束环、原生木质部、后生木质部组成,能生根木质部束数多者在生长营养丰富环境下易成长薯块,也是生长期马铃薯藤茎蔓上生出来的积累了养分膨大而成的不定根也称种子或块茎。

马铃薯块茎大小、形状、表皮颜色、芽眼多少和深浅、芽眉大小、薯肉色彩等特征与品种、栽培环境有关。马铃薯薯块块茎组织结构从外形上看,葡萄茎连接块茎脐,块茎表面分布有 5~10 个芽眼或芽,块茎脐顶端生长着顶芽。种薯每个土豆切碎块具备 1~2 芽眼作为种苗播种,地温 16~18℃播种、亩播 5500~6000 株一年可三茬。马铃薯开花结果后的种子,千粒重在 0.5g 左右。土豆质量标准按 GB 5490~5539 检验方法检验有关项目，品质分等级参考 LS/T 6104 马铃薯（土豆、洋芋）对块根分等指标作界定于表2-22。

表2-22　马铃薯质量标准（LS/T 6104）——低于二等级的马铃薯，为等外品

等级	完整茎块茎（每块≥50g 占有量%、≥100g/块为大块，≤50g/块为小块）	不完整茎块茎（占有量%）			杂质含量/%
		总量	疥癣	其他（机械伤害等）	
1	90.0	10.0	3.0	7.0	
2	85.0	15.0	5.0	10.0	2.0
3	80.0	20.0	7.0	13.0	

存贮情况下的土豆淀粉，在 4~5℃ 环境下有可能也转化为糖，假如在 20℃ 环境下，又有可能由糖转化为淀粉，块茎化学成分含水分 63.2%~86.9%，淀粉 8%~29.4%，蛋白质 0.7%~4.6% 以及丰富的维生素与矿物质。上等品土豆薯皮色为正色、无紫异绿色、块茎充实肥大、整齐均匀、无发芽、无病虫害、无损伤、无冻害、无腐烂、不脱水，薯肉色彩因为花色素含量与分布关系皮色有白色、黄色、粉红色、珠红色、红色、紫色、斑红色、斑紫色、浅褐色等色泽。土豆肉色分白、黄、淡黄、深黄、带红晕、紫晕、灰黑、紫、红、黑或镶嵌色不同品种色。通常马铃薯及其制品、休闲食品（每百克含量）营养成分见表2-23。

表2-23　马铃薯及其制品（每百克含量）营养成分例如表

名称	水分/g	热量/kcal	蛋白质/g	脂肪/g	碳水化合物/g	粗纤维/g	钙/g	磷/g
生马铃薯	79.8	76.0	2.1	0.1	17.1	0.5	7.0	53.0
烤马铃薯	75.1	93.0	2.6	0.1	21.1	0.6	9.0	65.0
煮马铃薯	79.1	76.0	2.1	0.1	17.1	0.5	7.0	53.0
马铃薯泥	82.9	65.0	2.1	0.1	13.0	0.4	24.0	49.0
马铃薯片	1.8	568.0	5.3	39.8	50.0	1.6	40.0	139.0

名称	镁/mg	钾/mg	铁/mg	VA/mg	VB_1/mg	VB_2/mg	VB_6/mg	VCmg
生马铃薯	14.0	47.0	0.6	40.0	0.1	0.04	0.25	20.0
烤马铃薯	28.0	503.0	0.7	—	0.1	0.04	—	20.0
煮马铃薯	—	407.0	0.6	—	0.1	0.04	—	20.0
马铃薯泥	—	261.0	0.4	20.0	0.08	0.05	—	10.0
马铃薯片	48.8	1130.0	1.8	—	0.21	0.07	0.18	16.0

土豆皮上含有毒素物质"配糖生物碱"，发芽或变绿土豆配糖生物碱可能转现龙葵素毒

素，大多数存在于发芽土豆皮层的龙葵素毒素是破坏血液血红细胞的毒物、过量中毒者导致肠胃炎、脑充血、脑水肿，龙葵素是一种氮糖苷由茄碱和三糖组成的茄碱苷和三糖组成的麻醉剂，纯品茄碱苷白色发光针形结晶体难溶于水，熔点280~285℃，龙葵素出现于每百克马铃薯可达20mg，这种毒素动物摄入后会引起口干、嘴发麻、恶心、呕吐、腹泻、麻痹、呼吸困难、胎儿畸形、流产中毒，病症严重时可能造成动物死亡。

土豆块茎含淀粉成分中有80%为富有黏结性的支链淀粉，支链淀粉特异性使吃土豆者很容易产生饱胀感，由于土豆食材淀粉在动物体内消化吸收缓慢不容易导致血糖迅速升高，病理营养医生告诉糖尿病患者为食疗食材。选择外皮黄白色、薯肉白色土豆，性平微寒味甘有小毒。【主治】解诸药毒，生研水服，当吐出恶物便止。煮熟食之，甘美不饥，厚人肠胃，去热嗽。食材土豆含钾丰富食者常吃和胃调中，减少腮腺炎、乳腺炎、烫伤疼痛感，助降血压，降低中风机会，活血消肿益气健脾，对习惯性便秘慢性胃炎、咽喉发炎抗动脉硬化有辅助性治疗作用。土豆花泡茶饮，是降血压的饮料。食盐水或米醋溶液浸泡土豆1min，可去涩味。

2.2.5 山芋

山芋（Sweet potato）原产地在美洲的的喀喀湖盆地，公元前1世纪后期杨孚著《异物志》：中国栽培山芋最早记载"薯芋"；明《闽书·南产》称："番薯"万历闽人得之于外国。陕西省《周至县志·偶录》记载："红薯一名甘薯，又名苕、红薯、白薯、地瓜、红苕、番薯，俗名山芋即薯蓣，学名叫甘薯，译名薯英、土薯、山薯、山药、玉延薯、诸薯、儿草、修脆、土诸等。"山芋不含单糖、含有去雄酮(DHEA)、黏液蛋白活性物质，山芋所含特性物质是人体防治血液中胆固醇过高上好食材，山芋已作为航天食品、抗癌保健食品首选食材。山芋薯肉内含有的多酚氧化酶，对人体消化系统黏膜有保护作用，山芋营养物质内含有的脱氢表雄甾烯酮（DHEA），对保持人体血管弹性、对结肠癌或乳腺癌发生有抑制效用。人们视山芋为可用于度荒救灾的资源，营养学家评价山芋称得上蔬菜皇后。山芋的薯肉对人体具有生理性碱性影响食材，有调节人体内酸碱平衡、抑制胆固醇沉积、防止肝肾结缔组织萎缩预防胶原病作用。作为主食或副食的粮、菜兼用的山芋，是中国当代稻、麦、玉米四大粮食作物之一，也是重要的蔬菜资源。属旋花科蔓生草本植物的山芋，基于正常有性生殖方式和染色体数分类，可以将山芋属派生及其近缘种，分为A（C_2）、B（C_1）、X（$C_1 n_{XT} C_2$）三类。山芋种植，通常萌发主根而后长出侧根。山芋主根或茎蔓上分化发育伸生不定根有：(1)须根（侧根）、(2)柴根（主根）、(3)块根（肉质根）。山芋块根（多长在地下也可能生长在棚架上）茎、根形，形态纺锤形、梨形多样，薯表皮颜色有白、黄、黄褐、浅红、紫、紫红或镶嵌色。山芋薯块不是根茎而是块根，是生长期山芋藤茎蔓上生出来的积累了养分膨大而成的不定根。因为山芋块根组织结构由表面皮层（含有淀粉分解酶）、内皮层、维管束环、原生木质部、后生木质部组成，这些组成是块根能生根、木质部束数多者能在生长营养丰富环境下，易成长薯块的主要营养器官。薯肉的色彩有白、白质斑紫、黄、黄红、黄橙、杏黄、黄质斑紫、橘红、紫、红、紫红、镶嵌色、镶紫晕杂色等。

山芋茎节易生不定根，茎由表皮、皮层、内皮、髓部、韧皮部、木质部组织，茎组织切断时会流出糖—苷乳白色汁液。山芋叶没有托叶，叶形有(1)心脏形、(2)三角形、(3)手掌形。山芋一般2月栽种4月蔓延生苗茎紫叶绿（3%洗衣粉水溶液对苗芽15s脱毒处理），山芋茎蔓长度长至长达150cm或100cm以内称为短蔓型，主茎长蔓250cm称为长蔓（最长4m以上）型、中蔓150~250cm、短蔓在150cm以下，鲜色素型波嘎紫山芋薯块含维生素C可达50.34mg/100g、胡萝卜素含量可达9.46mg/100g、可溶性糖达27.79mg/100g、花青素达2.04g/100g，可作蔬菜食用。大垄栽培山芋藤至五六月开花淡红色结一簇一簇聚伞花序英（南瑞苔或栗子香不开花），英多不长果仁，有品种结蒴果1~4粒、紫红色球形果直径5~7毫米。10月，收采地下的茎芋块根。块根在低于9℃下薯肉细胞间隙结冰发生冷冻伤害可能引起腐烂，维持生命温度需要9~10℃、60%~90%湿度、二氧化碳≤3%氧气≥18%无公害环境。山芋植株在环境≤9℃易腐烂，≤10℃不发根，≤15℃不生长，17~18℃发根，18~32℃根局部膨大长薯，≥35℃薯块呼吸强度大养料消耗多会糠心，≥40℃薯块存贮可能腐烂。

山芋块根重量≥250g每个，称为大块，≤250g每个重称为小块，两者之间称为中等块度。山芋作为粮食或蔬菜两用作物，是淀粉与饲料加工两用原料作物，有些山芋藤或残次薯块被作为养殖业饲用原料、被企业加工成工业多用途变性淀粉及其制品。2002年中国山芋总产量1.2亿t，占世界总产量85.9%。山芋亩产可达1.6635万斤。

山芋质量标准（LS/T 3104）参见表2-24，对山芋块形大小等指标，作了界定。

表2-24　　　　　　山芋质量标准（LS/T 3104）

等级	完整块根（每块≥50g占有量%）	不完整块根（每块≤49g占有量%）			杂质含量/%
		总量	病虫害	其他（机械伤害等）	
一	90.0	10.0	8.0	7.0	2.0
二	80.0	20.0	8.0	12.0	2.0
三	70.0	30.0	12.0	18.0	2.0

中国山芋种质资源有1500多个类型品种分类有：(1)高淀粉型。(2)烘烤型。(3)蒸煮型。(4)薯脯型。(5)茎尖菜用型。(6)药用型。(7)水果型。(8)饲用型。(9)色素型。(10)抗病虫灾特用型。山芋薯肉色彩分别有白、黄、紫三大类中著名品种有：徐薯18、豫薯、南瑞苔、胜利百号等。山芋标准有GB 5501鲜薯、GB 4406种薯、NY/T 1049薯芋类蔬菜（含甘薯）、ZB B23007甘薯、ZBX 11007甘薯片、食用甘薯质量标准LS/T 3104。山芋评价指标品种质量主要为：(1)DMC山芋干率，取薯肉500g经105℃×6h烘干后，取用100g样品70℃自然烘干，或5g山芋在100℃×3h烘干前后的重量百分比（烘干率＝烘干重/鲜山芋样重×100）。(2)STAC淀粉含量，测定方法，有干率换算法、乙酸氯化钙水解旋光法、盐酸水解旋光法、盐酸水解DNS比色法。(3)食用品质的色泽（color），花青素（anthocyanidin），质地

（texture），黏性（stickiness），甜度（sweetness），风味（flavor），纤维素含量（fiber），为进行总食味评估项目。(4)糖度和可溶性糖含量，糖度（Brix%）运用糖度计，测定薯汁（山芋糖度在3%~20%）。山芋与大米小麦粉每百克营养素量对比参见表2-25。

表2-25　　　　　　　山芋与大米小麦粉营养素成分每百克含量参数表

项目	热量/kcal	糖/g	蛋白质/g	脂肪/g	粗纤维/g	无机盐/g	胡萝卜素/mg	维生素C/mg
鲜山芋	119~127	29	2.3	0.2	0.5	0.9	1.31	30
大米	351	79	7.5	0.5	0.2	0.4	0.	
小麦粉	353	74	11.0	1.4	0.3	0.6	0	
玉米粉	367	73	9.0	4.3	1.5	1.3	0.15	
高粱米	365	78	8.2	0.3	0.4			
项目	水分/g	糖	粗脂肪	粗蛋白	粗纤维	无机盐	胡萝卜素	维生素C
山芋叶	86.27	3	0.85	2.2	1.90	2.0	6.42	32
嫩茎芽	89.5	6.8	0.3	2.4	1.4	1.4	3.20	21~41

山芋块根内营养成分中淀粉、可溶性糖、维生素C（30mg/100g）、蛋白质、胡萝卜素、花色素、18种氨基酸、矿物质等营养素均衡组成，是确定蒸煮后薯块的干面度、甜味、风味、质地、肉色、纤维量、适口性、烘烤食用率的评价指标。山芋薯块肉中的新鲜多酚与三价铁结合（如烹调时）薯肉变黄褐色或黑色，加热中的薯内β-淀粉酶能促进薯肉淀粉水解产生麦芽糖。山芋薯肉中含有的花青素是一类重要的水溶性植物色素，这类色素属类黄酮物质。

山芋代表性产品有鲜烤山芋、山芋鸡蛋饼、烘山芋片、山芋丸子、山芋粉、粉丝、粉皮、罐头或烘烤山芋干、果脯蜜饯山芋丁或片、山芋膨化小食品、山芋糖果、山芋煎糕、山芋奶或冰糕、冰激凌或山芋营养冲剂、山芋白干制发酵酒、醋、乳酸、抗生素或淀粉糖精等衍生物。山芋食材与米-面的制品混吃，可发挥多种营养素里多种蛋白质、多种维生素、多种氨基酸、无机盐的食品内营养素含有数量互补作用。《用材之道》认为山芋这类碱性食材味甘、性温、无毒，可补中益气，健胃，滋补肝肾，山芋多糖蛋白，具有防炎症阻癌变辅助功效，适宜体虚便秘选食。发芽山芋可能产生龙葵素，有龙葵素毒素物质，应不食用。山芋淀粉中含有葡萄糖苷，进入人体大肠容易被大肠菌分解产生废气，如果山芋连皮吃，吃一些山芋皮上的淀粉酶，可减少大肠产生废气。

山芋淀粉性食材必须煮熟才能破坏淀粉细胞壁，口感较黏滞，多吃胀肚、泛酸、伤肾。

2.2.6 小杂粮

中国粮食作物水稻、小麦、玉米、大豆、薯类五大作物之外，还有谷类大麦、黑麦、小黑麦、荞麦（甜荞）、苦荞、燕荞、小米（黄米）、黍稷（黄粟糜子）、高粱米、燕麦、青稞、红小豆、蚕豆、豇豆、扁豆、芸豆称小杂粮。小杂粮生育期短（泛指栽培时间少），国家明细不统计（种植面积小），种植地区或方法特殊，有特殊用途之说。江苏省农科院蔬菜研究所资源库收集豆类品种 8000 多个。作为粗粮作物有：黑米（Black rice）、紫米（purple rice）、糯米（sticky 又名江米）、芡实（Seed of gordon euryale）、绿豆（mung bean 又名油绿豆、青小豆）、芸豆（common bean）、蚕豆（horsebean）、豌豆（pea 又名脾豆、回回豆）、藊豆（haricot bean）、豇豆（cowpea）。

小杂粮嫩果可作为蔬菜，小杂粮成熟果肉磨粉，可作糊、羹、糕副食品原料。小杂粮粉种类：(1)芡实（鸡头果）淀粉。(2)薯类木薯淀粉。(3)豆类豌豆淀粉、菜豆淀粉。

2.2.6.1 大麦

大麦古称麰、蟒麦、牟麦、饭麦、糯麦、稞麦、饭麦、元麦，主食小麦之外的大麦（barley）（做麦芽糖或啤酒、饲料的原料）是世界上号称第五大耕作谷物，与粮豆小作物一起均称小杂粮。大麦属大麦属（小麦属小麦属，小麦穗每节小穗 1 个；大麦穗每节小穗 3 个；大麦颖果内外稃黏着，一般大麦的果皮和内外稃，紧密结合不能分开，故又名有皮大麦）。大麦种子因籽粒比小麦大的特征而得名，粒形扁平、中间宽、两端较尖。大麦植株高 50～160cm 生育期比小麦短、叶比小麦宽些、叶耳比小麦大些、叶色比小麦深些，穗状花序，麦穗籽粒比小麦粗大些而且芒比小麦粗长或钩芒甚至无芒，多数品种为长芒。大麦称千粒重的话，千粒 35g 以上的皮大麦种子称为大粒品种，中粒品种约 30g·千粒重，小粒品种约 25g·千粒重。在大麦 30 个属 83 个品种中，栽培大麦只有一种及其三个亚种，三个亚种即多棱大麦、中间型大麦、二棱大麦。大麦按穗籽内外稃与籽粒果皮是否胶结，种类分皮大麦或稞大麦两大类，籽实可与内外稃分离的大麦，称为稞大麦。西藏易脱粒的稞大麦叫作青稞（Highland barley），稞大麦籽粒在长江流域农民称其为元麦。麦类按麦穗排列和结实性分类大麦种类分别有多棱大麦、中间型大麦、二棱大麦。大麦粒皮色有黄白、蓝色、蓝灰色、紫色、紫红色、棕红色、黑色等多种。成熟大麦籽粒颜色，在花青素影响下受到内外稃花青素影响一般是亮黄色，也有黑色或红蓝色，有的品种籽粒完全是黑色。

大麦营养成分三高二低中的三高是高蛋白质每百克大麦元麦含达 10g 蛋白质、高膳食纤维每百克大麦元麦含达 9.9g 膳食纤维、高维生素是大麦含维生素 5.6mg 以上，二低是大麦脂肪含量低于每百克 1.60g、糖每百克低于 64.8g。大麦粥，口感甘咸较滑润、补虚劳壮血脉，对肤色有益。

大麦为五谷之长，一次吃太多会使人脚力弱，因为大麦有下气之功，哺乳期者为预防乳汁分泌减少应忌食大麦芽制品。大麦面粉性微凉味甘咸，人吃宽肠利水有消渴除热毒，益气调中，能平胃止渴、消食疗腹胀。大麦面中含有的尿囊素（allantoin），摄入能够促进人体化脓性创伤及顽固性溃疡辅助愈合。炒大麦面性温热，糖尿病患者、孕产妇不宜多吃。

大麦芽，含细胞色素氧化酶等活性物质，有回乳、消水肿与消化米食或面食积食功效，多食对妇女有催生落胎、减少乳汁分泌影响。

2.2.6.2 燕麦

原产地在中国的燕麦（Oats），又名皮燕麦、野麦、雀麦，又称油麦，学名裸燕麦、夏燕麦，一年生或两年生草本植物。燕麦喜爱在湿润、富含腐殖质土壤环境生长，苗叶舌发达、无叶耳、叶细长而尖，茎秆细软，花绿色圆锥花序，小穗外包裹长而薄的护颖，外颖稃背上有细长芒，籽粒纺锤形黄白色、籽粒外壳被稀疏茸毛，燕麦子实磨成面粉称为燕麦面。燕麦性平味甘、无禁忌，燕麦面食用能帮助食入者预防虚汗盗汗、高血压、冠心病，降低胆固醇，改善便秘，减轻高脂血症调节血糖、糖尿病胰岛素紊乱、促进肠胃健康。

2.2.6.3 荞麦

荞麦（Buckwheat），又名三角麦、油麦、玉麦、蓼麦、乌麦、花荞、荞子、莜麦（Hullles soats），一年生蓼科荞麦属谷类草本植物。荞麦栽培品种分普通荞麦、鞑靼荞麦，普通荞麦称甜荞，鞑靼荞麦又名苦荞。公元前5世纪《神农书》记载乌麦为当时制品八谷之一。荞麦是内蒙古"莜麦、土豆、羊皮袄"三大宝之一。

荞麦植物生育期60～80天，不发达根系圆锥状、淡绿带红色质软中空茎直立有分枝，叶呈三角戟形，花为两性，一种为雄蕊长而花柱短、另一种花的花柱长而短，集成伞形总状花序，异花授粉，子实种子立体三角形有棱的瘦果，荞麦瘦果磨粉称荞麦粉。荞麦面粉中含66.5%～70%淀粉、膳食纤维6.5%、7%～13%蛋白质、2%～3%脂肪、硒3.62mg/100g、VP0.33mg/100g、叶酸44mg/100g、VE4.4mg/100g、水杨胺。

苦荞因为子实含活性芦丁（芸香苷也叫VP）俗称芦丁苦荞，荞麦富含Chlro – inositol化合物具有降血糖作用，荞麦面中含有前列腺素与丰富的B族维生素，是防治风头疼痛、丹毒、高血压、脑溢血、心血管病的"净肠草"。荞麦面含微量自然红荧光素，少数人食后过敏，耳鼻喉发炎（荞麦病）、皮炎；食用阿司匹林酸性药物病人可能分解VB，析出水杨酸（药物反应），故食阿司匹林病人或食后过敏者忌食荞麦。

2.2.6.4 小米

小米（Gluyinous Millet），古称粟、粟谷，又名皇粮、黄粱、粟米、稞子、谷子、秫子、黏米、稷、黍（糜子、大黄米）禾本科一年生草本谷子去壳后的子实，叫小米。

全世界小米的原产地在中国，也是中国最古老的作物之一。生长期60～80d，植株喜温、耐旱、株高60～180cm、茎中空有节，叶绿色或紫披针形被有茸毛、叶舌短而厚，圆锥花序，小穗花柄短有刚毛，有一朵结实花和一朵退化花，穗轴密生茸毛，籽粒圆或卵圆形，籽粒外被颖壳，小米籽粒颖壳呈黄或白、红、黑、褐色。脱去籽粒颖壳小米，胚乳有糯性或非糯性两个种类。小米籽粒体形小如油菜籽颗粒似的，黄色或黄白色的小米，因产地不同籽粒含5%～20%蛋白质、脂肪3.2%、碳水化合物73.3%、膳食纤维1.6%，含丰富多苏氨酸、蛋氨酸、色氨酸、维生素A原、以及β – 胡萝卜素0.19mg、硒4.74～2.01μg/100g、生物素143μg/100g，小米中淀粉含量在72%～46%，并且小米富含维生素A原（胡萝卜素）、维生素E、γ – 丁氨酸、

VB族和矿物质，小米属碱性缺乏赖氨酸风湿病痛风糖尿病病人可以吃。小米不适合用于作主食，现代农业通常将小米作饲料原料。

2.2.6.5 高粱米

高粱米（Broomcorn）地方名蜀黍、高粱、荻粱、芦黍、芦稷、芦粟、桃粟、秫秫、芦黍、木稷，高粱植物群地俗称"青纱帐"，高粱米粉可用蒸食、贴饼子。禾本科一年生圆形株秆高0.5～3.5m，草本植物的高粱，植物根系发达，茎光滑中实而直立、茎叶狭长、表面披白色蜡粉，圆锥花序，每小穗有一朵发育小花和一片未发育花的颖片。高粱米籽粒只长在茎秆顶端，胚乳分糯性或非糯性品种，籽粒种皮颜色按种类不同分别有红、黄、白、褐、橙。全世界高粱原产地分别有中国高粱、西非迈罗高粱、南非卡佛尔高粱、中非菲特瑞塔高粱、北非都拉高粱、亨加利高粱、印度沙鲁高粱，栽培高粱品种按栽培目的分饲用、帚用、糖用、粒用、兼用、分类。红高粱籽粒种皮内含单宁比较多，故红高粱面食涩味重，常食令人便秘，已热结便秘者忌食高粱面制品；做饲料用青饲料高粱叶内含氰酸，饲喂家畜要求防止食物中毒。粒用高粱米一般作酿酒用、饲用、帚用、糖用、制淀粉，高粱茎秆可作饲用、制糖、制糖浆、制席、制棚。

2.2.6.6 薏苡仁

薏苡仁（Semen coicis）又名苡米、苡仁、薏仁、米仁、裕米、川谷、回回米、六谷米、西谷米、药王米、菩提子、菩提珠、玉芦、玉珠珠。

一年生或多年生草本薏苡为禾本科，薏苡茎秆直立高至1.5m、根系发达、叶鞘光滑、叶片细长、总状花序成束腋生有总梗，颖果。商品颗粒状仁薏米淀粉制品西米（Sago）又称西谷米，这种用淀粉经冲浆、轧丸、烘焙、干制的小颗粒，起源于印度尼西亚西谷椰树淀粉制品工艺。中国西米沿用引进西谷米制作工艺采取木薯淀粉、小麦淀粉原料加工成黄豆大的大西米，或加工成高粱米大的小西米。

薏苡仁含薏苡素、薏苡酯，搭配板栗制饭、粥有益脾胃补肾利湿止泻，抑制癌细胞异常食疗功效，糖尿病患者忌食。

2.3 蔬菜

中国人中有1.3亿人（这些人中有很多是妇女、老年人）在忙碌于蔬菜生产。中国蔬菜生产者中一部分人依靠大棚设施搞蔬菜。2013年以来中国的蔬菜（vegetables），年产数量7亿t、产值3.5万亿元以上，2014年设施农业蔬菜产量2.63亿t占当年总产量32.3%、净产值6146.06亿元，世界蔬菜种类32科210种中国蔬菜栽培160多种（常用普通栽培蔬菜50～60种），资源拥有量占世界第一。公元300年前东晋训诂学家郭璞为《尔雅·释天》中蔬菜作注解："蔬不熟为馑，凡草菜可食者通名为蔬"。蔬菜又名简称"菜"，源于这类代表性单味植物性菜肴原料（Single tas Raw material dishes），是指叶、茎、根之类，之外还有豆类、薯类、水果类、花卉类,以及食用油料、香料、调料、饮料类、药-食两用蔬菜类。蔬菜是植物性食材总称,又俗称"菜、素菜",文字"菜"来源于《诗经》中"其籔维何",凡草菜可食者古时总称"籔",蔬菜可食部分在它的种子、芽、根、茎、叶、花、果的部分或全部。

中国传统饮食结构上以植物性食材蔬菜中有如名称称青菜、萝卜、豆腐之类蔬菜为主蔬菜,又统称副食、素菜,也俗称吃菜(eat vegetables)。主食蔬菜搭配副食水果、壳果,蔬菜搭果实饮食结构是现代流行的食谱原料性食材。食材中的蔬菜或果品种类很多,它们可食部分组织机能不同,不同菜或果的细胞群形状大或小嫩或老,营养素成分、含量,各有特殊用途。

菜或果细胞群可食部分组织,基本上都是由直径 $10\sim100m$ 至 1mm 细胞组成,菜或果肉质细胞群细胞通常由细胞壁、细胞膜、液泡、原生质体构成。菜或果细胞群多细胞按生理机能构成植物根、茎、叶、花、果实、种子。

植物的多细胞群组织主要分五部分:(1)根、茎类内部先端形成的分生组织。(2)皮类保护组织。(3)液泡体类同化、吸收、储藏、通气、传递的营养组织。(4)含纤维素类的支持细胞的厚角质、厚壁类组织。(5)含适应输导水分与营养素类的输导组织。现代饮食中蔬菜是大众食材也是人类摄取维生素、矿物质、纤维素、芳香物质、有机酸多营养素的来源。一年生茄果、瓜、豆类蔬菜自种子发芽至成熟,可以在一个生长季节内实现,两年生蔬菜第一年下种发芽经冬形成储藏养分的器官,第二年成长起来的有萝卜、白菜、大葱。多年生蔬菜有韭菜、百合、香椿树芽、金针菜、嫩竹笋、嫩石刁柏。清洗这些蔬菜办法:(1)自来水泡 10min 再冲洗。(2)10% 食用碱(小苏打)洗后冲。(3)焯水。

市场消费量大的蔬菜种类有:(1)叶茎菜类代表性蔬菜有:①普通叶菜白菜、菠菜、芥菜、韭菜、苋菜、蕹菜(空心菜)、茼蒿、莴苣叶、甜菜、雪里蕻等。②结球叶菜结球甘蓝、结球莴苣。③香辛叶菜大葱、青大蒜、芫荽(香菜)、香芹菜、水芹菜、茄香、韭香。(2)根茎菜类有:①根菜类:直根类胡萝卜、萝卜、芜菁、根甜菜、根芥菜;块根类薯蓣、豆薯。②茎菜类:肥茎菜莴苣、茭白、榨菜、球茎甘蓝;嫩茎菜石刁柏、嫩竹笋;根茎菜莲藕、生姜;块茎马铃薯、菊芋;球茎芋头、茨菰、荸荠;鳞茎百合、洋葱、大蒜头、藠头(薤)。(3)花蕊菜类有:①花部菜金针菜、朝鲜大蓟。②花茎菜紫菜薹、花椰菜。③果菜有:①瓜类黄瓜、冬瓜、西瓜、南瓜、苦瓜、甜瓜、佛手瓜。②茄果类西红柿、茄子、辣椒,(3)豆类青毛豆、青豌豆、青蚕豆、青菜豆、青刀豆、嫩扁豆、长豇豆、速冻甜玉米等。(5)菌、藻、芽菜有:①食用菌蘑菇、银耳或黑木耳。②藻类代表性蔬菜有紫菜、海带、裙带菜、石花菜、浒苔、礁膜(绿苔)、葛仙米。③芽苗菜豌豆苗、香椿苗、黄豆芽、绿豆芽。(6)蔬菜制品类是一类需经干制或腌渍、酱泡、糖拌等工艺加工后,以杀菌和去除部分草酸或生物碱、改善与适应食用口感的粗加工品,干制蔬菜又称脱水蔬菜。

人唾液酸碱性 pH6.7~6.9,部分蔬菜汁 pH 参见表 2-26。

表2-26　　　　　　　　　　几种蔬菜汁pH范围

蔬菜名称	pH	蔬菜名称	pH	蔬菜名称	pH
胡萝卜	5.0	菠菜	5.7	南瓜	5.0
番茄	4.1~4.8	西瓜	6.0~6.4	草莓	3.8~4.4
青辣椒	5.4	豌豆	6.1	醋酸	3.35

蔬菜含营养素物质称为一级代谢产物（primary metabolites），一级代谢产物中乙酰辅酶A、丙二酸单酰辅酶A、莽草酸、氨基酸前体进一步代谢生成生物碱（alkaloid）、黄酮（flavonoid）、萜（terpenoid）、甾醇（steroide）化合物过程称为二级代谢产物（secondary metabolites），蔬菜二级代谢产物都具有明显生理活性，能成为人体食药的优良食材。评价食材营养价值，根据100g可食部分蔬菜质量指数（index of nutritional quality，INQ）、平均营养值（average nutritive value，ANV），ANV＝蛋白质（g）＋纤维素（g）＋钙（mg）/100＋铁（mg）/2＋胡萝卜素（mg）＋维生素B_2（mg）＋维生素C（mg）/50。营养价值高低蔬菜排列分类用ANV得到分数衡量：

五类蔬菜ANV≤1分，蔬菜营养价值称为一般（低）；

四类得分1~2分的蔬菜有豆芽、大蒜、姜、石刁柏、冬瓜、甘蓝、牛蒡、黄秋葵、葱、南瓜、萝卜、芋头；

三类得分3~4分的蔬菜有大白菜、青菜、甜辣椒、慈姑、花椰菜、球茎甘蓝、蚕豆；

二类得分5~9分的蔬菜有小葱、孢子甘蓝、茼蒿、嫩荚豌豆、菜豆、辣椒、胡萝卜、韭菜、苦瓜；

一类得分10~22分的蔬菜有芹菜、紫苏叶、菠菜、小菘菜、根恭菜、荠菜、萝卜叶、芜青叶、雪里蕻、青花菜、落葵。

蔬菜含亚油酸经脂肪氧化酶途径生成挥发性香气物质有：9-（S）氢过氧化亚油酸、13-（S）氢过氧化亚油酸，13-（S）氢过氧化亚油酸反应生成己醛＋己醇，9-（S）氢过氧化亚油酸在氢过氧化裂解酶作用反应下生成（Z）-3-壬烯醛，（Z）-3-壬烯醛在醇脱氢酶帮助下反应生成（Z）-3-壬烯醇＋异构酶帮助下反应生成（E）-2-壬烯醛和（E）-2-壬烯醇。十字花科蔬菜中的叶类卷心菜、根类红萝卜都含有葡萄糖苷酯和这类植物苷酯降解的酶类氢过氧化物裂解、醇脱氢酶、异构酶、芥子酶、脂肪氧化酶酶类。

2.3.1 根菜

根菜嫩茎分类有两类：(1)地上茎。(2)地下茎。

地下茎根菜分地下根，块，球，鳞片状茎四类。作为食用部分地下直状根（有的有分小根或根须）茎蔬菜主根肥大，主根主要组织层次由外部周皮组织、韧皮部、形成层、木质部组成。具有可食肥大肉质直根根类蔬菜还有可供人类食用的植物的植物肉质豆薯（凉薯）、根芹菜、辣根、根芥菜（大头菜）、甜菜、土豆、葛、菊芋、萝卜、胡萝卜、芜青、山药、牛蒡、姜、藕、根甜菜,鱼腥草,野花麦,鳞茎类洋葱,地下球形茎类蔬菜荸荠、慈姑、芋头、魔芋、木薯。

食用肉质紫红色根的甜菜分别有扁圆形、圆球形、圆锥形三类。

辛辣味根芥菜有山东辣疙瘩、四川花叶子大头菜;芜菁外形好像萝卜但不能生吃,芜菁品种上海海萝卜、北京光头蔓菁、济南红蔓菁、高密猪尾巴蔓菁之类腌渍后炒菜、烹制菜。肉根植物直根主根肥大,水分、糖类(主要有淀粉)比较多,解剖学构造组织层次为周皮层内包含韧皮部、形成层及木质部,供人食用部分是嫩韧皮部、木质部的薄壁皮和肉根组织。

2.3.1.1 萝卜

萝卜(radish)又名莱菔、萝菔、萝欠、萝服、萝葡、萝白、芦菔、菜头、秦菘、温菘、楚菘、土酥。十字花科直根类一两年生草本植物肉根萝卜,肉质根是同化产物的贮藏器官;短缩茎、羽状叶、十字花萝卜春夏天结长角果种子"串珠"状,长角果萝卜种果荚内含3~10粒直径1.5mm大小萝卜种药名莱菔子(降血压),千粒重7~13.8g,萝卜种含脂肪39%~50%。生萝卜性凉,体弱者不宜贪吃。萝卜是可当水果鲜吃的家常蔬菜之一,也是醋渍、酱作、腌渍、干制、烹调制菜或煲汤的食材加工原料。萝卜品种春化条件分类,萝卜称4个系下线10个亚系60多个品种群。萝卜根茎嫩茎皮色分别有:青皮、白皮、绿皮、紫皮、红皮、花皮。萝卜根肉肉色有:白色、绿色、花色,花色萝卜芯肉,易见肉色红心红色,稀罕品种萝卜的红皮又红肉者与黑皮萝卜,难得。普通萝卜一年四季都可以栽培,按栽培季节识别有:(1)秋冬萝卜杭州白圆大萝卜、济南大红袍、北京心里美。(2)夏萝卜南京五月红、四川热萝卜。(3)四季萝卜上海小红萝卜、南京杨花萝卜。

种源地在中国的萝卜依用途分类有:菜用萝卜、水果用萝卜、加工腌渍用萝卜三大类型,其中水果用品种代表品种有:(1)北京心里美萝卜,根肉颜色紫红。(2)南农大青萝卜,根肉颜色淡绿。(3)浙大长萝卜,根肉颜色白。

按萝卜肉质直根形状分为长形、圆形、卵圆、扁圆、纺锤形、扁圆形、球形、短圆筒形、中圆筒形、长圆筒形、畸形。萝卜品种鉴定方法分为田间鉴定(肉根切片厚度3~5mm)、幼苗鉴定、同工酶电泳鉴定。萝卜种子入药称呼:莱菔子。萝卜生长发育过程分为营养生长发育期、生殖生长时期,营养生长发育期有发芽期(5~7d)、幼苗期(15~20d根部破肚)、叶片生长盛期(20~30d天根部从破肚到成长露肩、肉根在膨大)、肉质根生长茂盛期(15~45d根部露肩到收获),生殖期仅为称呼存贮萝卜根返青期、抽薹期、开花期、结荚期。叶片生长盛期环境供水不足会造成侧根增多、表面粗糙、纤维硬化、味辣、糠心、品种变差。土壤pH5.3~8.0、硼肥等有机肥适度的环境,是萝卜生产基本条件。

萝卜品种依照对春化条件不同的地区,品种群概念地简述分类为:

1. 春性系统(种子12.2~24.8℃春化)萝卜品种有:(1)冬春亚系昆明水萝卜、上海本地晚。(2)弱冬性系统(种子2~4℃春化)。(3)冬春亚系有:①圆红品种群有杭州笕桥洋红萝卜;②白圆品种群有扬州晏种。(4)夏秋亚系萝卜有乐山半头红。(5)秋冬亚系有:①长白品种群有广东火车头;②长红品种群有成都粉皮子;③白圆品种群武汉亮白、杭州小钩白萝卜。(6)秋冬亚系萝卜有:①白圆品种群有重庆草灯萝卜;②长红品种群有南京穿心红;③圆红品种群有扬州大头红;④长白品种群有浙大长、上海40日白;⑤长绿品种群有沂水青。

2.冬性系统萝卜品种有:(1)秋冬亚系:①红头品种群有宜兴洋花子、萧山一点红;②圆红品种群有唐山圆红、灯笼红;③倒卵圆红萝卜品种群有常州新闸红;④长红萝卜品种群有南京沙高;⑤长绿品种群有北京露八分、青岛大青皮;⑥红心品种群有扬州西瓜红、北京心里美。(2)春夏亚系:①长红萝卜品种群有南京泡里红、武汉醉仙桃;②长白品种群有徐州棠张白毛缨,③泡子品种群有(小型品种)济南算盘子、扬州小红泡、南京杨花萝卜。

3.强冬性系统萝卜品种有:(1)冬春亚系种:①武汉春不老;②上海黑叶头(2)夏秋亚系种:①青藏长红萝卜;②拉萨萝卜。

一般萝卜营养成分(全国代表值/100g)参见表2-27。

表2-27　　　　　　　一般萝卜营养成分(全国代表值/100g)

项目	心里美绿心萝卜	青心萝卜	红心萝卜	白萝卜
能量/kcal	21	31	39	20
水分/g	87~94.5	91.0	88.0	93.4
蛋白质/g	0.8	1.3	1.2	0.9
脂肪/g	0.2	0.2	微	0.1
β胡萝卜素(μg)	10	60	80	20
视黄醇/μg	2	10	13	3
硫胺素/μg	0.02	0.04	0.02	0.02
核黄素/μg	0.04	0.06	0.02	0.03
尼克酸/mg	0.4	0.22	0.1	0.3
抗坏血酸/mg	23	14	20	21
VE总E/mg	0.92	0.92	0.95	0.92
钙/mg	68	40	86	36
铁/mg	0.5	0.8	0.9	0.5
锌/mg	0.17	0.34	0.74	0.3
磷/mg	24	34	30	26
硒/μg	1.02	0.59	0.73	0.61
硒萝卜/GB 1350	含有:花青素(红)	或a青、b紫	硒(mg/kg)	0.04~0.30

萝卜肉根大小分级,划为S级:单根0.7~0.89kg,M级:单根0.9~1.19kg,L级:单根1.12~1.40kg。心里美萝卜生长期80~85d单株重可达0.5~1kg、亩产2500~3000kg。

微型萝卜品种肉根单根重≤50g,小型萝卜品种肉根单根重100~200g,中型萝卜品种肉根单根重250~1000g,大型萝卜品种肉根单根重1200~2000g,超大型萝卜品种肉根单根重

2500~4000g，巨大型萝卜品种肉根单根重16~30kg。萝卜除保鲜生产品上市，有很多加工品如干萝卜丝、五香萝卜块、香辣萝卜干、糖醋萝卜条。

商品萝卜贮藏条件：温度0~3℃、相对湿度95%、二氧化碳浓度≤8%。

萝卜肉根，为萝卜的肥大肉质根部分，此外为萝卜根头部、根颈部、真根部，肉质根顶部着生芽和叶片，根头生长膨大与肉质根生长同步，根颈部子叶以下一般不着生侧根、根表面光滑，真根部为秧苗初生根发育而来，真根上着生着侧根。

萝卜肉根从横断面切面由外向内观察：表面是皮层、韧皮部、形成部和木质部，木质部由大量薄壁细胞构成并成为肉质根的大部分，木质部与次生木质部薄壁细胞内部含有丰富水分（93%~95%）、糖分、无机盐VA、VB、VC、芥子油、胆碱、淀粉酶、苷酶、触酶、氧化酶、木质素、硫脲、消除亚硝胺物质。

萝卜肉根品种鉴定除颜色、营养成分物理化学方法外，还有横切3~5mm薄片涂7.5%聚丙烯酰胺凝胶电泳液，进行酯酶同工酶电泳图谱鉴定，一般萝卜品种具有21条酯酶谱带，染成棕黑色，白萝卜缺少Rf0.34和0.36酶带，只具有Rf0.34和0.53酶带，按电泳谱差别可以鉴定品种纯度。

萝卜肉根皮含有琥珀酸钾盐槲皮苷、芥子油、氧化酶腺素、气化黏液素、木质素可增强巨噬细胞活力而提高人机体抗癌能量；部分人食用萝卜后体内可能产生硫氰酸盐，有抑制甲状腺功能，导致甲状腺肿大。

2.3.1.2 胡萝卜

伞形科二年生草本植物胡萝卜（carrot）别名红萝卜、黄萝卜、黄根、丁香萝卜、甘笋、金笋、红芦菔、胡萝菔、山萝卜、番萝卜、药萝卜、卜香菜、赤珊瑚，胡萝卜种子13世纪从伊朗引入中国，有"小人参"之称。伞形科胡萝卜肉质根有圆锥形、圆柱形，肉质根按皮色品种分类，分紫红（橙红色），橘黄（淡黄色），生姜黄三类。

胡萝卜常见种类有：

(1)长圆柱形代表品种有南京苏红、上海长红、麻城棒槌胡萝卜、东阳黄胡萝卜、肥东胡萝卜、广东麦村胡萝卜。

(2)长圆锥形代表品种有烟台五寸胡萝卜、汕头红胡萝卜、晚熟种（生长期120~180d）黄胡萝卜。

(3)短圆锥形代表品种有烟台三寸胡萝卜。

胡萝卜按肉质根形状分类有长圆柱形（常州胡萝卜、南京红）、长圆锥形（北京鞭杆红、山头红）、短圆锥（西安红萝卜、安阳胡萝卜）三类。商品胡萝卜贮藏条件：温度0~3℃相对湿度≤95%、二氧化碳浓度≥7%。

植物生长调节剂乙烯利（136g加水374L溶液）喷施后，会使肉质根增加鲜重；缺钙胡萝卜肉上有黑斑出现。

胡萝卜除保鲜生产品上市，有很多加工品如干胡萝卜丝、胡萝卜块、盐水胡萝卜、糖胡萝卜片、果酪胡萝卜球、酱胡萝卜、胡萝卜汁。胡萝卜叶含有丰富β胡萝卜素、木犀草素-7-葡萄糖苷（0.1%）、胡萝卜碱、吡咯烷，胡萝卜花含花色素、琥珀酸钾盐槲皮素、山奈酚，胡萝卜肉质根含α-、β-、γ-、δ-、ε-胡萝卜素（目前科学界已发现胡萝卜素异构体有600多种）、番茄烃、六氢番茄烃、挥发油（α-水芹烯、烯类）、咖啡酸、绿原酸、对羟基苯甲酸、3-甲基-6-甲氧基-8-羟基-3,4-二氢异香豆精，生吃胡萝卜有苦涩味原因在此。

2.3.1.3 魔芋、木薯、芋艿

全世界魔芋（konjak）品种达125种，中国有食用品种13个，魔芋块茎为果实，魔芋果实块茎为浆果。

魔芋浆果形状通常是圆锥形或近球形，生长期浆果绿色成熟期为橘红色或黄绿色，浆果组织由果皮、种皮、胚三部分组成。

魔芋碳水化合物中50%为魔芋葡甘聚糖和30%为黏蛋白质，魔芋葡甘聚糖属葡萄糖与甘露聚糖以β-1形态的植物纤维，这种由4-吡喃糖苷键连接而成的高分子多糖是容易溶解于水的植物纤维。

魔芋葡甘聚糖（穷驱甘聚糖酐）有抑制小肠对胆固醇、胆汁酸之类脂肪分解物吸收的效能，人摄入魔芋葡甘聚糖后能抑制小肠对胆固醇、胆汁酸之类脂肪分解物的吸收，以便促进脂肪类废弃物排出体外、降低血清中甘油三酯与胆固醇总量。

魔芋为被子植物门双子叶植物纲天南星科魔芋属多年生草本植物，学名蒟蒻，别名有蒻头、蒟头、鬼芋、麻芋、星芋、鬼蜡烛、蛇六谷、蛇包谷、蛇头草、黑芋头、麻芋子、花伞把、花杆莲、花杆南星。

魔芋生长期叶为掌形小复叶羽状分茎，花紫褐色，成熟地下茎呈球形、表面褐色、直径3~25cm。

魔芋成熟地下茎芋肉内含多种生物碱对多种微生物有抑制作用，供动物食用需经去毒后，再加工成为魔芋干、粉、豆腐、粉丝、饼干等食品后，才能利用。

魔芋浆果形状通常是锥圆形或近球形，生长期浆果绿色成熟期为橘红色或黄绿色，浆果组织由果皮、种皮、胚三部分组成。

魔芋浆果组织从纵切面看胚芽下接种皮种皮内连胚和肥大的胚轴，胚的顶端有胚芽。

魔芋精粉中国标准GB/T 18104按葡萄糖甘露聚糖含量评等级有特级、一级、二级、三级，具体质量指标参见表2-28。

表2-28 魔芋精粉 GB/T 18104 规定质量指标

项目	要求指标			
	特级	一级	二级	三级
葡萄糖甘露聚糖含量% ≥	95.0	90.0	85.0	75.0
黏度（mPa·s）≥	22000.00	18000.00	14000.00	6000.0
颗粒度（mm）	0.125~0.250	0.125~0.250	0.096~0.042	0.096~0.042
灰分（%）≤	5.0	5.5	6.0	6.5
水分（%）≤	12.0	12.0	13.0	13.0
含砂量（%）≤	0.04	0.04	0.04	0.04
砷（mg/kg）≤	3.0			
铅（mg/kg）≤	0.8			
二氧化硫（mg/kg）≤	2.0			
黄曲霉毒素（mg/kg）≤	5.0			

魔芋食材性辛、寒、有毒，购买时剥掉魔芋球根皮研磨成粉做豆腐，烹调时间通常不宜太短（约≥3h），烹调时间长一些可充分分解生物碱减少麻辣味。

魔芋做成雪魔芋豆腐、黑豆腐等食后令人有饱胀感、缓解肠胃对葡萄糖的吸收、对习惯性便秘者有润肠通便功效。

木薯为大戟科亚灌木块根，专门用于制木薯粉的木薯块根称苦木薯、可直接食用的叫作甜木薯。木薯又名树番薯、木番薯、槐薯、木薑，鲜木薯块根含淀粉25%~35%，含氰苷必须水解去毒素后才能作为食材安全烹调食用。

芋艿（Taro）又名芋、芋头、芋根、毛芋、土芋、土芝、蹲鸱、香芋、山芋，为天南星多年生草本植物球茎，芋球茎分卵形、球形、椭圆形、块形。

芋头籽分多子芋、大魁芋、多头芋。芋头含淀粉17%以上，生芋头含皂苷、草酸丰富苦涩（生姜水可去瘙痒）形成草酸钙有些人食后过敏，烧蒸煮熟去除毒素后吃，口感细腻绵甜香糯，有促进胃肠蠕动防止便秘，对结核病、肿瘤癌毒素病人抑制痛苦有食疗功效。

2.3.2 茎菜

茎菜植物的肉质茎或假茎，地上茎嫩茎蔬菜有；莴苣又名莴笋，菜薹又名芥蓝菜，水芹菜，空心菜，茭白，竹笋，苤蓝也叫球茎甘蓝，芜菁也叫大头菜；茎类蔬菜分：(1)鳞茎百合、洋葱、大蒜。(2)球茎蔬菜有芋头、魔芋、慈姑、荸荠。(3)根茎蔬菜有生姜、莲藕、豆薯、牛蒡、山药、山芋。(4)块茎蔬菜有菊芋、马铃薯、菱角。(5)嫩茎蔬菜有豆芽菜、芦笋、蒲菜、茭白、茎用芥菜、莴笋、球茎甘蓝、鱼腥草。

2.3.2.1 莴苣、苤蓝

菊科一二年生莴苣（Lettuce）分茎用莴苣又名莴笋(阿富汗称千金菜)、叶（100g含

110mg钙)用莴苣两类。茎用莴苣有杭州尖叶莴苣,南京白皮香又名鸭蛋头、紫皮香、青皮臭又名竹竿青,上海大尖叶,湖南竹蒿莴苣、锣锤莴苣、白叶莴苣、大尖叶莴苣,成都的二白皮密节巴莴苣、草白莴苣,重庆的万年椿,贵州罗汉莴苣。莴苣含甲状腺刺激物、莴苣素通经络清口臭利于降血压,生吃的莴苣去皮切丝后,用少许食盐码片刻,即可烹饪食用。

苤蓝(kohltrabbi)是十字花科芸薹属甘蓝种二年生草本植物的一种。苤蓝这种植物的茎称为球茎甘蓝,又名擘蓝、紫芥蓝头、玉蔓菁等,叶有长柄叶子卵形或长圆形叶片为波形有缺刻,开黄白色花,茎肉质球形,胖大球形肉茎嫩时皮色多为绿色、绿白色、浅黄绿色、紫色,茎肉嫩时为食材。苤蓝类新鲜蔬菜性味甘辛凉,对小便淋混浊、有痰、脾胃火盛毛病者有助改善口味。紫苤蓝嫩叶有丰富的花色素,适合炒吃或做汤材。

2.3.2.2 芦笋

《神农本草经》中把野生芦笋(Asparagus)称天门冬,它是多年生草本植物石刁柏属的药食共用食材,状若春笋似的嫩茎,在中国两千多年前就已人工栽培和作为蔬菜食用了,20世纪60年代后生产量世界领先。芦笋地下茎盘寿命可达50年、地上茎寿命只有几个月。每年芦笋茎盘能够萌发(30℃)新茎(3~5个)2次以上;保鲜芦笋加工应通过原料初加工把采收长度27cm嫩茎(绿色笋体与地下部分白茎一起采下)→整理去泥土杂物注水冲洗→对粗细度0.8~1.8cm长度20~24cm翠绿色笋体进行分级:芦笋地下茎盘每枝重25~33g为2L级、L级为每枝重16~22g、M级为每枝重12~15g、小于12g为S级,上了级的产品笋体加工剔除病斑、散头裂笋及损伤部分,然后按每一小扎100g 2L级3~4枝、L级每扎为5~6枝、M级每扎为7~8枝、S级每扎为9枝以上包装。芦笋必须吃新鲜的,一不可放久、二不可生吃。鲜笋应该水泡存放或在冰箱里存放。芦笋品种按嫩茎抽生时期分早、中、晚三类,早熟芦笋品质嫩,茎直径较细,商品栽培品种有绿色伟奇(Green Wecchi)、利玻赖西沃、鲁梅依罗等。芦笋品种色分白芦笋、紫芦笋、绿芦笋。好的芦笋嫩茎植株高大、长势强健、嫩茎粗大、茎数多、头部紧密、色泽浓绿、大小整齐、空心笋少。

芦笋嫩茎冰点在0.6℃,冷藏保鲜温度要控制在0~2℃和相对湿度90%~95%。

芦笋含天冬氨酸、天门酰胺、云香苷、人体免疫细胞激活剂微量元素BRM复合体、多种皂苷,对人慢性病有防治功能,是著名菜肴"鲜蘑龙须"凉拌菜主食材。鲜芦笋中每千克能有蛋白质25g、脂肪2g、碳水化合物5g、粗纤维7g、钙220mg、磷620mg、钠20mg、镁200mg、钾2.78mg、铁10mg、铜0.4mg、维生素A 900国际单位、VC 330mg、VB_{11} 8mg、VB_2 0.2mg、烟酸15mg、泛酸6.2mg、VB_6 1.5mg、叶酸1.09mg、生物素17μg、热量109.2kJ。

2.3.3 叶菜

叶菜是十字花科植物中最繁盛的科类,十字花科类白菜世界有388个属3000余种,其中中国原产地的十字花科植物有85属360余种,大白菜、小青菜、白菜、塌棵菜(又名太古菜)、菠菜,是这类植物中的大通货物代表菜。

绿叶菜是指以柔嫩绿叶、叶柄、嫩茎组成的植株速生性蔬菜,代表性绿叶菜常见菠菜、油菜（又名姜叠、萱菜、胡菜、寒菜）、芹菜、莴苣、茼蒿、小白菜、芫荽、茴香。

叶菜中的白菜（Chinese cabbage）又名青菜，为叶片、叶柄、托叶三部分组成的叶菜。据中国科学院植物研究所1954年对陕西省半坡遗址新石器时期古白菜籽、芥菜籽经碳14测定，认为中国古人于距今8000年前就开始栽培和食用古代青菜，是中国仰韶文化佐证之一。公元前西周时代的《诗经》描叙中的"采葑采菲"注释葑、菲其指为蔓菁、萝卜一类菜的字意。公元550年南朝齐国国子博士周颙隐居钟山答目录学家王俭曰："春初早韭，秋末晚菘。"《南齐书·武陵昭王晔》记述南齐武陵王招待光禄大夫王俭："尚书令王俭造晔，晔留俭设食，拌（盘）中菘菜鲃鱼而已。"公元1061年出版物的《图经本草·北宋苏颂》道：油菜形微似白菜，叶青有微刺一名芸薹又是产地名。白菜古名"菘"，乃散叶小白菜。公元1100年宋朝文学家陆佃《埤雅》考证大白菜"菘性，凌冬不凋，四时常见，有松之操，故其字（松字上加草字头）会意，而本草以为，交耐霜雪也。"公元19世纪初大白菜传入日本和朝鲜，日韩地区有"唐白菜"之称。

白菜类蔬菜，在芸薹种中，大白菜为亚种结球白菜的变种，在芸薹种白菜类蔬菜三个亚种及8个变种间南方青菜与北方大白菜消费最大。三个亚种有小白菜亚种、大白菜亚种、芜菁亚种。其中著名的南方油白菜又称小白菜（Green chinese cabbage），古称崧菜，染色体数相同$2n=20$、染色体组为aa。普通白菜品种分秋冬白菜、春白菜、夏白菜，长江一带秋冬白菜多在二月抽薹故又称2月白、早白菜。常见白菜品种按栽培季节分类：(1)秋冬白菜类有：①白梗菜类型高桩（长梗种）小白菜如南京高桩、苏浙皖花叶高脚白菜；矮桩（短梗种）小白菜如南京矮脚黄、广东矮脚乌叶白菜、常州矮白梗；中桩（长梗种）小白菜如淮安瓢儿白、南京二白、广东高脚黑叶、云南蒜头白、干于杓菜。②青梗菜类深绿色平滑叶、汤匙形叶梗、株高18～20cm，单株重500g左右，品种有镇江青星青菜、扬州大头矮、常州青梗菜、兴化花叶腌菜、贵州瓢儿白、中箕白菜、矮箕苏州青。(2)春白菜类白菜有：①早春菜。②三月白菜。③淮安九里菜、上海三月慢等。④晚春菜又称四月白菜。⑤南通鸡冠山、长沙迟白菜、如皋菜蕻子、安徽四月青、舒城白乌。(3)夏白菜类白菜，通常在6月上市的又称火白菜、伏白菜有：杭州火白菜、广州马耳白菜、南京二白、镇江花叶大菜、北海白菜。(4)塌菜类的白菜，经霜雪后甜味优美，塌地型白菜有常州乌塌菜、上海大八叶等，半塌地型白菜有南京瓢儿菜、安徽黄心乌、昆明乌鸡白。(5)分蘖菜类白菜有早春种有南通马耳黑菜、如皋毛菜。晚春种有皋菜蕻子。(6)薹菜类白菜，除绿叶白菜还有直根白菜与花薹菜心，这类品种有济南花叶薹菜、徐州燥薹菜、二伏燥薹菜、笨薹菜（黑狮子头）、杓子头薹菜、泰安薹菜。植物学分类白菜在十字花科芸薹属芸薹种白菜亚种中，以花薹为产品的变种有菜心（heart）别名菜薹（bolt）出现的品种有：四九心、青梗中心、三月青菜心。常见叶用莴苣中，有结球莴苣如：(1)广州的玻璃生菜。(2)结球生菜又名青生菜。(3)直筒莴苣。(4)皱叶莴苣。叶用莴苣称为生菜（Romaine lettuce），生菜即叶用莴笋分花叶生菜或油麦菜（牛俐生菜）两种，它们都含有莴苣素，嫩叶膳食纤维多是降低人体胆固醇清肝明目利胆的甘凉养胃蔬菜。每100g生菜食用部分含水分94%～

96%，生菜营养素中含有苦味莴苣素（有镇痛催眠、降低胆固醇、辅助治疗神经衰弱症等作用）、甘露醇（有利尿与促进血液循环作用）、干忧素诱生剂（可刺激人体正常细胞产生干扰素生成一种抗病毒蛋白抑制病毒）。

生菜营养素大概含量每 100g 含蛋白质 2.1g、脂肪 0.3g、矿物质 1.2g、钙 50mg、磷 28mg、铁 2.4mg、胡萝卜素 0.99mg、VC 10mg。生菜球品质要求：(1)新鲜。(2)无病虫害。(3)去外部层不良菜叶。(4)有产品固有形状与色泽。(5)没有腐败变质。(6)不裂球。(7)无抽芽。(8)无萎蔫症状。(9)适当去除外叶。⑩适当去除根茎。生菜球簇单棵重 0.4~0.5kg 达到 M 级、单棵重 0.5~0.6kg 达到 L 级、单棵重≥0.6kg 达到 2L 级。

结球生菜叶片密集着生于短缩茎（抽薹后期形成肉质茎）上、莲座叶互生、叶面有皱缩、叶缘有缺刻，叶形状有披针形、锥圆形、侧卵形等，叶色因为品种不同分别有深绿色、浅绿色、黄绿色、紫红、浅紫色。结球生菜常见品种有萨林娜斯（Salinas）、金优 2 号。商品球生菜叶采用的成熟度为 70%、球重 500~650g/球、利刀在沿叶球外叶茎基部切下、按 GB 8868 包装标准要求包好、要求 25~30min 内预冷达到 2~4℃ 经 10~20h 冷处理（库房温度 1~2℃，相对湿度 90%~95%，含氧量 3%~5%）；球生菜叶抽薹长度不超过 4cm，消毒剂用 500 倍高锰酸钾溶液、清洗用柠檬酸 100~200ml，升水溶液水符合 GB 5749 标准、包装按 SB/T 10158 中 4.1 有关条件营销。

2.3.3.1 小白菜

小白菜（Bok-choy）在中国有 6000 年以上的被人类食用史。英国植物学家 Vanghan J.G 和 Heming J.S（1959 年）指出：小白菜（B. chinensis）和大白菜（B. Perinensis）原产于中国。小白菜品种在十字花科植物中变种有三百多种，它们都是不结球白菜，又名普通白菜。白菜的亚种有小白菜（a. variety of Chinese cabbage），以及其变种菜薹（菜心、别名青菜）、水晶菜（又称京水菜、白茎千筋京水菜）、乌塌菜（又名塌地菘、塌菜、塌棵菜、太古菜、菊花乌、黑菜）。小白菜又称小青菜、青菜、寒菜、胡菜、芸薹、菘菜、鸡毛菜、油白菜、白菜秧、小汤菜、长梗菜，小白菜株型较矮小、叶开放、编结球、叶片开放而光滑。小白菜（青菜）与包菜（卷心菜）和大白菜是百姓常见当家菜。

中国小白菜染色体数 $n=10$，四大常见品种类型有：(1)强冬性小白菜品种生长期 20~80d，在 0~5℃×40d 春化处理后栽培。(2)春化要求不严的春性品种紫菜薹、菜心。(3)春化要求严的镇江青星、绿星、苕齐、苏州青、香青菜、苏南地区的南京矮脚黄、箭杆白、高桩、上海矮箕白菜、毛菜、杭州早油冬、瓢白菜羹、广东佛山乌叶白菜、江门白菜、马耳白菜。(4)春化要求严格的南京瓢儿菜、白叶、常州乌塌菜、三月白、上海小八叶、三月慢、四月白、四月慢、杭州半早儿、晚油冬、蚕白菜、广东水白菜、赤慢白菜等冬性小白菜。江苏地区广泛种植的小白菜谓小青菜，又名油白菜（不同于油菜芸薹），与大白菜相比冬青菜营养素含量特别丰富。长江流域特色小白菜（青菜）类变种菜紫菜薹（又名油菜薹、红薹菜）绿叶青菜，含钙是大白菜的 2 倍，维生素 C 含量达大白菜的 3 倍，胡萝卜素是大白菜的 74 倍！常见净菜代表性营养素成分（Representative Value of Nutritions）参见表2-29。

表2-29　　　　　100g净菜小白菜、卷心菜、大白菜代表成分

项目	水分/g	碳水化合物/g	蛋白质/g	粗纤维/g	钙★	磷★	铁★	锌★
小白菜	94.5	1.6	1.5	1.1	90	36	1.9	0.51
大白菜	95.4	3.1	1.7	0.4	69	30	0.5	0.21
卷心菜	92.8	3.4	1.56	0.5	32	24	0.3	0.14
项目	硫胺素★	核黄素★	VC★	VE★	胡萝卜素★	VA/μg	硒/μg	热量kcal
小白菜	0.22	0.09	28	0.7	1.68	280	1.17	15
大白菜	0.06	0.07	47	0.92	0.025	42	0.33	21
卷心菜	0.04	0.04	38	VU0.8	0.07	12	0.96	20

★——mg。

青菜含叶绿素多有助于减轻荨麻疹病症，但不适宜生吃，炒或烹调火候不当口感差，大便稀薄者，少食。青嫩的小白菜（青菜）性平、味甘，对便秘、热咳有缓解作用。青菜豆腐保平安指的是利用小白菜含有的丰富胡萝卜素进入人体生成透明质酸抑制物，帮助排除体内亚硝胺。

为防农药之类有毒物随膳食摄入人体，厨用小白菜洗涤水洗涤液应呈碱性（如淘米水或口碱水），碱性水中浸泡30min以上以清除污泥、虫卵、菌孢。

青菜入馔前检查洗涤干净、去除不必要根须与残次叶、茎、老帮梗，尔后用于腌或拌、烫、熬、炒、扒等，在厨烹调小白菜忌用醋。青菜（或大白菜）"风菜"做法：去叶留梗（菜茎和根部分）码放好，干燥存不浇水不施肥3d后发芽、10d以上生长成为芽菜，镇江人称为鲜嫩"风菜"，作凉拌菜原料。过夜或搁置时间长的残汤剩蔬菜，因其在微生物作用下可能起酸变馊，菜或饭内原含有硝酸盐有被微生物酶还原成亚硝酸盐的趋向，亚硝酸盐进入人体可能与机体内胺结合生成对人体有毒的亚硝酸胺盐，亚硝酸胺盐为强烈的致癌物。人误食亚硝酸盐中毒症状，有高铁血红蛋白症又名肠原性青紫病。

小白菜贮藏时间与亚硝酸盐含量自然生成的关系见表2-30。

表2-30　　　小白菜贮藏时间与亚硝酸盐含量自然生成的关系

小白菜贮藏时间	新鲜	2d	4d	6d	9d
亚硝酸盐量/(mg/kg)	0.00	0.24	1.10	6.70	146.00

2.3.3.2 大白菜

大白菜（Chinese cabbage）谐音有"大摆财"的寓意，一二年生草本植物大白菜又叫黄芽菜、唐白菜、中国甘蓝、杂交包菜、包心白菜、黄矮菜、花交菜、花胶菜、菘菜、贩白菜、夏

菘，白菜，绍菜，学名结球白菜。特大株重量≥4.0kg，大株重≥3.5kg，中株重≥2.5kg，小株重≥1.5kg，特小株重≥1.0kg。

大白菜加工要去掉老叶、腐烂叶、不洁叶等部分，洗干净后即时顺丝切断成小块，以便保持营养素入口品尝。

大白菜性平微寒，味甘，含糖酶（分解亚硝胺）有机钼硒、吲哚-3-甲醛（茁长素）、微量激素茁长素，有抑制癌细胞生长扩散，有防治感冒咳嗽、食积便秘、解酒毒疗热疮功效。美国纽约激素研究所科学家发现中国妇女常吃大白菜，乳腺癌发病率比西方妇女低得多，是大白菜中含有大白菜个重1%的一种化合物能够帮助分解与乳腺癌相联系的雌激素。

大白菜含有对人体有效的微量元素硅，硅元素在人体内遇到铝元素可能形成铝硅酸盐，将铝硅酸盐从尿、汗等体液里排出体外。建议生吃或熟吃、腌渍吃涮火锅吃的大白菜前，不宜再煮焯、浸烫、挤汁处理，以保持营养素不流失与原汁原味。

中国大白菜古名"菘"，可能来源于公元550年南朝齐国国子博士周颙隐居钟山答目录学家王俭曰："春初早韭，秋末晚菘。"公元1100年宋朝文学家陆佃《埤雅》考证大白菜"菘性，凌冬不凋，四时常见，有松之操，故其字（松字上加草字头）会意，而本草以为，交耐霜雪也。"

当今市场上流通商品呈翡翠纯正柔嫩的大白菜品种有500多知名品种。

大白菜菜形分包头种、直筒种、花心种三大类，按叶球性状区分分类分：(1)从叶球发育状况命名有：①散叶白菜。②半结球白菜。③结球白菜。(2)从球心闭露程度分类有：闭心、花心、翻心、竖心或半闭心。(3)从叶球形状分类有：笋（炮弹）形、长筒形、高桩形、倒卵形、橄榄形、矮桩形、短筒形（北京小白口或小青口）、倒圆锥形、近球形、结球球形、不结球形等。(4)从球内边发育球内叶片抱合方式分类有：叠抱式、折抱式、拧（旋）抱式、合抱式。(5)从叶球的叶片数和平均单叶重量分类有：叶重型、叶数型、重数型。(6)从叶球的发育方式分类有：渐长型、充填型。(7)从大白菜球顶形态分类，大白菜生长期80~120d，结球白菜叶球类型分：卵圆形，平头形（洛阳包头、正定一桩、安阳包头、石特一号、菏泽包头莲），倒锥形，圆筒形，尖头中的天津青麻叶（天津绿），唐山河头白菜，圆头（山东福山包头、胶州白菜、济南小根）。(8)从大白菜叶颜色分类大白菜有：绿叶、白膀、黄心叶的结球株、彩色大白菜。

2.3.3.3 菠菜

菠菜（Spinach）又称雨花菜、红菜、鹦鹉菜、波斯草、波斯菜、波棱菜、波菱、赤根菜、角菜、菠薐、皇姑菜、鼠根菜等，其历史原产地是尼波罗国（今尼泊尔）。菠菜种植技术唐代被引入中国，中国菠菜品种有百余个种类，常见种类种有梦籽、火叶、红头、老根、春不老、大圆叶、锦州尖等，其嫩叶嫩根为食材。菠菜为藜科雌雄异株单花性一二年生草本植物，种子发芽温度在4℃以上，尖叶有4~5片生长叶遇到4~5℃冻不死，最喜好在15~20℃明显生长，是不怕冷的植物，一年四季可以生产上市。鲜菠菜色正味纯、叶片光滑干爽、植株完整根红色圆锥形，好似鹦鹉嘴，干净菠菜外观无泥土、无抽薹、无花斑、无枯黄叶、不洒水。菠菜每百克含水分90%~93%、营养素含蛋白质2.4g、脂肪0.3g、碳水化合物2.5g、膳食纤维1.4g、矿物质0.4

~0.6g，共达6.3%~6.5%，矿物质铁含1.3~1.7mg，含VK_2 10μg/VC_2 5~95mg与丰富的VB族及丰富的辅酶Q_{10}，含有微量促胰岛素分泌酶物质、抗氧化物、水蜜糖、菠菜皂苷、菠菜素、万寿菊素、菠菜蕾醇、6-羟甲基喋啶二酮素、氟、芸香苷、叶酸等。菠菜是健康美容、保持血糖稳定、防止口角炎、降低视网膜退化、清理人体肠胃热毒、预防便秘、解酒补血的菜。菠菜，含有营养素多本是优点，但菠菜内草酸多也是它的缺点。菠菜因为每百克新鲜菠菜还有0.5~2g的草酸，鉴于菠菜中草酸含量多与化学活性大的危害，英国土壤学家Grace nabula教授将24种蔬菜，分别种入在环境有镉、铅、铜、锌、镍污泥的土壤后，试验发现菠菜吸收的重金属污染物比大白菜、洋葱、韭菜含镉栽培土壤又高出2.5倍。最好吃过水的菠菜，为避免菠菜植物含有草酸容易引起人体可能产生草酸钙结石、过敏，提醒人们注意：有肾炎肾囊结石的人多吃菠菜可能食物中毒。

成捆上市菠菜叶背后可能有黄斑、灰毛、虫孔、变黑、萎缩等，要择去或不作食用，洗干净了及时用沸水焯能除去80%草酸涩味。菠菜性味甘凉而滑利，适合慢性便秘、高血压、糖尿病、夜盲症之类病患者选食。菠菜种子药名刺蒺藜，可作祛风明目、治尿闭的中草药。

2.3.3.4 卷心菜

卷心菜（Cabbage），一般含有异硫氰酸烯丙酯强烈的刺激性（芥末）气味，还有淡淡的1-氰基-2,3-环硫丙烷令人不愉快硫黄气味。卷心菜又名包菜、甘蓝、西土蓝、洋白菜、圆白菜、莲花白、球包菜、包心菜、包头菜、包白菜、葵花白菜、头菜、茴子菜、茴子白、椰菜、蓝菜、高丽菜、白球甘蓝、萨瓦卷心菜、学名结球甘蓝，是甘蓝的一个变种。按包心菜叶球颜色、叶厚、叶形、叶蜡含量、花薹特性、肉茎特征等植物学表现，分普通甘蓝、赤球甘蓝、皱叶甘蓝、花叶甘蓝。依叶球形状分平头、圆头、尖头、花叶等多种类型。南方结球甘蓝品种百余有：(1)单株2.5~5.0kg重量的大平头、黄苗甘蓝、紫甘蓝、青种大平头。(2)广州的冼村早椰菜。(3)华南灰叶。(4)重庆的大灰叶、楠木叶。(5)上海的黑叶小平头。(6)北京的京丰、丹京早生、庆丰、晚丰。(7)辽宁的金早生、鸡心。(8)美貌3号、昆士多、海月、迎春、新若夏。

生卷心菜汁含1-氰基-2,3-环硫丙烷气味180mg/kg，阈值很高，挥发也很快。卷心菜中含甲硫醚（浓度5mg/kg，有15000个气味单元值-气味阈值0.33μg/kg）。煮熟卷心菜菜中，气味物质有30%异硫氰酸-3-烯丁酯、19%异硫氰酸-2-苯乙酯、10%3-苯基氰化乙烷、19%异硫氰酸烯丙酯、7%异硫氰酸-3-甲硫基丙酯、3%异硫氰酸-3-甲硫基丁酯、3%反，反-2,4-庚二醛，萝卜硫素；营养素主要成分（100g中营养素含量）：热量20kcal，蛋白质1.5g，脂肪0.2g，糖类3.4g，膳食纤维0.5g，胡萝卜素0.07mg，叶酸100μg，烟酸0.4mg，钙31mg，铁1.9mg，磷31mg，钾124mg，钠42.8mg，铜0.04mg，镁12mg，锌0.26mg，硒0.02μg，维生素A12μg，$VB_1$0.03mg，$VB_2$0.03mg，VC16mg（新鲜紫包菜含VC达38mg/g），VE0.5mg，VU（氯甲基蛋氨酸抗溃疡因子）15mg。

卷心菜的子叶的真叶形状、蜡粉、颜色随着品种与生长期变化，叶片覆盖性分：(1)紧包型。(2)中等型。(3)松散型（大叶紧包形质优、小叶紧包形质劣，劣质的卷心菜菜球内的茎较不短而相接的菜球外支柱茎较长、菜球卷密度松)。芸薹属二年生球叶卷心菜有灰紫色、鲜紫色,幼苗期生长,叶阶段为团棵,以后进入莲座期,当莲座叶生长条件具备(叶数增多)进入包心期。卷心菜叶片与菜球内的茎组成的叶球分类有球形、锥圆形、尖锥形(牛心形)、扁圆形等17种类形。其中紫甘蓝品种有新红路、红玛、紫阳、宝石球、旭光、红宙、特红1号、早红,丸玉种卷心菜尺寸标准2L级球叶直径15~16cm、单球重≥1300g,L级球叶直径13~15cm、单球重≥1000g,M级球叶直径11~13cm、单球重≤1000≤g。卷心菜生产工艺:原料(≥700g每棵加工适当切去一部分根茎)→粗挑选→切根→适当去外叶→商品整理,按菜球大、中、小类别分级→包装入库。新鲜卷心菜食用部分为心叶及真叶胚轴,卷心菜性平味甘,嫩菜叶含2%~5%葡萄糖和果糖与微量元素锰以及钼等,含微量元素钼的食材可抑制亚硝二胺在人体内合成、微量元素锰的食材可维持机体糖与脂肪正常代谢,卷心菜中的生物素萝卜硫素具有抗癌作用。卷心菜适合各类人食用,百无禁忌。

2.3.3.5 茼蒿

大叶型的茼蒿(crowndaaisy)幼苗或茎秆嫩叶又称大花茼蒿、蓬蒿、蒿子秆、春菊、菊花菜、打某菜、冬蒿、蒿菜,菊科草本一年生植物,有细叶、板叶、圆叶品种,叶形通常呈互生长形、羽状分裂,花序头状,花颜色黄或白色,瘦果有棱。

茼蒿嫩茎和叶特殊香气中含有挥发性精油萜类衍生物和胆碱腺体,嫩茎叶含钾220~660.7mg/100g、含β胡萝卜素1.51~4.43mg/100g、含钙65~125.4mg/100g、叶酸190μg/100g、膳食纤维1.2g/100g,硒0.6μg/100g,为著名绿叶鲜菜。茼蒿120g种子种666.7m²地,播种期月后生长在12~29℃水肥调和条件下,亩产2000kg以上。

2.3.4 香辛菜

香辛类植物芹菜(芹类旱芹),风味成分3-丁基-2-苯并辛内酯类物质,主要成分有3~20mg/kg的3-丁基-4,5(2H)-2-苯并辛内酯(或瑟丹烯内酯)、0.6~1.6mg/kg的3-丁基-2-苯并辛内酯、1.0~4.4mg/kg的顺式和反式3-丁基-3a,4,5,6(4H)-2-苯并辛内酯,气味阈值>125ng/L。

芳香辛辣类蔬菜,指具有香辛风味植物的种子、根、茎、叶、花、果实或作物全株,可食用部分的食材有薄荷、留兰香、茉莉花、玫瑰花、桂花、紫苏、芫荽、茴香、水芹、香芹、芹菜、韭菜、分葱、大葱、大蒜、圆葱、韭葱、薤(藠头)、胡葱(火葱)、分葱、细香葱、生姜、芥菜、苦瓜、茼蒿、辣根、桂皮、胡椒、荜拨、辣椒等,芳香辛辣类蔬菜植物除含有通常的营养素之外,还含有对人有益的芳香气味物质和调味物质。

科学研究发现可随水蒸气挥发芳香性物质的化合物,有2.2万多种,它们按化学成分分类有:(1)萜类型衍生物。(2)芳香族化合物。(3)脂肪化合物。(4)含氮与硫化合物。

辣味从热辣至强辣食材辣强度简单大小排列,参考如下:

热辣→刺鼻的强度辣味。

辣椒→胡椒→花椒→生姜→大蒜→大葱→洋葱→芥末。

辣味程度排列以 C_0 最辣规律排队依次序是:辣椒素、胡椒碱、花椒碱、生姜素、丁香、大蒜素、芥子油。

芳香辛辣类蔬菜中含氮与硫有机化合物,有含 N - 的芳香化合物存贮在玳玳花、茉莉花内的吲哚;存在于柠檬中的吡咯;存在于川芎中的四甲基吡嗪;含芳香化合物存贮在大蒜、大葱内对热与碱不稳定的大蒜素(Allicin 分子式 $C_6H_{10}OS_2$)。

高级玫瑰花油里含有芳香化合物 275 种,其中有玫瑰醚、玫瑰呋喃、β - 突厥烯酮、β - 紫罗兰酮、α - 苯乙醇、橙花醇、香叶醇、玫瑰蜡、香茅醇。香辛类蔬菜食材鲜食结构部分,主要为该植物的腺表皮、腺毛、蜜腺和油质分泌细胞、分泌管道器官。香辛类蔬菜紫萼香茶菜(别名山苏子、回花菜)向膳食者提供酯类、醇类、醛类、酮类、萜烯类、靶向硫氧还蛋白系统(抗肿瘤抑制肿瘤物 IsofonestinA)香辛营养素,能够刺激呼吸中枢、促进人体呼出二氧化碳补充血液氧浓度。

2.3.4.1 大葱

大葱(green Chinese onion,Scallion)别名葱(cong)、胡葱(Welsh onion)、和事草,原产于西伯利亚的百合科葱鳞茎和叶、葱白葱类总称。中国栽培史有 3000 多年,筒状叶鞘层包合共同形成假茎大葱(scallion)俗称"葱白",葱白的长度粗细主要与品种特性有关,也与栽培土地、环境、技术有关。大葱种植效益 2000~3000kg/667m²。

大葱每 100g 嫩叶(叶片表面有蜡粉)或葱白中含水分 91g、蛋白质 1.1~1.7g、脂肪 0.2~0.3g、碳水化合物 4.2~5.2g、膳食纤维 1.3~1.5g、胡萝卜素 60~100μg、核黄素 0.03mg、抗坏血酸 17mg、钙 0.4~1.3mg、钾 114~180mg、钠 3.4~4.8mg、镁 19mg、铁 0.7~0.8mg、锰 0.28mg、锌 0.4~1.63mg、铜 0.08mg、磷 28~38mg、大葱素,大葱内含蒜辣素(蒜素 Allicin)、二烯丙基硫醚、硫代亚磺酸二甲酯、亚油酸、多糖以及微量元素硒 0.67μg 及叶酸与多种维生素、前列腺素 A。中国优良大葱品种分:(1)长葱白类型有拉萨藏葱、安徽黄岭大葱、北京仙鹤腿、章丘大葱、高脚白、金长三号、长悦、傲霜、安宁大葱。(2)短葱白类型河北隆尧大葱、鸡腿葱、对叶葱。(3)冬葱又名慈葱不结子,旱葱春天开花,结黑子。大葱营养生长与生殖生长两个阶段,营养生长阶段发芽期约 14d,幼苗期 80~250d。大葱接近生殖生长阶段之抽薹要开花以前,也是大葱采收期为定植后 150~180d,当葱嫩茎粗 1.8~2.3cm、白茎长度 35cm 左右时要即时切采加工,露天存贮温度应在 1~3℃下。大葱以嫩叶和葱白假茎为产品称青葱(Shallot),加工商品大葱要求葱白直径 1.8~2.5cm、白茎长度 35~45cm、叶长 15~25cm,切去弯曲、烂叶、机械伤、有病虫害斑痕,A 级品葱白长 35±0.5cm,级品葱白长 30~35cm,每扎重量在 330g,贮藏温度在 2~5℃。

明·李时珍《本草纲目》记载有:葱【释名】芤、莱伯、和事草,葱初生曰葱针,叶曰葱青,衣曰葱白,叶中涕曰葱苒。大葱味辛无毒,煮汤可治伤寒寒热、驱虫镇痛,消除中风后面部和眼睛浮肿,大葱有降低胃液内亚硝酸盐含量的功效。患狐臭、虫咬的人吃葱病情可能加重,皮炎患者多吃病加重。大葱作汤治伤寒寒热、止大人阳脱、通乳汁、涂制犬伤、制蚯蚓毒,杀一切鱼的肉毒。

2.3.4.2 大蒜

大蒜（garlic）又名蒜、大蒜头、胡蒜、葫，多年生宿根草本作一或二年栽培百合科葱属600多种大蒜总称。公元前6世纪中国人和印度人都已开始食用大蒜，大蒜的根弦线状有根毛，花茎顶生伞形花序结黑色种子（易退化、出芽率很低），蒜种蒜小鳞茎称"天蒜"，大蒜根地下茎根处短缩为扁球形或两面平一面弧圈的角形鳞瓣（小球片俗称蒜瓣、大蒜瓣），蒜瓣（大蒜茎根鳞瓣或呈有1~10瓣）或大蒜黑色种子栽培，从发芽生叶至抽薹"开花"至叶枯长留下鳞茎（大蒜瓣）。野生小蒜地方名小蒜、野韭菜、熊葱。野生大蒜地方名硬颈蒜，有胡蒜、磁蒜、紫纹蒜。栽培种软颈蒜（白色皮象蒜、银皮蒜、中国紫皮蒜）大蒜繁殖用蒜瓣，发芽长蒜瓣，蒜瓣生长期青叶和根称青蒜（蒜苗），青蒜生长至抽出假茎、假茎盘顶芽形成花蕾花蕾叶鞘抽出花茎花亭（圆柱形花亭俗称蒜薹、蒜苗），和花茎蒜薹上开的伞形淡红色花序（蒜花），都是食用蒜部分。

大蒜种子最初长出柔软嫩叶的嫩叶剑形叫蒜苗（又名青蒜 garlic sprout），蒜苗软化的黄色食材称蒜黄（blanched garlic leaves），未老熟青绿青蒜长出的花茎称谓蒜薹（goung garlic shoot），收获期20天前喷青鲜素（顺丁烯二酸酰肼，MH 0.25%水溶液）得到蒜瓣商品名大蒜（Garlic）头，大蒜头保鲜期通常为半年以上。新鲜生大蒜蒜瓣，蒜泥（mashed garlic）中的大蒜氨基酸受氧化和蒜酶（allinase）反应时间4~10min后，能够分解出大蒜素。

生大蒜或大蒜汁含大蒜苷与大蒜油硫化物的硫化丙烯、蒜氨酸（Alliin），有辛辣味，有10倍于青霉素的杀菌力，超氧化物歧化酶（SOD）、聚果糖苷酶。

占干蒜0.6%~2%的大蒜素（garlicin）分子式$C_6H_{11}O_3NS_2$，又名蒜氨酸、大蒜辣素、大蒜新素（大蒜臭味强烈）含硫有机物用于杀灭滴虫效果很不错。

大蒜素白色针簇状晶体含100多种成分、熔点163~165℃、相对密度1.112、2.5%水溶液pH6.5，与VB_1结合可生产蒜胺，蒜胺促进葡萄糖转化能力强于VB_1的3倍，所以说吃大蒜可能有健脑作用。英国《肌肉骨骼疾病》杂志发表文章认为，大蒜中的双硫化合物（diallyl disulfide）可降低人体内损害软骨基质的金属蛋白酶含量，进而抑制髋关节发炎病症。蒜氨酸与蒜氨酸接触水解出大蒜辣素，大蒜辣素挥发蒜臭，蒜臭味强烈的大蒜新素，有防治动脉硬化、降血压、稳定血糖食疗效用。大蒜挥发油内含大蒜素、大蒜辣素、多种烯丙基、丙基和甲基硫醚化合物、水芹烯。药物无色油形状液体称大蒜油（garlic oil 标准 NY/T 1497 含量98%、沸点80~85℃，>120℃可能分解），无蒜臭（牛奶可去蒜臭）。蒜氨酸化学式$C_6H_{10}OS_2$加热至46℃以上开始分解，大蒜素被中科院北京基因组研究所研究报告认为：可在胃癌细胞中激发一系列与细胞凋亡通路相关的蛋白质的表达响应，研究人员采用双向电泳将经大蒜素处理或未处理的BGC 823细胞中的蛋白质有效分离，发现两组间存在51个差异点，其中46%细胞为凋亡相关蛋白质。中国大蒜之乡金乡县大蒜种植面积60多万亩，大蒜加工企业1300多家,年加工大蒜120多万t,产品有蒜粒、蒜粉、蒜茸、黑蒜、蒜油、蒜胶囊、蒜素粉40多种。食药同源理论认为,大蒜味辛、性温、有毒。发了芽的大蒜食疗效果甚微,大蒜辣素有刺激胃肠的副作用,多食会引起肝阴肾阴不足、视力下降、口干、十二指肠溃疡、胃溃疡、肝功能障碍。大蒜味辛性温,有小毒。大蒜作为一种热性药,用以阻断亚硝胺致癌物质合成,提高肝脏的解毒功能。吃大蒜可使胰岛素下降的糖尿病患者减轻病情。是驱除腥臊膻味虫鱼之毒的解毒调味剂。蒜芽嫩苗维生素含量高于大蒜瓣,发酵蒜瓣糖分、氨基酸、B族维生素含有高于大蒜瓣,腌蒜瓣辣味小,有抗氧化活性、对癌细胞有抑制作用,生大蒜中大蒜素杀菌能力强,炖汤放大蒜去异味,炭烧烤熟大蒜吃后口腔无蒜味,大蒜素容易热分解油煎后香味留在烹饪的菜中。

黑大蒜也叫发酵黑蒜,云南独蒜高温高湿发酵60~90d后就可杀菌包装上市。

2.3.4.3 洋葱

洋葱(onion)别名葱头、圆葱、玉葱、球葱、甜葱、香葱、红葱、洋葱头、皮牙子,是极少数含前列腺素的蔬菜。百合科500多种葱属植物中二年生草本的圆葱,是含有大蒜素植物杀菌素的食材之一。原产地伊朗、阿富汗地区的洋葱,公元前1000年传入埃及后传入地中海、哥伦布传入美国,近百年传入中国。现代洋葱分:(1)夏季洋葱(小叶甜葱、乔治亚甜葱、毛伊甜葱、卡拉奇甜葱、贝拉里甜葱、马德拉斯甜葱、兰格尼甜葱、巴特那甜葱)。(2)口味辛辣的储藏洋葱(黄皮、红皮、白皮、绿色)。(3)珍珠洋葱(直径小于2.5cm的白皮洋葱)三类。常见形态不同的圆葱没有主根、叶着生在短缩茎盘上、形成鳞状茎片叶的圆葱,分类有:分蘖圆葱、顶生圆葱、普通圆葱三类。洋葱头烹调加热不宜过久以保留有辛辣味营养素为佳味。健康人常吃圆葱有利于提高骨密度防治骨质疏松、补充体内矿物质微量元素有机硒、补充体内前列腺素A扩张血管、降血压增加冠脉血流预防血栓。

成年人每次生吃圆葱50g以上易引起胀气、皮肤瘙痒、眼睛充血,肺胃发炎病症病人不宜食用。洋葱头对革兰氏阳性菌或阴性菌以及真菌有抑制作用;圆葱外皮肉层含丰富的葡萄糖、蔗糖、果糖、蒜氨酸、维生素B_1与蒜氨酸结合生成的蒜硫胺素(具有预防脑梗塞心肌梗死功效)。圆葱含0.005%精油,挥发油含蒜氨酸辣眼睛加热后变成甜味硫醇,洋葱头含丰富的VP–VC、二烯丙基二硫化物与硫胺基酸、咖啡酸、芥子酸、肽、微量有机硒、硫胺素(B_1)、栎皮黄素等营养素和抗氧化物,对预防乳腺癌、结肠癌、前列腺癌、抑制老年斑减少头皮屑有作用。洋葱切碎时蒜苷酶转化成次磺酸、次磺酸氧化成为合丙烷硫醛和硫氢化物刺激气体,洋葱切碎前浸冷水,刺激气不挥发就不辣人了。

圆葱品种分:(1)普通圆葱按鳞茎形状分为扁球形、圆球形、卵圆形、纺锤形,它们的亚种分别有白皮、黄皮、褐皮、红皮色。黄玉葱头鳞茎近扁圆形单个重150~200g,外皮黄白色;荸荠扁葱头鳞茎扁圆形单个重100~150g,外皮橙黄色;紫皮葱头鳞茎近扁圆形单个重200~250g,外皮紫红色。(2)顶生圆葱生长期会在花序上着生许多气生鳞茎,不结种子。(3)分蘖圆葱通常不结种子,经济价值不高。

2.3.4.4 韭菜

韭菜(chinese chives, Leek)原产地在中国,《礼记》记载:庶人春荐韭以卵,记述了鸡蛋炒韭菜距今两千多年以前的膳食推荐。韭菜别名壮阳草、起阳草、洗肠草、长生韭、扁菜、丰本、翠发、懒人菜、草钟乳等,不见阳光软化栽培(阴暗温室发芽成长)的韭黄,又称韭菜黄、韭芽、韭白、黄韭菜、囤韭等。韭菜是百合科葱属多年生宿根性草本植物,按食用部位分类品种有叶用种、薹用种、花用种、根用种,韭菜有春香、夏辣、秋苦、冬甜的口味俗语形容。韭菜栽培害虫常见蝇蛆、葱蓟马。韭菜种子15~18℃发芽,生长温度适合在15~25℃,环境气温30℃左右嫩叶可能变黄不再生长(成为韭菜黄);一亩地可产马鞍青韭3000~5000kg,韭菜连续栽培三四年的产生品质较好,栽培了十余年的韭菜仍然能够抽出花茎韭菜薹、开花、结种子。叶薹兼用和花叶兼用的栽培种知名品种有:宽叶韭有马鞍韭、雪韭、马蔺韭、天津黄苗、北京大白根、寿光黄马,细叶韭有三楞韭、根韭、三棱箭、天津大青苗。饮酒者慎食韭菜,有口舌生疮的人韭菜不宜多吃,消化不良、咽痛目赤者不宜食韭菜。韭菜味辛微酸性温助热、涩,主归心肾,含膳食纤维1.6g/100g或硒1.38g/100g、VA1332g/100g,韭菜切口与空气氧化后释放出蒜氨酸气味。

2.3.5 花蕊果菜

花蕊果实类蔬菜为种子植物的有性繁殖嫩肉器官作食材利用,花菜通常由肥大花柄、花托、花萼、花冠、雄花蕊群、雌花蕊群等组成,花蕊果实类蔬菜常见:(1)以花或花茎、花序为食用部分的蔬菜有金针菜(黄花菜 Dried lily flower)、花椰菜(菜花 Cauliflower)、食用菊。(2)以嫩果为食用部分的有西红柿(Tomato)、茄子(Aubergine)、芸豆的通称(Common bean),秋葵(Okra)又名羊角豆、咖啡黄葵、毛茄、黄秋葵,果实食用部分品种为绿色或红色两种,其中绿色荚果人们称为黄秋葵。秋葵嫩荚果内富含阿拉伯聚糖、半乳聚糖、鼠李聚糖、蛋白质、草酸钙等,具有保护动物肝脏、帮助消化、增强体力、防止血管硬化、增加人体抵抗癌症能力。(3)以瓜类为食用部分的有瓠瓜(瓠子 Calbash)、哈密瓜(Cantaloupe),瓜类种类还有食用瓜的种类常见冬瓜(White gourd)、南瓜(Pumpkin)、苦瓜(Balsam peat)、佛手瓜(Balsam peat 或 Chayote)、西葫芦(Vegetable marrow)、丝瓜(Loofah)。(4)豆类,大豆、黄豆、青毛豆、长豇豆、嫩豌豆、青刀豆、嫩扁豆、四季豆等。

2.3.5.1 花菜

十字花科芸薹属甘蓝种草本植物的花球花椰菜(Cauliflower)又名花菜,作食材。

中国花菜甘蓝栽培品种有黄色、白色、绿色、紫色、绿色、花色,种类分别有茎蓝、抱子甘蓝、羽衣甘蓝、甘蓝、芥蓝、花椰菜、青花菜七兄弟。短花梗花球紧花簇紧花型黄色花椰菜和白色花椰菜的种子清朝时期从欧洲传入中国,绿色花椰菜别名西蓝花,西蓝花有紧花型、松花型两种,紧花型花菜花梗粗壮(没毛花),容易煮烂、口味淡。松花型花菜梗绿花朵松散、口感脆、含糖量比较高,秋花菜比夏花菜好,春花菜最好。每百克花菜含 VC 88mg,每百克苹果含 VC 8mg。花菜蕴含花白苷、类黄酮、萝卜硫素、花青素、葡萄糖芸薹素等,适合做凉拌菜、烧菜、汤菜等食材。

黄花菜（Dried lily flower）为百合科萱草属宿根性多年生草本植物能生成的嫩肥花蕾，又名金针菜、金针花、萱草花、下奶药、宜男花、川草花、连珠炮、鹿葱花、忘忧草、黄花等。《诗经》："焉得谖草"，后人注释谖草是忘忧草，即称呼黄花菜、健脑菜、安神菜。新鲜黄花菜含秋水仙碱，人体进入秋水仙碱生成二秋水仙碱毒素，成年人摄入0.1~0.2mg相当于50~100g鲜黄花菜会引起食物中毒，故新鲜黄花菜必须高温60℃以上焯水分解秋水仙碱毒素后做菜。

2.3.5.2 西红柿

西红柿（Tomato）又称番茄、番柿、狼桃、红茄、大柿子、洋柿子、洋海椒、西番李子等，种源地墨西哥、秘鲁，称为狼桃、毛腊果。现代栽培品种分意大利系统、英国系统、美国系统，植物分类学番茄属分真番茄亚属（果实成熟果皮外部光滑无毛）毛番茄亚属，毛番茄亚属分别有秘鲁番茄、多毛番茄、醋栗番茄，全世界有4000多个品种。通常番茄多为一年生草本植物，分矮性植株和蔓性植株两大类，世界纪录一个大番茄重6.5斤，中国海南岛木本番茄株高四五米，可连续结果十五年、单株年产量达50多斤。西红柿（番茄）2014年全球产值962.8亿美元列蔬菜水果上市首位，番茄口感风味有250多个控制基因位点，中国农业科学院深圳市农业基因组所和蔬菜花卉所绘出了番茄风味改良图。普通西红柿有多个变种，栽培种高茄科番茄有北京早红、早粉2号、矮红早熟、湖南早雀钻、上海长箕大红、粤农2号、武昌大红、四川满丝、长江一带的强力米寿、华北一带的特罗皮克（Trooic）、北农大33号、罗城1号、奇果、适合加工罐头产品的杂交品种龙溪74号、红宝石等。西红柿果实形状球形、扁球形、梨形、心脏形、短圆筒形、长圆筒形等，果皮、肉颜色未成熟的有深绿色、浅绿色，成熟的果色一般会是浅红色、橙黄色、红色。乙烯利催熟番茄，手感硬邦邦；青皮未成熟番茄番茄碱会使人食物中毒。西红柿果实有2~7个心室，小类型西红柿果实心室个数少，浆果皮薄肉厚，果肉柔细、酸甜可口富含VC、葡萄糖、抗坏血酸氧化酶、果胶溶解酶等，供人类鲜食用途之外，还供人类作饺子馅、汤料、菜料、加工成食用辅料：番茄腌菜、番茄果汁、番茄酱、色拉、沙司、番茄干、番茄肉颗粒、番茄皮粉、番茄全粉等。

2.3.5.3 辣椒

辣椒（Capsicum）别名大椒、甜椒、菜椒、青椒、辣子、海椒、番椒。蔬菜之外的调料有辣椒粉（paprika）、红色药材辣椒（capsicum），植物学家庄灿然（1982）从西藏等地发现野生红米椒种群研究后，认为中国是世界辣椒种源起源地之一。

呈辣味物质辣味成分中有酰胺基、异腈基 $-CH=CH-$、$-CHO$、$-CO-$、$-S-$以及$-NCS$之类基团，是以碳氢基C原子极性定位基C数1~9,9为最高峰的呈味元素群组合物，一般脂肪醇、脂肪醛、脂肪酮、脂肪酸的长烃链含有物质。辣椒成分中（C_8~C_{11}）碳链长度的不饱和单羧酸香草基酰胺影响辣度、饱和直链羧酸的二氢辣椒素含量也影响辣度辣味。

一年生草本植物辣椒的果实辣椒（hot pepper），又称番椒、海椒、辣茄等种源地在墨西哥Tchuacan谷。辣椒果实壳皮层肉质，未成熟期多呈青绿色，成熟浆果皮层分别呈红色、鲜红色、深红色、紫红色、黄色、黑褐色、白色、橙色等。红辣椒含有辣椒红色素（$C_{40}H_{56}O_3$）0.06%、以及辣椒醇、13-羟基-辣椒醇、辣椒玉红素、辣椒萜苷A~H、辣椒萜L、辣椒萜I~XVII、辣椒酯、辣椒知母皂苷、辣椒苷ABCDG等，牛角红椒含辣椒素0.2%，印度萨姆椒含辣椒素0.3%，乌干达辣椒含辣椒素0.85%。辣椒辣味的程度因不同品种浆果内所含辣椒素（capsaicin）成分与含量，呈现的辣味（scoville指数）差别而有别。相对含量辣椒素达到69%的辣味scoville指数是16000000，理论上相对含量高辣椒素达到1%的辣味scoville指数是8600000。通常辣椒相对辣味指数在0.0012或0.06~0.85%之间，世界史上发现最辣的辣椒显示辣度为135.9万。现代中国辣椒群为世界辣椒品种5个主要栽培种的35个变种中的一年生种群。辣椒种群变种（Variety）包含：线辣椒变种、长辣椒变种、锥形椒变种、樱桃椒变种、朝天（簇生）椒变种、黑红椒变种、涮椒（云南产）变种、米椒变种、大树椒。5个主要普通栽培种类型是(1)灯笼椒（甜椒）。(2)羊角椒（长形椒）。(3)族生椒（朝天椒）。(4)圆锥椒（辣味椒）。(5)樱桃椒（小扣子椒）。

中国辣椒群变种属于种子植物门（phylum）披子植物纲（Line14）双子叶植物亚纲（ClassA）管花目（Branch2）裂口亚目（Order19）茄科（Family）辣椒属（Genus）一年生（Species）栽培蔬菜。辣椒品种辣味分为微辣呈甜（上海茄门椒辣椒肉里含有无辣味辣椒素酯和二氢辣椒素酯）、微辣1（镇江航椒1含维生素C 234~460mg/100g）、低辣、中辣、高辣（辣椒相对辣味指数≥8600）不同辣味等级。辣椒产品分别有蔬菜辣椒中含水分74%~94%的青椒（green pepper），干货中的辣椒粉（peprika）又称辣椒面，调味品中的辣椒酱（ch. chilisauce）、辣椒油（chili oil）等。辣椒产品还有泡辣椒俗称泡海、鱼椒子、鱼辣椒。陕西线辣椒为世界辣椒之珍品，辣椒中维生素C含量有201mg/100g，这个含量相当于番茄维生素C含量的18倍、红胡萝卜的31倍。

辣椒植株的根、茎、叶、花以及其果实深紫色由A-MA-As和Asf基因诱导，花色素含量由al-al2-al3基因支配，使辣椒果实具备多形态、多色彩、多口味、多潜在营养成分。

辣椒里的辣椒素（capsaicin），又名辣椒色素（paprika），辣椒素中有不辣的辣椒红素（capsanthin）和带辣味的辣椒碱。1876年辣椒碱被从辣椒果实中分离出单质，命名为辣椒素（capsaicin）化学名8-甲基-6-葵烯香草胺，分子式（$C_{16}H_{27}NO_3$）熔点:65℃。辣椒碱药剂名8-甲基6-葵烯酸·香草基胺，分子式$C_{16}H_{27}NO_3$熔点:65℃。辣椒素单质在辣椒果实里占有量大约为90%，是杀死肿瘤细胞的凋亡药。辣椒种子内可能有10%份额的二氢辣椒素（dihydrocapsaicin）降二氢辣椒素（nordihydrocapsaicin）高辣椒素（homocapsaicin）高二氢辣椒素（homodihydrocapsaicin），辣椒素（capsaicine）具有抑制癌病痛苦的效果。

辣椒提取物水解后生成香草基胺与葵烯酸微溶于热水，加热至210~220℃也稳定，能在稀释到200万倍环境中仍然显示辣椒味道辣椒素是辣椒果实生长初期分泌油状物转化为4面体最后形成6面体的结晶体，果实生长后期成为褐绿色或黑紫色时，果实中辣椒素形成量达最高值（辣度单位达600万史高维尔单位以上），小米椒辣椒素含量可达470~767mg/100g，朝天椒可达219mg/100g，牛角椒可达146mg/100g，菜椒可达11.64mg/100g（辣度0.2~5.0万史高维尔单位）。浆果类辣椒是茄科辣椒属一年生辣椒植物青椒（Green pepper）的真果，果实属于雄花粉对雌花受精10d后由花的子房发育生长而成，辣椒雌花受精子房生长由子房外壁皮、中果皮（食用部分果肉）、花芯完成双受精产生合子与初生胚乳核发育成胚至胚乳、胚乳经30~40d进一步生长合成为种子（存贮寿命可达120年）。

2.3.5.4 黄瓜

喜马拉雅山山脉是世界黄瓜（Cucumber）的种源地，西汉时代中国引进黄瓜称为胡瓜，俗名王瓜、刺瓜，黄河流域栽培黄瓜历史有两千多年。中国现代各地人工培养形成一些生态型黄瓜和大量优良品种，代表性黄瓜种类有：果形大的刺黄瓜类、鞭黄瓜类、果形小的短黄瓜类、小（嫩果长3.3~6.7mm时采摘）黄瓜。

现代代表性黄瓜品种有北京大刺瓜、大鞭瓜、截头黄瓜、天津的津研1号、7号、南京大刺瓜、杭州大青皮、成都二早子、寸金黄瓜、重庆的大白黄瓜、广东大青、广州二青、长沙朗梨瓜、刺黄瓜、武汉的青鱼胆、上海的上海黄瓜、扬州的乳黄瓜、河南的刺瓜等。杂交黄瓜果实果皮上多具有茸毛，黄瓜果实的颜色有白色、淡绿色、深绿色、淡黄色、淡绿色等。果实顶部（萼洼部）依品种不同分别有锥形、圆形差别。

黄瓜味甘性凉，虽生津止渴、解毒消肿、有治小便不利等功效，但是脾胃虚弱腹泻食后可能加重病情。鲜嫩黄瓜含水分95.8%，维生素含量≤0.8%，因此吃水果黄瓜主要摄入大量生物水，同时也吃进黄瓜含有的微量葫芦素C（药物有治疗慢性肝炎作用）、谷胺酰胺、黄瓜代淀粉（食者富充饥感）、丙醇二酸（有抑制糖类转变脂肪的作用）、黄瓜尾部富含苦味素等，因而人们试着吃黄瓜以求美容、抗癌、解酒。

2.3.5.5 豆类及其制品

秦汉以前大豆称"菽"，三国魏人张揖《广雅》曰："大豆，菽也。"大豆是黄豆、青豆、黑豆的统称。豆荚类植物8000多种，豆科皂荚、豌豆、大豆、蚕豆、落花生、含羞草等果实，特征是种子单室、籽粒成熟果皮背、腹缝线可能开裂，多籽种子之间部位缢缩成节称为节荚，节荚成熟时豆类籽粒在节处极易开裂掉下。图2-8描画菜豆种子纵切面供参考。

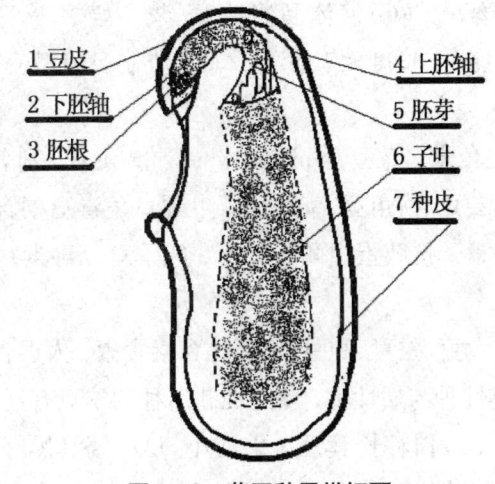

图 2-8 菜豆种子纵切面

2015年中国年加工9200万t其中有8000万t是进口大豆（中国大豆价格为世界高位），21世纪以来中国大豆年水平在1200万t左右，其中90%大豆原种是中国大豆。中国大豆E1 E3 R4优势基因型占有率26.1%，中国野生大豆具有比栽培大豆遗传多样性水平更高，高油大豆丹豆10生育期（日数）137d，豆荚籽粒锥圆形、种皮黄色有光泽、脐黄色、百粒重22.5g，含脂肪21.12%~23%、蛋白质43.47%~50%。黄豆（Soybean）及其制品植酸含量（0.5%左右）很高，含大豆植酸、异黄酮、皂苷、染料木素、寡糖中的棉子糖、水苏糖、毛蕊花糖、醛糖酸残基、胰蛋白酶（100℃分解）曾被古代药家作为肾疾病、皮肤病、脚气病、腹泻、血毒症、便秘、贫血、疯牛病、口蹄疫等食疗食材。

人体不能分泌半乳糖苷酶，因而低聚糖（胀气因子）被大肠细菌发酵，大豆产生二氧化碳、甲烷等导致多吃黄豆及其制品的人们放屁。以大豆为原辅料的中国大豆制品有豆食制品（豆粉、豆腐、百叶、臭豆腐、豆腐干、豆芽菜等）、饮品、药品、纺织品、饲料制品、化工制品、建材制品、生物制品八类1.2万多种。

青毛豆（young soya bean），是豆科植物特有的果实称为荚果简称荚豆。南京"新大粒一号"嫩绿的青毛豆荚豆，荚豆豆粒每百粒重达155g，豆粒中含水分（g/100g）69.6、蛋白质13.1g/100g、脂肪5.0g/100g、膳食纤维4.0g/100g、碳水化合物6.5g/100g、灰分1.8g/100g、胡萝卜素130 μg/100g、视黄醇22μg/100g、硫胺素0.15mg/100g、核黄素0.07mg/100g、尼克酸1.4mg/100g、抗坏血酸274mg/100g、VE2.44mg/100g、钙135 mg/100g、硒2.48μg/100g、大豆肽盐（活性肽）等。市场代表性黄豆豆制品区别分：(1)干品种豆腐皮（又称挑皮、豆腐衣、油皮）、腐竹（甜片、豆笋、豆棒）、冻豆腐、白干丝等。(2)半干品豆腐干、百叶（千张、豆片）、厚页、老豆腐、嫩豆腐（内酯豆腐、石膏豆腐、盐卤豆腐）、豆腐脑、臭豆腐（花）、腐乳、豆豉（酵母豆豉、水豆豉、枯草杆菌纳豆）、豆瓣酱等。(3)卤干品五香干、花干、臭茶干、素鸡、素火腿、酱豆腐等。(4)油炸品豆腐泡（果）、豆腐丸、炸咯咋盒、素卷等。(5)粉制品豆粉（豆奶粉）、豆粉丝等。(6)液体品酱油、豆浆（奶）等。(7)芽品嫩豆芽有黄豆芽（长度≤10cm），绿豆芽（长度≤7cm）。(8)渣制品发酵豆渣、酱油等。

2.3.5.5.1 四季豆

四季豆（Lentil）嫩豆角学名菜豆（phasesevlns vulgaris）、别名芸豆（Kidney bean）、玉豆、唐豆、多花菜豆、大花芸豆、梅角豆、京豆等。生鲜豆角毒豆素含：皂素（又称皂苷）、红细胞凝聚素、胰蛋白酶抑制素（抗胰蛋白酶因子）、四季豆豆毒素，只能被80℃以上水焯或油炒后可被降解。

新鲜生四季豆或刀豆、大豆、蚕豆、豌豆、扁豆等含凝集素，人误食能引起食物中毒。豆科一年生藤蔓植物四季豆有蔓性种与矮性种，藤蔓性栽培种四季豆有：(1)白籽四季豆（南京）。(2)黑籽四季豆（安徽）。(3)白籽长箕豆（上海小刀豆、矮箕黑籽）。(4)广东中花玉豆。(5)湖北龙爪豆。(6)四川圆荚苦子豆。(7)江苏丰收1号。(8)昆明泥鳅豆。(9)南昌金豆。矮性种栽培种中有：(1)上海矮箕黑籽。(2)四川施美娜。(3)湖南圆荚三月豆。芸豆品种主要有大白芸豆、大黑花芸豆。

2.3.5.5.2 刀豆

刀豆，又名挟剑豆、大刀豆、关刀豆、马刀豆、刀巴豆、刀鞘豆等。豆科一年生草本缠绕植物种类分矮（洋）刀豆、蔓性（大）刀豆两大类开蝶形白或紫色花，种荚宽嫩荚可炒菜或作泡菜、咸菜等，干刀豆种子粉可用于做面食或粉丝等。刀豆毒素和刀豆含有的胰蛋白酶抑制因子生物碱80℃以上才能分解。嫩荚刀豆含植物蛋白等营养素还含有微量元素钽、锌刀豆赤霉素ⅠⅡ、刀豆氨酸、胍氧基丙胺、刀豆球蛋白、血球凝集素等，嫩荚刀豆富含钾性热，胃病患者不宜食用。

2.3.5.5.3 秋葵

秋葵（Okra）又名羊角豆、咖啡黄葵、毛茄、黄秋葵、美人指、绿色人参等，果实食用部分品种为绿色或红色两种。

秋葵中绿色荚嫩果，人们称为黄秋葵。

秋葵羊角状绿色嫩荚果肉内含0.1%脂肪，4% VC和1.03% VE，富含阿拉伯聚糖、半乳聚糖、鼠李聚糖、蛋白质、草酸钙、胡萝卜素等。

羊角状嫩荚果秋葵对食用者具有保护动物肝脏、帮助消化、增强体力、降低血清胆固醇防止血管硬化、增加人体抵抗癌症能力、美化皮肤等食疗功效。

2.3.6 多年生蔬菜

一次播种或栽培后，有可能继续生长、继续采收两年以上的食用植物称为多年生蔬菜。

多年生类植物一般气候适应性强、耐寒、耐干旱。

多年生类蔬菜水土肥要求不过高、管理简单、地下过冬、能够无性繁殖。多年生类蔬菜有：草石蚕、菊芋、石刁柏、香椿、竹笋等。

多年生蔬菜还有:紫花苜蓿、金花菜、莲藕、苹果、茶等。

多年生蔬菜多在山区、沙漠、沙地、小河边、宅基宅院、花盆等处生长,对栽培土、基质、肥、水等要求不高,适应大众小批量种植。

2.3.7 芽菜

芽蔬菜(bud vegetables),简称芽菜(germ)指可供人作为食材的嫩茎尖部分,芽菜比较种子营养素变化是尼克酸增加2~3倍、胡萝卜素增加1~2倍。

典型芽菜有:(1)竹笋(60多种竹冬至春天出的芽笋)。(2)绿芦笋(宿根多年生百合科芦笋又名石刁柏幼嫩茎,刚出土白色芦笋称白芦笋用于罐头原料,幼茎阳光下变绿色称绿芦笋供鲜食)。(3)茭白(宿根禾本科多年水生菰耳菜纺锤形脆嫩笋茎,初夏或秋上市)。(4)香椿头(苦楝树春天嫩茎芽叶,或香椿树种子水培十多天的嫩茎芽)。(5)莼菜芽(睡莲科宿根水草嫩梢叶)。(6)豆瓣菜芽(十字花科多年水生草本植物水田芥嫩茎芽叶)。(7)冬寒菜芽(锦葵类二年生草本植物幼苗茎叶)。(8)芝麻菜芽(白或黑芝麻种子水培十多天嫩茎芽,消暑热食材)。(9)萝卜芽(种子水培7d辛辣味嫩茎芽或地窖存贮萝卜发的芽)。(10)嫩乌塌芽(种子水培7d富含维生素食材)。(11)大白菜(贮萝卜水培7d后发的菜芽或种子水培7d后脆嫩叶芽)。(12)西蓝花种芽(西兰花种子水培十多天后生长的嫩绿芽白茎梗富含萝卜硫素,养胃)。(13)蕹菜芽(旋花科空心菜种子水培十多天去种壳后的嫩绿芽)。(14)油菜芽(油菜种子水培7d后发的菜芽促进食欲)。(15)芥菜芽(辣菜或雪里蕻种籽水培7d后发的菜芽富含类萝卜素)。(16)苜蓿菜芽(种子水培7d后发的菜芽富含VE)。(17)葵花子芽菜(种子水培7天后发的菜芽富含纤维素)。(18)荞麦籽芽菜(种子水培7天后发的菜芽富含微量芦丁)。(19)玉米籽芽菜(种子水培10天后发的菜芽富含多糖,口感好)。(20)大麦芽(种子水培10天后发的菜芽碱性、富含VC)。(21)小麦芽(种子水培10d后发的菜芽富含氨基酸适合榨汁饮用)。(22)发芽蚕豆①蚕豆种子水培3~4d发的菜芽称名"发芽豆"又名芽蚕豆,发芽豆富含氨基酸适合煮煮烂食用。②蚕豆芽指蚕豆种子水培3~4d后发的菜芽继续水培7~10d后子叶长至发绿呈青绿色称名"蚕豆芽菜",适合凉拌菜或火锅烫成熟食用)。(23)豌豆芽(种子14~30℃水培5~7d后发的菜芽富含豌豆香气适合炒熟食用)。(24)红小豆芽(种子14~30℃水培5~7d后发的菜芽茎秆丝细,口感不爽脆,适炒肉丝食用)。(25)绿豆芽(种子水培2~3d发芽长至身长5~7cm上市,含VC口感好,减少牙龈出血、防治高血压)。(26)黄豆芽(种水培2~3d发芽长至5~7cm上市,含VB_{12}粗纤维促进血红细胞发育)。

2.3.8 水生蔬菜

生活在浅水、植物生长在肥沃黏质土壤浅水里、不耐干旱、对水温有一定要求,生长期要高一些环境温度、可食用部分为根、茎、叶、果实、籽粒类的粮油(水稻、莲籽、芡实、菱角)、水生植物,植物繁殖器官富有营养可作为蔬菜的有水芹菜、蒲儿菜、豆瓣菜、茭白、莲藕、慈姑(茨菰)、荸荠、水藻等。水生蔬菜性凉、平素脾胃虚寒腹泻之人慎食。水生蔬菜莲藕(lotus root),

又名荷、藕、莲菜、莲根、菜藕、藕根、果藕、鲜藕、大藕、香藕、荷藕、藕丝菜、光膀莲藕等，古植物学家在柴达木盆地发掘出1000万年前荷叶化石与现代中国莲相似。食材藕是种莲顶芽生长的地下茎叫莲鞭，莲鞭顶端积聚养分膨大部分成为新藕。藕肉内含有3~10孔道，藕肉内次生细胞壁螺纹导管藕丝和孔道，为藕肉组织具有输送营养功能。生藕性寒，熟藕性温。双子叶有单子叶特征毛茛目荷花属睡莲科莲属多年水生草本植物，藕的地下茎莲藕的莲古化石，从距今13500万年前亚洲阿穆尔（黑龙江）流域白垩纪地层出土，古植物学家发现那时期五大洲后冰时期莲属植物幸存2种莲有亚洲中国莲（Nelumbo nucjfera）、美洲莲（N. lutea）。现代莲藕栽培水深0.2~1.5m种苗一般认为起源中国南方或印度。莲的鞭部分栽培水下泥土层内，荷叶有漂浮叶、立叶、后栋叶、终止叶，终止叶生长在新藕藕节上，荷花（莲花）单生色白或红白、黄白等长于水面上，花结莲蓬头形状蓬顶面环位分布莲的蛋形籽实5~25粒称莲子，老熟莲子种皮坚硬自然条件下发芽困难，繁殖用莲藕一般采用全藕、亲藕、子藕等种藕至少两节。一年生水生蔬菜喜欢温暖气候、可以无性繁殖。现代中国荷花新系统分类检索表包括3种系8群14类38型278个品种。现代莲藕种类分莲藕、子莲、花莲三大类。藕花有红色种或白色种、麻花种，美洲藕是中国藕亚种花为黄色种。莲藕码放在10cm湿砂中可砂藏60d，浸10~15%食盐水中可水藏150d，5℃真空保鲜法可贮藏120~160d。藕根为须状不定根主根退化、束状不定根生长于地下茎节上，地下茎称莲鞭又称走茎，莲生长后期走茎前顶端数节节间越长越膨大变粗成藕，按生长主次程度分主藕、子藕、孙藕等，子藕、孙藕生于一侧，主藕可长3~6节、藕顶端叫藕头，藕最大横径1~10cm，皮白色或黄白色。著名藕栽培品种浅水藕有合肥飘花藕、武汉股子筒、苏州花藕、宝应大紫红、鄂莲3号等，深水藕有湖南泡子、丝苗藕、雪胡藕、金华红花藕等。莲藕地下茎红花藕主藕藕形瘦长、外皮黄褐色、肉粗糙含淀粉丰富水分比较少，适合炒片熟吃。藕肉含单宁（鞣质）易与酚类产生黑褐色醌聚合物，宜铁锅煮。当藕肉及其制品处于pH≤5~5.5环境下抑制褐变（味微酸口感最佳时），即藕内氨基酸不与藕内还原糖再发生糖氨反应（马德拉Maillard反应）褐变，糖氨反应过程从藕内接触氧开始至存贮都产生羟氨缩合、薛氏碱、果糖基胺反应生成羟甲基糖醛（褐黑色产物）。麻花藕主藕藕形粗肥大、外皮有麻斑呈粉红色、肉粗糙含淀粉丰富水分比较少，适合桂花糯米藕熟吃。白花藕主藕藕形细长、外皮灰白色或银灰色光滑、肉脆嫩多汁、味甘，适合生吃、做糖醋藕条凉拌菜。速溶藕粉工艺流程：去藕节→洗藕→去皮破藕→粉碎机碎藕→藕碎搅拌→旋液分离脱水→烘干→冷却→100目筛分→配料→造粒→二次烘干（40~45℃水分≤16.19%）→检验后包装。

2.4 果品

秋冬产北鲜果有葡萄、苹果、梨、瓜类。高级植物产生繁殖器官可直接食用果肉（flesh）或果仁（kernel）部分，并且可制成供直接食用果制品称为都称为果品（fruit）。

果品是高级植物为繁殖器官之一花传粉受精后，子房中的受精卵细胞发育，花冠一般枯萎,子房进入花被或花托参与发育成熟期形成真果实(true fruit),植物花子房发育成的果肉除鲜食之外还有大多数用于加工的:果干、果酒、果汁、果浆、果冻、果胶、果饼、果脯、蜜饯、糖水罐头、果晶、果粉、果味药添加剂为大多数人喜爱的水果制品。中国果树种类资源万余个,品种50多科栽培种类300多种,果品是果树鲜水果和干果总称。

按果实结构形态分类主要有:(1)仁果类。(2)核果类。(3)浆果类。(4)坚果类。(5)聚复果类。(6)荚果类。(7)柑橘果类。(8)荔果类。

果品包括鲜果(flesh fruit)、干果(dried fruit)、果品制品(fruit goods)三类。鲜果中的瓜类果品有:葫芦科以果皮或瓜瓤为食材的甜瓜、西瓜、哈密瓜、小香瓜等,浆果类果品有藤本攀缘植物葡萄、桃科植物猕猴桃、桑科植物无花果、蔷薇科草莓、柿科柿子等,类果品有蔷薇科苹果、梨、山楂、海棠、木瓜等,核果类果品有蔷薇科桃、李、杏、樱桃、梅等,柑橘类果品有芸香科柑、橘、橙、柚、柠檬等。果制品还有经自然与人工干燥的果干,桃、板栗、红枣、葡萄干等。干果中糖腌渍制品又称某蜜饯,某果脯、某果酱、某冷冻品、某糖水腌渍品等。发酵制品有水果酒、水果醋等。果品要求吃时令的、有针对性的、适度的选食水果,能利用果品中多种抗氧化物预防肿瘤、抵抗慢性病。食材果品广告上忌多食果品,忌多食果品也是价廉物美大路货的果品有:柿子不宜多吃,柿子含有鞣酸成分,多食者体内结石、肠梗阻病因是柿子多吃;荔枝多食会导致人体低血糖;菠萝、杧果多食会导致皮疹、嘴红肿、发麻等;榴莲含高蛋白难消化,可能引起便秘;水果多食导致人体缺铜、引起血液胆固醇上升、皮肤发黄。

2.4.1 水果

水果(fruit)是通常含水分73%~95%占鲜果质量的2/3以上果实通称,水果果皮肉质化花托和中外果皮可供食用,果色泽艳丽、果肉鲜嫩多汁、气味芳香,鲜果品种不同各有特征香味,浆果香蕉有3-甲基丁酸乙酯等酯类、醇类、羰基风味化合物350多种,口感多汁、果肉脆嫩或柔软、有独特水果味等,果实内种皮包裹有小种子,食用客户留神当心。水果一旦丧失水分的鲜果表皮色泽暗淡、萎蔫、皱缩,至霉变腐烂、失去食用价值。含水量较多的鲜果(fresh fruit)分:(1)仁果类的品种有木瓜(pawpaw)、梨果(pear)、枇杷(loquat)、山楂(haw)。(2)核果类有杏(Apricot)、樱桃(cherry)、桃子(peach)、李子(plum)等。(3)仁果类果树属于蔷薇科类有苹果、梨、山楂、枇杷、海棠、花红等。(4)浆果类果树属于蔷薇科有荔枝、龙眼、茄子、番茄、葡萄、柿子、草莓等。

2.4.1.1 苹果

苹果(Apple)又名蘋果、古称柰、严波、平波等。中国古时代名著《本草纲目》篆文柰-象子释名梵言谓之频婆,《宋·开宝本草》名称文林郎果,其他名称还有平波、超凡子、天然子、苹婆、滔婆等别名。中国古人认为苹果与花红同类异种,果实切碎晒干成脯数十百斛积蓄起来叫作频婆粮。苹果果皮肉质化、多汁、果肉脆嫩或柔软、有独特水果味等。商品苹果原产地分类有中国苹果、西洋苹果两类。苹果品种全世界一万多种中中国源种有400多种,商品量苹果品种中国现有60多种,各种苹果风味含有香气成分差别很大,早熟(成熟期6～7月的伏苹)种生长期短、肉质松、口味带点酸,中熟(成熟期8～9月的早秋苹)种较耐贮藏、肉质甜、口感水分多,晚熟(成熟期10～11月的晚秋苹)种较耐贮藏、肉质甜、口感水分多、果味香浓。苹果含水(苹果酸和柠檬酸)量＞85%,营养成分(Per100g)含热量57kcal、蛋白质0.1g、脂肪0.3g、碳水化合物13.4g、膳食纤维(果胶)0.5g,矿物质含钙11mg、铁0.1mg、磷11mg、钾2mg、钠0.9mg、铜0.06mg、镁5mg、锌0.01mg、硒1μg,维生素含B_1 0.01mg、B_2 0.03mg、B_6 0.06μg、VE 1.46mg、烟酸0.1mg、叶酸0.5μg、VC 8mg、胡萝卜素600mg、泛酸0.09mg、VA 100μg、生物素57～66g。

中国商品苹果30多种,有些种类果实色泽鲜美、富有香气,中国苹果总产量1992年起成为世界第一生产国。无公害绿色苹果中香味成分中,含根皮苷(植物雌激素雌二醇类物质)、反-2-己烯醇、反-2-己烯醛、2-甲基丙基酯、萜烯醇等物质转换的部分示意见表2-31。

表2-31　　　　　　　苹果香味组织挥发性生物产物转换部分示意

组织	产物	底物	组织	产物	底物
果皮	丁醇	乙酸丁酯	果肉	醇和酯	C_3～C_6乙醛
果皮	丁基酯	丁醇			C_2～C_6羧酸
细胞实质	醇	C_4～C_{12}羧酸	果皮和果肉	酯	C_1～C_6醇
表皮	酯	C_4羧酸及C_6羧酸			2-氧基戊酸
表皮	2-烯酮	C_4～C_{12}羧酸	果肉	酯和乙醛	甲酯
果肉	丙基酯	丙酸			C_2～C_4羧酸

苹果香味怡人,组织中有挥发性生物成分30多种,苹果香味化合物有萜烯醇、6-甲基-5-庚烯醇、2-甲基丙基酯。鲜食是苹果主要市场,苹果制品有糖水苹果、苹果酱、苹果果脯、苹果汁、苹果酒、苹果醋、苹果味饮料、苹果冰激凌、苹果菜肴等。苹果肉中含糖分13～15g/100g,源于性寒凉,因而糖尿病、肾功能病患者争取少吃一些,有利补充营养素。常吃些苹果的人,令人肺壅肺胀,"高血糖、高血压、高血脂"病人病情减缓。健康人吃苹果又因苹果含有发酵糖类,发酵糖类具腐蚀性,有可能引起龋齿,故吃苹果者睡前要漱口。剥去皮后的苹果肉喷洒柠檬汁或浸入淡盐水可防止果肉变色,成熟苹果自然会释放出微量乙烯气,乙烯气有催香蕉成熟蓄势。早熟苹果品种,有早金冠、甜黄魁、早捷红夏、珊夏等。中熟苹果品种,有金冠(Golden Delicious)、祝光、玉华早富、秋红嘎啦、昌红、红玉(Jonathan)、红星等。

晚熟苹果品种有小国光、国光(Ralls Janet)、青香蕉、甜香蕉(印度苹)、鸡冠、倭锦、胜利、秦冠、富士(Fuji)、金富等。苹果性寒,酸味甘,尿结石病患者忌食。

苹果果胶有调整肠胃功能、保护肠壁、活化肠内有益菌、稳定血糖、缓解便秘、吸附胆汁作用,主补中焦各脏腑气不足、和脾,益心气,耐饥,生津止渴,唤起女性性功能指数(FSFI)

提高。

2.4.1.2 梨

梨（Pear）味甘微酸、性寒，功能醒酒解毒、凉心润肺、清喉降火、除烦解渴，多食令人寒中萎困，疾病未愈者、产妇、金创乳妇、血虚者不可食。1854 年（清·咸丰四年）的上海城隍庙梨膏糖上市。中国砂梨系统 420 多个品种中有台湾蜜梨、重庆黄花梨、六月雪、浙江三花梨、四川新世纪，中国白梨系统 450 多个品种中有库尔勒香梨、天津鸭梨等，秋子梨系统 200 多个品种中有京白梨、内蒙古南果梨。刺梨（stab pear）又名剿丝滑、送春归、文先果、刺槟榔、茨梨，刺梨含 VC 3036mg 为通常梨的 759 倍。

梨别名有《诗经》记载："蔽芾甘棠"称谓中的甘棠，公元前 130 多年刘彻著《三辅黄图·苑囿》中记载："车箱坂下有梨园，种梨树百株，汉武帝时所筑"，汉名著传世《三字经》记载："融四岁，能让梨"，汉代《尔雅·释木》注解称"棠，赤者称杜，白者称棠"，南朝沈约书著《宋书·张邵传》宋文帝说："梨为百果之宗"，宋代陶谷在《清异录》中述："建邺野人种梨者，曰蜜父"，南朝梁国陶弘景《名医别录》："梨种复殊多，俗人以为快果"，晋代·葛洪著《西京杂记》记载："瀚海梨"即当代新疆库尔勒香梨在印度叫"支那罗弗明罗"意义"中国王子"，明·李时珍《本草纲目》释名："玉乳"。梨别名有沙梨、水梨、白梨、玉乳、果宗、蜜父、快果等，著名梨有安徽砀山梨、河南鸭梨、西北贡梨、湖北沙梨等。梨品种分西洋梨、中国梨两大品系，世界 35 个种类中为中国品系梨 15 个种类中中国原产地的品种有秋子梨、白梨、砂梨；洋梨系巴梨（Bartlett）、大红巴梨（Max-Red-Bartlett）、拉·法兰西梨（La France）有 1000 多个亚种，梨核结核籽。

梨树高二三丈，叶尖光滑、叶边缘细齿形，二月开六瓣白花，生长梨青绿色、成熟梨皮按种被皮 16 色有青色、黄色、红色、紫色，梨果形呈圆、扁圆、椭圆、长圆，歪斜状，鸭头形，葫芦形等 14 种形。梨果肉分白色、乳白色、乳黄色、嫩绿色。乳梨称雪梨，上品梨有香水梨（消梨）、绵梨（鹅梨），以及沙糜梨、半斤梨、早谷梨、青皮梨，代表性典型鲜梨含（Per100g）热量 45kcal、蛋白质 0.7g、含脂肪 0.4g、含糖类 0.2~9.6g、含膳食纤维 2.1g、含矿物质钙 3mg、铁 0.7mg、磷 11mg、钾 115mg、钠 0.7mg、铜 0.08mg、镁 10mg、锌 0.01mg、硒 0.98μg、VA 100μg、VB_1 0.03mg、VB_2 0.03mg、VB_6 0.03mg、VC 4mg、VE 1.46mg、胡萝卜素 0.6mg、烟酸 0.2mg、生物素 57μg、叶酸 5μg、泛酸 0.09mg。

野生梨，入口发艮、味涩；人工栽培梨味道分淡糖甜、糖甜、酸甜、甚甜、特甜，酸感分微酸、甜酸、酸、甚酸、特酸、苦酸，香味浓淡分乏香、微香、清香、幽香、芳香、郁香等，好梨口感不苦涩，上品梨齿感嚼之脆、面、沙、甜，口感无渣清香。

2.4.1.3 葡萄

浆果类葡萄（Grape）品种数万，中国拥有品种 700 多个，原产地分欧洲葡萄、美洲葡萄、山葡萄等。浆果类果树多为矮小灌木或藤本、草本丛生，极稀有乔木，浆果果树一朵花中的多个雌蕊形成聚合果或多心皮果，也有由整个花序花朵合成复果或多花果。葡萄别名蒲桃、山葫芦、菩提子、草龙珠，浆果葡萄有萜醇糖苷和类萜多醇风味化合物225多种。商品葡萄分鲜食、工业加工两大类，有鲜果、干果之分，也分生食、制干、制汁、酿酒大类品种。葡萄果实穗状果皮富蜡质有白、红、紫、绿单色，葡萄果肉多透明、多汁水、多含葡萄糖、味甜浓香。代表性种类有牛奶、龙眼、白香蕉、新疆无核白等。鲜葡萄（4℃保存）营养成分含水分约80%与丰富酒石酸、花青素、白藜芦醇（天然抗氧化剂），代表性典型葡萄含（Per100g）热量46kcal、蛋白质0.3克、含脂肪0.4g、含糖类0.2~10.2g、含膳食纤维1.8g、含矿物质钙11mg、铁0.2mg、磷7mg、钾124mg、钠0.5mg、铜0.1mg、镁6mg、锌0.02mg、硒0.5μg、VA 5μg、VB_1 0.05mg、VB_2 0.03mg、VB_6 0.04mg、VC 4mg、VE 0.34mg、胡萝卜素0.13mg、烟酸0.2mg、生物素44μg、叶酸4μg、泛酸0.1mg。浆果类果实鲜果柔软多汁含有小型多种子，故称"浆果"。这类植物果实都是由子房发育一个心皮即子房的外细胞壁形成果皮，中、内壁形成柔软多汁的果肉（草莓可食部分是花托）。

2.4.1.4 桃

桃（Peach）在中国山西省黄土高原的栽培史古及7000年以上，源至旧石器时期的河姆渡遗址等地。史学家考证中国桃种子在西汉丝绸之路开拓后，曾经外交家张骞出使将桃种传入大宛国、波斯，之后中国桃种逐渐传遍世界各地。20世纪美国园艺家从中国引进500多个优良桃树品种，美国发展成为世界最大的桃果生产国之一。核果类蔷薇科桃属桃树群落叶小乔木属中国祖产地的桃，种类有毛桃、山桃、光桃、新疆桃、甘肃桃，世界3000多品种桃中中国有原种桃种类800多个。中国桃分南方桃种群、北方桃种群、黄桃种群。《诗经》记载"园有桃，其实之殽（吃）"，"桃之夭夭（鲜艳好看）"。《辞源·五果》"桃、李、杏、栗、枣"之首的桃肉，味辛、酸、甜、性热、微毒。桃树种类分花桃、食用果桃两类。

植物学分类为野生毛桃、栽培桃。人们多爱吃生桃，也知道吃多了生桃身体会发热、膨胀、发丹毒。桃树茎皮溢出的胶称桃胶，治尿道尿结石。桃仁味苦、甘、性平，无毒。桃树茎、皮、叶、花味苦、性平无毒。冬桃吃了解劳热。冬桃又叫桃枭、桃奴，味苦、性微温、有小毒，吃了除疮疠。

中国桃根据性状用途分：(1)水蜜桃品种群。(2)硬肉桃品种群。(3)蜜桃品种群。(4)黄肉桃品种群。(5)油桃和蟠桃品种群（河南温县油蟠桃）。栽培桃分栽培品种、变种。栽培品种有圆桃、蟠桃、油桃、矮（寿星桃）桃、山毛桃、扁桃。形态学分类：(1)按树形分有树冠普通栽培种、矮生种；(2)按树姿分类有直立性（吊枝白）、开展性、下垂形（垂枝桃）。(2)按果实分类有：①桃茸毛果有毛果、无毛果（油光桃）。②桃形状：圆形桃类、扁形蟠桃类。③桃肉质：不溶质（例如丰黄）、硬溶质（品种如肥城佛桃）、软溶质（品种如玉露桃）。④桃肉色：黄色（如早黄金桃）、白色（如白凤桃）。⑤桃核：离核（如离核水蜜桃中的阳山水蜜桃）、半离核（如传十郎桃）、粘核（如玉露桃）。(3)按桃树花分类有：①大花型、②小花型。

桃花不同种类花，单花瓣花色分白色、红色、紫色、桃红色，桃果种类按果皮色分类有胭脂桃、银桃、金桃、乌桃、白桃、缃桃、绯桃、碧桃、红桃。桃果不同种类果，按果形命名分绵桃、油桃、御桃、方桃、匾桃、扁核桃、脱核桃、毛桃、李光桃、半斤桃。以时令对桃果种类分类有霜桃、秋桃、十月冬桃（西王母桃、仙人桃、昆仑桃）、五月早桃。原种桃黄桃，果实皮、肉呈黄色，不溶质果肉紧密，用于加工罐头的品种有黄露、丰黄、连黄、橙香等。原种北方桃种群桃果实顶部突起，缝合线较深，皮薄与致密果肉相溶难剥离，著名品种有中华寿桃、鹰嘴、白凤、深州桃、肥城蜜桃等。原种分布南方的桃，只有种群桃果实顶部平圆、缝合线较浅，皮厚与致密果肉相溶，易剥离，著名品种有桔早生。硬肉桃种果肉硬脆致密，果汁少、耐贮存。

南方好品种桃有云南呈贡二月桃、平碑子、吊枝白、玉露水蜜桃、白芒水蜜等。变种桃油桃品种群李光桃果实皮面光滑不长毛，果肉硬，品种有粘桃、紫胭桃、水泡桃，变种桃蟠桃品种群果实近扁球形、两端凹入、果肉柔软多汁，著名品种有五月鲜扁干。不同品种桃收获季节从4月起至当年年底，小桃二两重、大桃重500g以上。桃茸毛用食盐淡水或碱水浸8min去毛后食用。桃肉营养成分保鲜含水分、苹果酸、柠檬酸之外，代表性典型桃含（Per100g）热量38kcal、蛋白质0.6～0.8g、含脂肪0.1g、含糖类8.8～10.7g、含膳食纤维0.5g、含矿物质钙12mg、铁0.5mg、磷20mg、钾144mg、钠1mg、铜0.04mg、镁8mg、锌0.15mg、硒0.1μg、维生素B_1 0.01mg、VB_2 0.03mg、VB_6 0.02mg、VC 6～9mg、VE 0.7mg、V P 0.7μg、胡萝卜素0.06mg、烟酸0.7mg、生物素45μg、叶酸0.5μg、泛酸0.13mg。

2.4.1.5 柑橘

柑橘类果树属芸香科有33属，中国六类柑橘属水果有：橙类中的甜橙，宽片柑橘类柑或橘，柚类中的柚子或葡萄柚，枸橼类中的柠檬栽培较多。重要的有枳属、柑橘属、金橘（金柑）属、枸橘属。枳属用于作为砧木，金橘属有山金橘、牛奶金橘、圆金橘、金弹、长寿金橘、华南四季橘等，柑橘属6大品种中橙类的甜橙、宽皮柑、宽皮橘或柚类葡萄柚、柚子以及枸橘属中的柠檬。《吕氏春秋》记载："果之美者，江浦之橘，云梦之柚"，葡萄牙人弗雷利文章《柑橘》中记载：1471年葡萄牙大帝国侵略中国移走中国夏橙、甜橙、脐橙、椪橙，美国有朋友说："感谢中国把柑橘传到了美国"。柑橘类果树果实种类分别有柑、橘、橙子、柚子、柠檬、枸橼、佛手等。芸香科柑橘亚科柑橘族柑橘亚族柑橘类果实，为8～15个心皮生长构成，果实子房壁发育成具有色素的油胞的外果皮，子叶呈海绵体内果皮形成囊瓣又名瓤囊、砂囊。柑橘果实去外果皮余下囊瓣内含有纺锤形多汁突起状汁胞，汁胞（胞内可能含1～3粒种子）是柑橘主要食用物。柚类柠檬（lemon）又名益母果、柠、药果、梦子、黎檬子、宜母子、里木子，生长树四季开花，果顶端乳突呈椭圆形或圆形，皮鲜黄色，甜橙（sweet orange）又名黄果、广柑、广橘，世界四大产量水果（苹果、香蕉、葡萄、甜橙）中常年产量销售量最大的是甜橙。

中国甜橙品种中有普通甜橙、脐橙、血橙3类。甜橙植物变种回青橙"代代花"，花特芳香是制茶著名香料。宽片柑橘类（Citrus）柑品种有：芦柑、蕉柑、瓯柑、蜜柑等。橘类14个品种分扁小多香黄橘，皮红嫩肉朱橘，绀碧可爱绿橘，皮坚瓤酸甜的乳橘，微微大些而扁圆形瓤瓣多甜汁的塌橘，薄皮多脉瓣的包橘，多果核的绵橘，甜蜜的沙橘，橘皮多油分的油橘。

橘子（Mandarin）别名黄橘、橘子，橘以黄橘果实扁小多瓣肉瓤醇香，果实皮称为陈皮。橘果肉肾脏形、多瓣常见7~11瓣，【柑橘类营养】主要成分含水分>84.3%、代表性典型橘子含（Per100g）热量42~51kcal、含"β-隐黄素"（防癌苷类物质）1~2mg（橘之外柑橘水果不含这类物质）、蛋白质0.8g、含脂肪0.4g、含糖类8.9g、含膳食纤维1.4g、含矿物质钙35mg、铁0.2mg、磷18mg、钾177mg、钠1.3mg、铜0.07mg、镁16mg、锌1.0mg、硒0.45μg、维生素A 277mg、维生素B_1 0.05mg、VB_2 0.04mg、VB_6 0.05mg、VB_{12} 0.03mg、VC 33mg、VE 0.45mg、VP 350μg、胡萝卜素1.66mg、烟酸0.2mg、生物素62μg、叶酸13μg、泛酸0.05mg。

橘子橙黄色皮又称陈皮橘的早橘以及天台山蜜橘、南丰蜜橘，朱红色橘品种有福橘、衢橘、大红袍等。沙糖橘味甘、酸、温，橘瓤上筋膜治口渴、醉酒，中药中陈皮有止咳去痰、治腰痛功效。血橙类果实无脐、果肉赤红色或橙带赤红色斑条，著名品种有四川红玉血橙、湖南血橙。

2.4.1.6 橙、柚

橙（Orange）又名鹄壳、金橙、黄橙、黄果、金环等，柚（shaddock）又名文旦、抛、栾、沙田柚、番柚、胡柚、臭柚、香抛、香栾、朱栾、脬等。常绿乔木芸香科柚属柚子树心脏形叶，叶大厚，簇生花序大而且果实大、多阔倒卵形或扁圆形、梨圆形，柚果实成熟的呈淡柠檬色、橙黄色，果皮厚厚有大油胰腺，囊瓣肉细胞生吃味甜酸适口，种子单胚。橙果皮用于制蜜饯；花、叶、果皮芳香油，可工业提取香精。

橙、柚繁殖方法通常用老树枝嫁接或压条地埋，著名品种有五步红心柚、福建葡萄柚、晚白柚等。橙、柚10~11月成熟，橙果肉内含维生素P 500mg/100g，柚果肉内含维生素P 480mg/100g，橘子果肉内含维生素P 350mg/100g，维生素P又名柠檬素、生物类黄酮一组是存在于蔬菜或水果、花、谷物等中的天然色素。黄酮类呈黄色的生物色素成分已发现达800多种，其中芸香苷（芦丁）影响毛细血管的脆性、通透性，对人的高血压、心脏病动脉硬化、糖尿病、痛风、癌病症等有预防食疗功能。

2.4.1.7 甘蔗

甘蔗（sugarcane）盛产于古巴、巴西、印度、中国等，各种品种种类主要有：热带蔗、印度蔗、中国竹蔗。原产地中国的禾本科一年生或多年生草本植物甘蔗，公元前4世纪屈原《招魂赋》中"拓"释义为当今的"蔗"。自然界植物根、茎、叶、花、果实及其种子内广泛存在蔗糖成分，甘蔗；每生产蔗糖1吨会产甘蔗渣1.8t、蜂产品糖蜜0.24t。甘蔗分蘖枝茎直立丛生，茎圆柱形有生长节节茎环侧可能生叶芽，侧芽种植土地后生长茎长至2m左右高度粗数厘米八九月收茎。成熟甘蔗茎皮黄绿色或红色、紫色，茎节之间光滑被蜡粉，叶互生，顶生圆锥小穗花序，花序小穗基部有银色长毛，颖果细小呈卵圆形，切茎繁殖。

甘蔗叶可作饲料，茎可制糖、甘蔗糖副产品糖蜜可制白酒（糖酒又名朗姆酒，分朗姆白酒、朗姆老酒、淡朗姆酒）、酒精、提取乳酸、制醋，甘蔗糖餹可制隔音板、纸浆、食用菌培养基等。

蔗，在明·李时珍《本草纲目》释名芭蕉、天在、芭苴，甘蔗别名有竿蔗、薯（读声遮）、薯蔗、干蔗、糖梗、接肠草。蔗品种中西蔗、蜡蔗又称荻蔗供制沙糖。

杜蔗又名竹蔗，杜蔗茎皮绿嫩味厚适合制糖霜。

甘蔗茎通常含糖量12%～26%、水分含量70%～77%、纤维含9.5%～12%、还原糖（果糖加葡萄糖）含0.4%～1.5%、非糖有机物（果胶加有机酸）含0.7%～1.0%、灰分含0.5%～1.0%。甘蔗汁营养成分100g参数值：热量64kcal，蛋白质0.4g，脂肪0.1g，糖类15.4g，膳食纤维0.6g，视黄醇当量83.1μg，烟酸0.2mg，钙14mg，磷14mg，铁0.4mg，钾95mg，钠3mg，铜0.14mg，镁4mg，锌1mg，硒0.13μg，锰0.8mg，维生素A 2μg，维生素C 2μg，硫胺素0.01mg，核黄素0.02mg，胡萝卜素0.4μg，含微量延胡索酸有机酸。

红蔗又名紫蔗【气味】甘微寒，涩，性平，【功用】清热生津，润燥降气。

生鲜甘蔗汁对人和中助脾，除热润燥，消痰止渴，解酒毒，解中风失音，利二便，缓解慢性肠胃炎或前列腺肿痛。生甘蔗汁甘寒，能泻热，治发热口干小便涩滞。熟浆甘温而助热，切不可多饮、伤胃。蔗与酒同饮生痰、多食可能引起鼻出血。

霉味酸性或酒糟味、生虫发黄染上了真菌的甘蔗，可能产生霉菌变化生成3-硝基丙酸，吃霉变甘蔗者易致食物中毒，发生呕吐、腹痛、血尿等。霉甘蔗或生香蕉、芋头、土豆、有可能含有胰蛋白性抑制酶、淀粉酶抑制酶等使食入者胰腺肿大、发生营养不良病症。

2.4.1.8 西瓜

西瓜（Watermelon）又名寒瓜、水瓜、夏瓜、天生白虎汤等，源于南非洲卡拉哈里沙漠中原产地的野生"球"。南朝齐梁陶弘景著《名医别录》中记载："永嘉有寒瓜"、《南史·滕昙恭传》中记载："昙恭五岁母患热，思食寒瓜"，苏州人范大成在他《四时杂兴》诗中写："碧蔓凌霜卧软沙，年年处处食西瓜"，这首诗中的"西瓜"，旁证北宋文学家欧阳修《新五代史》中援引《陷虏记》"入平川始食西瓜，土人云，契丹破回纥，得此种，以牛粪覆棚而种，大如中国冬瓜而味甜。"《陷虏记》出于后晋公元936—947年，人们推论中国西瓜引种于五代（公元907—960年）时期的南北朝之前。西瓜种子12世纪流传到南欧，16世纪流传到英国，1624年中国和尚隐元法师把西瓜种子带到日本九州，1629年流传到美国马萨诸塞州。

西瓜种类有果用西瓜、籽用西瓜、酱渍西瓜三类的区别：(1)果用类型西瓜分类为：①华北生态型中果形品种群有冰激凌等，大果形品种群红瓤有花里虎，黄瓤品种有柳条青、德州喇嘛黄，特大型品种群黑油皮、大麻子等。②华东生态型小果形品种群有苏密25号、红小玉、滨瓜小子等。③西北生态型精河瓜。(2)瓜籽类型西瓜果实重量2.5～5kg、种子大每个瓜有150～250粒。(3)酱渍类型西瓜果形小，每个瓜重0.5～1kg、味苦，一般糖渍或酱腌后食用。

传统原种种子西瓜细胞染色体22条染色体基数11称为二倍体，染色体经秋水仙碱处理变成33条的无子西瓜称三倍体西瓜；二倍体西瓜种子作父本与秋水仙碱处理变成44条四倍体母本西瓜杂交得到三倍体西瓜种子，三倍体西瓜种子所产后代瓜是无子西瓜。无子西瓜种皮变态、白色、软。西瓜皮色分乳白、浅绿、绿、深绿、墨绿、黄色。西瓜外皮花纹分网纹、条纹、条带、花斑等。西瓜肉瓤颜色有粉红、红、大红、黄、橘黄、白色。瓜瓤品质与风味有脆、脆沙、沙、硬肉、软肉、纤维粗细、纤维多少、清香、怪味。

常见雌雄异花同株、依靠昆虫传粉才能受精结瓜的藤蔓植物瓜类西瓜之外，还有冬瓜、南瓜、黄瓜、苦瓜、瓠瓜、丝瓜、菜瓜、笋瓜、西葫芦等。

2.4.2 干果

干果（dry fruit）指干果仁或有仁晒干了的水果如鲜桂圆及其桂圆肉、荔枝干、鲜椰子肉及果脯等，干果果皮很坚硬、果实里只有种子的干果常见栗子、橡子、核桃等称坚果。

坚果类果实也称壳果类，原因是这类果实果皮多坚硬、全部变为木质化或革质、含水量少，食用部分为种子或子胚富含淀粉、脂肪，有"木本粮油"俗称。坚果类植物有核桃、板栗、榛子、油橄榄、巴旦杏（扁桃）、阿月浑子、银杏、松子、榧子、腰果等。银杏、松子、榧子属于裸子植物其果实为种子。

2.4.2.1 核桃

核桃（English Walnut seed），原产于伊朗胡桃（Walnut）的种子是西汉时期张骞带来中国传植种，从而使现代中国核桃产量成为仅次于美国的第二大核桃生产国。干果核桃壳坚硬，用蒸锅将壳核桃上锅水蒸5min后焯入冷水浸泡3min左右，出水核桃用锤子轻轻敲打，可获得破壳完整核桃仁。坚果类植物核桃可食部分由子房发育而成，子房外中壁形成总苞成为坚硬外壳，食用部分是种子子叶和胚组成的核桃果仁。营养学家警告霉桃仁真菌有毒素，禁食用。核桃仁为"大力士食品""营养丰富的坚果""益智果""万岁子""长寿果""养人之果"、民间有"常食核桃油白发老翁戏牦牛"谚语，油核桃气味辛，热，可润肠通便补肾强腰，有杀虫攻毒、治臃肿之效，适合所有人食用。

2.4.2.2 板栗

原产地中国的板栗（Chestnut）别名栗子、大栗、毛板栗、栗果等，板栗树栽培土壤pH7.6、温度23.6℃生长最旺盛，板栗树可高长达10~20m乔木胸径3~5m冠幅15~20m树龄上百年，干果板栗肉含糖类可达到77%，与粮谷相当。鲜板栗所含维生素C含量超过西红柿。生吃鲜板栗对腰脚酸软无力、小便频数、呕吐等有疗效。糖尿病患者、孕产妇、小儿便秘者少吃。霉变板栗不能吃。

2.4.2.3 大枣

大枣也称枣、中国枣（Chinese date;），别名大红枣、干枣、红枣、美枣、良枣、枣子、木蜜等有"天然维生素丸"的美誉。木本粮食作物枣树11月至次年过4月休眠期后4月萌芽，5至6月开花期，7月幼果期，8月果发育期，9月果成熟期，10至11月落叶期。枣树种源产地起源于中国黄河流域，枣树种类按果实枣分700多个品种，常见：嫩大枣黄色、成熟后紫红色。

《诗经》有："园有棘（酸枣树），其实之食"、"八月剥枣，"诗句；元朝（公元1300年）年农学家柳贯编著《打枣谱》记载72个枣品种。中国枣按栽培工艺分类有果实肉厚味甜枣（普通枣）、酸枣（古称"棘"）、毛叶枣。按用途中国枣分类分：(1)鲜食枣（枣肉嫩脆多汁、甜味浓、不宜烘干）品种261个，有冬枣、梨枣、虎枣、妈妈枣、六月鲜枣、大瓜枣、大王枣、鸡蛋枣、七月鲜枣、台湾大青枣、大白铃枣、京枣39。(2)制干枣（枣肉含水量≤28%）品种224个有乌枣、灰枣。(3)蜜枣（枣肉含总糖70%左右、含水量16%~18%、含柠檬酸0.1%、二氧化硫≤万分之2）品种56个，有嵩县大枣、南京枣、宣城尖枣等。(4)兼用枣（可鲜食也用于加工原料）品种159个，有板枣、牙枣。(5)观赏枣（果形奇特好看没有食用意义）品种10多个，有茶壶枣、葫芦枣、龙爪枣、磨盘枣等。大枣为落叶乔木鼠李科枣树成熟核果长圆形果实的枣子，有300多个品种，著名干大枣品种有：安徽池州绉枣，陕西彬县晋枣（平均单果重量40~60g），山西相枣，山东乐陵无核枣、金丝小枣，河南灵宝圆枣，新疆和田玉枣，河北蜜枣、酒枣等。中国民间俗语："五谷加红枣，胜似灵芝草"，枣制品二级市场已有干枣、熏枣、焦枣、乌枣、蜜枣、枣泥、枣糕、枣脯、枣酱、酒枣、茶枣、枣汁、枣醋、枣茸、枣粉、枣酒、枣啤酒、枣软糖、枣果冻、枣罐头、枣粽子、枣香精、枣牛奶、枣豆奶、枣色素、枣饮料、枣纤维、枣环核苷酸糖浆等。

枣含人体所需18种氨基酸之外还含有丰富的生物活性成分，枣含生物活性成分总黄酮含量1.65~4.08mg/g、花青素30~43mg/100g、芦丁3.39mg/100g、绿原酸46~180mg/100g、12种三萜类化合物、环磷酸腺苷（cAMP）、环磷酸鸟苷（cGMP）、当归药黄素黄酮类、甾醇、异喹啉生物碱等类生物碱、中性多糖、桦木酸等类有机酸、膳食纤维、枣酊精油等，枣肉内含双葡萄糖苷A有镇静催眠降压作用，枣肉含蛋白聚糖提高生物机体细胞免疫活力，枣肉含生物活性成分有提高人体抗过敏作用、增加心肌收缩力、环磷酸腺核苷和维生素P有调节人体细胞生理活性，可增强心肌收缩率扩张冠状血管抑制血小板聚集等。枣含糖量高，糖尿病人慎食。烂枣有霉菌，可能产生果腹酸、甲醇，人吃头晕；腐烂枣果酸酶分解果胶会使枣肉产生果腹酸与甲醇，人食后出现肠胃炎为食物中毒。

2.5 "熬白菜"

"熬白菜"，(1)原料大白菜350g，猪油15g，大葱切葱花少许、食盐2g。(2)做法：①清水洗菜净菜沥干，大白菜切至宽度1.5cm长度0.5cm段。②旺火将猪油炼热把葱花炸出香味（不焦）置入段大白菜翻炒均匀加食盐，炒搅拌匀再加入温开水500mL开锅盖煮5min为成熟。(3)营养成分参见表2-32。

表2-32　　　　　　　　　"熬白菜"营养素主要含量部分*

食材名称	重量/g	蛋白质/g	脂肪/g	糖/g	热量/千卡	VA/μg	VB$_2$/mg	Vpp/mg	VC/mg	钙/mg	磷/mg	铁/mg
大白菜	350	4.9	0.4	10.5			0.14	1	84	115	147	1
猪油	15		15.0									
调料	5		15	11								
合计		5	0.1	0.4	199	0.6	0.14	1.1	6	116	147	1

＊——表2-32摘自谢桂珍编著.营养与烹饪指南(营养名食谱)[M]. -长春:吉林科学技术出版社,1987:38.

§3 动物

肉、蛋、奶、鱼、虾等，为荤菜来源，这类食材是农民资金收入的关键性来源，也是食材产业链上大宗物流物生产、创新等影响国民经济的压仓石，关乎政治经济可持续发展的大课题。

肉

肉（Meat），是畜禽屠宰放血→除去毛→头→尾→四肢→内脏、或除去毛皮后禽屠躯干，是动物（Animal）胴体（Carcass）部分的统称。

畜禽胴体含骨骼的称为带骨肉，带骨肉又称白条肉。去了骨骼的肉称去骨净肉，狭义上理解的原料肉，是指除去骨骼的畜禽胴体，俗称净肉。广义上的畜禽胴体肉，包括畜禽胴体的由肌肉组织、脂肪组织、结缔组织、骨骼组织、内脏五类组织构成部分。人类对动物可食部分的总称叫作"肉"，广义上的家畜肉，是指畜禽屠宰去除毛、头、蹄（爪子）、壳、皮及除去内脏动物胴体。家畜（Cooling）又称四蹄畜（LCivestock），其肉及肉制品是人类为满足担负劳役、观赏等需要，经长期驯化的动物。家畜肉常见的有牛肉、羊肉、兔肉、狗肉、驴肉、马肉、鹿肉等，猪肉是当今世界上消费量最大、最受市场欢迎的肉制品。人类吃肉的历史有250多万年，俗话说"猪粮安天下"，讲的是畜禽肉、内脏及其制品简称肉类，和粮油副食品类食材都为安天下太平首要元素。中国2013年肉类商品总产量8536万吨，占世界肉类总产量的50%，2013年鸡肉生产总体规模仅次于美国位居世界第二位。2015年10月26日世界卫生组织下属国际癌症研究结构报告，热狗、火腿、腌制肉类等加工制品被归类为"一类致癌物"，与烟草、柴油发动机尾气同属一级别。有神经、有感觉、有运动功能生物被动物学称动物的肉，其中可作为食材肉来源的动物肉当今世界上已知有200多万种。

肉类动物通常指：(1)脊椎动物有7万多种，仍有540万种动物物种尚待被研究、命名。在可供作为肉类食材的哺乳动物全世界4200种类中，中国有400多种。在可供作为肉类食材的世界鸟类群9000多个种类中，中国有1100种。两栖爬行动物2000种类中，中国有220

种。鱼类世界现在生存着的24000种类中，中国有4000多种（其中淡水鱼有800多种）。(2)无脊椎动物的虾、蟹、蝉、蝗虫、蜘蛛全世界有100万多种；软体动物田螺、乌贼、牡蛎、蜗牛等全世界有8万多种；还有棘皮动物海参等6000多种以及半索动物、环节动物、线形动物、扁形动物、腔肠动物、原生动物类群。动物生命的长度，理论上是成熟年龄7的倍数，节肢动物或轮虫或线虫类螨虫没有水能够活命120年；冰岛蛤寿命有400岁，细菌生存可达50万年。牛肉、羊肉、猪肉等哺乳动物的肌肉被统称为"红肉"，曾被世界卫生组织下属国际癌症研究结构定义为"疑似致癌物2A级"，与肠癌、胰腺癌、前列腺癌不脱干系；位于法国里昂的世界卫生组织国际癌症研究机构将致癌物分为五个级别：(1)很可能不致癌；(2)致癌度不确定的有苏丹红色素、胆固醇、咖啡因、三聚氰胺、糖精等；(3)可能致癌的有手机辐射；(4)很可能致癌的有高温油烟烹制食物产生丙烯酰胺、铅、4-甲基咪唑；(5)致癌的食物有烟草、酒精饮料、黄曲霉素、槟榔、中式咸鱼、热狗、香肠、火腿、腌肉、肉干、罐头肉、肉类酱汁、牛肉、羊肉、猪肉、马肉等。

具有自感觉神经能运动的生物称为动物，地球上至今至少存在33个门3000万种分脊椎动物、无脊椎动物，它们特点是：(1)无脊椎动物成年大王乌贼鱼体长18m，腕长11m重30t，成年蓝鲸体长33m重200t。(2)南极洲帝王企鹅能抵挡-60℃气温，嗜热微生物"strain121"在130℃环境下死不了。(3)中国喜马拉雅大兀鹰能在7500m高空飞翔，抹香鲸与海象在1000m水下生活，10km马里亚纳海沟也有吃蠕虫以及细菌的白鼎鱼。(4)动物出生至寿命成熟期活体，都可作为食材肉的来源原料。

作为食材用的肉类，在分类学系统上动物区系所称的动物群分：无脊索动物中的原生动物、海绵动物、腔肠动物、扁形动物、线形动物、环节动物、软体动物，节肢动物中的昆虫、甲壳动物，棘皮动物海参，以及脊椎动物的鸟类、爬行动物、食草动物、鱼等。鱼类按栖息地共同性区分类分为淡水动物区系、潮间带动物区系，鱼类分类学家把鱼分淡水鱼、海洋鱼，两大类。

人们喜欢的大众荤腥食材指肉、禽、蛋、鱼、虫、奶及其制品，针对狭义代表性肉类有猪、牛、羊、鸡、鸭、鹅、兔、驴、骡、鹿、骆驼、鹌鹑、火鸡、鸵鸟、鸽、淡水鱼、海水鱼等。

肉类代表性品种一般指：家猪、家禽、家牛、家羊等家畜禽的肌肉相关连可食用部位。中医学食疗理论指出：猪肉及副产品食用选择名称区别、特性、用途、忌口等参见表3-1。

表3-1　　　　　　　　　　家猪肉及副产品选择

名称	别名	味性	食疗主治	忌口
公猪肉	豚肉、小猪肉	酸、冷、无毒	适宜肥热人食用	久食使人血脉闭固、肌肉虚软
公猪头肉	豭猪头肉	小毒	主寒热所致尿闭症	发风气、风气病患者忌食
猪脑	脑髓	甘、寒、小毒	风眩脑鸣、手足皲裂	有损男子阳道、高尿酸患者忌食
猪血	血豆腐	咸、平、无毒	生血，疗贲豚暴气	可能降低抗生素药效
猪肺、肚	肚肺、猪胃肺	甘、温	健脾胃、治虚咳腹泻	多食者冬天皮肤可能肿胀
猪腰子	猪肾	咸、平、无毒	老人耳聋、止糖尿病	多食者发虚胖、伤肾气

肌肉组织简称肉组织（tissue）是多细胞生物体群，高等动物显微组织分肌肉组织、结缔组织、脂肪细胞组织、神经组织、上皮组织、骨骼组织以及血液。

3.1 肌肉组织

肌肉（muscle）简称"肉"，畜禽胴体中50%~60%是肉，分瘦肉、精肉；肉含占近20%的肌纤维分横纹肌、心肌、平滑肌。肌肉纤维越细越嫩，肌肉由横纹肌细胞直径$\varphi 10 \sim 100\mu m \times$长度由数毫米到20cm。心肌、平滑肌三类肌纤维，及肌纤维中的肌原纤维、肌浆、细胞核、肌鞘构成。

肉的脂肪组织又分猪羊脂白色、牛马脂黄色脂肪。肉的结缔组织是构成肌腱、筋膜、韧带肌肉内外膜的主要部分，结缔组织成分为胶原纤维会水解可能变成可溶性明胶、弹性纤维、网状组织等，许多肌纤维形成肌束最外面包围的膜称为外肌周膜，初级肌束和次级肌束外周膜都属于结缔组织。

肌肉组织（muscular tissue）从食用材料分类分：(1)横纹肌（也叫骨骼肌），由丝状肌纤维、少量结缔组织、脂肪组织、肌腱、血管、神经、淋巴等集合而成附着在骨骼的肉。畜禽肌肉内横纹肌由50~150根肌纤维在一层薄膜包围形成初级肌束，数十根初级肌肉束集结并被稍厚肌肉束包膜包围着，构成肌肉。横纹肌在显微镜下肌肉基本组织肌纤维又名肌纤维细胞，可见多核而细长，其直径$10 \sim 100\mu m$，长度约数毫米到20mm，肌纤维细胞由肌原纤维、肌浆、细胞核、肌鞘组成。(2)肌原纤维，是构成肌纤维组织，肌纤维为直径$0.5 \sim 2.0\mu m$长丝，肌原纤维内具有与肌纤维相似的周期重覆横纹，一个单位横纹周期称肌节。肌节是肌肉收缩或舒张的最基本功能单位，肌节两端细Z线、中间宽A带，在A带中央有宽$0.4\mu m$稍明的H区。肌节静止时长约$2.3\mu m$。(3)肌浆是充满于肌原纤维之间的红色胶体溶液，肌浆含肌溶蛋白质、肌红蛋白与参与糖代谢的多种酶类，肌红蛋白又称红肌肌纤维，反之白肌易疲劳，肌浆含肌红蛋白、肌溶蛋白质和参与糖代谢的多种酶类，肌红蛋白组织称红肌有肌红纤维输送氧至纤维内部。

肌肉内外肌周膜间容易沉淀脂肪组织，脂肪组织不容易沉淀到肌内膜处，只有在生态条件下结缔组织内脂肪出现沉淀使肉组织呈现大理石花纹状，肉的多汁性才提高。

从组织学理解，肌肉横纹肌完整肌纤维由$0.5 \sim 2.0\mu m$、静止时长$2.3\mu m$长丝状的肌原纤维组织结构组成。肉组织可分为肌原纤维蛋白质、肌浆蛋白质、基质蛋白质三类。

在内外肌周围膜里分布着微细血管、神经、淋巴管、脂肪细胞组织、血液等。

肌肉组织中20%左右的蛋白质有：

(1)肌原纤维蛋白质也称肌肉的结构蛋白包括肌球蛋白、肌动蛋白、肌动球蛋白、肌原蛋白。

(2)肌浆蛋白质含有少量使肌肉呈现红色的肌红蛋白，在50~65℃会变性（凝固）。

(3)基质蛋白质属于硬蛋白类不溶于水或盐溶液，成分是胶原蛋白（collagen）和弹性蛋白。

多肌束形成次级肌束，多次级肌束构成肌肉。

畜禽肉组织一束肌原纤维组织结构，与鱼体肉组织结构以不同显微水平呈现形象模式，描绘形象参见图3-1。

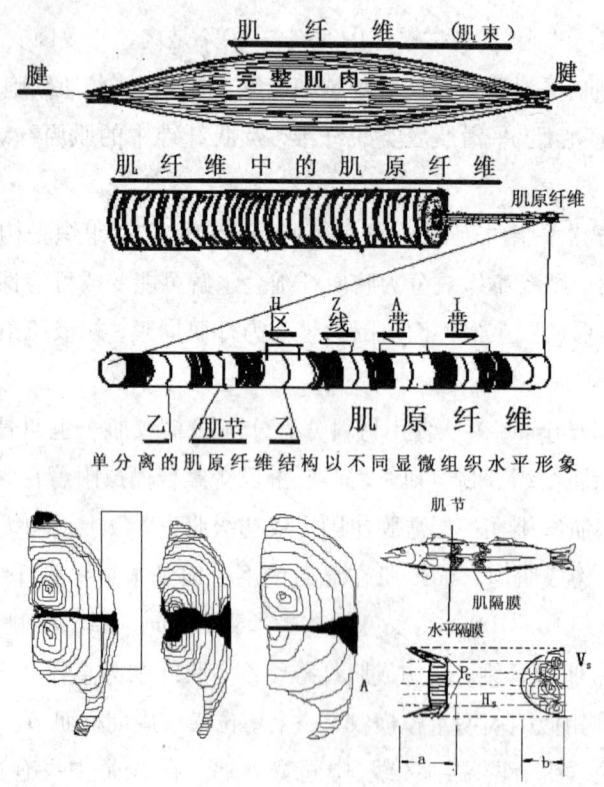

鱼肉维体 A、H 水平隔膜，P 后向维体；V 垂直隔膜侧肌断面(a)肌节侧面、(b)体侧肌

图3-1 畜禽或鱼的完整横纹肌组织肌纤维的结构，与鱼体肉以不同显微水平呈现形象

3.1.1 脂肪组织

脂肪细胞（adipose tissue）含有少量酶、维生素与色素，脂肪组织含87%~92%脂肪之外，蛋白质只占1.3%~1.8%、水分占6%~10%，其余还含有少量的肉组织性酶、色素、维生素等。

脂肪细胞沉积动物皮下或肾脏、肠膜、肌纤维周围，脂肪组织细胞外围由网络状脂肪细胞膜凝胶原生质，脂肪原生质中间原生脂肪滴，破坏脂肪滴脂肪会流出。

脂肪细胞与蛋白细胞结合积蓄疏松状分布肌肉束、结缔组织之间，肉品质因为脂肪细胞和肌肉束、结缔组织分布含量形状情况，影响烹调后食用口味（香味浓度或肥感、嫩度）。

不同畜禽肉里脂肪含量在15%~45%。

脂肪是动物体内最大的细胞个体，动物体个体最大的脂肪细胞直径在30~250μm，脂肪细胞越大、脂肪滴多、出油率会越高。猪、羊脂肪颜色呈白色，其他畜禽脂肪依季节年龄影响，脂肪表现为不同程度黄色。

动物肾周围脂肪熔点高。

3.1.2 结缔组织

结缔组织（commeetive tissue）由构成肌腱、筋膜、韧带、皮肤及肌肉内外膜、血管、淋巴结组织的肉细胞、纤维、无定形基质构成，分布于动物体内各部分，起支持、连接、保护身体各器官的作用，使肌肉保持一定硬度、弹性、活力等，结缔组织占胴体总量9%~11%。

结缔组织单元的肌腱、筋膜、韧带、肌肉内外膜、血管、淋巴结组织，占肌肉的9%~13%，其含量对肉的嫩度与动物年龄、性别、运动、营养状况有密切关系，役畜、老畜禽、消瘦、公动物结缔组织发达。

结缔组织由：血液、软骨硬骨、脂肪、致密结缔组织、疏松结缔组织构成。结缔组织细胞结构因动物种类不同有各种各样，各种结缔组织细胞主要由：(1)白色胶原纤维（Collagen fiber）又称白纤维构成，广泛分布于皮、骨、腱、动脉壁、哺乳动物肌肉内膜里。胶原纤维呈波纹状细胞直径1~12μm，很有弹性、韧性，每条细胞纤维由小于1μm的原胶原纤维组成。肉原胶原纤维中，含胶原蛋白占原胶原纤维固形物总量的85%。结缔组织中胶原蛋白含量丰富，其中有33%甘氨酸和12%脯氨酸，胶原蛋白加热至63℃不收缩，加热至80℃长时间后开始转变为明胶。(2)弹性纤维（Elastic fiber）黄色，又称黄纤维。肉弹性纤维直径0.2~12μm，不属于完全蛋白质组织。(3)肉组织纤维最细的部分为网状纤维组织（reticular fiber），网状纤维细胞组织之间互相连接成网。细胞组织属于非胶原蛋白糖蛋白类，网状蛋白是糖结合黏蛋白构成类黏糖蛋白，这类组织耐酸、耐碱、耐酶侵蚀可与脂、糖物质结合。

3.1.3 骨骼组织

动物骨骼占其胴体5%~20%重量比例：猪胴体骨组织含量有5%~9%，牛胴体骨组织含量有15%~20%，羊胴体骨组织含量为8%~17%，兔胴体骨组织含量为12%~15%，鸡胴体骨组织含量为8%~17%。

骨组织（osseous tissue）分硬骨、软骨两部分。骨是肌肉组织依附体，由骨膜、骨质、骨髓组成。骨髓有红骨髓、黄骨髓之分，红骨髓是造血器官、黄骨髓含脂肪量高，含矿物质量高。骨骼硬骨分有骨髓的管状硬骨、板状硬骨，动物骨组织中有水分40%~50%，胶原蛋白约占20%~30%，无机质主要成分为羟基磷灰石[$Ca(PO_4)_2 \cdot Ca(OH)_2$]通常为动物骨组织重量比的20%左右。

3.1.4 内脏

畜禽副产品内脏有：胃（畜肚子或禽肫）、心、肾、肝、肺、肠、筋、生殖器、血液等。畜禽副产品正常肝，表面润滑光泽，朱红色均匀，手摸有弹性，无硬节、无肿块、无水肿、无脓肿；正常肾（腰子或禽肫）表面无出血点、无凹凸结节、无积水（除去腰子髓质部减少尿臊味）；肚子或肫呈白色或淡黄、黄褐色黏包膜清晰、有柔韧性，内外部无血块无污秽沾染物；水发皮肚（碱发皮肚、油炸肉皮）皮层、肌肉层、浆膜层等颜色淡黄，鼻子闻不到内脏器味；肠呈乳白色，质地柔软具有韧性，或不带粪便不带污秽沾染杂物；心呈淡红色，外部脂肪乳白或微红色组织结实具有韧性弹性，气味不臭；肺呈粉红色有光泽，无寄生虫、无异味。

家猪、家牛屠宰商品肌肉部位分割示意图，参见图3-2。

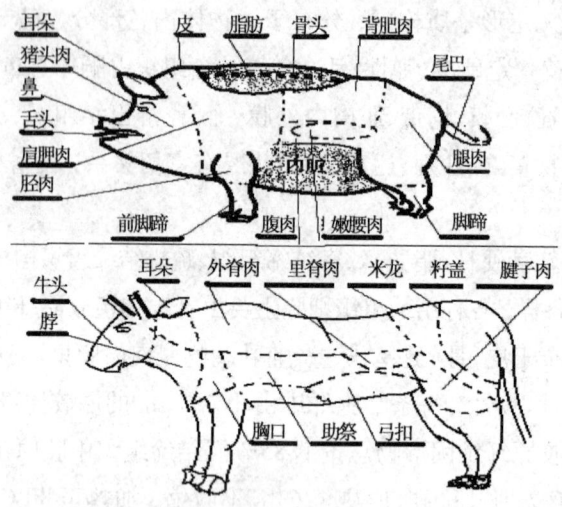

图3-2 家猪、家牛屠宰商品肌肉部位分割示意图

3.1.5 肉化学组成

常见肉的气味物质种类有1000多种，肉气味强弱与肉种类受热条件关系较大。肉气味中，挥发物成分主要有乙醛、丙酮、丁酮、乙醇、甲醇、乙硫醇、羊肉的膻味4-甲基辛酸、壬酸、癸酸等。肉中化学物质主要成分为水分、碳水化合物、蛋白质、脂肪、维生素、矿物质等含量统称营养素含量。肉内化学成分与种类、性别、饲养日龄状态、屠体部位、胴体内酶作用有影响，肉组成成分正常营养状态下，不同的肉部位主要有水分、蛋白质（浸出物原纤维蛋白、肌浆、脂肪、维生素等）、脂肪、矿物质（灰分）、碳水化合物。猪肉、牛肉、狗肉、鱼肉等肉中的腥气味成分中有：三甲胺、氧化三甲胺（TMCO）、低级脂肪酸等。畜禽动物肉可能出现200多种有害物：(1)雄兔阴茎皮下、雌兔阴蒂背皮下臭腺；(2)猪牛羊畜类甲状腺与肾上腺（俗称小腰子、副肾）、淋巴结（俗称花子肉、肉枣）；(3)鱼胆、豚鱼、狗肝（维生素AD过量中毒）等。

3.1.5.1 水分

动物肉中水分占胴体总重量65%以上，碳水化合物<1%，粗蛋白质16%~22%，脂肪6.5%~20%，灰分1%~2%；动物体骨骼里含有水分占总体重的12%~15%，皮肤含水分占皮重的60%，肌肉含水分为72%~80%。

肉组织中的水分分布存在因素与种类、季节性、产地、性别、年龄、部位有关，动物肉中水分：(1)动物肉中结合水冰点在-4℃的肉蛋白极性亲水基分子水占总水量的5%，肉内结合水不易蒸发、在-10℃也不冻结，动物肉中结合水占全部含水量的4%~6%。(2)不易流动水，冰点在-1.5~0℃肉蛋白距离极性亲水基分子较远的水占总水量的60%~80%，这部分水在-0℃以下会冻起来。(3)自由水在动物肉细胞之间能自由流动，自由水占总肉量重的15%。

肉中的水分存在状况叫作游离水，又称水化作用水分，与肉的蛋白质空间结构无关。肉的保水性（Water Holding Capacity）是肉的保水性即肉保持水分的能力，或理解为向肉添加水后水分与肉的水合能力、体现持水性、系水性。肉内水分在压榨或切碎搅拌、热处理、保藏品质中肉汁（营养素）流失程度最大。肉蛋白结合束缚水可使肉的保水性维持，肉蛋白质多网状结构越疏松固定水越多，网状蛋白越疏松肉内固定水分越多。肌肉里水溶性蛋白质侧链羟基、氨基、羧基、硫氢基极性基团，有利于保水。肉pH5左右保水性小，pH8保水性好。金属离子在肉内以结合或离子状态存在，肌肉形式不同保水性大小次序依次表现为：胸锯肌＞腰大肌＞半膜肌＞股二头肌＞臀中肌＞半腱肌＞背最长肌＞骨骼肌＞平滑肌＞颈椎肉＞头肉＞腹肌肉＞舌肉。上述畜禽肉宰杀之初保水性比较好，是因为畜禽宰杀初三磷酸腺苷（ATP）仍然维持有2/3，屠宰后肉僵直、pH下降至5.4~5.5时ATP丧失自溶性，肉保水性变小，1~2天后，随着肉蛋白质分子分解成小分子单位，加热纤维渗透压增高，结构疏松的蛋白质肉保水性比较好。

兔肉保水性最好，牛肉保水性好于猪肉，其他为猪肉＞（好于）鸡肉＞马肉，去势牛肉＞（好于）成年牛肉＞母牛肉，幼龄畜禽肉＞（好于）老龄畜禽肉。

动物肉内肌原纤维在一定浓度盐水环境下，肌原纤维被盐释放出的氯离子束缚其间，导致肌原纤维膨胀而保水性增强，盐水包裹肉脂肪使其凝固起来，试验说明当盐水浓度为4.6%~5.8%（离子强度0.8×1.0）时保水性最好。微量磷酸盐（焦磷酸盐、三聚磷酸盐）可将肌动球蛋白解离成肌球蛋白（在30℃会开始变性）和肌动蛋白，能提高肉的保水性。

3.1.5.2 脂肪

脂肪（Fat），指含量经化学分析所测定到的脂肪量，分为固体或半液体、液体的都是油脂总称。由三个脂肪酸分子与一个甘油分子化合而成的有机化合物称为脂肪。脂肪酸（fatty acid, FA）形式有：甘油三酯（如硬脂、软脂）、卵磷脂、胆固醇、游离脂肪酸、脂溶性色素等。肉组织内含水量、脂肪含量通常参见表3-2。

表3-2　　　　　　　　　不同肥度的肉的含水量与脂肪主要组成

种类	猪肉			羊肉			牛肉		
肥度	全肥	中等肥	瘦肉	全肥	中等肥	瘦肉	全肥	中等肥	瘦肉
含水量/%	47.9	61.1	68.5	60.3	65.4	71.1	61.6	68.5	74.2
不同畜类肉的脂肪主要组成（%）									
名称	硬脂酸	油酸	软脂酸	亚油酸	挥发酸	不皂化物	甘油		
猪肉脂肪	18.7	40.0	26.3	10.3	-	0.2	4.5		
牛肉脂肪	41.8	33.0	18.5	2.0	-	0.2	4.5		
羊肉脂肪	34.0	31.0	23.0	7.0	0.2	0.4	4.0		

动物肉从胴体获得的脂肪组织称生脂肪（Growth Fat），占肉重的6%~38%，生脂肪

熔炼提出的脂肪称动物油（Oil），如猪油、牛油、羊油、鱼肝油、鱼贝油等。畜禽脂肪中所含饱和脂肪酸与油脂比例为18∶1，饱和脂肪酸与亚油酸比例为18∶2，饱和脂肪酸与亚麻酸比例在18∶3之外，还有微量20～24碳4～6双键的多不饱和脂肪酸。动物肉中的饱和脂肪酸有70%的油酸和硬脂酸类高度不饱和脂肪酸，软脂酸居多；不饱和脂肪酸居少，而且不饱和脂肪酸中棕榈酸居多（25%～30%）、亚油酸较少。

动物肉里脂肪组织中亚油酸、次亚油酸、二十碳五烯酸（EPA）、二十二碳五烯酸（DPA）、二十二碳六烯酸（DHA）是动物不可缺少但含量较少的不饱和脂肪酸。鱼贝油含有不饱和脂肪酸和多不饱和脂肪酸含量通常达70%～80%。动物酮体肉部位脂肪的组织分：(1)中性蓄积脂肪含有70%的油酸、棕榈酸25%～30%。(2)组织脂肪主要成分是磷脂，分布于肌肉脂肪、神经组织脂肪、脏器脂肪等组织细胞内。动物肉中的脂肪由20多种脂肪酸构成，其中动物脂肪成分三脂肪酸甘油酯（甘油三酯）含量达96%～98%。

常见脂肪酸为棕榈酸、油酸、硬脂酸，肌肉间、皮下、肾、视网脂肪称中性积蓄脂肪。

3.1.5.3 碳水化合物

肉中的碳水化合物（Carbohydrate）以糖原（动物淀粉）又称"糖类"形式呈现，肉中糖类含量占总体重的1%～2%，动物在屠宰前有充分的休息，屠宰后糖原消耗能少一些，代表性畜禽肉和鱼肉主要化学成分组成列表参见表3-3。

表3-3　　　　　　　　畜禽肉鱼肉主要化学成分（/100g）组成

项目	水分/g	蛋白质/g	脂肪/g	糖类/g	灰分/g	热量 kJ（kcal）/100g	胆固醇 mg/100g
瘦牛肉	75.2	17.8	2	0.2	0.92	720（172）	194
瘦羊肉	74.2	20.5	3.9	0.2	1.92	1356（367）	65～178
肥猪肉	47.4	13.2	9～37	2.4	0.72	2427（580）	69～107
瘦猪肉	71.0	20.8	6.2	1.5	1.1	1381（330）	77～107
马肉	75.9	20.1	2.2	1.88	0.95	430	
驴肉	73.8	21.5	3.2	0.4		485	73
鹿肉	75.7	19.77	1.92	1.7	1.13	535	
兔肉	76.2	19.7	2.2	0.9	1.52	372（89）	59～83
鸡肉	69.0	19～22	1～9	1.3	0.96	464（111）	82～117
鸭肉	63.9	15.5	19.7	0.2	1.19	569（136）	101
鲤鱼	77.4	17.3	5.1	0.5	1.0	320	83
鲫鱼	75.4	17.4	1.3	0.1～3.8	5.4	259（62）	93～124
白鲢	77.8	18.6	4.6	0.12	1.2	494（118）	112～103
泥鳅						402（117）	90
鳙鱼	83.3	15.3	0.9	4.7	2.3	421	90～110
鱿鱼	21.7	60.1	4.7	7.9	3.1	131.5	537～1204
带鱼	75.1	18.9	16.5	0.1～2.9		8876（139）	78
大黄鱼	77.7	17.7	2.5	0.8	2.8	402	79
小黄鱼	79.0	16.7	3.5	微量	1.4	319	77
甲鱼	79.3	17.3	4.0	0	0.7	439.5（105）	77

3.1.5.4 蛋白质

动物肉内固体部分有4/5是蛋白质（Protein）组织、肉蛋白质组织，通常为动物组织重量的18%~20%。动物蛋白质是由多种氨基酸组成的天然高分子有机化合物，动物肉蛋白质组织按构成位置及其盐溶液溶解度分：(1)肌原纤维、溶解于肌原纤维中的；(2)肌浆、构成毛细血管或肌鞘的；(3)基质蛋白，在肌肉的肌膜、肌浆、肌原纤维、肌细胞核、肌细胞质中分布的蛋白质（朊），为天然的多种氨基酸有机化合物总称。肌肉蛋白质因构成位置与其在盐溶液中溶解度不同，分基质蛋白质、肌浆蛋白质、肌原纤维蛋白质三类。

肌肉蛋白三类中，肌原纤维蛋白质占肉总量40%~60%，由具有ATP酶的肌球蛋白（Myosin）、肌动蛋白也称肌纤蛋白、有ATP酶的肌动球蛋白又称肌纤凝蛋白、肌原球蛋白、肌原蛋白又名肌钙蛋白构成。肌浆蛋白在肉组织内以浸透于肌原纤维内外形式的液体而分布，正常肉含有肌浆蛋白液为肉体积的20%~30%。

肌浆蛋白质分类有：(1)肌溶蛋白质，等电点pH大约为6.3，加热至52℃会凝固；(2)肌红蛋白质，是一种色素蛋白质，有多种衍生物如呈红色的氧合肌红蛋白、褐色高铁肌红蛋白、亮红色的肌红蛋白；(3)肌粒蛋白，存在于肌浆的肌粒蛋白包括肌核、肌粒体、微粒体；(4)基质蛋白质也称为间质蛋白质，是磨碎肉中高浓度中性溶液中充分提取物后，残余部分曾经是肉的肌内膜、肌束膜、肌外膜、肌腱等里的胶原蛋白、弹性蛋白、网状蛋白、黏蛋白等。

基质蛋白质又属于硬蛋白类蛋白质，基质蛋白质氨基酸中同时含有氨基（$-NH_2$）羧基（$-COOH$）原子团是该蛋白质中的主要组成，基质蛋白质经水解可生成二十多种氨基酸，以及α—氨基酸、β—氨基酸、γ—氨基酸，α—氨基酸中有甘氨酸、丙氨酸、天冬氨酸、谷氨酸、色氨酸等。

3.1.5.5 无机盐

肉中的无机盐营养质又称矿物质、灰分（Mineral Nutrition），含量约占鲜肉重的0.8%~1.2%。猪肉、牛肉、羊肉等每百克含无机盐3~5mg，鱼、贝类肉每百克含无机盐3~258mg。各种无机盐存在于肉中的结合形式、作用特性是独特的，有离子态的（钙离子、镁离子）、螯合态的，与糖蛋白和酯类结合的。肉内无机盐微量元素中铜、铬、锰、锌等元素，是增加肌肉超氧化物歧化酶的物质，铬通过葡萄糖耐量因子协同胰岛素作用，影响糖、脂类、蛋白质、核酸代谢，改善肉色与肌肉大理石花纹。无机盐中的钙，是肌肉收缩与肌原纤维降解酶系的激活剂，是提高肉嫩度的主要元素。肉内无机盐中钾、镁是维持肌肉适度pH值降、降低屠宰时儿茶酚胺分泌的物质，盐有增加肉保水能力作用。肉内无机盐中铁既是血红蛋白、肌肉蛋白的组成者，又是机体抗氧化系统过氧化氢酶的辅助因子，可能明显增加肉里非血红素铁以及脂类过氧化反应产物（TBARS），保持肉本身鲜味道。肉内无机盐的微量元素有机硒，是肉抗氧化系统中谷胱甘肽过氧化物酶的必要组成成分，肉内含有一定数量的硒，可大大降低机体内脂质过氧化产物中丙二醛（MDA）含量，显著地提高谷胱甘肽过氧化物酶活力、减少

PSE 肉（肉色淡 Pale 组织松软 Soft 持水性低易渗出 Exudation）发生。

通常屠宰后 45min 内 pH 值低于 5.8 的猪肉，能呈现肉的自然好味道。

3.1.5.6 浸出物

肉里边含有的浸出物（Extract），泛指肉内固体部分有 4/5 是蛋白质（protein）组织之外余下水溶性 0.8%~1.2% 矿物质、维生素化合物，能溶解于水的可浸出性物质还包括含氮浸出物和无氮浸出物 2%~5%。肉的浸出物含量越多风味越好，含氮浸出物是各种游离氨基酸、核苷酸、有机酸、糖原、肽、胍化合物、嘌呤碱、氧化三甲胺（TMAO）等组合物。甲壳动物肉含浸出物 10%~12%，软体动物肉含浸出物 7%~10%，一般鱼肉含浸出物 1%~5%。

肉浸出物中可能有 2%~5% 的成分是混合物，浸出物成分主要有：

(1) 核苷酸类似物（Nucleotide Analog），是机体与肌肉细胞主要成分三磷（酸）腺素苷（Adenosine -5- TriphosPhoric cid, ATP），ATP 别名胰苷三磷酸、腺呤配醣三磷酸，化学式 $C_{10}H_{16}N_5O_{13}P_3 = 507.21$，性状是白色无定形粉末、无臭、微酸、肌肉组织中含量较高，容易溶解于水及其他有机溶剂，在酸环境下稳定在碱液中即分解。肉浸出物内最主要成分是 ATP，ATP 对肉持水性影响很大，ATP 酶对 ATP 分解物 ADP、AMP 的肌苷酸类营养素 AMP 经脱氨基生成肌苷酸又名次黄嘌呤核苷酸（IMP），肌苷酸是肉中的主要呈味成分。

(2) 胍化合物（Guanidine）分布在肉中包括胍、甲基胍、肌酸、磷酸肌酸、肌酐等，肉内肌酸含量高、胍或甲基胍含量微而少，肌酸和磷酸肌酸的混合物屠宰后磷酸肌酸放出磷酸变成肌酸，肌酸环境下被加热失去一分子水生成环状结构肌酐，熟肉中肌酐增加风味变好。

(3) 肽（Peptide）在肉中含量 0.3% 成分的肽类，是肉中肽类复合物谷胱甘肽、肌肽、鹅肌肽、肽酶、肽糖脂等有机化合物。谷胱甘肽是由谷氨酸、半胱氨酸、甘氨酸结合的三肽，肌肽是由 β 丙氨酸、组氨酸结合的二肽。

(4) 非蛋白态含氮化合物肉中有多种嘌呤碱基、游离氨基酸、核苷、胆碱、尿素、氮化物等，它们在肉腐败时放出胺类臭味。

(5) 糖与乳酸类是以糖原、葡萄糖、麦芽糖、糊精，以及有机酸的乳酸、丙酮酸、琥珀酸、柠檬酸、苹果酸、延胡索酸形式存在的。

3.1.5.7 维生素

畜禽水产品肉种类不同，所含维生素种类与含量也不同。主要维生素有 VA、VC、VB 族、叶酸、VB、VD、VE 等。动物肉中肌肉含维生素数量最少、皮肤含维生素数量比肌肉中高、肝脏中最高。

猪肉维生素 VB_1 含量与饲料关系大，猪肉维生素 VB_1 含量可能达到 $(0.3~1.5) \times 10^4$ 之多，维生素可以抑制肉脂质过氧化反应、延长肉的水损失、牛羊肉维生素含量与饲料关系小。肉中含有 VC 可以防止肉脂质氧化、应激 PSE 肉产生。

3.1.6 肉物理性质

动物胴体肉经历亡后肉僵凝、肉解凝阶段、肉自溶、肉腐烂阶段。肉内糖原在无氧条件下发酵出现乳酸使三磷酸苷（ATP）释放能量，ATP释放能量完尸肉开始软化谓解僵，松弛尸肉蛋白质分解出现肉肽、氨基酸等分离谓肉自溶，自溶肉黏液多被微生物繁殖形成腐败。

肉物理特性指肉的色泽（颜色）、气味、嫩度、导热系数、导电系数、比热、容重等，肉产生挥发性香气味机理，在肉经沸水浴25min或猪肝经163℃沸水烹煮加热后，导致肉组织中的氨基酸-肽热降解脱氨、脱羧，形成丰度L大量己醛等醛类、形成丰度S少量23-辛二酮等酮类、形成丰度M中等量1-庚醇醇类，以及挥发性杂环化合物吡嗪类、吡啶类、噻唑类、噻吩类、呋喃类、噁唑类、痕量吡咯类挥发性芳香物。肉颜色与动物种类、年龄、性别、肥度、部位、宰前状态、冷结程度、加工、多因素有决定性关系，动物肉主要物理指标有容重、比热、导热系数、颜色（色泽）、气味、嫩度、保水性等，通常的鲜肉是中性颜色，幼育龄畜禽肉色淡一些。肉组织的肌红蛋白（Mb）里血红蛋白（Hb）数量有多有少（相对分子质量16700仅为血红蛋白的1/4），血红蛋白数多，每个分子中珠蛋白结合一个铁卟啉，对氧亲和力大色泽就深。肉组织的血红蛋白里4分子亚铁血红素与一个珠蛋白结合，二价铁氧化成为三价铁形成高铁肌红蛋白，肉色表现为褐色。高铁肌红蛋白（Mb）肉组织的形成，因为畜禽屠宰后屠体pH值通常为5.4~5.8时的僵直肉色淡（Pale）、组织松软（Soft）、肉持水性低汁液易渗出（Exudation）渐渐地变为所谓PSE肉，PSE肉（尤其猪肉）中。为避免微生物的繁殖，屠体应在0~4℃×≥24h的冷却，成为冷却肉。动物屠体pH值上升≥6.0后，健康肉pH值为5.6~6.2时乳酸积累少，肉外观颜色较深暗，肌肉糖原减少的肉称为Dark Firm Dry（DFD）肉，常见于牛肉，切面深暗的牛肉称Dark Cutting Beef(DCB)肉。肉肌原纤维中核苷酸成分在ATP酶作用下分解出ADP、AMP，AMP脱氨基，生成IMP（次黄嘌呤核苷酸）。影响肉颜色在上叙内部因素之外，动物生产生长环境、动物肉物流加工清洁度、湿度、温度、冰点温度与肉中盐类含盐量浓度有较大的联系（猪肉或牛肉冰点为-0.6~1.2℃）。肉主要的热学性能为:(1)比热和冻结潜热随其含水率、脂肪比率而变化，动物肉的比热比水小，动物肉冰点以下的比热比水急剧地减少。(2)肉的水分开始结冰温度称为冰点也叫冻结点，肉的冻结点主要因素是动物种类、屠宰条件、肉中含盐浓度等，肉含盐浓度大冰点在-0.8~-1.7℃，通常猪肉、牛肉冰点为-0.6~-1.2℃。(3)肉的导热性小，通常肉煮几个小时大块肉中心温度才七八十摄氏度（℃），肉的导热系数比水大2倍，所以冻结肉易导热、易导电。肉体组织神经电阻最小约50Ω，湿皮肤电阻约1000Ω，干皮肤电阻约5000Ω，血管、肌肉、肌腱、脂肪、骨骼等，电阻由小的100血管至大的800骨骼依次增大。

动物电击晕电压（V）:家禽65~85V、兔75V、羊90V、牛75~120V、猪70~100V。

3.1.7 肉风味

肉的气味成分通常约有1000多种，主要气味成分有硫醇、硫化物及二硫化物中的:(1)6,

7二羟基-5（H）-环戊二烯并吡嗪;(2)4-羟基-5-甲基四氢-3-呋喃酮;(3)2,5-二甲基-2,4-二羟基-3-2（H）-噻吩酮;(4)2-二甲基-3-呋喃硫醇;(5)2-糠醛硫醇;(6)2-甲基-3-（甲基硫代）-呋喃;(7)2-甲基-3-（甲基二硫代）-呋喃;(8)双-（2-甲基-3-呋喃基）-二硫化物;(9)2,4-三巯基甲烷;(10)1-（2-甲基-2-噻吩硫醇）-乙基硫醇;以及1-（2-甲基-3-呋喃硫醇）-乙基硫醇。肉的风味是指生鲜肉的气味与煮熟后肉制品的香味、嫩度。肉的嫩度（Tenderness），指温度61℃时1mm² 面积上肌肉纤维317条加热至80℃后纤维数量增加至410条成熟化，肉被人入口咀嚼口感柔软、多汁的，称为嫩肉。肉嫩度与种类、遗传因子、肌肉纤维结构、结缔组织、热加工、肉的pH值、肉的食用时温度有关系。肉pH值在5.0～5.5时，韧性最大。肉中生成的IMP次黄嘌呤核苷酸又名肌苷酸是肉的主要呈味物质，因为肉能产生呈味物质IMP，肉滋味才更鲜美，而且排酸肉排酸过程延迟肌肉组织纤维结构变化使鲜肉方便切割，排酸后的烹调肉易烂、咀嚼香、口感好有利摄入者消化—吸收。动物肉的微生物污染，以及屠宰前后糖原（影响牛肉pH值的Dark Cutting Beef,称为DCB肉）变化等肉所处生产系统外部环境，对肉颜色都有重要影响。猪肉应为鲜红、牛肉深红、马肉紫红、羊肉浅红、兔肉粉红。

生肉没香味，生鲜肉的气味按照肉种类有一千多种气味成分，只有加热后的熟肉会产生种类不同香味，这是肉中小分子水溶性化合物中的还原糖、游离氨基酸、肽类、硫胺素（VB_1）和脂类物质前体，鲜肉的鲜味主要成分是肌苷酸、氨基酸、酰胺、三甲基胺肽、有机酸等。肉里碳水化合物和蛋白质降解产物，是在加热过程中核苷类物质和氨基酸发生变化而产生的，肉里酯类降解产物发出有醛"酮"醇之类风味物质，形成了肉的香味以及滋味，以大理石样肉花纹肉气味为上乘。

受热（屠宰后冷却或烹调）发生非酶褐变反应即美拉德反应，产生了滋味物质的原因。肉受热滋味反应过程如下式进行:还原糖+游离氨基酸→葡萄糖基胺或果糖基胺→Schiff′碱→酮糖或醛糖→醛糖生成↗1,2烯醇化→二甲基呋喃和↘2,3烯醇化→羟甲基糠醛→酮糖或醛糖→重排或重排→还原酮或脱氧还原酮降解可能分别生成:(1)→NH_3+H_2S和呋喃酮、吡喃酮、吡咯、噻吩;(2)→羟基丙酮、环烯、羟基乙酰;(3)→乙二醛、丙酮醛、羟基乙醛、甘油醛、三甲基-2-丁酮;(4)→羰基化合物→杂环化→吡啶、吡嗪、吡咯、噻嗪、噁唑、咪唑。

肉味内前体的物质有:(1)小分子水溶性化合物中含有的氨基酸、肽类、糖类、核苷酸类、硫胺素等;(2)脂类物质物中含有的饱和脂肪酸与不饱和脂肪酸，被氧化降解产物有一系列挥发性香味化合物产生缘故。

肉美拉德（Millard）非酶褐变反应，系肉蛋白质、肽、氨基酸上氨基基团与糖苷的羟基随环境温度、水分活度、pH值与反应物转变，确定出肉味香味类型。肉美拉德非酶褐变反应中:

牛肉味（煮熟）35种风味稀释因子（Flavor Dilution Factor, FDF）≥4有肉味的双（2-甲基-3-呋喃基）二硫化物或烧烤味的2-乙酰基-1-吡咯啉或蘑菇味的1-辛烯-3-酮。

猪肉（煮熟）150多种风味稀释因子有醛类、酮类、醇类、烷基呋喃类、吡嗪类、吡啶类、噻唑类、噻吩类、呋喃类、噁唑类以及吡咯类等，烧烤猪肉含有许多硫化物。猪肉、牛肉平和没有特殊气味，羊肉有膻味（4-甲基辛酸、壬酸、癸酸等），狗肉或鱼肉有腥味（三甲胺、低级脂肪酸等），性成熟公畜腺体分泌物也有其特殊气味。

羊肉（煮熟）风味稀释因子羊膻味含硫前体谷胱甘肽、硫胺素受热产生许多羊肉香味。

鸡肉（煮熟）风味稀释因子已研究知道16种主要风味化合物有2-甲基-3-呋喃硫醇、甲硫醛、香草味3-甲基丁醛、蘑菇味1-辛烯-3-酮。

3.1.8 简述屠宰畜禽肉

畜禽屠宰前，检疫证明书是肉类食材品质的主要卫生视检文件，畜禽个体检验看、听、摸、检四过程应由专业检验检疫人员进行应用病理学、免疫学诊断并拿出规定检疫报告和备案。

畜禽屠宰前病畜禽处理按畜禽疾病性质、病势轻重、隔离条件可以用下述办法中选择其一：(1)禁止屠宰，因确诊患有炭疽、鼻疽、肺气疽、恶性水肿、狂犬病、牛瘟、禽流感、羊快疫、羊肠毒血症、马流行性淋巴管炎、马传染性贫血等恶性传染病畜禽。细菌污染的或霉菌污染的肉表面有荧光、色斑显白、绿、黑色等。(2)急宰，因口蹄疫、乳房炎、布氏杆菌病、肠道传染病畜禽。(3)缓宰，因疑似牛瘟、口蹄疫、乳房炎、牛瘟、马传染性贫血类畜禽，一旦畜禽检验检疫证明书结论明确阴性，缓宰畜禽可以进入正常屠宰工艺。正常屠宰准备工艺是：(1)宰前适当休息1天以上，以解除因运输过程驱赶、鞭棍打、惊吓引起的应激刺激，能提高肉品质。(2)应让宰前牛羊断食24h，猪断食12h，家禽断食18~24h休息，宰前向畜禽供1%食盐水。(3)宰前2~4h停止给畜禽供水，猪屠宰前喷淋浴水温20℃且2~3min，方便放血。在上述宰前家畜屠宰工艺后，屠宰工艺流程转入：淋浴→机械或电击、CO_2窒息致昏后→放血→60~70℃水浸烫煺毛→1000℃高温焰火，燎毛→按GB 99591平头规格处理割颈肉→开膛解体→屠体修整达到商品价值→检验盖章→入库。家禽屠宰工艺指宰前3h停止饮水，屠宰工艺流程转入：候宰→电击致昏后→放血→50~82℃水浸烫毛→脱毛机脱毛→高温焰火燎去绒毛（食用油11：松香89比例200~220℃熔成胶液在120~150℃浸液出畜冷却脱毛）→屠体清洗修整→上挂取内脏（脱毛后清洗、切尾腺体、肛门、避免粪便污染地取出内脏）→检验、修整、包装→入-24℃库可在-12℃长期贮藏。畜禽屠宰后尸体变得柔软、多汁、渐渐地呈现畜禽特有的气味，当至一定时间后，尸体可能僵直（Thaw Rigor）起来，这个过程称为成熟（Aging）。屠宰后的肉pH5左右（5.4~5.5），肉pH值越低肉硬度越大，肌肉达到最大僵直程度过程称自溶（Autolysis）又名僵直解除。宰后动物肉发生一系列生物化学变化使僵直肌肉变得柔软、多汁、持水性上升，煮熟肉结构细致、滋味更好。达到最大僵直以后肌肉，慢慢地又变得柔软多汁而肉硬度降低，且肉结构柔软、肉持水性回升，这个过程称为自溶（Autolysis）。畜禽屠宰后没有了呼吸维持生理代谢的功能，ATP逐步解离，肉内肌动蛋白与肌球蛋白结合形成僵硬的肌动球蛋白，僵硬肉pH值越来越低肉的硬度越大，其中牛屠宰后保存环境在37℃时通常4h后进入尸体僵直状态,切下一块后在1℃~37℃下放置以14℃~19℃时牛肉冷收缩(Cold-shortening)最小。家禽肉为12℃~19℃环境下放置冷收缩最小,解冻僵直肉又称冷却肉在肉内蛋白酶—微生物酶以及木瓜蛋白酶影响下,肌肉中肌浆成分充分提高、嫩度改善。畜禽屠宰后尸体在0~4℃低温成熟肉质好、耐贮藏,通常1℃下鸡肉冷藏0.5~1天硬度消失80%,羊肉需2~3天、猪肉需4~6天、兔肉要8~9天。

排酸冷却肉(Cooling Pork),是指在-10~-5℃×2~4h使肉中心温度下降至20℃后,再以2~4℃×14~18h冷却至4~6℃,完成肉的排酸过程。畜禽肉被排酸后,肉内的酶活性与大多数微生物生长繁殖受到抑制,肉表面在冷却条件环境中包装鲜艳、无血块、无冰霜,形成一层干油膜,能够减少水分蒸发、阻止微生物侵入肉表面繁殖。动物屠宰、放血、放置45min的无抗性(Porcine Stress-SusceptiblePSS),肉,半胴体锯分肩部、后大腿、腰部三段,肉块冷却至4℃在风速3m/s入库,经-25~-18℃冻结进入环境温度后进入-18℃×95%~98%相对湿度冷贮。其实冷却肉,应该指屠宰了的猪胴体休整分割再加工后必须于24h内冷却至-2~-3℃然后进入0~4℃成为冷却肉进入物流和库存或上市供应、应用。冷冻肉(Frozen pork),指冷却肉在零下18℃保质储藏期10~12个月以后的畜禽肉,鲜肉在零下18℃保质期别超过1个月,3个月以后的畜禽肉营养素品质可能有很大下降。按照中国储备肉管理办法冻猪肉原则上每年储备3轮、每轮储存4个月左右,冻牛肉或冻羊肉原则上不轮换,每轮储存8个月左右。

冷冻肉超过卫生安全期达1年以上称为"僵死肉",僵死肉上市违法。

3.1.8.1 肉的品质

肉的感官质量分别与理化检验,结合指标有:(1)视觉是组织状态的外观、色泽、粗嫩度、黏滑、干湿多汁性等;(2)嗅觉为气味有无、香臭强弱、腥膻等;(3)味觉闻一闻滋味香甜、品尝苦涩、鲜美、酸臭等;(4)触觉要求试验肉的形态坚实、松弛、弹性、拉力等;(5)听觉有拍击声音听起来虚实、听音浑浊或轻脆程度。

影响肉的品质(Texture)主要因素与畜禽肉遗传基因(氟烷基因Hal、酸肉基因RN、其他的脂肪酸结合蛋白基因、过氧化氢酶体激活增值受体基因、激素受体基因)、生长环境、饲料营养素等,必须衡量肉色由肉里肌红蛋白中二价铁含量多少确定外观肉色(Incarnadine),被氧化为三价铁所经过时间长短呈现变暗黑程度,色淡为鲜,检测使用、级评分图。

鲜肉实验室综合质量测定与处理建议参考表3-4中的分类方法分级。

表 3-4　　鲜肉实验室综合测定与处理建议

项目	优质（一级鲜度）	轻度（一级鲜度）	腐败（变）质肉
色泽	皮肤肌肉有光泽肉淡红均匀，脂肪白或淡黄色，	皮肤色泽转暗、肌肉切面有光，脂肪缺乏光泽	外表面极度干燥或黏手、新切面黏手
氨与氨氮含量测定	健康畜禽屠宰后24h内肉中氨与氨氮含量符合国家有关食品卫生标准，用纳氏试剂测定氨呈（-），挥发性盐基氮（TVBN）≤15mg/100g	氨与氨氮含量超过国家食品卫生标准下限值3~4倍，纳氏试剂测定氨呈（±、+、++、），挥发性盐基氮（TVBN）≤25mg/100g	氨与氨氮含量严重超过国家食品卫生标准下限值3~4倍，纳氏试剂测定氨呈（+++），挥发性盐基氮（TVBN）≤25mg/100g
细菌学检验检疫	较深层肉无污染菌类不见致病菌球菌、杆菌、微生物、恶意着色，细菌总数≤104个/克	局部肉可见开始腐败的致病菌球菌、杆菌10~30个、细菌总数≤106个/克	致病菌球菌、杆菌、10~30个以上充满球菌、杆菌其中视野以杆菌为主细菌总数≤108个/克
硫化氢试验	醋酸铅酸碱液湿润过滤纸无变化，滤纸条置15min亦无变化（-）	酸碱液湿、润滤纸为褐色，滤纸置15min边缘呈黄、褐色（±、+）	滤纸条放置15min后边缘呈黄或淡褐色、黑褐色（++、+++）
球蛋白沉淀反应	试管内液体呈淡蓝色并完全透明状	试管内液体稍微浑浊有少量混悬物	试管内液体浑浊并有白色的沉淀
肉浸出液pH值测定	上市肉 pH=5.6~6.2	pH=6.3~6.6	pH≥6.7
过氧化酶用双氧水试验（鲜肉加试剂浸出液）	30~90min 呈蓝绿色（+）后为褐色	颜色不变，2~3min后出现淡青棕色	肉浸出液的颜色不变
细菌抹片试验	表面层肉抹片镜检视野有几个球菌或杆菌，深层肉镜检不见细菌	镜检每个视野有20~30个球菌或几个杆菌，深层肉镜检≤20个细菌	镜检每个视野平均菌数有超过30个，其中杆菌多，变质肉视野是杆菌
独特气味	猪肉微腥有芳香味道，公畜、禽的肉有腥臊气，未阉割公畜、禽的肉带性腺味，牛肉有膻味	有氨味或酸味无鲜味	气味异常，如有汽油味、氯气味、松香味、松焦油味、尸臭味等离奇古怪气味
弹性	指压后凹陷立即能够恢复原样	指压后凹陷慢慢地能够恢复原样	指压后凹陷不能恢复原样留有明显痕迹
煮肉汤（20g碎肉置100mL水热50~65℃）	观察脂肪团聚于肉汤表面清澈透明汤汁有清香	肉汤浑浊，脂肪呈小滴状漂浮在表面，无鲜味	浑浊表面浮有灰色污秽絮状物、有腐败臭味
处理方法	符合市场准入（中国的QS取证）后，上市鲜销	不能上市鲜销	不能用于人食用，只能作有机肥或工业原料用

通常的动物肉主要特点有:

(1)猪肉为鲜红色,牛肉为深红色,马肉为紫红色,羊肉为浅红色,兔肉为粉红色,老龄动物肉色深,幼龄动物肉色浅。

(2)嫩度,肉被检验入口感惬意嫩度(Tender Limit),指入口咀嚼或切割时所用的剪切力大不大,pH值在5~5.5的肉通常韧度大、加热至≥80℃后的肉肌纤维有410条/mm^2比≤61℃以前的肉肌纤维317条/mm^2多了小纤维、肉比较嫩些。肉嫩度用C-LM型嫩度计检测肉的剪切力(肌肉易于切割下的程度)评定,优质鸡肉剪切力在0.5~0.7kg。

(3)系水力在外力加压、加热、切碎、冷冻、贮存条件下,肌肉蛋白系统能释放出液体量与肉系水力与肌纤维和肉的pH值有关,用加压方法评定。肌肉含水大约70%~80%、皮肤含水50%~70%、骨骼含水12%~15%。肉含60%~83.7%水中,结晶水占≤5%,内有97%以下的水分是游离水。

(4)脂类氧化性是肉抗氧化因子类型与含量。

(5)肌肉呈酸性时系水性下降、乳酸增加,肉呈灰色。鸡杀后1小时左右pH值为6.09~6.50。

(6)大理石纹,肉内肌肉与脂肪组织分布的状况、含量,以及与其肌肉多汁性、嫩度、风味,对照矿物大理石分布情况标准评价打分方法进行评定。鸡肉一般为2.00~3.00。

(7)弹性,新鲜肉表面都有一层微干的薄膜、切面湿润、肉汁透明、肉组织紧密丰富有弹性。

(8)肉在特定温度下水浴一定时间后与蒸煮前肉的重量比值称熟肉率,熟肉率最低为62.27%~71.67%。

(9)肉氧化的表面覆盖有暗灰色风干硬膜、皮下脂肪呈白色、肉液粘手散发出腐败气味、弹性变差。

(10)肉表面青霉、毛霉、曲霉等霉变,霉菌在低温(≥-7.0℃)时会形成白毛样或灰绿、黑色菌落。

刚刚屠宰的肉是深红色,保鲜牛肉切片还原肌红蛋白和亚铁血色素结合为深红色,暴露空气十来分钟亚铁血色素与氧结合呈氧合肌红蛋白肉色变鲜红色,几小时或几天后亚铁血色素中的2价铁被氧化成3价铁成为高铁结合肌红蛋白,肉色是褐色。肌肉色素对氧有显著亲和力,含氧量高于15%时能够使肌红蛋白充满高铁肌红蛋白。

肉品质(Quality)的组成从感官、加工、营养价值、卫生质量四个方面,要求瘦肉率高、色泽好、嫩度高、多汁、风味鲜美、口感好等要素考虑:(1)人道主义饲养管理上养殖环境、福利以及善待后果质量的记录。(2)蛋白质、脂肪、维生素、矿物质成分组成与含量测定。(3)检验结缔组织,脂肪、蛋白质状态含量以及肉的保水性、pH值。(4)卫生质量测定有害微生物、有害物的残留量。

3.1.8.2 肉的质量

冻结保藏 -15℃牛肉保藏 8～12 月、冻结保藏 -12℃羊肉保藏 3～6 个月、冻结保藏 -23℃猪肉保藏 8～10 个月、冻结保藏 -18℃禽肉保藏 3～8 个月，牛肉肉中蛋白质进一步水解产生胺、氨、硫化氢、酚、吲哚、粪臭素、硫化醇则称肉腐败变质了。腐败肉，不能供人吃。肉质量的一般评定通常为：(1)肉的质量（Mass）特性表现肉的物理量与所含物质量；(2)质量评定判别肉所含物质稳定含有量、有效含有量及其重量；(3)肉类可能的含有物质稳定期或污染来源及其分类。肉的质量文件规定评定依靠鲜肉实验室综合测定与处理通常要求上市冷却肉（在温度 -1.5～0.0℃，相对湿度 85%～90% 冷却）的参考安全保存时间：牛肉 28～35 天，羊肉 7～14 天，猪肉 7～17 天，禽肉 30 天。

肉变质（spoilage）是成熟过程的继续，肉中蛋白质在组织酶作用下分解出水溶性蛋白肽、氨基酸，完成肉的成熟。畜禽肉卫生的基本理化上市指标实验室综合测定与处理建议，参见表 3-5。

表 3-5　　　畜禽肉卫生的基本理化上市指标（GB2701～GB2710）

项目	指标
肉挥发性盐基氮（mg/100g）	≤2.0
汞（以 Hg 计 mg/kg）	≤0.05
鲜（冻）畜禽肉挥发性盐基氮（mg/100g）	≤2.0
鲜（冻）畜禽肉汞（以 Hg 计 mg/kg）	≤0.05
鲜（冻）畜禽肉四环素（mg/kg）	≤0.25

变质肉是肉蛋白质被假单胞菌属、无色菌属、沙门氏菌属等微生物腐败后产生酪胺、尸胺、腐胺、组胺、三甲胺，最后发生呈现蛋白质变性腐败成为臭味变质物。

变质腐败的肉中脂肪与糖类等变质后也同时酵解出水解物，腐败的终点是肉全部成为变质称为废弃物、成为不能食用的废弃物其普遍腐败肉内蛋白质与脂肪被微生物分解出臭味、酸败味、苦涩味、化学附加味类型异味。

畜禽肉检验 pH 值如若达到 7～9 的肉，品质为可能容易变质，变质肉是指成熟后过程中的动物肉中蛋白质在组织酶或霉菌、酵母菌作用下，肉蛋白生成水溶性蛋白肽和氨基酸，肉从最初屠宰后 pH 值 7.0～7.4 下降至 pH 值 5.4～5.5 完成肉成熟过程。畜禽肉新鲜度检验指对带皮鲜肉、带骨鲜肉、剔骨包装鲜肉、解冻肉、肉糜等需要进行：(1)细菌污染度（色素还原试验、涂片镜检、菌数测定）；(2)生物化学检验（总胆汁酸与有机酸测定、挥发性脂肪酸测定、挥发性盐基氮测定、酸度一氧化力测定、过氧化物酶反应 pH 数值测定 H_2S 试验、胺测定、球蛋白沉淀试验）；(3)肉的基本理化指标测定。新鲜肉检验检疫分：(1)合格品优质鲜肉（一级鲜度）；(2)次级轻度（二级鲜度）；(3)变质肉。

3.1.9 肉的可能污染来源及分类

肉有轻度陈油腐败，可能表现为有臭气气味、肉体无弹性、脂肪污秽、肉汤十分浑浊、有浓重腐败臭味等。畜牧养殖对肉的污染残留物监控从源头抓起，才能有效避免药物残留、防止人畜共患病对肉食品的传染和污染：(1)生物性污染，内源性污染或外源性污染是生物性污染的两大主要污染源。内源性污染指肉品在加工以及流通环节产生的二次污染，其中有带病菌空气、带病菌水、带病菌土壤、带病菌工作人员、带病菌包装材料以及不清洁肉食品之间蔓延污染等。内源性污染物中的人与畜共患病如囊虫病、姜片虫病等虫病有百余种，微生物引起的牛囊尾蚴寄生虫病有三十多种。从生物学角度到目前为止的研究认为，除了引起疯牛病的病原朊病毒以外，大部分寄生虫及微生物均可以通过高温处理后被灭活，寄生虫一般在80℃以上即可灭活。(2)外源性污染如原产地放射性污染，来自宇宙线、地球矿山开采物、有色金属冶金、军工生产或医疗卫生设备等放射源。(3)原产地外源性污染如化学性污染有有公害的金属（如铅、锶等）、非金属（如汞、砷等）、机化合物（例如氰化物、硫氰化物等）、机化合物（例如氧化镉、氧化铅等）以及国家明确禁止使用的农药、兽药、生物调节剂、非法营养剂—非法添加剂之类。(4)原产地生产环境污染，全世界20世纪以来每年排放出工业废弃物渣大约30亿吨、污染水5000亿吨、废气、废液10亿吨，这些石油精炼时有中毒危害的四乙基铅等排放物、有机氯化物、发电厂灰烬废气、塑料厂有机溶剂之类，具有生物陷入吸入体内积累后会慢性甚至急性中毒危害。(5)农业无序生产污染，农药杀虫剂、除草剂、防霉剂、生物调节剂等在农业生产上不当使用，是农产品生产污染、农用土地贫瘠化、水源恶臭富营养毒化的根源。(6)肉加工企业环境卫生、物流产业以及超级市场设备人员卫生和检验检疫执行记录情况，是肉制品品质的整合过程，环环相扣，在法律指导下，防止肉被污染出现异常肉的目标是可以实现的。

3.1.10 异常肉检验与卫生处理

肉类可能的污染来源及其分类、品质评定、异常肉检验与卫生处理有：(1)绿色肉；(2)蓝色肉；(3)红膘肉；(4)黄膘肉称黄脂肉（PSE肉, Pale Soft Exudative）；(5)黑干肉又称DFD肉；(6)白肌肉，肉基因有氟烷基因Hal - 酸肉、基因RN、其他基因My·M基因家族；(7)酸肉，含有酸肉基因（RN）的酸肉又称汉普夏肉；(8)病猪肉；(9)死猪肉；(10)注射入一定数量（按GB 5009水分测定方法水分达15%~20%或SY-01或肉类注水仪检测）水注水肉；(11)正常猪肉pH值为5.4~5.5，老母猪肉pH值为5.6~7.3。卫生处理：不容销售。

3.1.11 兽药残留对肉的影响

屠宰场原料畜禽等需要原料的《动物产地检疫合格证明》《动物及动物产品运载工具消毒证明》《动物健康监管证明》《高致病性禽流感非疫区证明》后，方可开具《准宰通知单》以确保兽药残留不会影响肉质。

中国2012年起禁止原料生产、禁止养殖中使用任何激素。2013年中国共使用抗生素16.2万t中有一半以上用在了养殖业，养殖业通过食物到人体，从而增加人和动物的耐药性，这可能会导致人类陷入"无药可用"的境地。养殖业中排放量最大的是含有阿莫西林、氟洛芬、林可霉素、青霉素、诺氟沙星、养殖海鱼含氟喹诺酮等之类抗生素废水、畜禽粪废弃物，严重污染江河湖海水体。2015年6月9日农业部网站公布禁止在食用动物中使用洛美沙星、培氟沙星、氧氟沙星、诺氟沙星原料药各种制剂。兽药药剂肉中残留超标危害人体食后健康，通常控制：(1)肉的抗菌药残留危害药有苯唑青霉素类、头孢氨苄菌类、甲烯土霉四环素类、氨基糖苷链霉素类、大环内酯红霉素类、杆菌多肽类、磺胺类甲基嘧啶、呋喃类呋喃西林、喹诺酮类氧氟沙星以及喹乙醇、卡巴氧等。抗菌剂残留肉内被作为膳食进入人体后会导致人机体失调、产生耐药性、过敏性皮疹、溶血性贫血产生有关癌病变化。(2)肉的抗寄生虫药物残留危害在肉产品养殖生产中，可能使用的有：①抗寄生虫药物有抗球虫药物莫能菌素等近二十种；②抗锥虫药三氯脒、驱线虫药阿维菌素类、驱绦虫药吡喹酮类；③外用杀虫剂有机磷、有机氯、拟除虫菊酯等。(3)肉的激素类药物残留危害：在人工合成的雌、雄性激素方面，有非类固醇激素如乙烯雌酚、己烷雌酚，类固醇激素如丙酸睾酮、醋酸群勃龙等，这些残留物进入人体后会导致机体失调、产生变态性反应、致诱发多种癌变，中国于80年代就禁止再使用。(4)动物生长激素肾上腺素受体激动剂，如瘦肉精（克伦特罗）、嘧啶甲醇之类牛生长激素（BST）、猪生长激素（BST）等，使用问题各个国家法律规范不同。

3.1.12 饲料危害对肉质的影响

人类可能接触到的化学物质有500多万种，2005年以来中国先后发现的吊白块、苏丹红、三聚氰胺、β-兴奋剂类兽药瘦肉精盐酸克伦特罗、莱克多巴胺、沙丁胺醇、西马特罗及其盐或酯类制剂、性激素类兽药己烯雌酚及其盐或酯类制剂、玉米赤霉素、去甲雄三烯醇酮、醋酸甲孕酮、氯霉素、氨苯砜、硝基呋喃类、硝基化合物类、催眠镇静剂、杀虫剂林丹、呋喃丹、杀虫脒、双甲脒、酒石酸锑钾、锥虫肿胺、孔雀石绿、五氯酚酰钠、汞类型制剂等与非可食非法用在饲料上的化学品，这些化学品不但污染了肉产品生产，它们中有不少还是属于有中毒风险的饲料原料。比利时维克斯特公司1999年将混有二噁英的动物油脂，用来加工饲料，该批饲料提供饲喂的猪、鸡及蛋产品中都残留二噁英，损失巨大，这个事件震惊了农业界。有一些中毒风险的饲料原料如：棉籽饼（粕）含有的棉酚（影响繁殖力等），亚麻籽饼（粕）含有的氰糖苷[会增加蛋黄DHA（二十二碳六烯酸）8倍的含有量，使产蛋率明显下降]。有一些中毒风险的鱼粉中，会有霉变、沙门氏菌以及肌胃糜烂素等问题（鱼粉含有45%~75%蛋白质），菜籽饼（粕）中的硫葡萄糖苷酶（芥子酶）可能水解成为有毒有害的植酸、腈类、噁唑烷硫酮、异硫氰酸酯等，使畜禽以及人体内甲状腺素（T3、T4）减少患甲状腺肿大病、植酸中毒厌食症等。饲料里不允许使用已经禁止使用的杀虫剂（参考文件GB4285）施药。为了降低食材里农药的残留，应严格按照GB 4285农药安全使用标准施药。有中毒风险的饲料，微生物要求注意：对饲料上出现的霉菌毒素已发现300多种，其中适易温度5~30℃、相对湿度80%~90%、水分含量15%~18%的玉米、花生米、大豆、水稻、小麦、棉籽饼之类谷类饲料或原料，极容易被黄曲霉菌等产毒霉菌污染。污染后的原料不仅降低了适口性，而且有可能导致畜禽饲喂后特异性中毒。饲料中值得重视的是有中毒风险的饲料矿物性添加剂，那些违规利用矿物添加剂会造成饲料矿物质，中毒风险大。饲料矿物添加剂应用工作者必须重视按照《饲料和饲料添加剂管理条例》、GB 15193.1《农药登记毒理学试验方法》和 GB 15670《新药毒理学研究指导原则》，按照《食品功能毒理学评价程序和检验方法》，依法不使饲料与肉品质受危害。杀虫剂残留物进入人体后，会导致机体失调、产生变态性反应、过敏性皮疹、溶血性贫血，甚至产生有关激素样生理变化。

3.1.13 肉类生产安全

中国 2011 年 12 月由工信部、农业部、商务部、卫生部、国家工商行政管理总局、国家质量监督检验检疫总局联合公告：禁止生产销售莱克多巴胺（瘦肉精）。

人类对于吃肉的选择，古今中外各有所别。因为畜禽选择与生产生态化，其所在环境、所属文化、所处经济条件、所能够得到食材易与难的程度、食材烹饪技艺的五要素相互不同。肉类生产安全屠宰前排除生物因子引起传染性毒素：(1)偶蹄动物的口蹄疫、甲型肝炎；(2)疯牛病；(3)禽流感；(4)果子狸 SARS 病毒；(5)细菌性真菌性寄生虫感染病毒。——排除去后，要根据当时动物种类、性别、年龄、营养程度和它的部位决定优或劣，选择屠宰后才能评价生产的肉是不是好肉，才能评估肉的食用安全卫生可靠性。正常畜（猪牛羊等）的三腺（甲状腺、肾上腺、淋巴腺）、猪脖肉内肉疙瘩、串粒状羊蹄悬筋、兔生殖器上的臭腺，都不能吃。畜禽内脏俗称"杂碎"，腐败了不用。畜禽头的微量重金属残留物较多、家禽的屁股长尾羽学名腔上囊、俗名尖翅，不消毒不能吃；鱼腹腔两侧黑臭泥土味的薄膜衣，含有溶菌酶，不能吃。肉类初步加工指：休息一下→宰杀→洗涤→剖剥→整理→拆卸→干货涨发→初步热处理→烹调。所有的肉必须卫生安全，才能供人作为食材。异常肉指如注水、病死、过期、残留虫害或有毒调节剂之类违法的肉及其肉制品，又称不放心肉蛋奶原料及其制品，只有依法作废弃物处理。谯周《考古记》记载："太古之初……食鸟兽……饮其茹毛"食物指动物脏器调理脏器猪肺补肺，猪肾补肾，猪肚补脾胃，牛肝补血，猪肉补气，鸽肉祛风解毒等。人类吃的肉类指畜肉，禽肉，鱼（鳞介）肉，虫杂爬行动物。畜肉指猪肉，牛肉，羊肉，狗肉，小毛驴肉，马肉，猫肉，鹿肉，骆驼肉，兔肉，獐子肉，麝肉等；禽肉指鸡肉，鸭肉，鹅肉，鹌鹑肉，鸽肉，麻雀肉，乌鸦肉，鹧鸪肉，燕窝等；鱼肉指淡水鱼肉，海洋鱼肉，虾，螃蟹，蛤蜊，鱿鱼，海参，海马等；虫杂类牛蛙，青蛙（田鸡、蛤士蟆），蜗牛，蛇肉，蚯蚓，蚂蚁，蝗虫，老鼠，蚕蛹，蝉，蝎子等。食用动物脏器也许有一些副作用，要求以生姜、大蒜、辣椒等来"以毒攻毒"烹调成熟后"因人而异量力而行"。

3.1.13.1 猪

商品猪肉（Pork）广义上指的是猪（Pig）古称豕、豚。2014 年由世界农场动物福利协会、中国农业国际合作促进会动物福利国际合作委员会联合举办首次福利养殖金猪五星奖"福利养殖金猪奖"，在 2015 年 2 月 8 日南京大会上授予幸福淮猪产业公司养殖的名猪"老淮猪"。猪养殖密度 $0.8 \sim 1 m^2$ 环境，五元种小猪 150 日龄饲料肉比 2.8 比 1 可达 110kg，瘦肉率

66%左右。狭义猪肉（Pig meat）通常只是指公猪（Boar）被屠宰后的肉（Pork Meat）叫猪肉，即只有公猪肉才称得上是货真价实的"鲜猪肉"（地方名又叫水猪肉、冷猪肉、冷却猪肉）。老百姓不欢迎屠宰后的母猪（Sow）肉，冒充猪肉、冒名顶替的再叫"鲜猪肉"。中国地方良种猪种有48种，江苏淮阴的新淮猪、姜堰苏姜猪、镇江苏太猪，南京小梅山猪，太湖猪、内蒙古民猪、山东莱芜猪、里岔黑猪、广西香猪、北京黑猪，贵州柯乐猪，广西陆川猪，湖南宁乡猪，四川荣昌猪，江西金华猪等，这些产肉猪肉质古今中外闻名。少数人喜欢吃野猪（Wild Boar 保护动物）屠宰后的鲜肉。猪肉向食用者提供血红素（有机铁）、VB$_2$、类黏蛋白等滋补肾气。猪肉是中国900多种最常见荤腥菜、最亲民的肉类食材。1977年专家研究中国河南省新郑县裴李冈文化遗址发掘出土的陶猪头、猪骨骼化石等，鉴定遗址化石距今一万至七千八百多年前出现的全世界杂种猪、欧洲原始猪、亚洲原始猪，三种古化石猪品系中，"竖刁自獖以为治内"《韩非子·十过》记载的"獖"，也叫去势（阉割）过的公猪。公猪阉割科学产生在春秋战国时代，可见中国古养技术在古代何等地发达。猪寿命可达20年，公元6世纪东罗马帝国皇帝查士丁尼从中国弄去两头种公猪，满足古罗马人嗜食猪肉美味质量。19世纪英国输入中国种猪育成了世界闻名的大白猪（Large White）"巴克夏"、20世纪引进荷兰TOPIG猪，1999年引进英国PIC大"约克夏"等。南京医科大学戴一凡等在2000年培育出了世界第一批体温37~38℃克隆"万能猪"。饲养家猪，不用抗生素、禁止掺入病死动物的饲料，从安全卫生营养学角度提高猪肉品质允许利用甜菜碱、肉毒碱、亚油酸（LA）、肌肽、有机酸化剂等作为饲料添加剂。市场上鲜猪肉胴体6~7肋骨间肥膘厚度3~5cm，肥肉、瘦肉各占一半左右的肉脂品质优良猪肉兼用（鲜肉）型猪胴体肥、瘦肉各占一半，产肉和产脂性能均强，是顾客最欢迎的瘦肉（腌肉）型猪瘦肉。

猪胴体脂肪占胴体比例30%的大腿部分习惯上作腌肉或火腿，这种猪肉加工原料用猪称为脂肪型猪。猪胴体（GB 99591鲜肉、片猪肉）切割分白条、红条、软白条等。2014年中国消费猪肉5716.9万吨，占全世界消费量52%，每人年平均41.9kg，达到《中国居民膳食指南》规定畜禽肉每日摄入量40~75g还有较大差距。猪种类世界有300多种，各国家畜猪胴体分割划分方法和称呼，各有不同标准。市场广泛供应人们喜欢消费的屠宰公猪冷却肉（排酸肉），猪下身中的猪肝（Pork Liver）、猪蹄（Trotter 猪手、猪脚、猪子）、猪血（Pig Blood 又称液体肉、血豆腐、血花），以及猪骨（Pig Bone）、猪排骨（Pork Chop）、猪瘦肉（Pork Lean）、猪大肠（Pig Banger）等。拆卸猪胴体分档参见图3-3。

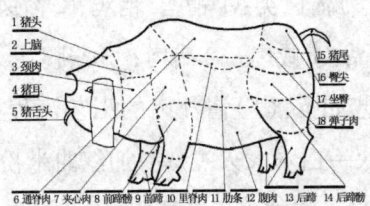

图3-3　猪体肉组织部位分割参考模式

猪胴体分为：(1)猪皮厚度0.33~0.57mm，猪肩颈部俗称前槽或夹心、前臂肩是半胴体前端、颈椎至6根肋骨间的剔除椎骨、肩胛骨、臂骨、胸骨、肋骨后的皮肉；(2)臀腿部（俗称后腿、后丘、后臂肩是胴体膝关节切断剔除腰椎、荐椎骨、股骨、尾巴的臀腿有皮肉，适合做火腿）；(3)背腰部（俗称外脊、大排、硬肋、横排是胴体去掉肩颈部和去掉臂腿部余下中段肉体）；(4)肋腹部（俗称软肋、五花肉是背腰部分离后切去奶脯的有皮肉）；(5)前臂小腿部（俗称肘子、蹄髈是肘关节下从腕关节切断的膝部分骨肉）；(6)颈部（俗称颈肉、血脖）。猪肉一些特点及用途参见表3-6。

表3-6　　　　　　　　　　　通常猪肉特征及其一般用途

猪肉名称	质地	筋膜	纤维	形态	用途
上脑肉	偏老	膜较多，有筋	长而短	大	咕噜肉
眉子肉	嫩	表面有膜	较长	较大	桂花肉
鹰嘴肉	较嫩	膜较少，有三根筋	一般	较大	爆炒菜
夹心肉	去筋膜后嫩	铲刀骨下筋多	短	薄	馅茸
磨档肉	很嫩	表、内膜多，有两根筋	相当长	大	爆炒菜
弹子肉	较嫩	去筋后嫩	有短有长	大	爆炒菜
臀尖肉	第三层嫩	一二层有膜	短	薄、大	代里脊肉
坐臀肉	老	筋膜多	斜纹长	薄、大	回锅肉
黄瓜条	较老	表面有膜肉色淡无筋	长	小	爆炒
小三叉	不老不嫩	筋膜不多	不长不短	小	爆炒

屠宰家畜肉制品分类有：(1)糕点类：①肉冻；②肉糕。(2)罐头类：①肉香肠罐头；②烟熏肉罐头；③肉腌渍罐头；④调味肉罐头；⑤清蒸肉罐头；⑥家畜内脏肉罐头。(3)火腿类：①家畜内小块压缩火腿；②熏煮肉火腿；③发酵火腿；④猪后大腿火腿（中国火腿）。(4)香肠类：①冷冻肉香肠、肝香肠、肉水晶香肠；②肉糜香肠（肉粉香肠）；③熏煮肉香肠；④发酵香肠；⑤腌渍香肠（中国香肠）；⑥红肉香肠。(5)油炸类：①肉圆子（狮子头）；②炸猪皮（鱼肚）；③炸乳鸽、香酥鸡。(6)干制品类：①肉脯、肉干；②肉松；③肉糜酱。(7)熏烧烤类：①烤乳猪、扒鸡、叉烧肉；③培根、熏鸡。(8)酱卤类：①糟鸭、糟鸡；②酱卤肉、糖醋排骨、蜜汁蹄髈、扒鸡；③白煮肉、盐水鸭。(9)腌蜡制品：①咸肉；②蜡肉；③酱鸭；④风干带毛鸡、风干生羊肉等。

农副产肉制品加工主要工艺如下：(1)酱汁肉的工艺流程：选太湖猪的鲜带条、带大排骨整条肋条肉，切4×4cm³小方块→白水大火煮熟→加红曲米粉+糖+绍兴酒酱料煮沸→中火煮至卤汁黏稠→冷却→包装；(2)叉烧加工工艺流程：冷水浸肉去血牛肉切1公斤一块拌入黄酱溶液煮沸1h→加五香料继续小火煮煨4h→冷却→包装；(3)脱水制品肉脯加工工艺流程：

胴体剔除骨骼→原料肉检验→整理→配料→斩拌→成型→烘干→熟制→压片→切片→质检→成品→包装;(4)肴肉加工工艺流程:原料猪前蹄肉整理→腌渍去污→盐水五香煮→压蹄→冷却分割→包装;(5)糟肉加工工艺流程:原料整理→白水大火煮熟→加糟卤腌(陈香糟、糟酒混合物、糟露、糟卤)→冷冻成胶冻后包装;(6)腊肉制品工艺流程:原料检验→腌制→烘烤或烟熏→包装收藏;(7)脱水制品肉松加工工艺流程:猪后腿瘦肉 3~4cm³ 方块香料腌制→煮烂→炒丝→包装;脱水制品肉干工艺:原料检验→预备处理(去血)→预煮成型→复煮→烘烤→冷却→包装;咸肉制品工艺流程:原料检验→鲜五花三层猪肉码盐→风干包装;(8)中式火腿(7.5kg/只)宣威火腿又名云腿,榕峰火腿,宣腿)分云(宣威火腿)腿、南腿、北腿,通常工艺:选猪腿料→修整→腌制→洗晒→发酵→保藏,中式火腿零售分档参见图3-4。

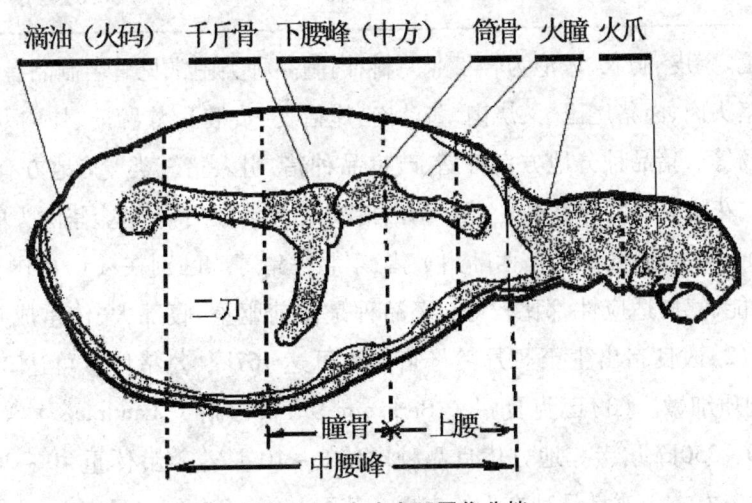

图3-4 中式火腿零售分档

西式火腿分无骨、带骨两类,通常工艺流程:选料→滚揉按摩→真空包装→充填装模→煮制→冷却→脱模→包装;生熏腿的工艺流程:白条肉在 0~5℃ 切割取 5~7kg 块形→硝盐腌制→温水去盐→整理、60~70℃ 烟熏→冷却→包装;30多种香肠加工工艺:生香肠又称发酵香肠,加工调整瘦肉 50%~70% 与脂肪比例→斩拌入腌制剂(食盐、亚硝酸钠、抗坏血酸)发酵剂(汉逊德巴利酵母、冻干粉、纳地青霉)→向食用肠衣内灌香肠肉料→室温发酵 37~66℃ 干燥→真空包装。

乳化肠的工艺流程:新鲜猪腿瘦肉剥皮去结缔组织→在 0~4℃ 腌 24h 按肥或瘦搅碎→加入冰水拌和在低于 16℃ 灌肠→肠衣打卡放气→烟熏 60℃×15min→烘烤 70℃×30min→熟制 80~85℃×40min(肉中心在72℃)→冷却→包装;湿法腌制肉制品,先将亚硝酸盐以外的粉碎香辛配料溶于沸腾水、冷却、过滤后,参考表3-7浸渍配方腌制肉。

表 3-7　　　　　　　　　　腌制肉盐腌液配方　　　　　　　　kg/100kg

名　称	浸渍用		注射用例
	甜味剂	咸味剂	
食盐	15~20	21~25	24
硝石	0.1~0.5	0.1~0.5	0.1
亚硝酸盐	0.05~0.08	0.05~0.08	0.1
砂糖	2~7	0.1~0.5	0.5
香辛料	0.3~1.0	0.3~1.0	0.3~1.0
复合磷酸盐	0.6~0.8	0.6~0.8	0.6~0.8
抗坏血酸钠	0.05	0.05	0.05

猪副产品毛、鬃皮、肠衣、尿泡为轻工业原料；肉制品种类中常见著名制品有：化皮烧肉、红烧肉、酱肘子、猪头肉、卤猪尾巴、叉烧肉、酱汁肉、炸猪皮（皮肚）、炸蹄筋、炸肉丸子、炸肉豆腐丸子、红肠、方肠等。猪品种分地方良种猪、改良品种猪、引入猪三类，猪地方有老淮猪、太湖猪、淮阴黑猪、二花脸（世界产崽猪王）、小梅山猪、八眉猪（泾川猪）、金华两头乌猪（义乌）、内江猪（资中）、荣昌猪、陆川（广西陆川）猪、东北民猪等。区别在：（1）中国良种猪脂肪沉积能力、繁殖性能、气候适应性都比较好，多品种是体前躯重、腹部大、体重成熟期百公斤以内、瘦肉率低。（2）改良猪出生至 8 月龄母猪体重可达 167kg、公猪体重可达 214kg，屠宰率 71%~73%，肉质细嫩。（3）巴克夏猪（Berkshire）、长白猪（Landrace）等统称大白猪。公猪一般重 200~350kg 屠宰。地方优良品种肉猪 8~10 月养殖龄体重 70~200kg，屠宰率 70%，瘦肉率 48% 左右。改良品种有大约克夏（英国）猪、长白猪（丹麦 Landrace）、巴克夏（英国）猪等，改良品种猪 8~10 月养殖龄体重 90~350kg，屠宰率 80% 左右。国外引入品种有：乌克兰大白猪、汉普夏、杜洛克（美国）猪等。发酵床养猪技术的发酵床又叫生物铺垫材料，利用锯末、稻壳、玉米秸秆、粉碎小麦秸秆、鲜猪粪、米糠结合高效有益发酵菌剂（生态发酵菌、芽孢杆菌、酵母菌、EM 菌）母菌种等组成铺垫材料，铺垫材料厚度 10~90cm 层上按通常办法饲养猪。发酵床养猪猪粪尿有机物被高效有益发酵菌剂降解、转化除去了部分粪尿臭味，饲养环境改善、养猪效益提升。

3.1.13.2 牛

地质年代 4000 万年前第三纪生物群落中哺乳渐世马、乳齿象、巨蜥、原古猪等出现于亚洲、欧洲，哺乳动物偶蹄目牛科牛分普通黄牛、瘤牛、九龙牦牛、水牛四类，黄牛包括华南牛、华北牛、蒙古牛三种类型，牧区蒙古牛与云南省邓川牛，作为乳役兼用牛。牛，中国传统上只作役用不挤牛奶，老牛役用或作肉用，母牦牛和公黄牛杂交第一代小牛称犏牛，母犏牛通常用于繁殖下一代。

优良肉用黄牛，有蒙古牛、延边牛、复州牛、新疆哈萨克牛、秦川牛、晋南牛、南阳牛、鲁西牛、徐州黄牛、盱眙水牛、乳肉兼用新疆褐牛等，还有引进改良牛红花牛又名西门塔尔（瑞士阿尔卑斯 Simmental）牛、和夏洛来（法国）牛、海福特（Hereford 英国）牛、法国利木赞牛（法国）、非洲野牛、美洲野牛、犀牛等。水牛（Buff）都是皮肉乳兼用品种牛，中国有11个水牛品种。

优良水牛种类有东流（安徽）水牛、涪陵水牛、鄱阳湖水牛、滨湖（湖南）水牛、上海湖水牛等。水牛体重可达五六百公斤耐粗饲善服役，泌乳期8~10个月产乳500~1500kg，乳质干物质21.8%，乳脂率平均在7.4%~11.6%，乳蛋白丰富为4.5%~5.9%，乳汁浓厚脂肪球大、乳价高。

麦洼牦牛4~5个月产奶期平均产乳450~600kg乳质干物质17.31%~18.40%，乳脂率平均在6.5%~8.2%，乳蛋白丰富为5%~5.32%。地方牛种中的牦牛（Yak）又称犏牛、叫声似猪又名猪声牛，成年公牦牛体重300~450kg，母牦牛体重200~300kg，泌乳期5个月可产奶450~1000kg，牦牛奶17.31%~18.4%干物质中含乳脂率平均在6.5%~10.0%、乳蛋白在5.0%~5.32%。

反刍类哺乳动物牛、羊、鹿等的胃（肚子），由瘤胃（一胃）、网胃（又名二胃、蜂巢胃）、瓣胃、皱胃四室构成，骆驼缺少瓣胃。参见图3-5。

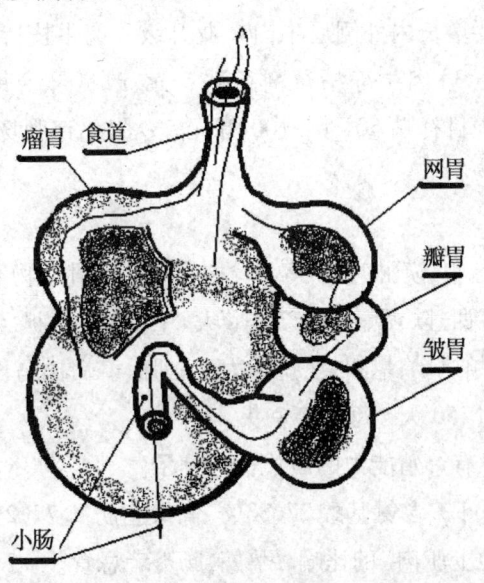

图3-5 反刍类哺乳动物胃四室模式示意图

反刍动物具有能够自身合成共轭亚油酸（CLA），共轭亚油酸对人体具有抗癌、抗氧化、促进生长、降低脂肪沉积以及调节免疫力等生理功能，由此牛肉、牛奶被称为功能性食品，反刍动物产品是人类获取共轭亚油酸CLA的重要来源。

牛胃俗称牛肚（Beef），利用瘤胃网、胃弹性大，制"火锅的涮吃食材毛肚"、生切牛肚制"夫妻肺片"；吃牛肚，可止消渴和唾涎。牛吃草牛肉含草酸较多，为湿疹、瘙痒、疮毒皮肤病人发物。

牛屠宰后冷却牛胴体分割二分体,分成臂腿肉、腹部肉、腰部肉、胸部肉、肋部肉、肩颈肉、腿肉。腹部肉进一步分割细分成:牛柳、西冷、眼肉、上脑、胸肉、腱子肉等。牛杂碎简称牛杂,包括牛头碎肉(脑、眼睛、舌头)、水牛角(增强人心脏功能)、牛脂、牛胆、牛黄(胆囊结石)、牛骨髓、牛蹄筋(Beef Tendon)、牛肾、牛睾丸、牛心、牛肺、牛肝、牛血等。

牛1年龄头骨生长出一对空心角,15~20月龄进入繁殖期,牛寿命大约20年。

著名黄牛肉品种有华北秦川牛,成年公牛体重594kg、母牛可达380kg,其肉形态呈现大理石花纹状、肉质细腻、口感柔软多汁;病人吃黄牛肉后,易发旧病。

中国黑白花乳牛(Chinese Blank and White Dairy Cattle)又称中国荷斯坦牛,单产奶量6000~16090kg/y。黑白花乳牛(黑白花乳牛 Black and white)在乳用牛饲养量中占有量比较大,引进瑞士阿尔卑斯山河谷产肉乳牛(红花牛 Simmental 西门塔尔牛),牛奶乳脂率平均在3.8%~4.1%。西门塔尔牛产乳量每头平均8096~12702kg/y,这种牛奶乳脂率平均在3.6%~4.2%、乳蛋白在3.5%~3.9%。著名乳用牛品种中有三河牛、草原红牛、新疆褐牛、印度乳牛、巴基斯坦摩拉乳牛等,三河母牛单产奶可达8000kg/y,乳脂率平均达4%,公乳牛犊乳肉,多作为食材。中国2013年消费牛肉(Beef Meat)900万t,其中有国产牛肉640万t。2014年消费牛肉旺盛国产牛肉只有689万t,2014年牛肉市场平均价63.3元/kg,"绿色健康"肉类消费需要增长内外倒逼牛肉产业升级。肉牛扶持生产政策有:(1)秸秆养畜项目;(2)良种工程项目;(3)肉牛冻精每剂补贴5元、改良母牛每头补贴10元;(4)100~2000头规模养殖场每个项目补贴50万~100万元,专门化育肥场每个项目补贴25万~100万元。

3.1.13.3 驴

驴(donkey)又名蠢驴、漠骊、毛驴等,脊椎动物门哺乳动物纲奇蹄目马科马属驴,在非洲或亚洲都有野生驴。广西、陕西、青海产体形大、中、小三类驴,驴耳长、尾根毛少、被毛褐色、前肢有附蝉、性温驯、频执拗、堪粗食、抗病力比马强、寿命比马长,陕西关中大公驴体重可达350多kg,母驴妊娠期350天,每胎产一头。

驴马杂交生崽成为没有繁殖能力的后代——骡子。

驴肉(Donkey as Food)含氨基酸27.33%、高级脂肪酸77.2%,口感比猪肉牛肉更好,中国民间有"天上龙肉、地上驴肉"的比喻,孕妇、肠炎者忌食。

驴皮是中医食疗驴皮胶(覆盆胶)主原料,山东省东阿县产品驴皮胶专称"阿胶,阿胶珠"。

3.1.13.4 羊

距今1万年之前的旧石器时代的中国蓝田人、北京猿人、丁村人已经懂得驯化、驯养山羊,甲骨文中考古发现"羊"文,西周时期《诗经·小雅·无羊》中有:"谁谓尔无羊?三百维群",说明西周时期已有牧羊人。羊肉在五畜肉中,属火,性热,具有温中暖下、益气补虚之类功效;阴虚火旺、口干者不易取食。东魏农学家贾思勰在《齐民要术》养羊篇中总结了养羊、挤奶、制干酪经验。李时珍说生长在长江南的羊称吴羊。哺乳纲牛科中的羊(Mutton)类,公羊有角称羖又称羝、阉羊称羯羊。偶蹄目牛科反刍动物羊第一胃（瘤胃）在腹左侧占全部复胃容积的78%，是采食食物的贮藏发酵处，羊休息一下时食物可倒回口腔咀嚼，经充分咀嚼食物可再吞回瘤胃称为"反刍"又称"倒沫"。第二胃（网胃又叫蜂巢胃、毛肚）与第一胃相连具有消化功能。第三胃（重瓣胃）对胃物有挤压运动作用。羊第四胃（皱胃又名真胃）为圆锥形分泌胃液消化胃内物排入小肠。

中国地方品种羊有：广南英州产乳羊、黄羊出产于桂林、新疆羊、内蒙古羊、蒙古绵羊、青海西藏高原山区产藏羊、盘羊（大角羊）、岩羊、哈萨克羊、大尾寒羊、兰州大尾羊、山西小尾寒羊、山西同羊、宁夏滩羊、江苏湖羊、中国卡拉库尔羊等。按羊的品种统分为肉羊、奶羊；按饲养环境分为野羊、家羊；按羊种类分为绵羊、山羊（青羊、斑羊）、北山羊（悬羊、羱羊）、羚羊（黄羊、蒙古羚）、驼羊等。绵羊品种分粗毛绵羊、肉脂绵羊、裘皮绵羊、羔皮绵羊、细毛绵羊、半细毛绵羊等。山羊品种分普通山羊、绒用山羊、裘皮山羊、羔皮山羊、肉用山羊、奶用山羊。肉用山羊中的波尔山羊原产地在南非，初生波尔山羊羊羔3~5kg，270日龄公羊重69kg、母羊重51kg，成年公波尔山羊重95~110kg、母羊重90~100kg，平均屠宰率48.3%。湘鄂西山区马头山羊成年公羊重43.8kg、母羊重33.7kg，平均屠宰率62.2%。吃经过青贮氨化处理的秸秆切碎机碎断玉米秸秆饲料（掺入少于30%稻草或油菜秸、山芋藤、黄豆秆等），200头湖羊8个月吃掉46t玉米秸秆、产出有机肥供2000亩还田用羊粪。

屠宰后绵羊胴体肌肉组织部位参见图3-6。

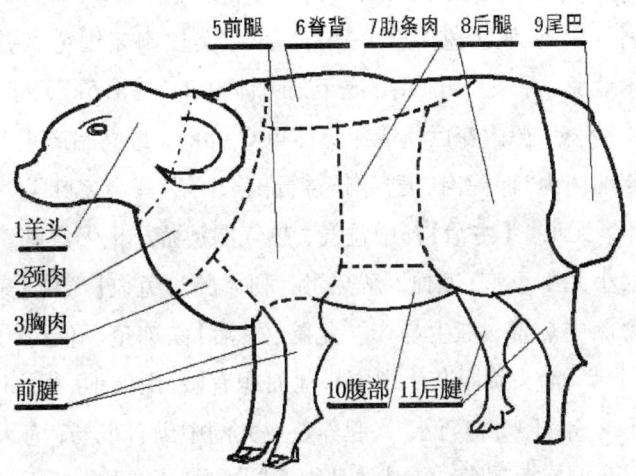

图3-6 绵羊屠宰后胴体肌肉组织部位分模图

地方山羊肉（Mutton Meat），种类肉用羊品种有湖羊、海门山羊、马头山羊、新疆山羊等羊类屠宰加工的肉品。奶用山羊品种有关中奶山羊、崂山奶山羊、文登奶山羊、广州奶山羊、山西洪洞奶山羊等。引进肉用羊品种有波尔山羊（成年公牛体重95~110kg 母牛可达90~100kg）、奶用羊品种有萨能奶山羊（羊产乳量每头平均600~3000kg/y，羊奶乳脂率平均在3.3%~4.4%、乳蛋白3.3%、乳糖3.9%、干物质11.28%~12.38%）。羊杂碎简称羊杂，包括羊头碎肉（脑、眼睛、舌头）、羊脂、羊肠、羊胆、羊肾、羊睾丸、羊心、羊肺、羊肝、羊血等。羊喜好吃经青贮氨化处理的秸秆。切碎机碎断后的玉米秸秆饲料（掺入少于30%稻草或油菜秸、山芋藤、黄豆秆等），200头湖羊8个月能吃掉46吨、可以产出有机肥供2000亩还田用羊粪。

3.1.13.5 兔

家兔（rabbit）又称菜兔、小白兔、本兔。2009年中国生产兔肉70万t全世界兔肉产量170万t。兔肉与其他常见肉类营养成分及人体消化率参见表3-8。

表3-8　　　　　　　　兔肉与其他常见肉类营养成分及人体消化率

类别	蛋白质/%	脂肪/%	热量/千焦	胆固醇/毫克	烟酸/毫克	赖氨酸/%	无机盐/%	人体消化率/%
兔肉	21	8.0	677.16	65	12.8	9.6	1.52	85
猪肉	15.7~17.4	26.7	1287.44	126	4.1	3.7	1.10	75
牛肉	17.4	25.1	1258.18	106	4.2	8.0	0.92	75
羊肉	16.5	19.4	1099.34	70	4.8	8.7	1.19	68
鸡肉	18.6	14.9	518.32	69~90	5.6	8.4	0.96	50

中国现有20多个品种约占世界品种资源量的三分之一，兔种分类有肉用、皮用、皮肉兼用、毛皮肉兼用。兔脊椎处生殖器、排泄器官、腺体腥臊气味最大，除去后肉泡呈白色再烹饪。中国家兔多见品种有小白兔又名中国家兔、菜兔，成年兔体重1.5~2.5kg。

喜马拉雅兔又名五黑兔、成年兔体重4~5kg，系味美皮肉兼用兔。引进肉兔品种有南美洲山羊青兔又名青紫蓝兔，系皮、肉兼用，成年公兔体重2.5~4.5kg，母兔可达5kg，引进的大白兔成年兔体重4~8kg，德国花巨兔成年兔体重6~8kg，最高胎产崽19只，系皮、肉兼用大型兔。兔养殖一年的肉为"保健肉、美容肉、益智肉"，有"黄金之味"美誉。《本草纲目》记载兔肉【气味】辛，平，无毒。【主治】补中益气，热气湿疗症，止渴健脾。兔肉生食，压丹石毒。腊月作酱食，去小儿豌豆疮；凉血，解热毒，利大肠。兔血【气味】咸，寒，无毒。兔血【主治】凉血活血，解胎中热毒，催生易产。兔脑【主治】涂冻疮。催生滑胎，治耳聋。兔肝【主治】目暗。明目补劳，治头旋眼眩。中国耕地面积有限、山坡地、草原、湖泊湿地草资源丰富，而且水热条件优越、秸秆来源广泛，兴起养兔业大潮中国有市场，有天然资源支持。食草哺乳动物兔形目兔科兔洞穴兔属兔，与其他动物不同的特点在于兔每天排出的粪便，兔排出的粪便有两种：白天排的是人们看得见的颗粒状硬粪，深夜排出软粪团，但不等粪团落地，兔便用嘴对着肛门把软粪吃进肚里，作第二次消化。兔将是发展"节粮型""低胆固醇肉类型"畜牧业的最佳畜种。

兔与其他动物生产一样需要良畜、防治病虫害、控制利用兽药、限制使用激素、卫生使用牧草等。中国养猪业、养鸡业耗粮型畜禽的产业比重较大，牛肉、羊肉、兔节粮型食草产业的比重还值得发展，牛、羊、兔肉市场经济效益已成为消费热点。生长四个蹄足的四蹄畜（Livestock）牛、马、驴、骆驼、狗、猫、鹿、羊、兔、豺、狼、虎、豹、鼠等的肌肉，属红肉。

3.1.14 家禽

中国科学院脊椎动物演化与人类起源重点实验室教授徐星在美国《科学》杂志发表报告说，"从山东天宇自然博物馆发现11个鸟类标本来自5个种类，相对都很强壮，体形比乌鸦大，比火鸡小。报告中描述的鸟类来自白垩纪，生活在1.2亿年前，与恐龙属于同一时代。中国拥有禽鸟1180多种，已发现2145亚种鸟类，原始鸟类曾有四只翅膀，它们中有些后来通过进化抛弃了后翼的羽毛，变成有蹼或有鳞的脚"；脊椎动物亚门鸟纲（Aves）家禽（Domestic Fowl），又称二足禽（Fowl）属人工饲养鸟纲之一。世界史上"最早具有角质喙的鸟类"，是1996年发现于辽宁省朝阳市的孔子鸟（始祖鸟类）化石，这类始祖鸟化石距今约1.3亿年。鸟，多营飞翔生活，也有的两翼退化不能飞行的种类，鸟纲总目下分古颚总目、楔翼总目、今颚总目三个总目，当今全世界鸟纲有9000多种。其中燕、麻雀、布谷鸟、鹰、火鸡、海燕、鸵鸟、凤凰等都属于常见鸟类，家禽肉指常见鸟类鸡、鸭、鹅、火鸡、鹌鹑等宰后胴体肉，还包括人类保护鸟动物（持证圈养鸟类）白鸽肉、山鸡肉、麻雀、斑鸠等的肉及其乳制品。鸟纲雉科中鸡特征没有后翼，鸟类体温40~44℃、心率160~470次/min（牛羊猪60~80次/min）、呼吸22~110次/min，生理新陈代谢旺盛、繁殖能力强。2012年中国禽肉产量1823万t、家禽蛋产量2861万t，涉家禽企业和农户4400多万户。

3.1.14.1 鸡

鸡形目鸡亚目雉科雉亚科雉族鸡属鸡家（Gallusg Domesticus），特征体温恒定、体均披羽毛，卵生，嘴内无齿，胸部有龙骨突起，前肢退化成翼，后肢能行走。各种各样的现代家鸡都起源于红色野鸡（Red Jungle Fowl）、锡兰野鸡、灰色野鸡、黑绿色野鸡的鸡属。2009年中国产鸡肉世界占有率14.6%，同期巴西占44.5%、美国占39.3%，中国养鸡行业为世界后起之秀。

家鸡羽翼不发达、脚健壮、有冠与肉髯、喙短锐、公鸡善啼、羽毛美，母鸡5~8月龄进入产蛋期年，产蛋200~300百枚。鸡种类一般分肉用鸡、卵用鸡、肉卵两用鸡。

鸡（Chicken），依靠羽毛和皮下脂肪隔热，鸡冠与髯散热，皮肤无汗腺环境温度超42.5℃鸡张开嘴喘气散热，45℃以上鸟纲动物可能中暑。

相对猪牛羊的"红肉"而言，富含牛磺酸的二足禽鸡肉属于"白肉"，鸡肉含15%~19%蛋白质（脂肪5%~13%），牛肉蛋白质含量在2.3%~13.4%（脂肪13%），猪肉蛋白质含量13%~20%（脂肪高达6%~37%），羊肉蛋白质含量19%~20%左右（脂肪高达4%~14%），兔肉蛋白质含量19.7%左右（脂肪高达2.2%）；相对牛、猪、羊红肉而言，鸡肉称为高蛋白低脂肪白肉。人们纷纷认为放散养的1年龄笨鸡比散养饲养相结合的2年龄笨鸡味道好，散养鸡养鸡场"每只散养鸡必须保证有4平方米的活动空间，以创造散养、绿色、有机标签条件。肉鸡的料肉比通常是1.9∶1.0，而猪料肉比一般在3.0∶1。营养学家认为散养鸡、绿色鸡、有机鸡、生态鸡、中草药鸡、虫草鸡、柴鸡、山鸡、笨鸡等概念鸡，口味可能有差别但营养素含量差不多。脱毛胴体鸡分割的鸡头（1）和鸡颈（2），商品分鸡头、鸡颈，鸡头、鸡颈、鸡皮富胶质、颈肉韧性筋道，适合作卤菜原料；栗子肉（3）与鸡胸相连净肉又名芽肉、里脊、鸡柳；鸡翅膀（4）皮下肉少煲汤味美；鸡腿（6）肉多红烧肉香；鸡爪（7）皮筋富胶质煮汤或做凉拌菜；鸡胴体肌肉组织分布示意图参见图3-7。

图3-7 鸡胴体肌肉组织分布示意图

世界公认红色野鸡是家鸡的主要祖先，家鸡品种已知约有300多种，载入《中国畜禽品种志》的地方型鸡品种有72个，1883年狼山鸡被收录国际标准鸡种图谱，中国地方品种鸡在19世纪中叶，产蛋率和产肉率都曾居世界领先水平，如英国从江苏、上海引入的狼山鸡和九斤鸡，随之又从英国引进到美国，经繁育后，两国都承认我国标准品种，并列入两国标准品种志内。

中国现代肉蛋兼用优良鸡有：江苏淮阴九斤黄鸡、溧阳鸡、浦东鸡、新狼山鸡，安徽麻鸡，上海浦东鸡，浙江仙居鸡又称梅林鸡，广东惠阳胡须鸡又名三黄鸡、清远麻鸡，北京石歧黄鸡、油鸡，辽宁庄河大骨鸡，山东芦花鸡、寿光鸡，江西红毛乌骨鸡、丝羽泰和乌骨鸡、白耳黄鸡等。

中国从国外引入品种有美国爱拔益加（AA）白羽肉鸡、意大利来航鸡、英国白科尼什鸡、海兰褐佳褐壳蛋鸡、虫草鸡、灵芝鸡、温氏黄羽鸡等。俗称的土鸡，都是饲养至性成熟才出售的成年鸡。新鲜鸡肉（chicken）外表光滑、不会有黏液、表皮颜色多为黄白色，翅膀毛孔愈大表示饲养日龄愈长，肉质愈粗；家禽胃称为肫（又叫肌胃、砂胃），禽胃肌层为环形且肌层很厚，平滑肌质地柔嫩。肉鸡产品分：(1)整鸡带头爪白条鸡、带头去爪白条鸡、去头带爪白条鸡、净膛鸡、半净膛鸡。(2)翅类有整翅、翅根、翅中、翅尖、上半翅、下半翅。(3)冰鲜鸡指经检验检疫合格的活鸡宰杀后，一小时内鸡体温降到8℃、十二小时内鸡体温降到4℃，在0~4℃条件下包装、储藏、运输的禽类产品。(4)胸肉类有带皮大胸肉、去皮大胸肉、小胸肉（胸里脊）、带里脊大胸肉。(5)腿肉类有全腿、大腿、小腿、去骨带鸡腿、去骨去皮鸡腿。(6)鸡副产品有鸡内脏俗称鸡杂、鸡下水,包括鸡爪、鸡头、(带头鸡脖)、鸡睾丸、鸡胗(又名鸡肫、肌胃、鸡胃)、鸡肝、鸡心、鸡肠、骨架、鸡血等作为熟食食材。烧鸡加工工艺流程:选2年龄以内重1~1.5kg肥母鸡或嫩雏鸡(切去屁股除腥)→宰杀放净血60℃热水浸烫后,煺毛→凉水清洗、两腿间切口、除食管、去气管、割肛管和内脏→洗去污物,胴体造型、表皮晾干,油炸至金黄色→鸡体涂抹饴糖1:2、饴糖水或蜂蜜4:6,水蜂蜜液上色材料后,入160℃热油浴炸1min至柿黄色→五香汤煮焖1~3h→检验达成品标准,包装上市场(餐桌)。熏鸡加工工艺流程:选10只合重7.5kg宰后→清理→胸内放置专用香料→煮制→涂抹芝麻油白糖涂料后烟熏10~15min→检验达成品标准、包装。

鸡的血型分A、B、C、D、E、H、I、J、K、L、P、R、Hi、Th血型系统。鸡血清蛋白(酶)多态,血清和蛋清中蛋白有前白蛋白(卵白蛋白A_1、A_2、A_3)、后白蛋白(卵伴白蛋白)、转铁蛋白(卵类黏蛋白、卵球蛋白)、抗生物素蛋白、黄素蛋白以及碱性磷酸酶、淀粉酶、脂酶、溶菌酶、无花果蛋白酶抑制剂。由A型禽流感(禽流行性感冒,曾称为欧洲鸡瘟)正黏病毒引起的血凝素(HA)鸡病,通常称H抗原病毒病,H抗原分H_1、H_2、H_3、H_4等16种,另外一种神经氨酸酶(NA)通常称N抗原分N_1、N_2、N_3等9种,H抗原和N抗原组合成为亚型禽流感有H_1N_1、H_2N_2、H_2N_3等,禽流感(AI)中H_5、H_7为高致病性毒株;H_{74}为低致病性毒株;这些禽流感毒株对天鹅、鸭、小燕子、麻雀等80多种动物或人有致病性,高致病性禽流感家禽国家规定不容许治疗必须捕杀。

3.1.14.2 鸭

鸭(Duck Meat)别名鹜、家凫、家鸭、水鸭(Teal)等。唐·陆广微撰写公元前514—495年地方志《吴地记》记载:"鸭成者,吴王筑城,城以养鸭,周数百里"。家鸭按羽色分类有麻雀羽、白羽、黑羽等类型,成年雄鸭头羽呈绿色,雌性成年鸭头羽多呈黄斑或纯白色、黑色等,雌鸭成年会叫。鸭种类按经济用途可分为蛋用型、肉用型、瘦肉型、蛋肉兼用型等。鸭肉性寒凉,适合高血压、血管硬化体热、虚弱、水肿、大便干燥、尿少、盗汗等欠健康的人选食。鸭血含生物铁利食用者补铁解毒。中国兼用型品种麻鸭有:高邮湖鸭(台鸭、锦鸭),苏州娄门鸭(大鸭),浙江绍鸭,四川麻鸭,安徽巢湖鸭,四川建昌鸭、沔阳鸭,北京鸭(Beijing Ducks)、番鸭(洋鸭、麝香鸭)等。高邮湖鸭适合农田作锄草役鸭,母鸭有产千分之三双黄蛋的特色、年产蛋140~160枚,蛋壳有白色、青色两种,鸭蛋单枚重70~78g,鸭蛋蛋形指数在1.43左右。种原本源于中国的瘦肉型樱桃谷鸭,经科学(不用激素)饲养防疫,生长期需要6周可长到2.5~2.8kg/羽。

板鸭鸭肉(Duckmeat)加工流程:选2年龄以内重2kg以上活鸭→放血→80℃水浸烫去毛→去内脏去残物→用小木板将鸭胴体人字骨压扁→每公斤鸭胴体用60g花椒盐对压扁鸭胴体腌渍24h→卤腌(5kg鸭血水加3kg食盐溶液煮开,冷却后放入香料袋配制成老卤)7天→风干12天→包装。

鸭屁股为鸭胴体尾顶尖一小部分俗称鸭尾脂腺体,可能含有致病菌"库贮",通常不食用。

3.1.14.3 鹅

中国鹅(Chinese Geese)起源于鸿雁,伊犁鹅起源于新疆伊犁野生雁,西汉戴圣编著《礼记·内则》中记载:"弗食舒雁翠"。

2001年中国养鹅存栏量在2.08亿只、肉鹅年出栏量在7亿只以上,为市场提供羽毛(绒)5万t。中国鹅优良杂交改良的地方品种有广东狮子鹅(Lion Head Geese)、苏州云林糟鹅或镇江四季盐水鹅善用仔鹅太湖鹅(Tai hu goose)等,家养殖鹅鹅又叫家雁,按照羽分类,它们分白色、灰(青)色两类。鹅都是绿眼睛、嘴黄、脚掌红。夜晚时大鹅随更声鸣叫,能够吃蛇及蚯蚓防止毒虫害人。鹅的种类分大、中、小三类,小类型13周龄成年公鹅体重4.3kg以上,中类型13周龄成年公鹅体重6.1kg以上,大类型13周龄成年公鹅体重8.8kg以上,欧洲图卢兹鹅成年公鹅体重单羽12~14kg。太湖鹅产肉特性参见表3-9。

表3-9　　　　　　　　　　　　　　太湖鹅产肉特性

项目	体重/kg	半净膛屠宰率/%	全净膛屠宰率/%
70日龄仔鹅	2.5	78.6	64
成年公鹅	4.33	84.9	75.6
成年母鹅	3.23	79.2	68.8

从经济用途分类中鹅种类分:(1)皖西白鹅属于羽绒用型养殖鹅;(2)籽鹅属于蛋用型养殖鹅;(3)四川白鹅属于肉用型养殖鹅;(4)狮头鹅属于肥肝用型养殖鹅;(5)太湖白鹅属于综合用途型养殖鹅。鹅肉(Goose Meat)蛋白质含量17.9%~22.3%(猪肉蛋白质含量14.6%、羊肉蛋白质含量16.7%、牛肉蛋白质含量18.7%、鸡肉蛋白质含量20.6%、鸭肉蛋白质含量21.4%)。鹅油脂肪熔点26~34℃。鹅肝富含卵磷脂、酶、脱氧核糖核酸、核糖核酸等,是成年人延缓心脑血管病变、降血压等营养丰富食材之一。

3.1.14.4 火鸡

火鸡(Turkey)又名吐绶鸡、七面鸡。火鸡全程饲养52~58周后成年每羽母火鸡体重5~12kg,公火鸡每羽体重11~25kg,火鸡全净膛屠宰率85%~90%,火鸡胸和腿肉占活重的54%~50%,火鸡肉蛋白质含量比牛肉、鸡肉还要高20%。

3.1.14.5 鹌鹑

鹌鹑简称鹑,是世界第二饲养禽业中的家禽,为麻栗色基本羽色(也有银黄、红、黑、白羽色)肉鹌鹑、肉蛋兼用鹌鹑,成年禽体重120~270g。

鹌鹑种类中蛋用鹑体重120~160g、肉用鹑体重220~270g,肉味非常鲜美。

鹌鹑蛋含胆固醇500mg/100g以上,鹌鹑蛋黄含胆固醇1500~3640mg/100g。

3.1.14.6 家禽宰杀管理

家禽宰杀电昏槽用电致昏的屠宰时间:对于鸡电昏在35~50V×0.5A需要8s,鸭需要10s电昏,大家禽电昏需要12~18s。家禽宰杀后切颈放血,放血时间鸡放血90~120s,鸭放血120~150s,放血后家禽烫毛（高温用71~82℃×30~60s、中温用58~65℃×30~75s、低温用50~54℃×90~120s）,机械脱毛加松香食用油溶液拔绒毛,屠体脱干净毛秽并去头脚取出内脏,清洗检验后冷却至-12℃入库。禽肉销售量最大的常见品种有:鸡肉（Chicken feed）、公鸡肉（Chicken cock feed）、母鸡肉（Chicken hen feed）、乌骨鸡肉（Black-bone Chicken meat）、鸭肉（Duck meat）、鸽肉（Pigeon meat）、鹧鸪肉（Partridge meat）、鹅肉（Goose Meat）等。

3.1.15 蛋

蛋是鸟类延续种的产物活卵细胞,鸟类活卵细胞禽蛋包含自胚发育、生长成幼雏的全部营养素成分,经过孵化期受精卵胚胎细胞能够形成完整健康雏禽。禽蛋类常见种类有鸡蛋（Hen egg）、鸭蛋（Duck egg）、鹌鹑蛋（Quail egg）、鸽蛋（Pigeon egg）等。

禽蛋,是一个完整的、具有生命的卵细胞,禽蛋类品质分级参见图3-8。

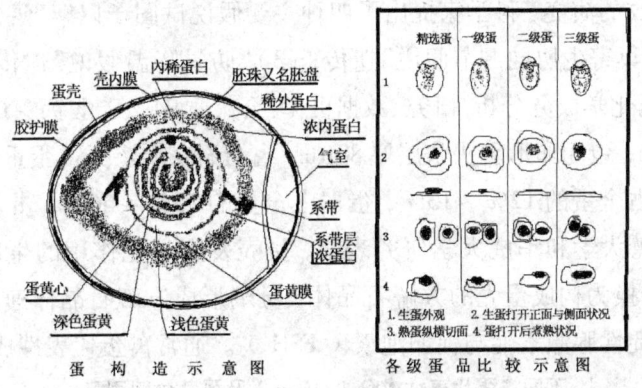

图3-8　禽蛋及蛋品质三级比较示意图

蛋的构造取决于在母禽卵巢中一种与鸡蛋壳形成的卵类黏蛋白（Ovocledidin-17, OC17）有关,OC-17与卵泡形成过程中卵巢蛋腺吸入血钙里的碳酸钙和黏多糖和卵类黏蛋白通过基帽、埋植生成蛋壳。通常蛋构造由蛋壳、蛋白、蛋黄三部分组成、蛋组成各部分比例根据禽种类、品种、年龄、产蛋季节性、饲养环节等圈定蛋大小、壳颜色与硬度。蜂鸟蛋长1.14cm宽0.81cm,是禽类最小蛋。蛋（Egg）俗称卵、子,泛指昆虫、爬行动物、鸟类的卵,常称鲜或熟的鸡蛋,物流业把各种蛋统称蛋类或蛋品。作为卵类（OVA）蛋常用蛋种类（Egg Class）代表品种是禽蛋（Hen Eggs或Hen's）。人们认识蛋往往从蛋壳开始,蛋壳品系有:白壳蛋系、褐壳蛋系、绿壳蛋系（绿壳率占85%）。物流过程:(1)裂纹蛋;(2)粘壳蛋;(3)臭蛋;(4)散黄蛋;(5)死胎蛋;(6)发霉蛋作废物处理。

禽产不同深浅的蛋壳,表现色彩有白色、浅褐色、褐色、深褐(红)色、蓝绿色,蛋壳内容物冷却收缩物称为蛋白膜。蛋白膜厚12.9~17.32μm,蛋壳内膜薄且透气、富柔韧性、弹性、细菌通过不了,霉菌孢子能自由通行,蛋壳内膜与蛋壳都不能供作食材运用。褐色蛋的褐色，是禽的子宫内蛋壳形成中沉积了褐色色素的结果。禽蛋类分级参见表3-10。

表3-10　　　　　　　禽　蛋　分　级（参照GB 2748摘编）

项目 \ 级别	一级品质	二级品质	三级品质
壳	清洁、坚实、完整	清洁、坚固、完整	污蛋面积≤全蛋1/10
内膜	色泽鲜明、外形正常	色泽鲜明、外形正常	色泽鲜明、外形正常
气室	高度≤5mm≤全蛋1/10体积	高度≥5mm≤全蛋1/10体积	高度7~9mm≤全蛋1/4体积
蛋白	色清明、浓厚	色清、浓厚、系带明显	色清、稍稀薄、系带不明显
蛋黄	居中蛋黄系数≥0.30	居中略显明但仍固定	打开后平摊无力有移动感
胚盘	胚胎有轮廓不发育	胚胎有轮廓不发育	胚胎明显有5mm内发育、无血圈

禽类卵色和花纹的演变，科学家提出了四种主要假说试图予以解释：(1)躲避天敌"警戒色"遗传；(2)鸟的"巢寄生协同调节假说"遗传；(3)"防暑降温假说"遗传；(4)"健康差异假说"遗传。禽蛋蛋壳化学成分分析、研究、数据可见：石灰质94%碳酸钙＋1.6%碳酸镁卵形蛋壳厚度270~370μm，蛋壳卵形乳头状层厚80μm，禽蛋石灰质蛋壳占蛋重的12%左右。禽蛋蛋壳及蛋壳膜重量占全蛋的12%~13%，蛋白占全蛋的55%~66%，蛋黄占全蛋的32%~35%。英国谢菲尔德大学和华威大学研究表明，蛋壳发育催化作用的生成与大小鸡蛋依靠OC-17将碳酸钙转换为构成蛋壳的方解石晶体，母鸡形成方解石晶体速度可达6g/h，鸡脑下垂体前叶释放的促性腺激素促与促卵泡素（FSH）。通常禽蛋代表性成分参见表3-11。

表3-11　　　　　　不同禽蛋代表性成分（/100g）及蛋黄含胆固醇

蛋别	水分/g	固形物/g	蛋白质/g	脂肪/g	灰分/g	碳水化合物/g	胆固醇/mg
全鸡蛋	72.5~74	27.5	12~13.3	10~11.6	1.1~1.4	1.3~1.5	0.68~2.0
全鸭蛋	70.8	29.2	12.8	13~15	1.1	0.3~3.1	0.64~1.8
皮蛋	68	28.1	12.6			6.8	0.53~1.1
全鹅蛋	69.5	30.5	11~13.8	14~15.6	0.7	1.6~2.8	
全鸽蛋	76.8	23.2	13	8.7	1.1		
火鸡蛋	73.7	25.7	13	11.4	0.9		
鹌鹑蛋	67~73	32.27	12~16.6	11~14.4	12.03	1.0~2.1	531

禽蛋壳含有色素成分越多，蛋壳越厚、越坚固，蛋壳卵形乳头状层厚80mm，禽蛋石灰质含有色素成分越多含量越大，蛋壳越厚越坚固，蛋壳层有9000~12000个0~65μm小气孔，蛋壳色素随卵巢血液红褐色素与胆囊胆色素中蓝绿色素分泌比例的表现色彩有白色、浅褐色、褐色、深褐（红）色、蓝绿色等。蛋壳内容物冷却收缩物谓蛋白膜，蛋白膜厚12.9~17.32μm

薄且透气、弹性、细菌通过不了，霉菌孢子能自由通行。

3.1.15.1 鸡蛋

中国出口标准鲜鸡蛋级别超级 10 枚重大于 550g（克），1 级 10 枚重大于 500g，2 级 10 枚重大于 460g，3 级 10 枚重大于 430g，4 级 10 枚重大于 375g，鸡蛋清的蛋白质组织成分参见表 3－12。

表 3－12　　　　　　　　　　鸡蛋清蛋白质、蛋黄组分

鸡蛋清组成		占总固体/%	等电点	特性
鸡蛋清	卵清蛋白	54	4.6	含巯基，易变性
	伴清蛋白	13	6.0	与铁复合能抗微生物
	卵类黏蛋白	11	4.3	能抑制胰蛋白酶
	溶菌酶	3.5	10.7	为分解多糖的酶，抗微生物
	卵黏蛋白	1.5		有黏性含唾液酸，能与病毒作用
	黄素蛋白－脱辅基蛋白	0.8	4.1	与核黄素能结合
	蛋白酶抑制剂	0.1	5.2	抑制细菌胰蛋白酶
	抗生物素	0.05	9.5	与生物素结合，抗微生物
	未确定的蛋白质成分	8	5.5～7.5	主要含有球蛋白
	非蛋白质氮	8	8.0～9.0	其中一半为糖与盐
鸡蛋黄组成		占卵黄固体/%	等电点	特性
卵黄蛋白		5	5	含有酶
卵黄高磷蛋白		7	7	含 10% 的磷
卵黄脂蛋白		21	21	乳化剂

1983 年 5 月 13 日辽宁本溪县出现过枚重三两二钱五的大鸡蛋。

新鲜全鸡蛋相对密度 1.088～1.095，pH7.3～8.0，鸡蛋黄 pH6.2～6.6，蛋白在 62℃时失去流动性，80℃以上成为固体，鲜鸡蛋国际标准重量为 58g（克）/Surname（枚），新鲜蛋密度 1.08～1.09，这类蛋能够漂浮在 11% 食盐水溶液上、在 10%～8% 食盐水溶液下沉为陈蛋、在 8% 食盐水溶液浮起为坏蛋。禽蛋钝（大）端蛋壳膜与蛋白膜分离形成气室（又名空头），气室蛋白膜囊内存贮呈半透明黏稠半流动体蛋白层。禽蛋蛋白层自外向内分外稀蛋白层（约占整体蛋白的 23.2%）、外浓蛋白层（约占整体蛋白的 57.3%）、内稀蛋白层（约占整体蛋白的 16.8%）以及内浓蛋白层。蛋白质成分属于糖蛋白，含有 2.9% 唾液酸、8.6% 己糖胺、8.5% 己糖和少量甘油三酯、神经鞘磷脂、游离脂肪酸等。禽蛋内浓蛋白层紧紧地贴在蛋黄表面，球形蛋黄与内浓蛋白层两侧各有由稠密蛋白形成的带状腱蛋白带称系带，系带容量占整蛋的 1%～2%，系带物含丰富溶菌酶是保鲜程度有无的标志。蛋黄膜又称蛋白带，蛋白带与系带确保蛋黄处于蛋的中央位置，蛋黄外部一个 1.6～3.0mm 微小白圆斑受精体称胚珠

（胎盘）。蛋黄膜为包裹蛋黄的厚度 16mm 左右。质与量为蛋黄 2%～3% 微细而紧密的弹性包膜，蛋黄膜内外两侧层是黏蛋白，中间是角蛋白，蛋黄膜干物质里有 87% 的蛋白质、10% 的糖和 3% 的脂质。蛋黄膜包裹内中心倒瓶状蛋黄芯至蛋黄膜处生存有一个 2～3mm 胚盘，胚盘是受精后次级卵母细胞经过分裂后形成的胚盘，或者是没有受精的次级卵母细胞组成的卵黄液。卵黄液是蛋黄膜内包裹蛋黄心、深色蛋黄等同心圆环状排列黏稠黄色乳状半边液体。有效生命禽蛋，可能占有全蛋重量 32%～35% 的蛋黄，蛋白为全蛋重量的 52%～58%，其余 9%～14% 是蛋壳和支持膜。蛋的品质检验分：(1)感官鉴别；(2)光照鉴别；(3)相对密度鉴别；(4)荧光粉鉴别。

禽蛋加工特性表现在卵蛋白质分子结构变化方面有：(1)凝固性，卵蛋白质中伴白蛋白热稳定性最低，其凝固点在 57.3℃，蛋黄 65℃ 开始凝固、70℃ 失去流动性，70℃ 以上口味老化，卵白蛋白凝固点在 71.5℃，卵球蛋白凝固点在 72℃，溶菌酶凝固后强度最高。(2)酸碱凝胶化，蛋壳在盐水液里加热盐凝固后方便去壳，蛋液内添加盐类降低蛋白质分子之间排斥力促进蛋液凝固。蛋液内添加糖类会增加蛋白热稳定性温度升高可凝固，当蛋液 $2.3 < pH < 12.0$ 室温下不易凝固，腌渍皮蛋显碱性只要热处理后蛋白就自然凝胶化凝固了。(3)冷冻胶化，当 -6℃ 温度下蛋黄冰点由理论冰点 -0.586℃ 下降为 -6℃，鸡蛋保鲜温度不可低于 -6℃。蛋液机械均质、胶体研磨、添加 2% 食盐或 8% 蔗糖或蛋白酶后，能减少蛋黄冷冻胶化黏度。(4)蛋白起泡性，蛋经 58℃ 以上加热后能不可逆地使卵黏蛋白和溶菌酶复合体变性，其后延长起泡所需时间降低发泡力；蛋清混入 0.01%～0.2% 蛋黄或蛋液用金属盐将 pH 调整至接近 7，也有可能改善发泡力。(5)乳化力，禽蛋乳化性来源于蛋黄内的卵磷脂、胆固醇、脂蛋白等与蛋黄存在的乳化容量，添加少量食盐或糖可以提高蛋液乳化容量能力，存藏蛋通常乳化力下降。

新鲜禽蛋的哈夫单位 $[=100\log($ 蛋白高度单位 $mmH-1.7$ 蛋质量 g 单位 $W^{0.37}+7.57)]$ 在 75～82，蛋哈夫单位最高为 100，特级蛋哈夫单位 ≥72（AA 级），甲级蛋哈夫单位 60～72（A 级），乙级蛋哈夫单位 30～59（B 级），丙级蛋哈夫单位 29 以下（C 级）。

蛋比重分 9 级：(1)34℃ 的 1000mL 水溶解 68g 食盐溶液中浮蛋评为 0 级；(2)然后盐溶液中再加 4g 浓度的浮蛋评为 1 级；(3)再加 4g 浓度的浮蛋评为 2 级；(4)依此类推法评加至差的 9 级。

新鲜鸡蛋（又名鸡子、鸡卵），鲜蛋比重分 9 级，在 34.5℃ 1000mL 的水中加入氯化钠 68g，放入蛋漂浮于水面蛋比重称为 0 级，此水溶液中再加入氯化钠每 4g 放入蛋漂浮于水面蛋比重增加一级，比重小于 1.0845 而比重大于 1.06 为次蛋，鲜蛋低于比重 1.05 的是变质陈次蛋或腐败蛋。

鲜蛋在 25℃ 相对湿度 70%～80% 环境涂抹或喷涂。贮藏参考方法分为：(1)在 -3.5～-1℃ 冷藏；(2)20%～30% CO_2 气调冷藏；(3)1～15℃ 的 100∶1～1.5 浓度石灰水液浸渍；(4)3.5～4.0 波美水玻璃（硅酸钠硅 Na_2SiO_4 或酸钾 K_2SiO_4）又名泡花碱水溶液贮藏；(5)

以无毒、无味、无色、质地致密、易干、成包膜性、透气性低、附着力强、吸湿性小、用量少,以及操作方便的液体石蜡、水玻璃、植物油、明胶、蜂胶、聚乙烯醇、葡萄糖脂肪酸酯等。

鲜蛋蛋形指数(蛋的纵径与横径之比)正常在1.3～1.35;蛋壳厚度在0.35mm以上。

鲜蛋品质鉴别方法有:(1)感官方法:①看,蛋壳上清洁度好不好、硌窝儿(壳破损)、无或有裂纹、无有霜薄膜、霉斑、肮脏泥等;②听,摇动蛋声音明显(沙哑啪啪)空头大或坏蛋;③摸,鲜蛋手感重;④嗅,鼻子闻一闻感觉有腥气味,不等于有臭味,有污染臭是臭坏蛋。(2)光照,检查靠边蛋黄、贴壳黄、散黄、胚胎血丝、血斑、异物等。(3)相对密度,鲜蛋比重1.0845,因水分蒸发每日减少0.0017～0.0018,故8%～11%食盐水中鲜蛋能下沉。(4)气室高度1.7～1.9mm的蛋最新鲜,气室高度≥9.6mm的蛋不新鲜。(5)蛋黄指数=蛋黄高度/蛋黄宽度(mm),新鲜蛋的蛋黄指数0.4～0.42,次鲜蛋的蛋黄指数0.25～0.40,陈旧蛋蛋黄指数≤0.25。(6)荧光鉴别,用荧光灯看蛋壳反应颜色,光灯反应微弱不为深红色、紫色、淡紫色为保鲜蛋。

皮蛋腌渍方法:鲜蛋经40～60g/L氢氧化钠(NaOH)浸泡相当时间后转至7.5kg纯碱+生石灰30kg+食盐6kg+茶叶3kg+硫酸锌0.6kg+水120kg缸浸泡24～28天,出缸包裹配方2.4～3.2kg纯碱+生石灰12kg+草木灰30kg+食盐3～3.5kg+茶叶1～2kg+黄土30kg+水35～48kg的包泥。皮蛋包上厚2～3mm稠泥,再滚上薄薄一层稻壳糠(料泥蛋只重30～25g),皮蛋制品检验(GB/T 9694 铅≤0.5mg/1000g)后准许进入市场。

蛋制品中皮蛋又叫变蛋、彩蛋、泥蛋、碱蛋、牛皮蛋、松花蛋(basified eggs),原料蛋多用鸭蛋,也用鸡蛋、鹅蛋、鹌鹑蛋等。蛋制品还有咸鸭蛋(Salted Eggs)又名盐蛋,糟蛋(Pickled Eggs),巴氏杀菌鸡全蛋粉(Pasteurized Whole Egg Powder),鸡蛋黄粉(Hen Yolk Powder),鸡蛋白片(Albumen Flakes),巴氏杀菌鸡全冰蛋(Pasteurized Whole Frozen Hen Eggs),冰鸡蛋白(Frozen Hen Albumen),冰鸡蛋黄(Frozen Hen Yolk),鸭卵性微寒、咸、损伤中焦,健康人多吃损伤阳气令人气短,儿童多吃鸭蛋可能导致下肢乏力。

3.1.15.2 鸡蛋放心吃

《周礼·掌畜》曰:"祭祀共卵鸟"叙意指的卵鸟为祭祀供品之家禽与禽蛋,记录的是周朝古人用禽与其蛋为上品供祖先,中国古人称呼鸟卵"血肉有情之品,良有滋补",清朝乾隆年间两淮盐商黄均太饲养母鸡用人参白术之类药粉掺入饲料喂鸡,吃补药母鸡下的蛋"味美无比中为养人",时枚蛋值一两纹银。鸡蛋不提倡生吃的原因,是生鸡蛋内含有卵白素,卵白素能使蛋白中的维生素丙(VB)失效,长期吃生鸡蛋,内含有抗维生素卵白素人体毛发容易脱落;生蛋液是半流动降凝体进入人胃肠消化停留时间比熟蛋接触时间短促即从大便排出,很浪费营养素;生蛋液内可能浸入病菌毒害,不知道会引起什么疾病;而且生蛋液有腥气味,会引起人中枢神经抑制对口腔、唾液、胃液、肠液等分泌液减少,导致食欲不振消化不良。

生鸡蛋连皮带壳煮熟营养素没损失,荷包蛋营养素生与熟损失在7.5%,油炸蛋营养素生与熟损失在8.9%,炒蛋营养素生与熟损失在13.5%。笼养鸡蛋商品名称洋鸡蛋,非笼养鸡产生的鸡蛋俗称"土鸡蛋",俗名走地鸡蛋,"土鸡蛋"称属商品鸡蛋别称有山鸡蛋、草鸡蛋、林鸡蛋、虫子鸡蛋、散养鸡蛋、放养鸡蛋、茶树鸡蛋等,"土鸡蛋"饲料配方不确定为主要特点。

洋鸡蛋以笼养、科学饲料配方培育为主要特点,"土鸡蛋"蛋黄与鸡蛋清比例数高而且蛋清浓度大(含水量比较少)、胆固醇含量高于同量洋鸡蛋2~3倍、口感比较好;洋鸡蛋饲料配方科学,蛋清浓度低、胆固醇含量低、脂肪含量低、矿物质元素全面含量比土鸡蛋丰富有标志保证、蛋黄含有较多细微卵磷脂(血液乳化剂)可帮助血管壁沉积胆固醇悬浮、代谢清除。

小儿生物素缺乏,不能阻止鸡蛋清中抗生物素蛋白吸收,多吃蛋制品可能引起嗜睡、皮疹、烦躁等,肾炎病患人吃蛋增加代谢产物尿素排泄,可能致尿毒症等。

3.1.16 鱼

占地球表面70%的水域蕴藏着丰富的水产生物资源,食材水产有鱼类,腔肠动物,软体动物,棘皮动物,甲壳动物等。水产养殖业(Culture Fishery)中的水产品(Aquatic Products),是指人工生产的渔业(Aquatic Products Industry)中的动物、藻类的统称水产品。

全世界(1996年统计数)水产养殖种类270多种中有鱼151种、虾蟹类29种、贝类72种、两栖类与爬行类10多种,水产品按生活养殖环境水质类型和水产制品分类有:(1)海洋水产;(2)淡水水产。全世界已登记注册的脊椎动物亚门经济鱼类15304种,已知鱼类21万种,预计鱼类210万种中,已发现2万多种。

中国海洋面积中大陆架占全世界大陆架的27.3%,原产地海水加淡水鱼在2800百多种,海洋鱼类也称咸水鱼1500多种。黄海有小黄鱼、比目鱼260多种,东海有带鱼、鲳鱼400多种,中国南海有金枪鱼等1100多种海水鱼,2016年中国海洋生产总值6.8万亿元。

多种类的鱼体长从2cm至20多m,鱼肉体结构分鱼头、鱼尾、鱼体三部位,水泳动物鱼鳍按种类鳍部位名分背鳍、胸鳍、腹鳍、臀鳍、尾鳍等。鱼越新鲜黏液越少、腥味越小、肉弹性好。

常见鱼类鱼胆的毒性仅次于河豚鱼毒强度。

鱼类胆毒(毒素鲤醇硫酸酯钠 $C_{27}H_{47}O_8SNa$)强度如下:最大鲫鱼>团头鲂>青鱼>草鱼>鲮鱼>鲢鱼>鳙鱼>翘嘴鲌>鲤鱼>草鱼>拟刺鳊鮈>赤眼鳟。

胆汁无毒的鱼局限于河鳗、胡鲇、乌鳢、黄鳝、黄颡鱼、海鳗、海鲇、真鲷、石斑鱼等。鱼肉部位组织代表性模式名称分布图,参见图3-9。

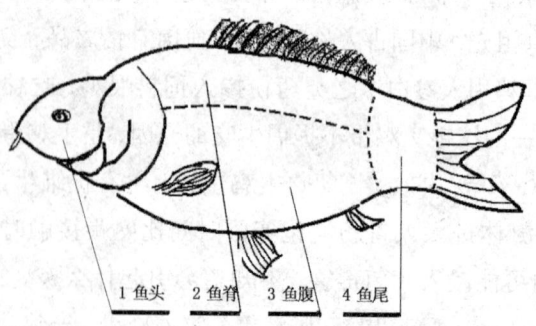

图3-9 鱼的肉部位组织名称代表性模式分布

海洋水产河豚鱼、西加鱼、海参、鲍鱼、蟹类、水母、海胆、海蛇等可能有毒素,要留意。海水鱼鱼肉中,含有不饱和脂肪酸高达总鱼肉重量的70%~80%。海水鱼常见种类品种有带鱼、黄鱼。品种分大小两类,大形黄鱼又称大鲜、大黄花、桂花黄鱼、小形黄鱼又称小黄瓜鱼、小黄花,鲳鱼又名银鲳、平鱼、鲨鱼、三文鱼学名鲑鱼又名大马哈鱼、黄颡鱼、鲨鱼等。

单尾鱼(Fish),生活在70%地球表面水区域水中的水生脊椎动物,生物学分类属于脊索动物门脊椎动物亚门,鱼终身生活在水中,以鳍的运动与辅助得以身体平衡,以鱼鳃呼吸、体温不恒定、部分鱼种具备鱼鳔,鱼心脏具有一心耳、一心室,听觉器官只有内耳,眼睛视觉器官可视距离在12米之内。

鱼体外形尺寸指全长,体长,体高,躯干长,尾部长,吻长,眼后头长,尾柄长等。鱼类按鱼骨骼特征性质分:(1)软骨鱼纲;(2)硬骨鱼纲。鱼肉肌纤维比畜禽肉细得多、富含肌红蛋白、血红蛋白、色素蛋白、多种酶。白色鱼类的肉,具有丰脂类、糖原、维生素等。虾、蟹也具有鱼类横纹肌肉组织。鱼体肉与畜禽肉大不同,参见鱼体肉图3-1中示意图可见:鱼体的肉部分对称地分布在脊背两侧通常称体侧肌,每体侧肌再由水平隔膜划分背肌、腹肌。鱼体肉指的是鱼的腹肌、侧肌、背肌以及头部面肌等。淡水鱼去掉鱼腥味,鱼肉更鲜美,通常需要将鱼本身含有的氧化三甲胺还原成三甲胺,再将三甲胺溶解或变性去鱼腥味,去鱼腥的鱼菜肴才能彰显鱼菜特殊风味。淡水鱼中的名鱼还有凤尾鱼又名凤鲚、黄鲚、鲚鱼。雌凤尾鱼叫籽鲚、拷籽鲚,雄凤尾鱼又叫小鲚鱼,河鳗学名鳗鲡,为鳗鲡科淡水鳝又称青鳝,太湖新银鱼又名小银鱼、面条鱼、面丈鱼,丽鱼科非洲鲫鱼原产地约旦坦噶尼喀湖又名尼罗罗非鱼,淡水白鲳又名淡水鲳,原产于南美洲亚马逊河学名短盖巨脂鲤属脂鲤科,大马哈鱼、鲇鱼、泥鳅等。去鱼腥味的方法有:(1)喂养法,活泥鳅、鲤鱼、草鱼等放入清水中,加少许醋,对活鱼养几天让鱼吃进一些油水或醋液混合液,让鱼吐出污物,让鱼体氧化三甲胺与醋还原成三甲胺溶解于水,两三天工夫后喂养鱼腥味大大减少。鱼腥气味主要成分是三甲胺,三甲胺化学分子式$(CH_3)_3N$为呈弱碱性、有氨和鱼腥气味物质,熔点-119℃,沸点3.2~3.8℃,通常是无色气体。三甲胺遇有机酸生成中性盐、易溶于水、乙醇、易燃。鱼类肉内腥气味三甲胺氧化以后成为氧化三甲胺鲜味物质,死鱼体内氧化三甲胺很快还原为腥气的三甲胺。厨师烹调巧妙地用酒除鱼腥,很有道理。(2)码味法,用调料姜、葱、蒜、醋、料酒、芫荽等化合物对鱼体(块、条)均匀码拌15~20min,也可使鱼腥味减少。(3)油烹法,用油脂热处理煎、炸、蒸、烧等可去鱼腥、增香。(4)汤水法,用沸水余一下称"飞水"使三甲胺凝固去掉鱼腥味。

3.1.16.1 鳙鱼

鳙鱼(Bighead Fish)地方名称花鲢、黄鲢、黑鲢、红鲢、麻鲢,又称大骨头鱼、胖头鱼、黑胖鱼、大头鱼、包公鱼等,与白鲢(鲌)又名鲢鱼、鲢子头的区别在鳞白而比较大、头小、刺卡多些。花鲢或白鲢都可生长到35kg以上,这类淡水鱼以蓝藻为主饲料,生长速度快。鳙鱼肉最清香、鳙鱼头也叫鱼头云益脑、鳙鱼肠治人体中气虚弱晕眩。

每条1.5g小鳙鱼长成1kg重解剖鱼肠可看到一肠的蓝绿色粪泥,1亿尾食藻类鱼苗长成3kg左右成鱼18000万斤将消耗了大约144t藻类。生长1公斤鳙鱼肉活鱼肉,饲料比为鱼肉:

藻=1:30~10,这就是说1kg鱼肉是由30kg藻类微小浮游动植物饲料养殖生产,利用这个理论放生鲢或鳙鱼吃"蓝藻",可预防湖水、江水蓝藻泛滥成灾,实现"小鱼治水"。养殖5年龄雌鱼鳙鱼体长92cm/体重13.5kg,8年鱼体重21.5~40kg。鳙鱼与青鱼、草鱼、鲢鱼、鲤鱼等8种食藻鱼类被美国人称为"亚洲鲤鱼",是分布在长江、珠江等水系的典型常见淡水鱼。

鳙鱼又称大骨头鱼、胖头鱼,分类属无颌总纲—辐鳍鱼纲、骨鳔胶鱼总目、鲤形目、鲢亚科(中国产2属2种)鳙属。鳙鱼特征:鱼鳃上方有呈螺形的鳃上器、鳃膜左右相连而不与峡部相连,鳃耙细长、长着密密呈海绵状的鳃,下咽牙齿行排列4/4,下咽骨穿孔1~2个,头大,头长度是身体长的大约0.3%~0.34%,在侧线鳞96~110枚,臀鳍条11~15根。鳙鱼体侧有许多不规则黑色斑点,胸鳍大,末端超过腹鳍基部,属于摄食在浮游中上层鱼类。4~5年龄性成熟,绝对生殖力(生产鱼子数)为63万~348万颗粒,产卵时期为每年5~7月,产卵时水温度20~27℃,产浮性卵。鳙鱼每生长1公斤摄入藻类60公斤,太湖鳙鱼、鲢鱼2014年生产2.6万t吨消化蓝藻120万t,相当于从太湖水域带去氮897.22t、磷202.1t、碳3119.43t,人们吃了这类以藻为食的鱼后并不会影响健康。淡水鱼代表性经济常见种类有青鱼又名青鲩鱼、青根鱼、马青鱼、螺蛳青、鲩鱼、黑鲩、青鲩、青鲭、乌鲭、溜仔、鲭等。鲤科淡水鱼种类中中国有500多种,其中主要种类青鱼、草鱼、鲢鱼、鳙鱼鱼俗称四大假鱼,是中国传统淡水养殖的主要鱼类。中国淡水鱼养殖场地选择主要有:(1)围网养鱼;(2)池塘养鱼;(3)稻田养鱼;(4)莲塘养鱼;(5)渠港养鱼;(6)坑凼养鱼。

鱼饲料首选浮游生物植物类硅藻、甲藻、蓝藻、金藻等。

鱼饲料采用部分浮游动物类原生动物、轮虫、枝角类、桡足类之外,还采用底栖动物螺类、蚌类、水生昆虫及其幼虫,采用浮萍类、水花生、菹草、苦草、轮叶黑藻、黄丝藻、马来眼子菜,以及玉米粉、豆腐渣、酒糟、麸皮、蚯蚓、人粪尿、菜叶梗、蚕豆茎叶、鹅菜、苏丹草、黑麦草、马齿苋等。

3.1.16.2 青鱼

青鱼(Black Carp 或 Herring)地方名青鲩、青棒、钢青、乌鲭、黑鲩、黑鲲、螺蛳青、青根鱼、乌青鱼等,分布在长江以南水系的青鱼分类属硬骨鱼纲鲤科雅罗鱼亚科(中国产14属26种)青鱼属青鱼头尖,稍平扁,青鱼眼间距呈弧形,青鱼体形呈圆筒形,尾部侧、胸腹鳍各一对。青鱼扁下咽牙齿1行粗大、呈臼齿状,咀嚼面光滑,背鳍3~7根,臀鳍条3~8根,侧线鳞39~45枚,咽齿1行排列4/5。青鱼属于摄食在浮游底层鱼类,以软体动物为主要饵料,雌鱼在长江里4~5年龄性成熟,绝对生殖力(生产鱼子数)为100万~695万颗粒。草鱼也称"鲩"、馄子等,草食,肚大。以草为主饲料的草鱼大肚婆又名鲩,不同于青鱼,草鱼嘴巴上没胡须。青鱼产卵时期在每年4~7月,9~10月大青鱼最肥,产卵时水温度20~27℃,产浮性卵。

母青鱼体重大的个体,可长到70多千克以上。青鱼肉气味甘、平、温,入肝脾胃经,有补气和胃、养肝明目、祛风除湿、利水消肿、宁心补肾食疗功效。青鱼枕(头枕骨)蒸干研粉服治心腹痛、祛水肿。青鱼肉每100克营养素成分代表参考值主要有:热量116~118kcal,水分73.9g，蛋白质20.1 g，脂肪4.2 g，碳水化合物0.2 g，胆固醇108mg，硫胺素0.03 mg，核黄素0.07 mg，尼克酸2.9 mg，VE总E0.81 mg，钙31 mg，铁0.9 mg，锌0.96 mg，磷184 mg，钾325 mg，钠47.4 mg，铜0.06 mg，镁32 mg，锰0.04 mg，硒37.69μg，VA μg，视黄醇当量73.9μg，胡萝卜素2.4μg。

青鱼肝菜肴誉名"青鱼秃肺"，为上海老正兴特色菜。

3.1.16.3 鲤鱼

鲤鱼（Fish Carp）地方名鲤子、鲤拐子、青马、桃花春、亚洲鲤、亚洲大鲤鱼等。产地广泛分布在黄河、长江、湖泊淡水水系的鲤鱼有"群鱼之首"美誉，鲤鱼分类属鲤形目分布在地球7个区、鲤亚科中国产5科17属原鲤属中杂食性鱼类，以水底栖息动物、水草、丝状藻类为饵料。

鲤鱼口小、亚下位，唇厚、唇部具有小乳突，须两对，下咽齿3~4行白白齿、齿冠比较平、呈1×1×3/3×1×1、匙子形状，具有1~5道沟纹，背鳍条3~4根或9~22根，臀鳍3~5根。雌鱼3年龄性成熟，绝对生殖力（生产鱼籽数）产20万~100万颗粒卵，产卵时期为每年2~7月，产卵时水温度18℃，产黏性卵，成年鲤鱼每天摄入可达其体重40%的水草、浮游生物或蚌等软体动物。

3.1.16.4 鲫鱼

鲫鱼别名鲋鱼、寒鲋、喜头、鲫瓜、鲭等，属鲤形目原鲤属鲫属（中国产4种以及亚种），观赏金鱼的祖代鱼鲫鱼口无须，下咽齿行呈4/4，背鳍3~20根、臀鳍3~8根，侧线鳞26~33枚，脊椎骨4+30~32，鳃耙37~56根，刺很多味鲜嫩属杂食性鱼群之一。雌鲫鱼性成熟绝对生殖力（生产鱼卵籽数）为1134~62346粒，雌鲫鱼2龄产卵1134~11302粒，3龄产卵3476~23482粒，4龄产卵21342~45674粒，5龄产卵33462~62346粒。鲫鱼产卵时期为每年4~7月。

雌鲫鱼绝对生殖力可达7.6万~14.5万粒，产卵时水温度18~22℃，产黏性卵，鲫鱼染色体2n=100、染色体数为162，大的个体可长到1kg以上。

3.1.16.5 鳜鱼

鳜鱼（Mandarin Fish）又名季花鱼、花鲫鱼、水豚、桂鱼等，棘鳍鱼总目鲈形目鲈亚目鲈总科鮨科鳜亚科（中国原产3属10种）鳜属（5种）的鳜鱼，分为鳜鱼、大眼鳜两类，俗称桂花鱼、鲜花鱼、桂鱼。

鳜鱼的上颌具有辅上颌骨，从吻部穿眼直达背鳍前方有一条褐色斜带，下颌多少突出于上颌之前，下颌两侧犬齿发达，前两颌内行牙齿不能倾倒，背鳍11~13根棘、背鳍棘部与鳍条部相互连接，身体长度为高的2.6~3.4倍，前鳃盖骨下缘有强大的锯齿状棘，幽门盲囊数目40~400个，侧线有孔鳞110~142枚。鳜鱼属肉食性凶猛鱼。雌鳜鱼2~3年龄性成熟，绝对生殖力（生产鱼籽数）为2446~165314粒，产卵时期为每年5~8月，产卵时水温度18℃，产浮性卵。

3.1.16.6 黄鳝

黄鳝（Finless eel；Mud eel）地方名长鱼、血鳝、田鳗、爱鱼、地精、海蛇、鱼蛋、鱼单、罗鳝、泥鳎橡、无鳞公主等，鳗类淡水鱼属合鳃目合鳃亚目合鳃科黄鳝属鳝鱼也称鳝鱼。黄鳝体型如蛇无鳞无鳍体色黄褐色或橙黄色，浑身富有滑腻黏液，富含组胺酸、氧化三甲胺等鲜味物质。全世界黄鳝种类有6种，鱼体鳗形，体背黄色或黄褐色，全身散布有许多不规则黑小斑点，褐色口裂上缘由前颌骨及部分颌骨组成，鳃孔位于鱼头的腹面，左右鳃孔连合成∧横裂，鳃3～4个通常退化，体裸露光滑无鳞，背鳍、臀鳍、尾鳍相连，尾小鳍有8～10根分枝鳍条。底栖类、喜穴居的黄鳝鱼，终身生活在浅水稻田、水塘、河湖等环境里，喜欢依靠吃水生昆虫、幼虫、小鱼、蝌蚪、幼蛙等肉食性饲料成长。黄鳝无胸鳍；腹鳍小有2根鳍条，咽以及肠具有呼吸空气功能，无鳔，肛门位于体长后1/3处，体长为身高的21～25倍。鳝鱼1龄鳝鱼体长173.2mm，2龄鳝鱼体长286.3～660mm，3龄鳝鱼体长至300～700mm，5龄鳝鱼体长570.3～700mm，7龄鱼体长（雄性鳝）685～750mm重量达1.5kg。3龄鳝性成熟有绝对生殖力（生产鱼子数），产卵时期为每年7～8月，产卵时水温度18～22℃，产黏性卵，8龄鳝性成熟绝对生殖力为605～1474粒。

死鳝体内维氨酸在脱羟酶与细菌作用下产生维氨毒素，从而黄鳝血清与死鳝、没熟鳝人不能吃；黄鳝肉内含鲜味氧化三甲胺物，死亡鳝肉被氧化或细菌作用三甲胺物分解产生氨气、三甲胺、硫化氢、吲哚等奇臭、有泥土味，黄鳝颌口可能有线虫及其囊蚴，对摄入者有皮下出现疙瘩、厌食等病症；活黄鳝肉质细嫩每百克鳝重含VA原20～890μg、VE1.34～1.53mg、硒34.56μg、胆固醇126μg等具有祛风活血、补中益气、降血糖、除风湿、去狐臭等食疗功效。

3.1.16.7 泥鳅

2007年泥鳅（Loach），中国出口离岸价格1400美元/吨。泥鳅别名鳅、鳍鱼、鳅鱼、鲷鱼、蛸鱼、"水中人参"、鳛鱼等，海洋泥鳅称海鳅，江鳅生活在江水环境下，湖水环境饲养泥鳅形体较小只能生长到两三寸长，泥鳅目前没有专门从事泥鳅育苗的企业和专业户，泥鳅苗育依靠人工捕捞。鲤形目鳅科泥鳅属种类有泥鳅又名广鳅鱼、鳅鱼等，大鳞副泥鳅，中华沙鳅又名钢鳅，中华花鳅又名花泥鳅，长薄鳅俗名薄鳅、花鳅，内蒙古泥鳅（埃氏泥鳅），拟泥鳅，青色泥鳅、二色泥鳅10多属50多种。生活在温度25～28℃淡水的二年小泥鳅可长到100g重，长江产薄鳅尾重可长到1.5kg，环境15℃以下不吃饲料，环境6～7℃以下休眠。一年雌泥鳅产卵1754粒，5年雌泥鳅产卵16172粒。生活在富有泥土的稻田、水塘、河湖里或大海里，泥鳅种类常见淡水鳅鱼主要分为：（1）黄板鳅；（2）青鳅；（3）灰鳅。

特征体型细长的泥鳅鱼鳃为呼吸器官，之外其肠也具有呼吸功能，肠呼吸废气由肛门排出，故水中泥鳅活动人看见水面泛小气泡。鳅成鱼（体长20～30cm单尾100～150g）似鳝鱼的无鳞鱼形。每百克鱼重含VA原14μg、胡萝卜素1.8μg、硒35.3μg、胆固醇136μg、脂肪2g，泥鳅肉脂肪含量低、含胆固醇少、含少量二十碳戊烯酸不饱和脂肪酸、西河洛克蛋白、含磷酸甘油酸变位酶、磷酸葡萄糖脱氢酶等，具有对人体暖中益气，醒酒，解消渴，通络益肾、祛湿解毒等功效。泥鳅肉适合高血压、贫血、水肿、糖尿病、软骨病、盗汗、肝炎、阳痿、痔疮、皮肤瘙痒、化疗副作用等癌病患者食用。《物类相感志》记载:灯心草煮鳅鱼,味道比一般煮法要好。菜谱有泥鳅清汤、啤酒清蒸泥鳅、手撕泥鳅、泥鳅烧香芋、玉须泥鳅汤、泥鳅豆腐、红枣煲鳅鱼汤、辣子泥鳅、泡椒泥鳅、干炒泥鳅、热泡泥鳅、香辣泥鳅、砂锅泥鳅、香酥泥鳅、东北酱炖泥鳅、干锅泥鳅等。

椒盐泥鳅做法:(1)水面滴定适当食用油后放入活泥鳅清水养40～50h,水养过程中换清洁水2～3次以驱散泥鳅肠泥杂物;(2)冷锅置入少量水与泥鳅后快紧地加压锅盖;(3)开大火、加热杀鱼;(4)一次油锅五成热放入泥鳅温炸,炸至鱼身凝固捞出筌油;(5)二次七成热热油锅热油炸固硬泥鳅至金黄色半成品;(6)热油调味锅加干红辣椒切碎小圈、姜、葱、蒜,出香;(7)半成品泥鳅三次入调味锅润香;(8)香干泥鳅添加料酒、醋、胡椒粉、食盐、味精等入味后,冷却至30℃真空包装。

3.1.16.8 鲥鱼

鲥鱼(Reeves Shad)又称鲥鱼、鲭鱼、土鱼、三黎、时鱼、喜头鱼、童子鱼、三来鱼等,属于辐鳍鱼纲新鳍鱼亚纲真骨鱼部鲱形分部鲱形目鲱科鲥亚科鲥属暖水性中、上层洄游鱼类,通常生活在中国沿海、长江口、长江、珠江等水系以及朝鲜、中国南海一带。诗《念江鲜》咏:往日春夏开渔时,天然江鲜让人思。品尝镇江鲥鲀鲥,鱼、虾等味儿,美滋滋。鲥鱼上颌中央部分有明显的缺刻,身体无斑纹,纵列鳞41～47枚,臀鳍基底长,鳃耙细密(48～54)+(93～95)根,鲥鱼鳞脂肪丰富可增加烹调鲜味;鲥鱼摄食虾类、太平洋磷类、口虾蛄、多毛类、糠虾、乌贼鱼及小鱼类、箭虫、大型桡足类生物。春天鲥鱼到江、河口溯源逆水上行产卵,产卵时期长江口为每年6～7月,绝对生殖力(生产鱼卵籽数)为150万～250万粒,大的个体可长到体长400～600mm、重量3.8多千克。

鲥鱼鱼体内组织中含有鱼呈卵圆形或肾囊形鳔,鳔气囊发达。长江江鲜刀鱼(Coilia ectenes),是镇江市土产的与长江鲥鱼、河豚史称的"长江三鲜",鲚鱼俗称长江刀鱼、刀鲚,学名长颌鲚,为长江洄游性鱼类体型狭长侧薄、无侧线,头小而尖,嘴白鳃红鳞银、尾长而细如尖刀,成年鱼生活在长江沿海春天夏天到长江产卵。长江江鲜河豚(Globefish),俗称河豚鱼,学名虫纹东方鲀。河豚鱼鱼头圆形、口小、吻圆钝,上下颌骨与牙愈合成为4个牙板具中央缝,鼻孔在头部每侧1个或2个,体无鳞或有鳞变的小刺,体腹侧部有皮褶子,背部黄褐色至黑褐色、腹部白色、鳍通常为黄色,背面与腹部均光滑,胸鳍上方具一黑色大斑,背侧面具有许多大小不一的白色斑点、有些呈虫纹形状,尾柄长度约为柄高度、尾鳍截平。河豚鱼为暖温性近海底层生物食性鱼类,棘鳍鱼总目鲀形目鲀亚目鲀科东方鲀属虫纹东方鲀种,河豚鱼,雄性鱼2龄性成熟,雌鱼3龄性成熟,绝对生殖力(生产鱼卵子数)为78000～230000粒、产卵时期为每年4～6月底,产卵时水温度12～18℃,产沉性黏性卵,1龄鱼体长235mm,2龄鱼体长305mm,3龄鱼体长450mm。河豚的肉毒性弱,必须洗去血的沾染物,才能成为美食。河豚卵巢、肝脏、皮肤有毒,内脏及血可以提出河豚毒素,河豚毒素属于非蛋白质小分子高活性高专一性神经性剧毒毒素;临床上河豚毒素可治疗精神痛苦、有局部麻醉作用,对晚期癌症患者有止痛、镇静、镇痉、降低血压等作用,这个品种鱼的河豚毒素每克价值1万美元以上。中国农业部渔业渔政管理局2015年11月公布《国家重点保护野生动物名录》录有长江的鲥鱼、鲻鱼、河豚等。

3.1.16.9 带鱼

带鱼(Belt Fish)又名刀鱼、鲥鱼、牙鱼、鞭鱼、鳞带鱼、大带鱼、青宗带、白带鱼、裙带鱼、海刀鱼、脚带鱼等。为辐鳍鱼纲棘鳍鱼总目鲈形鱼系鲈形目带鱼亚目带鱼科带鱼属带鱼,全世界99属32种内中国产5属9种,带鱼属中的中国带鱼品种是区别于白带鱼、南海带鱼、短带鱼、小带鱼、叉尾带鱼的特有海鱼种群;中国海特产特有名贵优质品种带鱼鱼类,这种带鱼,个体大、体延长、侧扁呈带形状,头尖长,尾部细长如鞭,鳞退化,无腹鳍、无尾鳍,脊椎骨100个至160个。带鱼全长为肛肠的3倍左右,额骨骨化程度低,左右额骨可分离,侧筛骨上无骨片、无骨刺,背鳍灰白色,属暖温性中、下层集群洄游鱼类。带鱼摄食虾类、太平洋磷类、口虾蛄、多毛类、糠虾、乌贼鱼及小鱼类,1~2龄性成熟,3~4龄性全部成熟,绝对生殖力(生产鱼卵籽数)为12200~435900粒、产卵在黄海为5~6月、渤海为6~7月、东海为3~10月,南海全年有带鱼产卵。

带鱼有五个品种群(海州湾群、海礁群、梅林群、汕尾群、三亚群)是中国海洋四大渔业之一,中国第一位海味带鱼,年产量在40万~50万吨水平,上市商品分保鲜带鱼;咸带鱼两大类。

带鱼表皮鳞退化生长银膜含咖啡因,带鱼银膜可用于提取6-硫代乌嘌呤,提取物是治疗白血病、胃癌、淋巴肿瘤的原料药。带鱼多脂、味甘、性平,主补五脏、尤补肺功能。

带鱼肉对于过敏体质的人是发物,慎食。

3.1.16.10 黄鱼

黄鱼又名在棘鳍鱼总目鲈形目鲈亚目鲈总科石首鱼科黄鱼属中,分大黄鱼(俗称大黄花鱼、Large Yellow Fin Tuna、桂花黄鱼)又名大王鱼、黄瓜鱼、石首鱼,小黄鱼又名黄花鱼、小黄花、小鲜等。为中国渤海湾、黄海、台湾、东海至南海一带暖温性海水中、下层洄游的主产鱼。黄鱼是中国海水网箱养殖产量最大的鱼类品种,1971年中国捕捞大黄鱼197197吨、1988年产量下降至18083吨。黄鱼文化色彩浓厚的中国消费市场,历史上年产量曾经达到20万吨,人们期望大黄鱼文化在中国复兴时代再次将临。

黄鱼成鱼基因组包含48条染色体比人类多两条,为750M相当人类的1/4,背鳍与侧线间鳞8~9行(小黄鱼5~6行)、脊椎骨26个(小黄鱼29个)。黄鱼摄食虾类、太平洋磷类、口虾蛄、多毛类、糠虾、乌贼鱼及小鱼类,1~2龄性成熟,3~4龄性全部成熟,绝对生殖力(生产鱼卵籽数)为39900~900600粒、产卵时期为每年4~5月底,产卵时水温度12.5~14℃大约在84小时孵化出仔鱼。黄鱼肉对于过敏体质的人是发物,慎食。

3.1.16.11 鱼的营养价值

食材鱼:(1)草鱼又名鲩鱼;(2)鲢鱼又名白鲢;(3)鲫鱼;(4)鲈鱼又名花鲈、寨花、鲈板、四鳃鱼;(5)鲇鱼又名胡子鲢、黏鱼、塘虱鱼;(6)鳗鱼又名鳗鲡,分河鳗与海鳗品种中河鳗又名白鳝、蛇鱼、银鱼;(7)泥鳅别名鳅鱼等。大多数鱼肉蛋白质,可被必需氨基酸化、鱼肉内的水分与脂肪的增减关系是逆向相互反应,脂肪中富含多不饱和脂肪酸(Polyunsaturated Fatty Acids, PUFA),1970年才发现鱼PUFA有降低血压、胆固醇、防治心血管病方面生理活性。联合国FAO/WHO组织1973年提出氨基酸计分之模式(AAS):鲍是73(Trp),蝾螺是83(Trp),对虾是88(Val),蛤蜊100,梭子蟹100,沙丁鱼100。鱼、贝类食材各种碳水化合物成分主要有糖原(Glycogen)、黏多糖,鱼、贝的肉抽提物。(1)含氮成分:①氨基酸;②低聚肽;③核苷酸及其关联化合物;④有机盐类(甜菜碱胍基化合物);⑤其他低分子成分。(2)非含氮成分:①有机酸;②糖类。(3)挥发性脂肪酸,鱼、贝的肉中VA与无机盐具有一定数量、海水鱼有一些色素、都有各种各样的鱼腥气味,鱼腥气味含:①硫化合物有:硫化氢、甲硫醇、二甲基硫;②挥发性含氮化合物有:三甲胺(TMA)、二甲胺(DMA)、氨。(4)植物性气味挥发性羰基化合物。(5)非羰基中性化合物:①己醛;②1-辛烯-3-醇;③1,5-辛二烯-3-醇;④2,5-辛二烯-3-醇。(6)呈味物质有游离氨基酸、低分子肽、核苷酸及关联化合物、有机盐基化合物、有机酸。鱼肉营养素参见表3-13。

表3-13　　　　　　　　　　　　鱼肉内常见营养素含量　　　　　　　　　　单位:%

种类	名称	水分	粗蛋白质	粗脂肪	碳水化合物	无机盐
淡水鱼	鲥鱼	64.7	16.9	17.0	0.4	1.0
	鲤鱼	77.4	17.3	5.1	0.0	1.0
	花鲢鱼	83.3	15.3	0.9	0.0	1.0
海水鱼	带鱼	74.1	18.1	7.4	—	0.9
	鲨鱼	70.6	22.5	1.4	3.7	
	大黄鱼	81.1	17.6	0.8	—	0.9
有关水产	淡水螃蟹	71.0	14.0	5.9	7.4	1.8
	青虾	81.0	16.4	1.3	0.1	1.2
	乌贼鱼	80.3	17.0	1.0	0.5	1.2

活鱼反应灵敏游动活泼,冻鱼通常适合在-8~-6℃保鲜。

鱼制品按加工法不同分干制品、腌制品、鱼糜制品、冷冻制品等。腌、糟、干的鱼统称"鲊",加工鱼酱法有:去鳞、净洗、拭令干。脍法披破缕切之,去骨,成鱼一斗、用黄衣三升、白盐二升、干姜一升、橘皮一合,和令调均,内瓮子中,泥密封,日曝。熟,以好酒解之。

淡干鱼制品有:鳕鱼、鳀鱼、鲱鱼、沙丁鱼、鲨或鳐鱼鱼翅(鱼鳍 Shark's Fin);大黄鱼或鲍鱼、鮰鱼鳔加工鱼肚(Fish Glue);软骨鱼皮制品有魟鱼、鲨鱼等,刷去皮上血污迹杂肉的硫磺熏制鱼皮(Shark's Skin),以及鱼唇部加工而成的鱼唇(Shark's Skin)、鱼头部或脊梁骨、支鱼鳍等骨骼去骨上血污迹杂肉的硫黄熏制加工而成的白色半透明鱼骨(Fishbone);鱼脊骨髓或鱼筋干制品鱼信(Fish Spinal Cord as Food)。

盐鱼制品有盐干沙丁鱼、盐干蓝圆鲹、狭鳕、黄鱼鲞、鳗鱼鲞、龙头鲆等腌干品;煮熟干鱼制品有熟干沙丁鱼、熟干海蜓鱼等;冻干品有狭鳕(明太鱼)干、鱼块、鱼片等;盐腌制品有鲐鱼、马鲛鱼、草鱼等;木材烟熏火燎制品有鲑鱼、鲱鱼、鳕鱼等;含食盐2%~3%的糜制品有:鱼糕、鱼丸、鱼卷、鱼肉香肠、鱼糕等;鱼罐头;鱼子酱;熏鱼片等。

鱼一旦被环境有毒有害因素污染物沾污,千万别再做食用以免食物中毒。通常鱼胆囊含氢氰酸、组胺、胆毒素有毒,未去毒作废弃物处理;河豚鱼产于咸水与淡水交界处地区江中品种有百余种,通常河豚鱼肝、卵巢、皮肤、肠、睾丸、肾、血液、眼睛、鱼鳃、鱼子等有河豚毒素。

3.1.17 虾

无脊椎节肢、棘皮、半索、软体、环节、线形、扁形、腔肠、原生等18门低等动物中甲壳纲十足目长尾亚尾水生小动物虾,与鱼同类属于鳞部水生动物,全世界有3.8万多种。

水产食材虾(Shrimp),又名文字鰕、蝦,分淡水虾、海水虾两类,海水虾有对虾(Prawn)、龙虾(Lobster)、南极磷虾、口虾蛄(皮片虾 Mantis Shrmp)、中国毛虾、鹰爪虾、南美白对虾、墨吉对虾、竹节虾(日本对虾、花虾、车虾)、草虾(斑节对虾、老虎虾)、中国对虾(大虾、对虾 Prawn、明虾、雌虾又名青虾、雄虾又名黄虾)等都属于昆虫又叫六足动物。其中中国毛虾、白虾、斑节虾、条虾、单尾常见2~4cm重500多克。自然界野生龙虾年龄可活百余年。樱虾科毛虾体一寸左右长,黄海白虾也称"脊尾白虾"体2寸左右长,"虾蛄"体五寸左右长,"大龙虾"体长尺余重六七斤,小龙虾(Red Swamp Crayfish)学名克氏螯虾又名螯龙虾、淡水龙虾,腐食性动物小龙虾在南京卫生检测中,未发现存在可致横纹肌溶解的化学物质。虾生长轮轮数隐藏在连接身体与眼球部分的眼柄的胃磨(胃壁上有三个像牙齿一样突出于胃腔,基于肌肉作用控制,胃壁上的牙齿可将食物磨碎),从胃磨切片显微镜下观察到的虾生长轮轮数可以判断生长年龄。江苏盱眙小龙虾形成养殖、捕捞、贩运、加工、烹饪、调味品产业链、品牌价值72亿元、年交易量达18万t、交易额30亿元,盱眙已成为全国最大的龙虾集散中心和市场价格的风向标。甲壳虫甲壳纲十足目游泳亚目动物是节肢动物门昆虫纲又称甲壳纲十足目游泳亚目对虾科动物统称。龙虾眼球基部眼柄,生长有胃磨。虾胃磨突出于胃腔,基于肌肉控制可将食物磨碎,虾这种咀嚼结构称胃磨,胃磨生长轮轮线表现甲壳动物生长年龄,龙虾生长年龄可能在16~70年。

虾皮原料中国毛虾,属于甲壳纲樱虾科小动物。南极洲身长6cm的磷虾存活量在5亿t左右。

淡水虾有:(1)淡水龙虾(又称螯虾派河下科克氏原螯虾、红螯螯虾、小龙虾);(2)米虾(中华米虾和细足米虾);(3)小长臂虾;(4)白虾(罗氏沼虾、脊尾白虾、短腕白虾、秀丽白);(5)沼虾(又称青虾、中国沼虾、日本沼虾)。

淡水江河湖海中沼虾种类分别有:①罗氏沼虾;②海南沼虾;③日本沼虾俗称青虾。中国是世界沼虾原产地之一。

中国沼虾中的青虾合理养殖水面理想实验水面面积1~2亩为一个单元、生产用3~10亩一个单元,5000亩以上称为大规模。

通常河虾(Shrimp)与海虾(Lobster)营养素成分参见表3-14。

表3-14　　　　河虾(Shrimp)与海虾(Lobster)营养素成分(/100克)

虾类	热量	蛋白质	脂肪	糖类	胆固醇	叶酸	泛酸	烟酸
河虾	84千卡	16.4克	2.4克	2.2克	240毫克	57微克	0.3毫克	2.2毫克
海虾	93千卡	18.6克	0.8克	2.8克	193毫克	23微克	3.8毫克	1.7毫克
虾类	钙	铁	磷	钾	钠	铜	镁	锌
河虾	32毫克	4毫克	186毫克	329毫克	133毫克	0.6毫克	60毫克	2.2毫克
海虾	62毫克	1.5毫克	228毫克	215毫克	165毫克	0.4毫克	46毫克	2.3毫克
虾类	硒	VA	VB_1	VB_2	VB_6	VB_{12}	VD	VE
河虾	29微克	48微克	0.04毫克	0.03毫克	0.1毫克	1.1微克	104微克	5.3毫克
海虾	33微克	15微克	0.01毫克	0.07毫克	0.12毫克	1.9微克	123微克	0.6毫克

镇江青虾(雌虾体长6.9cm×5.8g 雄虾体长6.1cm×11g,寿命14~18个月,雌虾有生长脱皮和生殖脱皮、雄虾只有生长脱皮,雌虾抱子量600~5000粒);养殖要点技术规范:(1)《渔业水质标准 GB 11607》《无公害食品——淡水养殖用水水质 NY 5051》规定;(2)原产地环境符合《农产品安全质量无公害产品产地环境要求 GB/T 8407.4》《环境空气质量标准 GB 3095 中氟化物(F)、氮氧化物(NO)、二氧化硫(SO_2)、总悬浮颗粒物(TSP)》;(3)《无公害食品——鱼用配合饲料安全限量 SC 1051/2》;(4)《NY 5158 无公害淡水虾》;(5)监控点①水温0℃以上养(越冬池20~28℃),12℃以上喂,18~30℃控制(24~28℃)管理环节,有日监理(深井泵)记录表。②光照有自然变化记载。③水质溶氧量≥(3~5)5mg/L(溶解氧监控仪),盐度0.3%~0.2%,EC值20~22,泥底区≥25%,水深≥0.8(1~1.8)m,pH7~8.5,水总硬度≤100mg/L。④青泥苔有害藻绿藻(水锦、水网藻)或蓝藻(微囊藻、囊球藻、丝藻等)。虾池治理办法可区别但也可选择其中之一:(1)换水;(2)晒滩;(3)撒草木灰;(4)撒生石灰水(100~150g/m³);(5)撒0.5kg/20kg硫酸铜溶液;(6)生态菌剂或菌粉调控。

生态菌剂菌粉成分为:(1)光合细菌;(2)纳豆芽孢杆菌;(3)蛭弧菌;(4)酵母菌;(5)乳酸菌;(6)根霉杆菌等组成。生态菌剂菌粉含活菌数≥$1×10^{10-9}$cfu/g,含水分≤10%。辅助药剂为农用石灰(生石灰又称氧化钙)、60目沸石粉(15~20千克/亩)、增氧剂(去硫化氢用0.1mg/L双氧水溶液300~500毫升/亩)、腐植酸、过氧化钙、杀藻漂白粉、络合铜杀藻剂(螯合铜——杀丝状藻、夜光藻)、二氯异氰尿酸氯钠杀藻剂、四烷基季铵盐络合碘。

虾饵料水草常用:(1)空心菜(水蕹菜);(2)伊乐藻;(3)黄丝草;(4)聚草;(5)轮叶黑

藻;(6)苦草;(7)茳草等。苗幼虾饵料选择:(1)水蚤(红虫);(2)轮虫;(3)卤虫;(4)浮游植物鼓藻、裸藻、绿藻等。浮游动物轮虫、卤虫、枝角虫、桡足类,水生植物苦草、轮叶黑藻、马来眼子菜等,天然水生小动物水蚯蚓、河螺、河蚌(上等)之类是虾蛋白质类型饵料。人为饵料有黄豆粉、豆饼、菜籽饼、棉籽饼、米糠、豆腐渣、花生饼、麦麸、小麦粉等,加工配合饲料成分有螺蚬、蚕蛹、蝇蛆、禽畜内脏、杂鱼粉、微量维生素氨基酸无机盐等。虾饲料营养素要求含有蛋白质36%~42%,脂肪6%~12%,碳水化合物15%~25%。池塘养殖水红棕色或油绿色水调控小球藻、金藻、硅藻、绿藻、隐藻、甲藻藻相平衡,第一天施尿素500克/亩(或生态菌剂腐熟鸡粪150~250千克/亩),第二天施ST 500毫升/亩,第三天施ST300毫升/亩,控制养殖水氨氮≤0.3mg/L,防止出现蓝绿藻水华(水面呈云彩状臭绿莎用硫酸铜≤0.4千克/亩泼洒总面积的1/5后开增氧机),控制养殖水亚硝酸盐≤0.2毫克/升,控制养殖水硫化氢≤0.1毫克/升。运输水温6~8℃,10℃要放冰块降温、供氧。

虾肉营养特征:虾具有胆固醇含量193~240毫克/100克,维生素C为0,为高胆固醇食材,需要知道的是虾肉内含虾青素(Astaxaanthin)、虾红素(Astascin)、胆固醇伴生,有丰富的能够降低人体血清胆固醇的牛磺酸。

虾肉性温、甘,适合心血管病患者、肾虚、阳痿者选食。

3.1.18 蟹

国家基因库长江流域种质资源中心首个中华绒螯蟹(Crab)活体保存库,中国蟹种类资源600多种,2015年4月落户镇江市丹阳市丹绿渔业专业合作社,为"镇江江蟹"品牌运作提供了基础平台。甲壳虫甲壳纲十足目爬行亚目短尾部蟹胸部,有附肢八对(前三对为颚足,后五对为螯足和步足),腹部附肢雌四对,雄两对,头胸部背面盖以头胸甲,腹部扁平紧贴在头胸部腹面,头部有附肢五对(触角两对,大颚一对小颚两对)。蟹品种:(1)中华绒螯蟹统称螃蟹,毛蟹又名河蟹、湖蟹(口蟹)、清水蟹、绒螯蟹(江蟹)、锯缘青蟹又名锯缘蟹、青蟹、闸蟹、膏蟹、雄蟹肉多又称肉蟹,锯缘蟹中的雌蟹怀卵成熟叫作膏蟹;雄蟹增肉叫作肉蟹;锯缘蟹出水不容易死,经济与营养价值高。(2)海洋蟹三疣梭子蟹又名梭子蟹、黎明蟹(狮子蟹)、海蟹、枪蟹、蟛蜞等。

3.1.19 甲鱼

甲鱼(Turtle)常见中华鳖属爬行动物鳖科又名鳖、老鳖、中华鳖、团鱼、王八、元鱼、脚鱼、神守、水鱼、圆鱼等,身体分头部、颈项、躯干、四肢、尾巴五部分。

甲鱼躯干略呈圆形,头部略呈三角形,眼小、颈长、背部隆起有骨质甲、甲外包裹以柔软皮层、皮肤上有颗粒状小疣排成纵行棱起,腹面由竖骨一根横骨数根组成,腹面肉黄色有浅绿色斑,骨与骨骼之间有肌肉连成一体,表层也裹着软皮,体边缘柔软部分称裙边,头和颈可自由完全伸缩出入甲内,头和颈、四肢、尾巴、背部褐色,四肢肥壮各有5指(趾)其中3指(趾)有爪,指(趾)间有发达的蹼,尾巴短小,四肢与尾巴也有较强伸缩力,背部橄榄色有黑斑。

甲鱼肉鲜美,"菜花甲鱼"或"桂花甲鱼"烹为"冰糖甲鱼"或"清蒸甲鱼"具有补劳伤、壮阳气功效,肠胃炎、胆囊炎、失眠病患者不宜吃。

3.1.20 软体水产品

水产品除爬行动物、棘皮动物海参等之外,还有有瓣鳃的软体动物文蛤、贻贝、牡蛎、毛蚶子、栉江珧,腹足类鲍鱼、香螺等,头足类乌贼鱼(墨鱼 Cuttlefish Meat)、章鱼,腔肠动物海蜇。腹足纲动物螺蛳、鲍鱼,瓣鳃纲动物海笋、蚶子、贻贝、牡蛎、江珧、蛤、河蚌等,许许多多的海洋生物都可作为人类营养品,它们也是虫杂类食材中的佼佼者。中国沿海产紫海胆(Sea Chestnut),长海胆科体半球形棘长壳径3~10cm高1.5~5cm体色暗紫、生殖巢黄白色食海藻的紫海胆的生殖巢,可生吃也可盐渍罐藏作为调味品。海参种类中的刺参科中国海参(Sea Cucumber)体圆柱形好似小黄瓜样,海参前端口周围生有20个触手、背面略隆起有圆锥形肉刺排列为4~6不规则行,腹面有三行管足,海参体色黄褐色或黑褐色、绿褐、长20~40cm,海参多糖具有抗肿瘤食材治疗功效。中国沿海海蜇(Jellyfish)又名水母、白皮子、石镜等,海蜇皮分海蜇头称三矾海蜇,是腔肠动物中适合人食用最佳低胆固醇(8mg/100g)、高碘菜肴。

3.1.21 虫杂类

虫杂类动物广意种类多、范围大,包含禽兽之外一切小动物两栖动物、无脊椎动物、脊椎动物等,虫,泛指动物,《礼记·儒行》记载:"鸷虫攫搏。"《大戴礼·易本命》:"有羽之虫三百六十,而凤凰为之长;有毛之虫三百六十,而麒麟为之长;有甲之虫三百六十,而蛟龙为之长;有倮之虫三百六十,而圣人为之长。"虫,为动物的通称,是生物中最微小的一类,其物虽小不可与麟、凤、龟、龙、虎(大虫)相比,但这类食材确与人类相伴历史悠久。

虫,通常是指成虫体分头、胸、腹三部分,头部具有口器三对和触角一对复眼一对或单眼三个、胸部分三节具有足三对翅一对或两对或全缺、腹部具有7~13节,体表一般被以几丁质的外骨骼。

虫,气管发达用以呼吸,有唾腺及马氏管,雄虫生殖孔位于口后第九腹节,后方具有茎阳,雌虫生殖孔位于口后第八或九腹节,后方具有生殖突围绕。虫,多卵生(蚜虫卵胎生),神经系统集中在头部。

虫机体内确实存在着丰富蛋白质和多种特殊营养素成分的物质,有一些虫又是食用、药用中成药原料,比如蛇胆、蜈螂、蚂蝗、蜘蛛、蜈蚣等。古时人或当今美食家由于某种缘故对昆虫类"快餐"很有兴趣,传说法国有些人吃蜗牛、炸苍蝇、烤蟑螂、蒸蛆蛹、炖蛐蛐等,柬埔寨人吃老鼠、金龟子、黄丝蚂蚁、青蛙小蝌蚪等,越南人嚼蝴蝶、爬行动物蛇(起源于1.3亿年前蜥蜴)、蚯蚓等。小动物虫 Insects),又称虫子、昆虫,昆虫或类似于昆虫的小动物又指六足虫。截至2005年人类已知150多万种动物中包括其中的3000多万种昆虫,史称虫杂类动物。虫杂类动物有常见植物与大动物所不能取代的一些营养素,可以成为人类不可替代的食、药两用材料3000多种。

狭义虫杂类动物，指100多万种类群无脊椎动物内的部分节肢动物，这类小动物类群主要分为节肢动物门肢口纲、昆虫纲、蛛形纲、甲壳纲、多足纲等，中国古往今来有3000多种杂虫类被各地老百姓作为"小餐"或"下酒菜"。昆虫学家指出："昆虫含有异蛋白是过敏来源，过敏体质的人，要小心吃昆虫引起身体某种过敏反应，某些人吃昆虫过敏反应有胸闷、心悸、面目苍白、头晕、恶心、喉头堵塞症状等。昆虫纲30多个目780000种昆虫内，虫杂类动物的200万多种中有95%属于低等动物，常见虫杂类动物食材有：(1)棘皮动物中的海参；(2)节肢动物中的虾、蟹、蝉（蚱蝉又名知了）、蝗虫、蜘蛛；(3)软体动物中的田螺、乌贼、牡蛎、蜗牛、乌贼；(4)环节动物的沙蚕，环境动物寡毛纲蚯蚓（Earthworm）又名地龙、土龙、曲鳝、蛐蟮，膜翅目昆虫纲蚂蚁（Ant）又名蚁、玄驹、蚍蜉，蚂蝗（水蛭）等。

腹足纲蜗牛科蜗牛（Escargot）又名水牛儿，鼻淋虫蜓蛐螺。节肢动物蛛形纲二长跨科有蝎子（Scorpion）又名蝎虎子有600多种，哺乳纲啮牙齿目仓鼠科小动物有老鼠（Rat）种类有田鼠、麝鼠、竹鼠、家耗子。

两栖纲蛙类田鸡（Frog）又名蛙、水鸡、坐鱼、哈鱼、中国雨蛙、树蛙、黑斑蛙、泽陆蛙、虎纹蛙、花姬蛙。蛙种类还有牛蛙、中国林蛙（中国有29种树蛙、蛤士蟆）、中华大蟾蜍、石蛙等。

现代人从药用正在恢复为保健食欲需要，认为蜂乳内酶类、黄酮类化合物对于抑制癌病发生发展有效，认为蜣螂又名屎壳郎对尿道结石预防有用，利用天然蜥蜴类爬行动物的蛇肉（Snake）、两栖动物蛙类田鸡（Frog）、鸟纲雨燕科白腰雨燕或金丝燕口延唾液与海藻等胶黏物的燕窝（Bird's-nest）又名燕菜(分白燕菜、毛燕菜、血燕菜)等作食用、药膳菜肴。

益虫，又称资源昆虫，脱水干燥动物制品虫杂、鱼、虾、或玉兰片笋制品、干菜等，涨发办法选：水发，油发，碱发，盐发，砂发，硼砂发，火发，石灰水发。烤发等初步热处理选；过油，走红（冷或沸腾水）焯水，然后蒸，制汤等。

3.1.22 蜂产品

蜂产品（Bee Products）品种包括蜜蜂科蜜蜂（Honeybee）、大量自然界的蜂蜜（Honey）简称为(蜜)之外，还有蜂王浆又称蜂乳（Royal Jelly）、蜂蜡（Bee Wax）、蜂花粉（Bee Pollen）等，以及蜂蜜蜂王胎、雄蜂蛹、蜂蜜成虫、蜂粮、蜂巢、蜂毒、蜂脾、蜂胶及其营养滋补品。

现代产蜜饲养蜂世界总数量5469万群（3万~6万只工蜂/群）内，内含中国蜂群700多万群，中国蜂群饲量居世界拥有量首位。昆虫纲鳞翅目蜜蜂科蜜蜂（honeybee）之外，还有昆虫纲鳞翅目蚕蛾科家蚕幼虫蚕蛹（silkworm chrysalis）又名小蜂儿、蚕儿、桑蚕蛹。古化石研究学者指出，地球上蜜蜂的历史至少在1.5亿年以上。中国春秋战国时代范蠡著《致富全书》就已经记录了养蜂、采蜜、驱除害虫方法。

3.1.22.1 蜂蜜

殷墟甲骨文出现"蜜"字，1800年前中国有了专业性养蜂蜂农，1982年中国拥有633万群蜜蜂，蜂蜜年产量达11万吨，中国当前年产蜂蜜40多万吨，国内年消费30多万吨。

蜂蜜（Mel，honey，Beehoney）或称：石蜜、石饴、蜜、食蜜、白蜜、蜜糖、蜂糖、白沙蜜等，产品生产形式分机械分离蜜或巢蜜,分离蜜为将蜂巢中储存的蜂蜜用分蜜机通过离心机作用脱离巢脾上的蜜,生产过程有蜂群组织、管理、物流、取蜜、存贮等。

蜂蜜真品分:家养蜂蜜、野生蜂蜜,单一花种蜂蜜(Unifloral Honey, Monoflofloral Honey,),多花种(混合)蜂蜜(Multiofloral Honey)。

家养蜂蜜深黄色、洁净杂质少呈稠厚液体,野生蜂蜜呈不规则块状。蜂蜜根据从蜂巢中提取方法可选择权名称区别有:(1)采用离心分离从蜂巢提取的蜜称提取蜜;(2)采用压榨蜂巢的方法提取蜜称压榨蜜;(3)采用引流方法从蜂巢提取的蜜称引流蜜。

蜂蜜按形态冠名有:(1)呈液体态、结晶态、混合态的蜂蜜。(2)无卵蜂巢蜂房部分与蜜一起销售的蜂巢蜜。(3)蜂巢蜜切块销售的大块蜜。

巢蜜为储存在新的具有特定形状小块密封盖巢脾中优质蜜,巢蜜较完好保留着蜜源花芳香、醇酸鲜美滋味、蜜质纯正、无须任何加工、不易掺杂使假。无污染纯度高、营养全面的蜂蜜,利于肾脏病、高血压、肝炎、便秘等病症者食用。蜜蜂巢蜜,有大自然最完美营养食品之称。巢蜜生产需要巢蜜格,巢蜜格储蜜快、封盖完整,蜜表面与巢蜜格黏附蜂胶。巢蜜类蜜中油菜花或棉花蜜容易出现结晶。蜂蜜按生产方式划分:(1)分离蜜即常见蜂蜜;(2)压榨蜜;(3)未加工天然巢蜜。

结晶核多的油菜花蜜、棉花蜜容易出现结晶,紫云英蜜、荞麦蜜、刺槐蜜、苕子蜜等在10~16℃易出现结晶,40℃以上不易出现结晶或结晶被溶解。

通常蜂蜜存贮24±2℃环境可保鲜5个月。已结晶蜂蜜,65℃水浴40min变为液体,蜂蜜经71℃以上水浴热杀酵母菌后能防止蜂蜜再发酵。中国蜂产品国家标准蜂蜜(GB/T 18796和NY 5134《食品安全国家标准·蜂蜜》商品标签)及蜂胶标准(NY/T 629·5136和SB/T 10096)理化标准(蜂蜜不等于蜂蜜制品)参见表3-15。

表3-15 蜂蜜或蜂胶标准

蜂蜜(蜜)	一级品	二级品	蜂胶	指标
水分/%	≤20	≤24	水分/%	
果糖和葡萄糖/%	≥60		总黄酮类物%	≥8
蔗糖/%	≤5~8		氧化时间s	≤22
酸度 1mol 氢氧化钠 mL/kg	≤4		75%乙醇提取物含量/%	≥55
羟甲基糠醛/(mg/kg)	≤40		致病菌	不得检出
淀粉酶活性1%淀粉溶液/mL(g·h)	≤4		蜂蜡与75%乙醇提取物含量/%	≤45
灰分	≤0.4~0.6		相对体积质量	1.127左右
C-4植物糖	≤7		沸水中溶解度/%	≤5
致病菌	不得检出		熔点/℃	65左右

一级蜂蜜指20℃波美度42以上的紫云英蜜、刺槐蜜、椴树蜜、荔枝蜜、柑橘蜜、白荆条蜜等,二级蜂蜜指20℃波美度41的油菜花蜜、棉花蜜、枣花蜜、葵花蜜等,三级蜂蜜指20℃波美

度40的乌桕蜜等,等外蜂蜜指20℃波美度39的荞麦蜜、桉树蜜等。单一花蜜蜂蜜1N氢氧化钠滴定毫升数<4表示酸度中性费氏反应为负,不允许出现发酵征状,不允许出现掺入可溶物质,淀粉酶40℃以下1h转变<1%,蔗糖含量<5%,还原糖>65%,水分<25%。蜂蜜里180多种不同成分物质中,主要有5%~85%果糖与葡萄糖,水分含有16%~25%,蔗糖5%左右,其余有少量麦芽糖、松三糖、微量多种氨基酸、维生素、矿物质、芳香物质、有机酸、酶类、生物活性物质及棉籽糖等。蜂产品内可能含吡咯里西啶类生物碱(PA)、石松胺、蓝蓟啶、钩吻碱甲、颠茄、东莨菪生物碱,PA生物碱在车前草、桉树、三叶草等600多种花蜜可能分布,蜂蜜中,如果残留PA生物碱,对人体会损伤肝导致肝癌。一般淡黄色或红黄色半透明黏稠浆状蜂蜜,当低温度时会有部分呈灰白色或结晶相。蜂蜜是蜜蜂采集花蜜发酵的蔗糖转化物葡萄糖和果糖。蜂蜜为葡萄糖:果糖=1:1组分的蔗糖转化糖;蜂蜜成分一般为含葡萄糖36.2%,果糖37.1%,蔗糖2.6%,糊精3.0%,水分19.0%,氮化合物1.1%,花粉及蜡0.7%,甲酸0.1%,微量铁、钙、磷等矿物质。蜂蜜新取过饱和的糖液体20℃时比重1.369~1.411为黏稠、透明或半透明胶状体。已有研究认为天然毒素"吡咯里西啶类生物碱(PA)在蜂蜜中不得含有0.007μg/kg。蜜蜂为淡黄色至红黄色半透明黏稠浆状物,口感蜜甜略酸(酸度小于4),通常成分含有有机物、无机物60多种,其中果糖和葡萄糖约占70%,组分有36.2%葡萄糖、2.6%蔗糖、3.0%糊精、1.1%含氮化合物、花粉和蜡0.7%、甲酸0.1%、19.0%~25.0%的水分以及微量有机物铁、磷、钙、锌等矿物质。GB 14963《食品安全国家标准·蜂蜜》规定,商品蜜蜂为蜜蜂采集植物的花蜜、分泌物或蜜露与自身分泌物混合后经充分酿造而成的天然甜物质,糖度大于39度、还原糖含量大于65%、蔗糖小于5%、酶值8以上、无费氏反应,不允许出现发酵状态。真蜂蜜不得人为掺入水、淀粉、蔗糖、饴糖、甘露蜜、果葡萄糖、淀粉糖浆、大米糖浆等。中国中华蜜蜂、新疆黑蜂、高加索蜂采酿紫云英、苜蓿等花蜜源,巢蜜通常不易结晶,色泽浅淡,口感好。

3.1.22.2 蜂胶

蜂胶(Pro Polis)蜂胶英文含义是"蜜蜂城市涂抹物"。蜜蜂修补蜂巢分泌的黄褐色或黑褐色黏性胶体为蜂胶(Beesgum),蜂胶是植物树脂和蜜蜂腺体分泌物两种不同属有机物结合的黄酮类活性物质复合体,是蜜蜂从植物芽孢或树皮上采集树胶混入其上腭腺、腊腺的分泌物经酿加工成为芳香胶体。蜂胶在气相色谱与质谱仪定性鉴定发现,蜂胶营养素成分由20大类380多种不同物质成分组成,基本成分主要有55%左右的树脂和香脂、30%左右的蜂蜡、7%~10%的挥发油和5%左右的花粉。约5~6只蜜蜂一年只能生产70~110g蜂胶。纯蜂胶比重1.112~1.136不溶于水的不透明固体、折断面呈砂粒状、切面似大理石呈黄褐色至黑色,处于5℃以下环境呈脆性易粉碎,低于30℃性脆,30℃以上软黏,36℃以上环境开始软化有塑性,60~70℃熔化成黏稠流体并分离出蜂腊。蜂胶化学成分中主要有70多种黄酮类(芦丁、槲皮素)物质、20多种有机酸、10多种酯类、10多种醇类、10多种醛类、20多种黄酮类、10多种萜烯类、6种糖类、20多种氨基酸类、近30种矿物有机物以及5~6种B族维生素等。蜂胶口感味苦、有点儿辣、黏牙。从蜂巢内采集的蜂胶大约含有55%树脂和香膏加30%蜂蜡、10%左右花粉、5%左右的芳香挥发油以及黄酮类化合物、阿魏酸、高良姜精、木可因、香草醛、肉桂醇等。

蜂胶主要成分以总黄酮类物质表示总共2721种黄酮类物中有高良姜素、槲皮素、芦丁、杨梅酮、莰菲醇、芹菜素、松属素、柯因8种黄酮类物质，其次还有白杨膳素、堪非素、7，4-二甲醚堪非醇、三甲醚芹菜精、二氢黄酮醇等。

蜂胶食疗功效收敛生肌，治皮肤皲裂，补虚化浊，消渴降脂等。按（SB/T 10096）蜂胶加工过程，产品蜂胶商品分毛胶、原胶、蜂胶标准溶液、蜂胶水溶液、蜂胶油、蜂胶干膏、蜂胶制品（食品、药品、化妆品）、蜜溶蜂胶，制品质量分优等品、一等品、合格品。

3.1.22.3 花粉

蜜蜂从各地采来花粉及其分泌物混合花粉（Pollen）称"蜂花粉（BeePollen）"，花粉分虫媒花粉、风媒花粉，是被子植物雄花蕊药或裸子植物小孢叶上小孢子囊内颗粒状粉体，也是花粉植物有性繁殖雄性配子体。花粉（NY 5137）中花粉糖含量可达40%、蛋白质10%～40%、其余有20多种人体需要的氨基酸、14种维生素、50多种矿物质，还含有牛磺酸、糖类、丁酸等10多种脂肪酸类有机酸、以及以糖苷形式存在的黄酮类化合物、酶类、甾醇等。雷公藤、羊踯躅等花粉有毒，吃花粉要吃卫生、安全、无公害花粉。花粉是人类微型营养宝库更是完全营养食品，花粉"主治心腹寒热歪风邪气，利小便、消淤血，久服轻身益劲延寿"。花粉品种分油菜花粉、玉米花粉、葵花花粉、荞麦花粉等，花粉尺寸大小（直径abc三维方向）2～500μm。花粉外形模式参见图3-10。

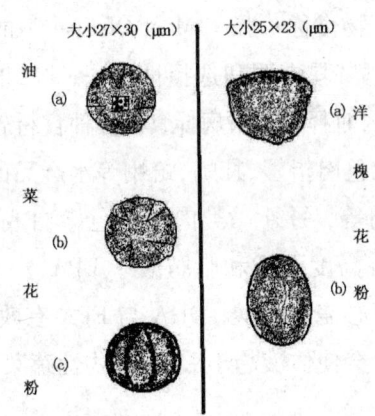

图3-10 蜂花粉直径abc三维方向尺寸大小模式

3.1.22.4 蜂毒

每羽工蜂的蜂体毒囊内可存蜂毒（Bee Toxin）约0.3mg，弱酸性蜂毒相对体积质量1.1313、含水量10%～85%、有芳香气味、黄色黏性透明苦味液体，含有多种生物学、药理学物质。

蜂毒主要成分有多肽类、酶类、生物胺、氨基酸、脂类、糖类、甘油、胆碱、蚁酸、磷酸、Mg－S－Cu－Ca之类矿物化合物等。蜂毒多肽类主要成分为、蜂毒明肽、肥大细胞脱粒肽、蜂毒肽、心脏肽、组胺肽、多肽安、度拉平等，酶类主要成分为磷脂酶S－A、透明质酸酶、磷酸脂酶等。蜂毒生物胺成分有组织胺、儿茶酚胺、腐胺、精胺等。蜂毒有抗菌、消炎、镇痛、降血压、抗辐射之类作用。

3.1.22.5 蜂乳

蜂王浆（Royal Jelly）也称蜂乳、蜂浆、王浆、蜂皇浆，是幼龄工蜂头部咽囊舌腺和上颚腺共同分泌的乳白色或浅黄色胶状物、有涩酸辛辣味、微甜有蜂香气味的浆状黏液。

蜂乳是幼蜂与蜂王的食材又称蜂王浆，也是人类和谐的营养品。根据蜂乳花粉蜜粉来源蜂乳分油菜浆、椴树浆、枣花浆、槐花浆、葵花浆、棉花浆、紫云英花浆、杂花浆等，经真空冷冻干燥固体粉的蜂王浆又名蜂王浆干冻粉（Iyophilized Royal Jelly Powder）。黏稠状蜂乳相对密度1.1、pH3.5～4.0微溶于水、在4℃储藏一个月不发生变质，在－18℃储藏两年不发生变质。

吃加热后的蜂乳，过敏现象可能减少。

3.2 荤腥性食材挑着吃

荤菜中的荤（Meat）与腥（Fish）相对与素餐（Vegetarian Meal）素的饭食而言，素餐起源于猿猴以树叶、根茎、果实、花蜜为食，抑或人类适合素食因为消化系统与草食动物象、牛、马、羊、猴等相像，抑或起源于僧尼们食俗与招待施主的吃斋等，抑或是人类胃酸与食肉动物的胃酸数量、浓度、强度相比只有1/20、人类肠的长度比食肉动物长两倍以上，荤菜为专指以鸡鸭鱼肉等动物肉及其副产物俗称荤腥（Meat Of Fish）的食材，古籍养生学学问多有〔辨析〕理论叙述指出肉、葱、蒜、臭、腥烹调和选择性吃法，按《旧唐书·王维传》说法居常蔬食不茹荤血，现代人因地择食、因时择食，因病择食，各种食材轮流转着有控制地吃。荤菜类重点的肉分无色肉或有色肉，无色肉指蟹、牡蛎、蛤蜊等水产品的肉，有色肉一类指色泽鲜红或暗红的肉例如猪肉、牛肉、羊肉等，另外一类肉指肉色嫩白或浅色调的肉如鸡肉、鸭肉、鹅肉、兔肉、鱼肉等。鱼脂肪中含有高度不饱和脂肪酸（EPA）、二十二碳六烯酸（DHA），这是人体内不能自己合成的生理必需脂肪酸，DHA与EPA有改善大脑功能、降血脂、抗血栓药理功能。肉类被人摄入体内后会使体液趋于酸性；植物性蔬菜、水果等在人摄入体内后会使体液趋于碱性。

3.3 栗子红烧肉

"栗子红烧肉(Pork Braise in Brown Sauce And Chestnut)"，营养素成分如下：(1)原料，五花肉750克，栗子250克，酱油50克，料酒25克，白糖20克，大葱25克，生姜25克，食用油50克，味精、团粉少许。(2)做法：①五花肉刮洗干净切成3cm×3cm方块，板栗去壳煮熟；②热锅中加入少许油，下白糖10克炒糖色后加肉块煸炒，看见肉上色转入砂锅内，砂锅内注入开水（汤水要加到淹没肉为度）同时下入熟栗子、料酒、白糖 10 克、葱姜，大火烧开汤改小火炖 20min，再加香油味精，团粉勾芡后汤一滚即成。栗子红烧肉营养素成分参见表 3-16。

表 3-16　　　　　　　　　　　栗子红烧肉营养成分

食材名称	重量/g	蛋白质/g	脂肪/g	糖/g	热量 kcal	维生素 B_1/mg	维生素 B_2/mg	维生素 C/mg	钙/mg	磷/mg	铁/mg
五花肉	750	90.8	405.8	9.8	2482.5	1.95	0.825	7.5	97.5	675	8.25
栗子	195	9.4	2.9	85.8	372.45	0.371	0.254	70.2	29.3	177.5	3.32
酱油	50	1.0		8.5		0.005	0.065		48.5	15.5	2.5
白糖	20	0.1		19.8					6.4		0.38
姜	25	0.3	0.1	1.5		0.02	0.013	3.5	3.0	11.5	0.15
葱	25	0.4	0.2	2.0		0.003	0.01	5.0	11.3	1.75
油	50		50					0.05	210	140	16
合计		102	459	127	5047	0.40	0.34	74	190	891	16.4

§4 食用菌、水藻

无叶绿素的海带、地衣、石耳、猴头菌等生物祖先,在地球上繁衍生了七万多年,是供人吃的蕈类、藻类丰富食材,也是低碳经济创新源、促进食物链良性循环热门项目之一。

蕈简介

蕈(Gill Fungus),为真菌担子类食用菌(Edible Mushroom),为中国自古代以来山珍海味食材之一;典型伞蕈类子实体为由蕈肉、菌环(内菌幕)、菌托(外菌幕)、鳞片、菌盖(又叫菇盖、菌伞)、菌褶(又叫菇叶、菇鳃)、菌柄(又叫菇柄、菇脚)、菌丝体结构构成如图4-1所示。

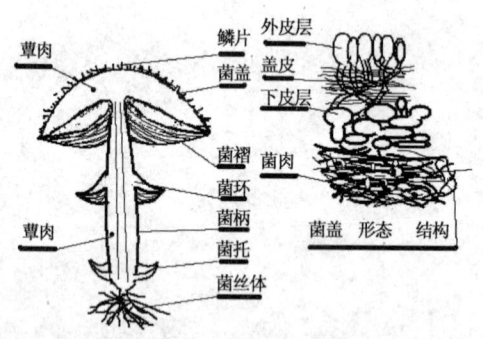

图4-1 伞蕈类子实体及蕈的菌盖形态结构

菌物界真菌种类有150万种真菌门40多万种担子菌子实体结构又叫孢子台的食用菌,不开花、不结果,都是依靠孢子进行繁殖,又称隐花生物。其中藻类十门、菌类三类、地衣门植物两万六千多种,在形态上无根、无茎、无叶分化过程因而被称为低等植物。低等植物中属于高等真菌的担子类食用菌称为蕈,蕈类食用菌伞状子实体菌盖分半圆形、半球形、斗笠形、漏斗形、浅漏斗形、喇叭形、马鞍形、圆筒形、圆锥形、卵圆形、钟形、圆形等,耳状子实体呈花瓣形、耳形等。蕈生长地下部分叫作菌丝体,菌丝能从土壤或朽木里吸收养料,地上部分由帽

§ 4 食用菌、水藻

状菌盖和杆状菌柄构成，菌盖有产生孢子繁殖器官。蕈类食用菌子实体繁殖器官种类多，个体悬殊，千姿百态，形状千差万别。蕈别名菇、菌、蘑、耳等，最大宗常见蕈种类食材蕈俗称食用菌，又称食用蘑菇（Mushroom），它们属于真菌门高等真菌包括鞭毛菌亚门、接合菌亚门、子囊菌亚门、担子菌亚门、半知菌亚门，广义的菌类（Fungi, Bacterium）为以寄生方式摄取有机物营养异养性，原核生物与真核原始生物包括细菌、黏菌、真菌三大类，菌类不含叶绿素功能的有细菌、真菌等，细菌（体形直径 0.1~10m），菌类是依靠无丝分裂进行繁殖的单细胞植物。

食用蕈俗称食用菌的五大栽培品种为：香菇、草菇、平菇、口蘑、木耳，新鲜菇类、藻类的蛋白质含量范围在 2%~4%，其余含 80% 以上的是生物水以及淀粉之类，真菌类鲜蘑菇蛋白质含有量可达到 4% 左右，干蘑菇蛋白质含量 20%~44%，1kg 干蘑菇蛋白质含量相当于 3kg 鸡蛋的蛋白质含量。

4.1 食用菌

蕈类生命世界（Living World）包括有胞真核生物、无胞原核生物、无细胞（核酸）生命体。有胞真核生物在植物界、菌物界、动物界，菌物界指真菌门、裸菌门，真菌门中担子菌亚门内有 1250 多种可食用蕈（菌子），食用蕈（Domestic Fungus）学名食用菌。食用菌是指生物界（原生生物界、植物界、动物界）被单独划分为菌物界可供人食用真菌（Fungus），真菌门藻状菌纲、子囊菌纲、担子菌纲、半知菌纲子实体肉眼可见徒手可采的一大类大型真菌（Macro-Fungus），有食用菌蘑菇菌、蘑菇蕈、蘑菰、肉菰、肉蕈、肉菌等简称菇（Mushroom）。误食毒蕈者 10min 发病为速发型中毒，≤6h 发病为迟发型中毒，6~72h 发病为慢发型中毒。搞不清的毒蘑菇第一不用；第二确认补丁形状、颜色金黄或红、黑、绿色、有萝卜气味、分泌物呈赤褐色的野蘑菇，不吃。吃了毒蘑菇的人会食物中毒（食源性疾病 Food Intoxication），食物中毒者要送医院急诊。

考古专家 1977 年从河姆渡新石器时代遗址出土化石中，发现了水稻、菌类等出土化石证明中国栽培和利用菇菌萌芽期距今历史在 9000 年之前，1995 年从琥珀中发现白垩纪距今 9000 万年之前的小蘑菇，《尔雅·中馗菌疏》注解"蕈与菌同，地菌俗呼蕈"，中国秦汉时期编著《神农本草经》药物学专著载药 365 种，书中将六芝、茯苓、猪苓、桑耳、五木耳、雷丸等菇菌类列为益寿延年的良药，称菇菌类久服，安魂养神，不饥延年。汉朝时代旅游家东方朔《海内十洲记》和晋代道士葛洪《抱朴子内篇·黄白篇·仙经》游记文章中叙述的夫芝菌者，自然而生的五木种芝，芝生，取而服之，亦与自然芝无异，俱令人长寿，书中写道的芝与菌是公元前，古代中国人已掌握种芝技术的文字生动描述记录。世界第一本菌类区系志，南宋理宗淳佑五年即公元 1245 年由陈仁玉撰写《菌谱》专著中记录了台州地区 11 种菌类的形状、色味以及生长时间、采摘时间等表述中国食用菌进入产业发展期。《吕氏春秋·本味篇》里记述越骆之菌强调菌类在菜肴中的助鲜作用。唐代农书韩鄂所著《四时纂要》中种菌子法常以泔浇令湿，雨三日即生的记录。公元 1822 年阮元等纂修《广东通志》引《舟车见闻录》南华菇，亦家蕈也。南华菇即现代称草菇或称为秸秆蘑菇，简称秆菇。1911 年《英德县续志》记录溪头乡人开沟蓄水,其中用牛粪或豆麸撒入,以稻草踏匀,卷为小束,堆置畦上,五六尺作一字形,上盖稻草,旁亦以稻草围护免侵风雨,且易发热,半月后出菇蕾如珠,俗名老菇婆。1925年,南京金陵大学胡昌炽的孢子分离纯培养试验,均成功告。1927年,上海徐家汇陈梅朋福利公司人工栽培蘑菇场,1935年史公山著《食用菌栽培法》叙述了中国双孢蘑菇栽培方法。1932年后南华菇成熟种植技术,流传至东北亚、北非、欧洲等地外国,国外史称草菇为中国蘑菇(The Chinese Mushroom),又名白蘑菇。

菌物界种类150多万种里,真菌门物种还有40多万种,其中大型蕈高等菌类(Mushroom)有20多万种,蕈高等菌类中已被人类描述14万种蘑菇种类里,可供人类食用大型真菌9万多种内包含食用菌6000多种。发展食用与药用菌的科研、推动菌菇类生态化产业,是食材学面临的第六次产业革命上历史使命的技术领域之一。蘑菇的加工制品有干蘑菇、蘑菇油、蘑菇罐头、方便汤料、休闲食品、美容化妆品、功能饮料、风味调味品、蜜饯、糕点添加剂等300多种制品。

2006年中国菇产量占世界食用菌总产量70%以上,2012年中国食用菌产量2800万吨连续五年在世界总产量超过80%,中国菇业成为继粮、棉、油、水果、蔬菜之后的第六大种植业,当今中国菇业,也名副其实地成为世界食用菌菌种资源最多、贡献最大的国家。

4.1.1 食用菌对生态农业的作用

食用菌泛称菌菇生长发育,与其生存环境中的温度(5~33℃)、水分(40%~70%)、湿度(50%~90%)、空气(CO_2≤0.1%)、光照(红光620~760nm或200~400lx)、酸碱度(pH 7.0~6.5)有关系,与能够摄取到的营养因子(向生长基质摄取调养碳源、氮源、无机盐、维生素等营养素)和吸收效果密切有关。菌菇细胞内的各种无机元素,都是以盐类或离子形态存在的,不能在细胞体内新陈代谢而只能从环境中摄取,所以,人工培养菌菇必须根据需要向培养基中适度加入磷、钾、硫、钙、镁、铁、硒、锌、钼、硼等微量无机元素化合物。食用菌基质原料秸秆和树木类植物所含有纤维素、半纤维素、木质素是栽培菌类的主要碳源;豆饼和米糠、畜禽粪腐败物之类大分子有机氮(蛋白质),所含有各种氮化合物被菌菇菌丝体菌丝分泌蛋白酶水解后,成为栽培菌类的主要氮源。

菇菌农业生态子系统模式如图4-2所示。

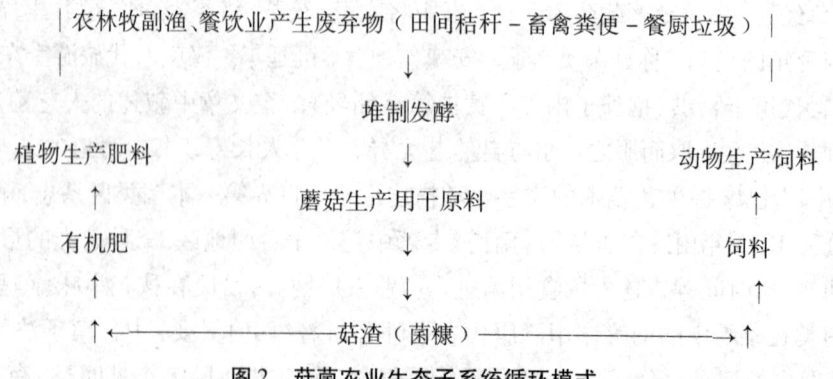

图2　菇菌农业生态子系统循环模式

菌菇生态产业中的原料秸秆是农林牧副渔产生的废弃物(田间秸秆、畜禽粪便、餐厨垃圾),

数量大、分布广，不用是害，有用是宝。在农林牧副渔特产产物循环利用中，食用菌处于现代农业生态循环利用技术把菌类生产放置于核心位置上，关系到国家粮食安全、农业可持续发展、农民奔小康、提高百姓体质、地球生态环境治理，菇菌农业生态产业是搭建农业循环经济的枢纽。中国商业栽培食用菌50多种菇栽培基质里，用的主要原料有：（1）树木（限制含有烯萜类物质≤0.1%的阔叶树之木），可以作为食用木腐菌蘑菇培养基材料的，有200多种的树木木屑及其段木，资源有限。（2）秸秆（含有木质素≤42%的草与草本植物）可以作为食用菌培养基材料有580多种。食用菌栽培基质里用的主要原料木屑难得、秸秆易得。因为阔叶树在中国森林资源里只占5%比率，而中国每年产出棉籽壳56万~100万t、玉米芯650万t、3亿亩玉米秸秆产量9000多万t，稻、麦、高粱、小米、油菜、落花生秸秆5亿~9亿t（按中国保障田18亿~21.7亿亩计），利用秸秆生态化生产蘑菇用基质，发展低碳化产业对大气碳资源有限循环和无序排放抑制作出了贡献。

食用菌子实体部分采收割取后，留下的废弃物以秸秆为主培养基叫作菌糠，近年来，已在养殖业循环经济中，成为养羊、养兔、养猪、以至养羊、养鸡等的饲料或饲料添加剂。菌糠饲料饲喂后，畜禽粪便当然也是有机肥的好原料。

4.1.2 菌菇主要营养素成分

食用菌子实体各种化合物组分及含量是研究菌类生理代谢水平的重要参数，也是评价菌类营养价值的物质基础。菌类化学成分会受到许多可变因子的影响，如遗传基因特性、不同培养基质、生长环境、菌龄日程以及发育状况等，都线性地影响食用菌营养分析结果。食用菌营养构成物，藏在肉质子实体组织里，因粗蛋白含量高有"植物肉"美称。

食用菌因含丰富多糖、多肽、甾醇、三萜类、甾类、香豆精苷、生物碱、有机锗、氨基酸等有益食用者增强体力、改善消化功能、有食疗药用价值。

食用菌干制品有机物构成中干物质有粗蛋白、脂肪、碳水化合物和粗纤维、维生素、矿物质、香味与药用物质。食用菌子实体繁殖器官种类多，个体悬殊，千姿百态，形状千差万别，子实体菌盖（俗称蘑菇）分半圆形、半球形、斗笠形、漏斗形、浅漏斗形、喇叭形、马鞍形、圆筒形、圆锥形、卵圆形、钟形、圆形等，蘑菇营养素代表性参数（每100克样品中分析含量）见表4-1。

表4-1 常见蘑菇主要营养素参数（每110g保鲜或/干的样品分析含量g）

项目	蛋白质	粗脂肪	粗纤维	总糖
玉米秸菇	鲜14.7-16/干	4.31-11/	3.54-15.4/	43.2/
平菇	鲜3.63/干19.46-27	/1.5	/8.3	14.521.2/
香菇	鲜12-14/干13-20	/1.2-1.8	7.8/31.6	/30.1
金针菇	鲜2.4/干26.2-31.23	0.4/4.9-5.78	2.7/7.8-9.0	3.3/52.4-54
草菇	鲜3.37-5.05/干37.13	0.68/1-6	1.24/4-10	4.43/9.88
双孢菇	鲜2.7-4.2/干38.7-40	0.1-0.3/3.3-3.6	1.5/17.2	1.2/14.4-31.2
茶树菇	鲜14.2/干23.11	/6.5	/0.4-14.4	9.39/

食用菌子实体营养素主要由碳水化合物、粗蛋白质两大部分组成,分为:(1)水分,肉质菌类新鲜子实体含水量在85%~95%,商品每百克重保鲜菇中蛋白质含量为15%~6%(通常达4%);每百克重干菇含水量5%~20%,干物质中为有机物。(2)粗蛋白,每百克重商品干菇含粗蛋白15%~60%(双孢菇含粗蛋白≥40%、珊瑚菌粗蛋白含量≥60%),通常可达15%~25%,菌菇1kg所含蛋白质数量相当于牛奶7.4kg的粗蛋白含量、相当于鸡蛋2kg的粗蛋白含量、相当于草鱼12kg的粗蛋白含量、相当于瘦猪肉1.7kg的粗蛋白含量。(3)粗脂肪,每百克重商品干菇含粗脂肪2%~8%,双孢菇含亚油酸占中性类脂部分脂肪酸分额的70%,可与红花油媲美。(4)碳水化合物和粗纤维,鲜菇碳水化合物含3%~28%(碳水化合物内多糖类为木糖、核糖、鼠李糖、岩藻糖、葡萄糖、半乳糖、甘露糖、蔗糖、氨基酸等)和0.3%~5.8%有机酸。菌类细胞壁由果胶一类物质构成,这类物质属于丁质,又称真菌纤维素(是N-乙酰葡萄糖胺的聚合物),菌类粗纤维真菌纤维素的含量一般为3%~39.4%。(5)维生素,菌类子实体(干菇)含有多种丰富维生素0.03%~1.8%,其中B族维生素、维生素D原、麦角甾醇、烟酸、VC、VA、Vpp等含量一般在6~690mg/100g。(6)矿物质,干菇含灰分7%左右内,分析数值常见显示土生型菌类灰分含量比较高,木生型菌类灰分含量比较高;生物碱有吲哚类、腺苷嘌呤类、吡咯类、萜类化合物、色素类物质。蘑菇灰分中含钾氧化物(K_2O)占总灰分50%左右(香菇灰分含碱性钾达64%属高级碱性食材),其余依次为P_2O_5、MgO、Fe_2O_3、Na_2O、CaO、Cl、V和微量元素(钼、锗、锌、硒)。菌菇类子实体生长过程长,还会随着培养料分解、吸收与转运部分金属有机物,进入子实体富集,让菇农生产富锗、锌、硒菌菇类子实体创新产品。(7)菌菇所含有的特殊氨基酸丰富(例如双孢蘑菇中的口蘑氨酸、鹅膏氨酸呈味化合物鲜度是谷氨酸钠鲜度数值20倍)。菌菇所含有的香味成分有150多种(例如香菇素、松口蘑香味成分甲基反式桂皮酸等)。菌菇所含有的活性多糖、活性肽、三萜类化合物、生物碱、色原酮、自由基清除剂、甾醇、微量活性金属元素等,其中著名的有云芝素,双孢菇含有的神经成长因子合成诱导促进物质、猴头菌含有的抑制癌细胞物质等。

肉质大型干基各种蘑菇蛋白质含量在20%~40%(鲜菇蛋白质含量≥2%~38%,比鲜牛奶蛋白质含量高得多)、硒含量在0.28~6.42μg/100g,游离氨基酸在20%以上。食用菌含有真菌多糖、三萜类物质、多肽、腺嘌呤核苷、牛磺酸、甾醇类、内酯等,对人体有一系列保健的营养成分。

菌菇栽培基质废弃物俗名菇渣,又称菌糠,干物质含有机氮、多糖、维生素、矿物质、木质素与蛋白质复合物等,可二次用作菌菇栽培基质或饲料添加剂、有机肥的原料。

4.1.3 生态栽培菌菇技术基础

现代农业生态循环利用技术,人为生态栽培菌菇,近几年大都是采用段木或人工配制培养料(称为代料)。菌类各级菌种(Culture Spawn)生长的基质又称曲、培养基(分为固体、液体、半合成、天然、贫瘠、加富、保藏、选择性、普通性能的培养基)。常用母种培养基(Medium)配方:(1)马铃薯(200g)+葡萄糖(20g)+麦芽粉末(6g)+琼脂(20g)加水(1000g)。(2)小麦或玉米粉97%+石膏粉3%与水1:1拌合均匀的原种培养基和栽培培养基等多种不同用途的培养基。配制培养基也称制曲,制曲工艺分固体发酵通风制曲和搅拌发酵罐标准通风液体制曲两类。

4.1.4 食用菌常用术语

食用菌形态、生理、遗传、育种、栽培、生产、加工、商品贸易等方面,为科研、教学、实验室交流需要,用一些菌菇形态、生长条件、子实体方面的微生物、碳源、氮源、子实体、固体发酵、液体发酵等术语。

4.1.4.1 微生物

微生物(Microbial)是肉眼看不见的微小生物的总称,微生物群含属于原核类的细菌(一滴腐败牛奶中可容纳50多亿个细菌)、放线菌、支原体、立克次氏体、衣原体、蓝细菌(又称蓝藻、蓝绿藻)、真菌(酵母菌、霉菌)、原生动物、显微藻类、非细胞类的病毒、类病毒、朊病毒等。

4.1.4.2 菌丝体

真菌(Macro Fungus),通常指食药兼用的大型真菌子实体(Fruit Body),是肉眼可见到的真菌(Fungus),种类分食用菌(Edible Mushroom)、药用菌(Medicinal Mushroom)、有毒菌、用途未知菌四类。

菌丝体(Mycelium)是生长在适宜基质上具有许多结实性的菌丝连接集合体或称菌体、菌种(Culture),菌种体由分枝有隔的菌丝组成在pH3~8环境下生长,成丛管状的菌丝体形成有"担子特征"分布,管状菌丝直径一般在2~20m。食用菌菌种包括结实性的菌丝及其继代培养物母种(Stock Culture)一级种、试管种、原种(Mother Spawn),又名一次菌丝;扩繁的二级种,又名二次菌丝;至扩大繁殖用于栽培用的栽培种(Spawn)又称三级种,又名三次菌丝。初生菌丝体(Primary Mycelium 尺寸单孢直径2~4m),也有双核菌丝(Secondary Mycelium),又称次生菌双核丝体例如双孢蘑菇菌丝。初生菌丝体顺序地发育成为次生(二次)菌丝体、三次生菌丝体(Third Mycelium),菌丝组织菌丝体,由很多数量菌丝在子实体中形成核根、骨骼菌丝、缠绕菌丝、生殖菌丝、菌索、白色菌丝束、菌核等,组成组织化菌丝体。食用菌菌丝组织菌丝体繁殖,选择目的菌株繁殖技术过程称为"发酵工程",真菌发酵工程技术分为:(1)固体发酵(Solid Fermentation, SSF)又称"固体培养";(2)液体发酵(Liquid Fermentation, SMF)也称液体深层发酵(Liquid Submerged Fermentation),1960年上海生理研究所香菇深层发酵成功。

4.1.4.3 子实体

菌丝从基质中吸取营养不断增殖,在适宜环境下便缠结生长成菌丝束,菌丝束是由具有结实能力的双核菌丝构成的有一定排列、组织化了的双核原基,双核原基在营养素与生长素激发下进一步分化生长出菌盖、菌褶、菌膜、菌环、菌托、菌幕等,菌丝束逐步生长成为具有繁殖后代功能的子囊果,食用菌供食用的菇体与耳片部分称子囊果又名担子果的都是子实体(Fruit Body)。子实体生长成功的发育体有裸果型(如银耳目、木耳目等),被子型(如鬼笔菌),假被果型(如牛肝菌等),半被果型(如伞形菌)。食用菌子实体菌盖又称菌帽,其直径生长尺寸达2mm～4m,它们中菌帽直径按品种不同各有大小,小的≤6cm称为小型、6～10cm称中型、≥10cm称大型。菌柄长度0.52mm～94cm,单体蘑菇重量,世界纪录达136kg。中国河北省1984年采到大蘑菇,身高22cm单体重量20.5kg。菌柄(Stalk)柱状组织上部伞状肉组织称菌盖(Tabula),菌盖下面辐射状薄片生长物产生担孢子片状结构叫作菌褶(Gill),菌盖上着生菌褶或菌孔组织称菌肉(Context),子实体垂直生长的管状生物体称菌管(Tube),一些胆子菌组成菌盖或产生子实层组织的中心部分称菌髓,两侧长有狭长分枝多紧密区称子实层。食用菌繁殖器官子实体主要由根部菌丝体、茎部菌托菌柄菌环菌褶、菌盖鳞片外菌幕内菌幕等组成。

4.1.4.4 菌菇生产种病虫害控用药

引起病虫害食用菌菇的真菌(Fungus)、细菌(Bacteria)、病毒(Virus)以及菌菇害虫(螨虫、线虫),低等真核生物真菌150多万种中,被描述真菌的1万属12万种广泛分布在空气、土壤、水、地球的各种物体上。菇菌体内外寄生的病虫害可能有寄生的、腐生的、传染生的多种类型,菇体生产栽培有时出现湿泡病、褶霉病、木霉病、螨类虫害、线虫害、软体动物或昆虫虫害、高温高湿高农药浓度高化肥浓度引起,菇体出现某种失控病态,病态菇有菌丝徒长、菇态畸形、不圆整地雷形菇态以及菇体发出氨味、黄斑、腐烂等。防控菌菇培病虫害基本用药有:栽培基质材料经石灰水浸泡或1500～2000倍多菇丰杀菌剂与0.1%氯氰菊酯喷施,生产过程适度应用多菌灵(苯并咪唑44号)百菌清、硫酸铜、硫磺粉、高锰酸钾、漂白粉、多菇丰或敌百虫、线虫清、菇虫净等。

4.1.4.5 菌菇保鲜

采收后没有经过加工的食用菌称为鲜菇(Fresh Mushroom),保鲜菇(Fresh-Keeping Mushroom),是经部分脱水并在低温设备技术处理和冷链物流条件下的鲜菇,鲜菇遇到冻害(Freezing Injury)或冷害(Cooling Injury)组织出水,商品率(Economic Rate)下降。适时采摘、乘干清理加工,是食用菌商品加工保鲜的关键。作为生命独立个体的蘑菇,采摘前依靠培养原料营养素维持生存营养活性。蘑菇保鲜法:(1)气调贮藏蘑菇需要高度气密度仓库与库房有冷藏系统、降氧系统、气体净化系统及增湿、温度控制、气压调节机电仪系统装备。

§4 食用菌、水藻

简单塑料薄膜（0.025mm 厚的 LDPE 低密度聚乙烯熔点100℃）保鲜袋包装500g/D，袋内 CO_2 为4%~5%存贮在6℃条件下可以保鲜20天。硅橡胶薄膜做成气体交换窗，镶嵌在塑料袋的侧壁组成袋，硅窗面积达 150~200cm^2 装50kg 双孢鲜蘑菇在10℃条件下可以保鲜7~10天。(2)速冻方法（-37~-40℃×30~40min 产品中心温度达到-18℃），再在-18℃相对湿度95%~100%冷冻仓库存贮时间可达1年。(3)化学保鲜方法，可以分别选用：用食盐（0.6%水溶液），稀盐酸（0.05%水溶液），焦亚硫酸钠（0.01%水溶液），亚硫酸钠（0.25%水溶液），硫代硫酸钠—抗坏血酸（0.1%水溶液），柠檬酸（0.1%水溶液），谷氨酸钠、二氧化碳、比久（B_9 化学名 N-二甲胺基琥珀酰胺 0.01%~0.1%水溶液），麦饭石—激动素（6-氨基嘌呤 0.01%水溶液），丙酸钙（0.3%水溶液），山梨酸钾（0.15%水溶液），百里香油、红苹果3号（0.02%水溶液）或次磷酸、硅酸铝、聚乙烯醇、聚乙酸酯乳液等添加剂。

4.1.4.5.1 菌菇采后物理保鲜

作为生命独立个体的蘑菇又名菌菇，采摘前依靠培养原料维持营养，采摘后靠消耗体内藏在酶作用下使用化学能维持生命。肉质鲜菇，吸入氧气释放 CO_2（如香菇 21~39℃ 情况下呼吸强度由 224.06 上升到 410.78ml/kg×h）、失水鲜菇光泽度下降、细胞纤维质化、疲软萎蔫、氧化还原酶与植物乙烯（C_2H_2）激发鲜菇后熟衰老褐变至腐败。菌菇体重大、细胞紧的双孢蘑菇、大球盖菇、草菇等鲜菇，采摘时间安排在上午 6~7 点或下午 5~6 点操作，采下立即预冷（1~5℃维持24h）冷后在 5~10℃后24h，子实体出水包装存贮在 15~20℃ 时出仓，准备上市场。气调贮藏蘑菇保鲜法，需要高度气密度仓库库房冷藏系统、降氧系统、气体净化系统以及增湿、温度控制、气压调节机电仪系统装备。简单塑料薄膜（0.025mm 厚的 LDPE 低密度聚乙烯熔点100℃）保鲜袋包装500g/D，袋内 CO_2 为 4%~5% 存贮在 ≤5℃ 温度条件下可以保鲜20天。硅橡胶薄膜做成气体交换窗，镶嵌在塑料袋的侧壁组成袋，硅窗面积达 150~200cm^2 装50kg 双孢鲜蘑菇在10℃条件下可以保鲜 7~10 天。速冻工艺制品处于 -37~+40℃ 维持 30~40min 产品中心温度达到 -18℃，速冻后再在 -18℃ 相对湿度 95%~100% 冷冻仓库存贮的保鲜工艺，菌菇加工后物理保鲜时间可达1年。

食用菌整菇体中含有的水分，包括菌体细胞中各种分子相结合状态化合水、细胞原生质胶体结合水、以游离状态存在的离子水。其中，离子水在保鲜菇体中含 70%~80%，整菇干制脱水过程，是一个菇体中结合水水分蒸发离子水脱去的过程，简称脱水。热空气能够传递给予菇体热量逐步带走水分，有下例公式展开菇体脱水趋势：$W_e = L(d_2 d_1)$ （kg/h），其中：W_e 为空气带走菇体水分重量，L 为空气流量，d_1 为吸入干空气湿度，d_2 为排放空气湿度。干法制食用菌方法有人工干燥和自然干燥两类，自然（干空气、干热风、阳光）干燥包括晾干或者晒干两种办法，人工干燥通常要求小于70℃热空气使用干燥机械烘干（可控制水分含量 ≤13%）。干燥机械以秸秆或煤制品、电能（真空干燥真空度 10~60Pa 和 -30℃。微波干燥微波频率 300MHz~300GHz，波长 1mm~1m，远红外干燥波长 8~14μm）为能源、用烘干装备中的炕、炉、窑或流化床装载菇料与配合自动化包装。

蘑菇片干制工艺：≤13% 10~15min（-18~140天原料选择切片，厚度2.5~3.0mm）菇柄≤1.5cm，保鲜后分一等（菇盖直径≤4.5mm）、二等（菇盖直径38~44mm）、三等（菇盖直径30~37mm）等级。脱水干制温度在30~40℃保温1h后，按2~3℃小时升温至50~60℃，直至脱水至含水率10%~12%符合工艺要求。蘑菇片品质等级分：一级产品片形完整、厚度均匀、色白有光泽、有菇香味、无焦斑、无开伞菇盖、无杂物，含水分≤8%。二级蘑菇片形完整、厚度均匀、色白有黄斑、有菇香味、无焦斑、有开伞菇盖、无杂物，含水分≤10%。三级蘑菇片、有菇香味无杂物无虫卵，含水分≤13%。

包装标示：产品名称、规格、数量、生产日期、保鲜期。

4.1.4.5.2 菌菇采后化学保鲜

利用化学药剂浸泡或喷洒菌菇身上，使菌菇身上表面与微生物隔离与抑制繁殖；或者利用化学药剂浸泡或喷洒菌菇身上，使菌菇体内的酶处于钝化状态、细胞代谢可以抑制，化学药剂能够使菌菇吸收后降低酶的活性、抑制细菌繁殖延缓细胞老化速度，达到食用菌同期短程保鲜目的菌菇化学保鲜利用药剂方法很多。蘑菇含食盐量17%~25% pH7.0，100℃杀青（≤3min）烫漂—冷却（小于30℃），加入适量香料黑胡椒、肉桂、大茴香、小茴香、花椒、柠檬酸调节风味时，包装桶存贮腌渍蘑菇外形丰满度可以保鲜15~20天。盐渍品预防菌花又称醭膜，需要pH2.5食盐水浓度22Be、食盐水中加入0.1%苯甲酸钠和0.4%柠檬酸（预防蘑菇黑心）。多数酵母菌能耐受25%食盐溶液产生的高渗透压力，黄曲霉菌黑曲霉菌在pH7环境下能耐受17%~20%食盐溶液产生的高渗透压力。盐渍工艺流程：原料菇去根即时选择→护色→漂洗→杀青→冷却→分级→盐渍→装桶后→上市。

4.1.4.5.3 食用菌罐藏

食用菌之类食材生产工艺上经过有效的高温（100~120℃）灭菌，能杀灭密封容器内食材及其辅料中的一切微生物生物体，幸存下来的极少数芽孢微生物、孢子体有存活机会大大降低。

食材罐藏品保藏期一般定为1~2年。

罐头里微生物芽孢（细菌的组织化休眠细胞）、孢子体等好气性霉菌、酵母菌之类腐败细菌，只有经过120℃维持4min或100℃维持6h才能将微生物杀死。

食用菌罐藏工艺要求：(1)准备选料，选料要（参考GB8950头罐厂卫生规范）选菇整体整齐、新鲜的，漂洗杀青，流动水温度小于30℃洗去菇体泥沙以及废弃物，沥干后沸水3~5min杀青。(2)分级装罐，菇体堆冷至小于40℃后整扎解开，挑选菇盖直径小于2cm、菇柄小于10cm、菇体整齐的作为一级品装罐（罐或塑料袋必须符合食品级有证明身份），有零碎菇体小于10%作为二级品，按分级规格注入汤液（配方1%熟食盐水）。(3)在75~85℃封罐口，真空度达到46.7~53.3kPa（350~400Hg）真空排气，95℃66.67kPa真空度封罐，冷却后检验合格者为产品。

4.2 藻类

地球上大约35亿~33亿年前出现原核蓝藻,在距今18亿年至14亿年前的地层,中国科学家发现种真核多胞生物最大化石是直径两毫米卷曲藻,近6亿年来地球生物世界第一大群是孢子植物包括藻类、菌类、地衣、苔藓、蕨属。孢子植物构造简单、无根茎分化、无绿色叶片、生殖器多为单细胞结构、个体发育过程中也无胚胎时期。中国晋代医学家在《时后方》中发表"海藻酒方",该酒方应用"昆布"泡酒供食者治疗甲状腺肿,古人谓"昆布"即海带,又名纶布、海草、西其菜、海昆布、海马蔺、长寿菜、江泊菜、黑菜、鹅掌菜等。南朝镇江人、药学家陶弘景《养生延命录》中撰写:海带"出东海,绳索把之,如卷麻,色黄黑,柔软可食;叶如手掌,出南海"。根据藻含色素、细胞结构、贮藏养分、生殖方法、生殖器官构造等,藻类细胞壁不易破坏,人体对其消化率仍能在60%~70%,只有少数人摄入后可能发生过敏反应腹痛、呕吐、呕心等,藻类毒素分别有:(1)腹泻性贝类毒素(DSP,甲藻 OA 毒素生成扇贝毒素);(2)麻痹性贝类毒素(PSP 山膝沟属涡鞭藻毒素);(3)神经性贝类毒素(NSP 短裸甲藻毒素);(4)记忆丧失性贝类毒素(ASP 红藻毒素);(5)加西鱼贝类毒素(CTX 甘比甲藻毒素)。

孢子植物苔藓、蕨类植物不同于种子植物区别在形态上,孢子植物没有根、茎、叶等分化过程,所以孢子植物称为低等植物(种子植物有根、茎、叶等分化过程,所以种子植物称为高等植物)。

植物学家已知4万多种藻类(Algae)有80% 3万多种微藻,221种海藻中有石莼菜、浒苔、礁膜等绿藻32种,海带、鹿角菜等褐藻64种,江篱、麒麟菜(琼胶原料)等红藻125种,蓝藻葛仙米、海雹菜等,其中红藻紫菜品种有10多种、地衣属石耳有25000多种、苔藓大叶藓23000多种、蕨属菜蕨100多种,还有硅藻、轮藻、黄藻、甲藻、金藻、裸藻等。藻类中小球藻、衣藻、水绵、紫菜、海带等藻类植物,利用细胞内叶绿素体或(红或蓝色)色素体,进行光合作用形成自养生命体。常见海藻主要指褐藻中的海带、马尾藻、铜藻、半叶马尾藻、螺旋藻、小球藻、绿藻、红藻等。

水生菜干海藻中含碳水化合物可能达50%以上,人类开发单细胞藻类、细菌、酵母、蘑菇蛋白资源的前景很远大,还有骨架多糖类、黏质多糖类、储藏多糖类、维生素、无机质、脂肪酸与甘油基类脂、苯酚化合物、色素、牛磺酸、活性肽、多不饱和脂肪酸、海藻膳食纤维、甲壳质及其衍生物、活性物质含氮成分游离氨基酸、L-a-红藻氨酸、异红藻氨酸、软骨藻酸、海带藻酸、肉质蜈蚣氨酸、天然活性肽等。

人类利用藻开发新食材、饲料、有机肥、工业原料等,干海藻含维生素 B_1 含量 0.3~4.6 mg/kg,VB_2 含量(以 Flavin Adenine Dinudeotide, FAD 形式) 10mg/kg, VC 含量大于 1000 mg/kg, VE(以 α-生育酚为主)在 7~92mg/kg。干海藻品中还含有丰富的无机质 Na、K、Ca、Cl、Zn、Se 等。干海藻品中还含有丰富的天然活性肽中的促钙吸收肽、降血压肽、降血脂肽、免疫调节肽、抗肿瘤活性肽。干藻营养素成分含有(%)参见表4-3。

表4-2　　　　　　　　　　常用干藻营养素成分含有　　　　　　　　　　单位:%

藻名	粗蛋白	粗脂肪	碳水化合物	粗纤维	灰分
海带	10.2	0.8	53.9	6.1	29
裙带菜	20.91	1.7	38.73	1.55	37.76
羊栖菜	10.1	0.77	32.64	17.16	39.33
石花菜	19.85	0.49	58.57	8.9	16.17
紫菜	24.5	0.9	31.0	3.4	30.3
红篱	19.5	0.12	60.92	6.44	12.99
石药	24.79	0.06	51.46	7.82	16.1

干海藻含有多不饱和脂肪酸（Polyunsaturated Fatty Acid, PUFA），PUFAd 中 EPA（$C_{20,3}n-3$）、DHA（$C_{20,6}n-3$）对人功能有:(1)降血脂、降血压、降胆固醇；(2)抑制血小板凝集；(3)预防炎症；(4)降血糖、抗糖尿病；(5 抗过敏；(6)抑制促癌物质前列腺腺素形成、防乳腺炎、预防直肠癌发生；(7)增强视网膜反射能力预防视力退化；(8)增强记忆力。海藻成分最大特点是含有碘，按每百克干品含量（微克）水藻含碘排行榜:干裙带菜15878,干紫菜4323,海带923（成年人可耐受碘最高摄入量600μg/日,含碘25mg/1000g 碘食盐）。

海藻膳食纤维成分由海藻细胞壁结构多糖的纤维素、半纤维素、甘露聚糖、木聚糖等构成，海藻储藏多糖中除红藻淀粉；用酶重量法分析,可从海藻膳食纤维成分分别测得水溶性膳食纤维（Water-Soluble Diet Fiber, SDF）或不溶性膳食纤维（Water-Insoluble Diet Fiber, IDF）；IDF SDF两者之和为总膳食纤维（Total Diet Fiber, TDF）已知营养素含有量参见表4-3。

表4-3　　　　　　海带、紫菜、石花菜已知营养素成分含有量（/100g）

项目	水分	能量	蛋白质	脂肪	膳食纤维	碳水化合物	胡萝卜素
海带	94.4g	17kcal	1.2g	0.1g	6~9g	1.6~6.1g	0.24mg
紫菜	12.7g	207kcal	26.7g	1.1g	21.6g	22.5g	1.37mg
石花菜	15.6g	314kcal	5.4g	0.1g	—	72.9g	—

项目	叶酸	泛酸	烟酸	钙	铁	磷	钾
海带			0.8mg	0.4g	10mg	52mg	
紫菜	19μg	0.3mg	7.3mg	42mg	46.8mg	350mg	1338mg
石花菜	720μg	1.2mg	3.3mg	167mg	2mg	209mg	1640mg

项目	钠	铜	镁	锌	硒	维生素A	维生素K
海带				0.9mg	5.8μg		
紫菜	0.35克	0.1mg	0.1mg	2.3mg	7.2μg	40μg	74μg
石花菜	365mg	1.68mg	105mg	1.9mg	15μg	403μg	110μg

水草类海带、紫菜、石花菜味咸、性寒、滑,海藻成分中含:

(1)海藻化学成分碳水化合物多糖占其干重50%左右,主要含藻淀粉类,海藻细胞壁骨架多糖和细胞间质黏质多糖及原生质储藏多糖、其次有琼胶、卡拉胶、藻酸等。

(2)海藻化学成分内能够抽提取物中含有游离氨基酸、特殊结构肽(二肽的多氨酸肽等以瓜氨酸、精氨酸、乌氨酸等多种瓜氨酸肽)。

(3)维生素(丰富的 VB_2 和 VB_{12} 与 VC 及生育酚)。

(4)海藻化学成分内含原产地矿物质以及碘(I)、硒(Se)、锌(Zn)含量也很高。

(5)海藻化学成分内含磷脂酰胆碱(PC)、少微量磷脂酰乙醇胺(PE)、磷脂酰甘油(PG)、磷脂酰丝氨酸(PS)、磷脂酰肌醇(PI)、二磷脂甘油(DPG)、单半乳糖二酰甘油酯(MGDG)、双半乳糖二酰甘油酯(DGDG)、植物硫脂(SL)等。

(6)海藻内还含数量不小的50多种苯酚化合物与色素叶绿素d、β-胡萝卜素、叶黄素等。

藻类的8个门内常见食用藻主要有:

(1)绿藻门石莼科条浒苔又名海青菜、苔菜、苔条,主要品种有孔石莼、石莼、砺菜、裂片石莼等,海罗科藻鹿角菜又名枯枝藻、鹿角棒、鹿角尖、山花菜、山野菜、赤菜等,念珠藻科多年生小丝藻发菜又名头发菜、发藻、地毛、仙菜等,马尾藻科羊栖菜又名海大麦、海菜、海栖、海蒿子等,巨藻科巨藻(成体长70~80米)。鲜石莼藻鲜绿色、藻体管状中空、分枝众多细长主干不明显,干后暗绿色或浓绿色、株高可达40cm,条浒苔可鲜吃也可腌渍备用。条浒苔含有丰富抗溃疡病物质对胃溃疡十二指肠溃疡有疗效,还能增强肝脏机能。绿藻门的常见藻食材礁膜又名石菜,石莼又名纸菜,浒苔通称苔条,绿藻淀粉有同陆上植物淀粉相似之处。

(2)红藻门红毛菜科呈紫红色、红、褐、绿色等,其中紫菜(Laver)分条斑紫菜、坛紫菜,品种有70多种,别名膜菜、索菜、子菜、紫英,石花菜科石花菜(Agar)也称海冻菜、红丝、凤尾、大本、小本、牛毛菜、鸡毛菜、琼胶、洋菜。红藻门江蓠,又名龙须菜、海面线、粉菜、海菜、蚝菜、沙尾菜。红翔菜科麒麟菜俗称"鸡脚菜",串珠藻科串珠藻,蠕枝藻科海索麵,珊瑚藻科珊瑚藻,海萝科海萝等。

(3)刺松藻为松藻科墨绿色或深绿色海绵体绿藻,又名鼠尾藻、软软菜、刺海松等,株高生长到20~40cm可收割,对人体有清肠胃、驱蛔虫功效。

(4)蓝藻门常见藻食材葛仙米又名地木耳、踏地菜、螺旋藻、颤藻科螺旋藻属螺旋藻云南丽江程钝顶品优,螺旋藻无细胞核、蛋白质含量60%以上,还含有叶绿素、藻青素、蓝藻植物念珠科发菜(宁夏等地净菜乌黑丝条、毛菜黄丝条)。

(5)褐藻代表性品种有翅藻科裙带菜异名海芥菜、裙带等红藻类紫菜、石花菜、江蓠等,绿藻类小球藻、浒苔、石莼等。海带(Kelp)别名海草、江白菜,是褐藻门大叶海藻科真海带属多年生沉水草本植物,藻体革质,以基部叉状分枝假根固着器,固着在海底礁石表面、海带假根向上延伸出粗短一圆柱状叶柄、再向上圆柱形或扁圆形的假根粗短粗柄以上延伸着革质长带状的扁带叶形植株,叶带形植株被水产学家称为海带。三年生小海带叶面凹凸不平、大海带叶片边缘呈波褶状褐色、面光滑有光泽、藻体表面胶质层黏液嫩滑,表面胶质层有表皮、皮层、髓部三层,体长2~7米、宽度20~50厘米,北方沿海6~7月是收割期,南方沿海5~6

月是收割期。海带黏液中含有丰富的钙质、淀粉硫酸脂、琼脂、多糖、甘露糖、谷固醇、褐藻酸钠盐、褐藻氨酸等,摄入者可有效降低颅内压、眼内压、减轻脑水肿、脑肿胀、肾功能衰竭等。昆布(Sea-tangle)别名鹅掌菜、黑菜,是褐藻门大叶翅藻科海带属多年生沉水草本植物,中医食疗学认为海带和昆布为"碱性食物之冠"。褐藻淀粉主要是 $\beta-1,3-$ 糖苷键的海带聚糖,褐藻淀粉也属于膳食纤维(Diet Fiber, DF)范畴,藻类植物细胞间质多糖还有琼胶、卡拉胶、褐藻胶、马尾藻聚糖、岩藻聚糖、硫酸多糖等都属于海藻 DF 成分。褐藻淀粉膳食纤维(Diet Fiber, DF)一般含量在30%~65%;菌菇 DF 含量在20%~45%;蔬菜 DF 含量在15%~35%,谷物 DF 含量在0.8%~5.0%。褐藻的海带化学成分中不含淀粉。模拟体内消化系统利用酶处理使得可被人体消化道所消化吸收的部分水解除去,再据重量分析测得那些未被水解的残留部分即膳食纤维 DF。

(6)微藻是海洋、湖泊等水生藻类群的总称。微藻属体积小得需要显微镜观察的水藻,代表性微藻有在地球上历时35亿年的蓝藻门颤藻科螺旋藻科螺旋藻(藻体长50~500μm、直径1~12μm),绿藻门绿球藻目小球藻科小球藻(藻体长10~23μm 直径5~10μm),绿藻门团藻目多毛藻科杜氏藻又称盐藻,杜氏藻是生产 β-胡萝卜素的好原料。

(7)地衣(Lichen)门植物是藻类和真菌共生复合原植体,这种植物体没有根、茎与叶的分化,作为低等孢子植物的地衣,地球上发现600属2万多种,食用蔬菜地衣常见品种有石耳又名石木耳、石花、树花等。

(8)苔藓(Moss)类配子体隐花植物4万多种中中国有苔类600多种、藓类1500多种,苔藓门苔纲植物体多两侧对称匍匐生长叶状或茎状体,有单细胞假根。藓纲植物体假根、茎、叶生长分化,多见泥炭藓、葫芦藓、紫萼藓、太阳草大叶藓、提灯藓、大金发藓、水藓、灰藓、黑藓等。

(9)蕨类(Fem)植物旧称羊齿植物,中国有蕨类植物2600多种,蕨分类有石松纲、水韭纲、松叶蕨纲、木贼纲、真蕨纲五纲,蕨有根、茎、叶生长之分依靠孢子繁殖。地下茎可供食用的蕨类有中华槲蕨、食蕨、贯众、骨补碎等,叶茎可供食用的蕨类有蕨菜又名蕨儿菜、分株紫萁又名薇菜、荚果蕨又名假拳菜、东北蹄盖蕨、菜蕨。

孢子植物苔藓、蕨类植物不同于种子植物区别在形态上,孢子植物没有根、茎、叶等分化过程,所以孢子植物称为低等植物。种子植物有根、茎、叶等分化过程,所以种子植物称为高等植物。

§5 调料、低碳野菜

副食辅助调料、低碳菜（野菜），是仅次于主食的食品添加剂,也是食药监管部门控制食品安全让食者吃得放心、维护生命安全过程、执行相关法规保障科学消费的监控点。

添加剂

中国人米面主食和常用菜肴之内，习惯利用油盐酱醋茶之类烹调的辅佐食材。烹调辅佐食材除加热油、咸味盐、调味酱或醋、茶之外，还选取味精、色素、香味料、低碳菜（野菜）掺和米面主食或菜肴，以提高食品风味、品质,力求吃得卫生、营养素丰富。

现代食品工业灵魂的食品添加剂,截至1999年，全世界发现9万多种香料中有1.4万多种（其中合成香料0.7万种），中国允许使用食品添加剂1587种,包括普通食品添加剂477种、香料1.93种、营养强化剂69种、食品加工助剂101种、胶姆糖及配料57种,常用种类防腐剂、抗氧化剂、漂白剂、护色剂、着色剂、甜味剂、防霉剂、人工色素、膨胀剂还有多功能混合物组成的复合添加剂,都可以按国家允许使用量范围适当利用。烹饪调料用食用油或盐、糖、醋、酒、味精、酱油、色素、香味料、矿物质营养添加剂等，自古以来早已占领市场,与世长存了。食品添加剂对于消费者可能每日摄入量（EDI），与每日容许摄入量（ADI），最大无效量或称为最大安全量、最大耐受量MNL,每日允许摄入量或使用量（E）通常以"mg/kg"表示，按营养推荐膳食提供量（RDA）表示。安全食用卫生标准参考毒理学评价认为食品添加剂使用原则:(1)最大耐受量（MNL）；(2)每日允许摄入量（ADI）。

正常人体重质量按60kg计算，这个人苯甲酸每日允许摄入量（ADI）:5mg/kg×60kg = 300mg,正常人每日允许摄入总量（A）、每人每日摄食总量（B）、每人每日摄食量（C）、每人每日摄食最高允许量（D）、制定出该添加剂（比如苯甲酸）在某种食品中的最大允许使用量（E），食品添加剂对人认为安全系数用100计 ADI = MNL × 1/100 = 500 × 1/100 = 5（mg/kg），以苯甲酸为例，国际认为安全系数100最大无作用量（MNL）:大老鼠毒性试验判断 MNL = 500mg/kg。人们主粮与副食的配角餐饮调味料，分食用或药剂用即食药两用食材谓之食品卫生（Food Hygienic Security）需要：有保证、讲究食品安全（Food Safety）、食用保险达到食品质量安全（Quality Safety, QS）至关重要，认可调料添加剂中的食品重要伙伴可以推动科技食品（Techno – food）作为功能食品（As Functional Food），帮助人们吃出健康来。

科学合理产出食材，在食用方式或正常监控制度使用添加剂调料、保健菜情况下，消费者身体健康或生命安全应该没有任何潜在危害。

5.1 调味料

调味料（seasoning），是食品配料、作料、佐料、调味品复合材料的统称，又名"风味调料"。典型广义食材调味料有：水、盐、糖、醋、酒、酱、味精、香料、酱油、腐乳、辣椒、食用油、咖喱粉、营养添加剂等。

中国烹调应用调味料历史记载悠久，《周礼·天官·食医》记载："凡和，春多酸，夏多苦，秋多辛，冬多咸"，《吕氏春秋·本味》记载："酸而不酷，咸而不减，甘而不浓，澹而不薄，辛而不烈"。中国流行可食用调味材料应用史可追溯到一万年以前的中国远古时代，《美国国家科学院学报》2004年12月6日出版刊分析："河南贾湖遗址出土陶器认为人类六万年前中国已制造酒，所用原料有稻米、蜂蜜、水果"。

史料记载公元前1766年夏代时候古人使用的辅料是水，公元前560年周朝民间流行肉桂来增香，公元2~3世纪东汉医学家张机(字仲景)在公元219年整理《伤寒论》记载糖浆、动物胶、淀粉糊等多种辅料，晋人江统著《酒诰》云："有饭不尽。委之空桑，郁积成味，久蓄气芳"《酒诰》把酒的发明者说成是黄帝、大禹之女、汉朝杜康。《尚书·商书说命》云："欲作和羹，尔唯盐梅"，意思是说菜肴烧与羹一定要用盐和梅子调味。成书于秦汉时代世界药物学名著《神农本草经》中就有药物"五味、四气"理论，使用天然色素关于栀子染色用法。战国《吕氏春秋·去私》记载："庖人调和而食之"，汉·马王堆出土竹简中文字叙述调味品九类十九种含脂、鱿、酱、糖、豉、醢、盐、齑。北魏名著《食经》、东魏《齐民要术》都记载盐卤或石膏点浆凝固豆腐，《西游记》第三十八回"等我们去买调和来"。大约800年前的南宋时期民间，为不使肉制品防腐发色，启用亚硝酸盐做腊肉的方法在13世纪才传入欧洲。美味食材制品物理因素含概软/硬、黏/稠、酥/脆性、滑/爽感、形状、色泽、温度、重量、尺寸等。

确定食品是否拥有美味,除物理因素之外化学相对因素包含香/臭、淡/咸、苦/甜、酸/涩、辣/麻等，与嗅觉（香味）食物醇厚、扩张、厚味的味道有密切关系，人类认为的美味（Delicious Food）是由食材滋味，加品尝者体内环境（心理、健康、口感）和饮食环境（文化习惯）与外部环境（温湿度与气氛），协同起来形成的。

食材风味（Special Flavor）又称味道因素，中国调料继承传统调料商品水、油、酱、糖、酒等发展创新，推动制药工业与食品工业新溶剂、香料、香精、增溶剂、助溶剂、二氧化碳之类、渗

§5 调料、低碳野菜

透压调节剂、螯合剂、乳化剂、崩解剂、膨松剂、抗结剂、矫味剂、赋形剂、黏合剂、着色剂、润滑剂、pH调节剂、抗氧化剂、营养素复合物、营养强化剂、改良剂等出现。

味（Taste）为味道的简称，味的定量评价数据用辨别阈值（JND或DL）、等价浓度（PSE）、阈值（CT），阈表示心理学和生理学术语，指获得感觉刺激程度，通常食盐水浓度0.2%以上健康人口腔感到有咸味，部分食材质量分数阈值（CT）参见表5-1。

表5-1　　　　　　　部分食材质量分数阈值（CT/%、摩尔/升）

基本味	食材名称	阈值	基本味	食材名称	阈值
咸味	食盐	0.2、0.01	苦味	硫酸喹啉	0.00005、
甜味	蔗糖	0.5、0.03	鲜味	谷氨酸钠	0.00008
酸味	柠檬酸	0.003、0.009			0.03

嗅感物质浓度与其阈值之比等于香气值，即香气值（FU）=嗅感物质浓度/阈值。

物质香气值（FU）<1.0说明没有嗅感。

人当下意识地想吃有滋味食物的欲望时，可遐想食材加工、烹调后供自己食用物奉献的滋味（Tastes）。滋味是表现人生理感觉、与依靠食材入口后呈味物分子刺激了健康人的味道感觉存在和程度呈现，是摄入食材呈味物刺激信号，注入人生理感觉器官体会。滋味能够与各种呈味物质犹如钥匙对锁孔那般关系契合，是食物中呈味并溶解于唾液成分作用味觉细胞味蕾，使人口腔内味觉感受器主要是味蕾上味觉细胞成蕾状聚集构成的刺激——滋味，人感觉滋味速度一般要1.5~4ms。人味觉器官中味觉细胞群，由蕾状聚集味蕾组成。人味蕾（Taste Bud）有10~14天时间更新一次的规律，成年人味蕾大致深度50~60m×宽30~70m嵌入舌面乳突中有10000多个（婴儿上万个）味蕾，舌面乳突在1.5~4.0ms内把味觉感受传达大脑皮层。人每平方厘米舌面上最少有30~70个味蕾是为大脑分析味觉，鼻闻香臭舌尝五味的。45岁以后人的味蕾细胞才会逐渐变性萎缩，舌上味蕾能与各种呈味物质犹如钥匙对锁孔那般关系契合，对食物中呈味并溶解于唾液成分作用于味觉细胞味蕾。正常人大脑下丘脑为食欲调节区，人大脑下丘脑为食欲调节区能体会的滋味觉悟包含品尝者听觉、视觉、触觉、嗅觉、味觉、预感等，以调节糖类、脂肪、蛋白质等代谢的硫酸腺苷活化蛋白酶（AMPK）。健康人的口味感觉包括冷感、热感、刺痛感、辛辣感等口感。

调味料简称调料（Food Condiment），定义指的是食材在加工或烹调过程为：(1)提高保藏性防止腐败变质；(2)提高方便运输性对食材脱水、干燥、冷却、冷冻；(3)提高加工方便效率改善品质、反映色彩、提高食品风味、增加而添加的物质或混合添加剂。美食家们向食材里加入一定数量的化学合成和天然物质的调味料、调香料是现代餐饮菜肴绿色、保健、养生营养念好"色、香、味、形、器、意、养、温"八字经的奥秘。

复合调味料是两种或两种以上调味品经加工配制的调味料分类有咸鲜味、咸辣味、酸甜味、麻辣味、甜辣味、怪味、香辣味、鲜香味、糟香味、油香味、酒料味、海鲜腥气味等。复合调味料分类（GB/T20903）有：(1)固态复合调味料：①粉状复合调味料；②颗粒状复合调味料；③块状复合调味料；④混合液状复合调味料。(2)半固态复合调味料：①复合调味酱，即风味酱、沙拉酱、蛋黄酱、复合调味酱。②火锅料：火锅底料、火锅蘸料。(3)液态复合调味料：①汁状复合调味料，②油状复合调味料，③一般液态复合调味料：鸡汁调味料、糟卤、烧烤调味料。调味料呈味物质成分常见：游离氨基酸、低分子肽、肽及核苷酸关联化合物、有机盐基化合物、有机酸等。调料包括调味料（剂）、调香料（剂），统称食用添加剂。食材本质上除动物、植物、食用菌类菜肴作为副食品或称辅助食材之外，还有一万多种已经成为现代食品添加剂或合乎这个词意的食用调料，食用调料中有的也许是食用调料类中的水或油作为加热介质，或其在烹调中需要添加的定量调味、调香成分不可缺少的物质，食用调料本意是为方便烹调或改善面、饭、菜点品质，或为了增加营养方面起一定的作用。狭义理解调料，可视对加工或烹调中用于调和人消费口味加入的调味料，食用调料作为主食材辅助添加剂，其用量本应强调相当少、而且添加数量必然少。食品添加剂一旦使用次数多而频繁不当，就有危害、危险了。2011年三聚氰胺毒奶粉妖魔化了食品添加剂，中国工业与信息化部2011年6月9日发布《关于加强化工企业生产监管杜绝食品非法添加行为的紧急通知》，卫生部对市场流行2314种食品添加剂完善了检验方法，2011年以来媒体纷纷提醒人们留心6种最可怕的食品添加剂之外，还有蔗糖聚酯（可能用在冰淇淋或薯片中）、糖精（饮料或蜜饯）、溴酸钾（烘烤面制品）、丁基羟基茴香醚（BHA油炸制品）、二丁基羟基甲苯（BHT油炸食品）、反式脂肪氢化植物油（制蛋糕成分之一）。中国食药局和卫生部2012年6月12日公告要求酒店、大排档、小吃店今后禁用亚硝酸盐作食品添加剂。中国卫生计生委等五部门发文强调，自2014年7月1日起含铝食品添加剂（神经毒铝）酸性磷酸铝钠、硅铝酸钠、辛烯基琥珀酸铝淀粉（纯胶）禁止用在食品加工。

调味品（Fixings）内的调料，又称佐料（Condiments）、辅料（Condiments）、调味料（Sapid Substance）、调味品（Condiment），是针对人的眼、耳、口、鼻、舌等感觉器官而言的，色、香、味的食用调和性诱发，用来增加滋味的油、盐、酱、醋、葱、蒜、姜、花椒、大料等辅助性食材。调味品经历了第一代味精、第二代特鲜味精、第三代风味型调味品、第四代营养型调味品产品形式衍变，调味品工业作为食品添加剂的应用和食品加工机械的进步，是改善食品的色、香、味、形，调整食品营养结构，提高食品质量和档次，改善食品加工条件，延长食品的保存期，发挥着重要的作用行业。现代食品工业注册商们，聘请营养学家作为同盟。一些食品生产商与"专家"们经常给学术部门、研究所和专业协会提供信息和资助，而且他们资助会议、讨论会、期刊和其他这类活动，对这样做是否损害学术和职业道德的问题是有争议的。人们明白水喝得太多、过量了，也会水中毒。换而言之，某某人身体需要补铁，吃工业纯铁是不可能的。动物体内缺铁，吃食物补铁的最好办法是吃兔肉（含矿物质铁220mg/100g）、菠菜（含矿物质铁1.7 mg/100g）或绿苋菜（含矿物质铁5.4 mg/100g），动物血豆腐，巧食含有有机铁的食材才能方便而且有效地消化吸收弥补血液缺铁。

食用添加剂又是组成食材美味的重要调味料之一，正常人的最低基本味觉呈味浓度参见表 5-2。

表 5-2　　　　　　　　　　　　　　正常人的基本味最低呈味浓度

基本味	代表性食材	呈味物质浓度最低阈值/%	基本味	代表性食材	呈味物质浓度最低阈值/%
甜味	蔗糖	0.5（0℃0.4、常温0.1）	鲜味	谷氨酸钠	0.03
酸味	醋、柠檬酸	0012（0℃0.003、常温0.0025）	鲜味	肌苷酸钠	0.025
咸味	食盐	0.2（0℃0.25、常温0.05）	鲜味	乌苷酸钠	0.0125
苦味	盐酸喹啉	0.00005（0℃0.0003 常温0.0001）	复合味	酱油	0.01

每一种食材都有自己特点的基本味，能够溶解食材或能部分溶解食材成分的流体介质，称作溶剂（Solvents），溶剂在分散食材成分过程中不发生自身溶解，一种食材自然呈现一种食材味道。影响味感主要因素有：(1)呈味物质结构；(2)温度；(3)味感物质浓度；(4)溶解度。各种呈味物质之间的相互作用在：(1)几种味的对比现象；(2)味的相加相乘现象；(3)味的消杀现象；(4)味的变调现象或味的疲劳现象。味的搭配方法有：(1)浓淡搭配；(2)淡淡搭配；(3)异香搭配；(4)一味独用。食材自身味道称为基本味简称本味，调味料添加后才能够烹饪出七滋八味来。七滋指甘、酥、软、肥、浓、醇、清淡，八味指酸味、甜味、苦味、辣味、咸味、腊味、鲜味、涩味、臭味。调味料调出来味道分单一味、复合味。食品添加剂可能有助滤、助溶、澄清、润滑、乳化、发酵、加热、冷却、脱模、脱色、脱皮、脱水、增加味、减辣、凝固、防腐、膨松、营养素强化等功能，通过烹调工艺调出单一味分类有淡味、酸味、鲜味、甜味、苦味、涩味、辣味、咸味、香味、腊味、酒味、油腻、金属味、清凉味、清淡味等。

5.1.1 淡味

淡味（Tasteless Taste）又称清淡味、本味、附于甘味，指人体内存在谷氨酸盐分布可口食物渗湿利水体现，俗称淡味性能渗水利湿。《神农本草经》虽然没有记载淡味，《内经》及历代本草多有淡味论述，《荀子·正名》记叙"甘苦、咸淡、辛酸、奇味，以口异"，《老子·道德经》淡理论曰："为无为，事无事，味无味""淡乎其无味"，老子饮食活动认为淡味为百味之首。杨万里《新晴读樊川诗》："日长食淡个衰翁"，清·杨宫建《养小录·述》："烹饪燔炙，毕聚辛酸，已失本然之味矣。本然者，淡也，淡则真。"食材加工或烹饪上将味道调整至口感清淡、不油腻。淡味必少盐，归甘味范围，淡味有利小便、祛除湿气。味感淡、薄，几乎等于味无，淡味谓如兄弟诸味之一味，相似中性味，相似酸碱中性味，相似苦甜中性味，古人释味淡为稀薄味，当今无味也呈淡味，为其排列数味的首位味：阿拉伯数字1做"八味"之前的"9味"排味列数创新，当（9排列数来源于1之首）数淡味，淡味指味薄、淡味浓多附于甘，减少相似于甜等。淡味假借菜肴清平雅淡喻淡而无味、淡嘴疙腻、水湿无味不乏味，呈淡味之淡的某食材、食品、食物等淡竹叶、淡豆豉解感冒寒热头痛、烦燥胸闷虚烦不眠、茯苓、通草、冬瓜、薏仁米、黄花菜、团粉又称芡粉有马铃薯粉、绿豆淀粉、麦类淀粉、菱角淀粉、藕粉、干酵母粉Yeast)、琼脂(Agar又名琼胶、洋粉、洋菜)这些食材用量少、稀薄、刺激性小，同时也具备安全、卫生、营养素多等可供人食用有功效的特性。

5.1.2 咸味

咸味(Saline Taste)的代表性食材是盐(Salt)特性味，呈现这百味之王的味道——咸味显示"无盐不成味"风味有钠$^+$(NaCl)、钾$^+$(KCl)、氯-阳离子化合物才产生纯正的咸味，呈现咸味的氯阴离子盐中与阳离子氨(NH_4^+)、镁(Mg^{2+})、钡(Ba^{2+})、钙(Ca^{2+})形成的盐味也许咸中伴苦味。咸味与淡味相比，刺激性大、味形成快、延续感觉短、消失快、强对比明显弱，基本味咸味使食后不留腻味。人体细胞膜"钠——钾泵"，抑制钙离子交换、调节60万亿个人体细胞的"盐敏感性"。咸味与甜味组合，以甜味为主要的添加食盐是蔗糖含量的1‰~1.5‰较稳妥。咸味与酸味组合，用食盐1%~2%加醋酸0.01%即可。咸味与苦味组合用食盐<2%加咖啡因溶液0.05%，即可。咸味与鲜味组合用食盐1%~2%加适当味精就可以了。咸味可使辣味降低一点，咸而不减辣。咸味物质食材载体卤素元素之外，其他阴离子都会有明显副味，含有NH_4^+、Mg^{2+}、Ba^{2+}、Ca^{2+}等的盐都有苦或涩味。根据味感特征咸味物质呈味盐要看是为主盐还是兼盐，有所分类，其类别分：第一类咸味盐，有NaCl、KCl、NH_4Cl、LiCl、NaBr、LiBr、NaI等，第二类咸味盐，有K、Br、NH_4I、$BaBr_2$，第三类咸味盐，有$MgCl_2$、$MgSO_4$、KI、$CaCl_2$、$CaCO_3$等。

吃盐过量的人，其人体反应可能出现体液血容增加、血压升高、心脏负担加重、引起肾损伤、胃癌病等，咸味强弱与味觉神经对各种阴离子感应的相对大小有关，盐的阳离子和阴离子相对原子质量越大，越有增大苦味的倾向。0.1mol/L浓度时各种盐离子味感特点参见表5-3。

表5-3　　　　　　　　　　　盐味感特点

味感	盐的种类
咸味	BaCl、KCl、NaBr、NaI、$NaNO_2$、KNO_3
咸苦味	KBr、NH_4I、NH_4Cl
苦味	MCl、$MgSO_4$、KI、CaBr
不愉快味兼大苦味	$CaCl_2$、RbBr、Ca(NO_3)$_2$

盐是动物胃液(胃酸)成分之一，人舌前头两边对盐口腔阈值开始于0.05%，适宜浓度0.8%~1.2%，控制浓度0.5%~2.0%，烹调用盐浓度可能达15%~18%。盐天天吃，别吃多了。

"黄帝作灶，始为灶神"，黄帝大臣宿(夙)沙氏发明煮(蒸)海为(得到)盐(距今五千多年)，《礼记·曲礼》记载："盐曰咸鹾。"《神农本草经》载："食盐坚肌骨，去肠胃结热。"西汉汉武帝元狩四年（公元前119年）御史张汤进言说："笼罗天下盐利归官"。西汉河间献王得民间编《周官经》后名《周礼》记载："桃诸梅诸卵盐。"东汉文字家许慎在公元100年的《说文解字》上释义："盐，咸也。天生曰卤，人造曰盐"。《史记·平准书》记载："因官器作煮盐。"据地质资料地球盐资源有 6.4×10^8 多亿吨，全世界年产盐2亿多吨。公元753年唐·鉴真将中国制酱技术传给日本僧人，后传入东南亚。

非低钠盐品种多见海藻碘盐、海藻鲜味盐、清真海藻碘盐、澳洲湖盐、竹盐等。

炒菜放盐好处：(1)能去除油中致癌物黄曲霉毒素；(2)防止热油飞溅；(3)有利于蔬菜保持脆嫩和鲜艳颜色。

盐的水溶液能溶去水果上毛、去除有机酸、去除一些苦涩、增加水果甜味和清香气。

咸味食材除了盐（Salt）之外还有酱油（Soy Sauce）、豆豉（Lobster Sauce）、豆瓣酱（Broadbean Paste）、黄酱（Soybean Paste）、雪里蕻（Potherb Mustard）、海带（Kelp）、咸鱼（Salted Fish）、虾酱（Shrimp Paste）、蟹酱（Crab Paste）、鱼露、豆腐乳、榨菜、蚝油、海参、海藻、海蜇、苹果酸钠、葡萄糖酸钠、乌氨酸牛磺酸等属于咸味物质，过量摄入咸味食材的人，容易导致心脑血管疾病、糖尿病、高血压等。

5.1.3 苦味

世界上分布最广泛物质味道是苦味（Bitter），植物性苦味物质有金属离子钙 Ca^{2+}、锌 Ca^{2+}、镍 Ca^{2+} 形成盐桥盐、具有疏水键和被破坏氢键或盐桥置换的生物碱类、糖苷类、萜类、苦味肽等物质表现苦味。动物性苦味物质有胆汁酸（或脱氧胆酸）类、蛋白水解物等，其他苦味物质有钙或镁离子无机盐类、含氮有机物等，苦味程度单位（Bitter Unit, EBC）越强越苦。最苦物质番木鳖碱、黄连季铵盐、茶叶咖啡碱、茶碱、可可碱等苦味生物碱现代已知有6000多种。通常生物碱碱性越大、越强、也越苦，番木鳖碱比黄连苦，苦味常与辛辣味一起刺激唇舌。啤酒花中有30多种苦味物质，其中主要有味苦的α酸又名甲种苦味酸，α酸是蛇麻酮、副律草酮、律草酮等。苦味食材还有苦瓜、茶叶、柿子、石榴、香蕉、马兰、枸杞、菊花菜、白菊花、金银花、慈姑等中含单宁、咖啡碱、可可碱、异α酸等，杏仁、百合、白果、桃仁、陈皮、咖啡、可可、柑橘、柠檬、柚子、草果、豆蔻、砂仁、山柰、三七、白芷、陈皮等中的糖苷（Glycoside）类苦杏仁苷、柚皮苷等，动物胆囊分泌物脱氧胆酸、鹅胆酸、胆酸、氨基酸小肽、香味物质等。

胃气不健康或脾胃虚弱的人，要少吃苦味或苦涩味食材制品，苦味食材用于治疗热证、湿证，有清热解毒、泻火燥湿的作用。苦味是人最敏感危险信号味道，味蕾遇到氨基酸和糖分子内存在内氢键产生分子阻力，形成味觉盐桥置换、氢键破坏、疏水键生成，苦味物质与菜肴滋味生成新鲜味、香味、异味为菜肴添加特殊风味美味。

5.1.4 甜味

甜味（Sweet）又称甘味，甜味由甜味剂刺激动物口感发生。甜味剂（Sweeteners）通常指：(1)蔗糖；(2)异构糖；(3)低聚糖（寡糖）；(4)糖醇（麦芽糖醇、木糖醇）；(5)蛋白糖；(6)甜蜜素；(7)高度甜味剂。无甜味的多糖、多寡糖类中的淀粉、麦芽低聚糖等不属于甜味剂。

常用游离糖含量（%以干或鲜重计）参阅表5-4。

表5-4　　　不同品种食材游离糖含量（%以干或鲜品的重量计）代表性参数

食材	D-葡萄糖	D-果糖	蔗糖	总糖	食材	D-葡萄糖	D-果糖	蔗糖	总糖
玉米	0.2~0.5	0.1~0.4	1~2	66~81	利玛豆	0.04	0.08	2.59	
小麦	0.1	0.1	1	58~74	嫩刀豆	1.08	1.2	0.25	
稻米				75~77	青豌豆	0.32	0.23	5027	
苹果	1.17	6.04	3.78	8.~14	香蕉	6.04	2.01	10.03	17
樱桃	6.49	7.38	0.22	11~17	葡萄	6.86	7.84	2.25	18
桃	0.91	1.18	6.92	10~12	梨	0.95	6.77	1.61	10
草莓	2.09	2.4	1.03	7.~8.5	蜜柑橘	1.5	1.1	6.01	7.9
枇杷	3.52	3.6	1.32		杏	4.03	2	3.04	~11.9
西瓜	0.74	3.42	3.11	5.~9.8	黄瓜	0.86	0.86	0.06	9.
番茄	1.52	1.51	0.12	1.5~4	干枣			8~20	80.
甜菜	0.18	0.16	6.11	9~13.3	甘蓝	0.73	0.67	0.42	~5.7
萝卜	0.85	0.85	4.24	3~12.	莴苣	0.07	0.16	0.07	~1.9
菠菜	0.09	0.04	0.06	2.4	洋葱	2.07	1.09	0.89	~14.3
玉米	0.34	0.31	3.03	21~40	山芋	0.33	0.3	3.37	~33

甜味来源于糖或D-氨基酸中的AH-B基团氢键强度大小，激发味蕾感觉呈甜味。

甜味能调和酸味（呈甜酸味），甜味能调和辣味（呈甜辣味），糖能够调和多汁滋味还能提鲜、去腥解腻、对菜肴上色。

代表性甜味食材有功能性低聚糖，转化糖，纤维二糖，蜂特产蜂蜜（Honey），蜂乳（Royal jelly）蜂王浆，棉籽糖，果葡糖浆，半乳糖，乳糖，饴糖（Malt Sugar）又称麦芽糖，糖稀（Malt Sugar），蔗糖，甜菜糖（Beet Sugar），甜叶菊糖，玉米糖等；糖甜味最佳刺激温度在10~40℃，30℃最敏感，50℃以上开始迟钝。

甜味剂分天然甜味剂、合成甜味剂，按味感特性分：(1)高度甜味剂20多种中常见：①甜蜜素（化学名环己基氨基磺酸钠分子式$C_6H_{12}NNaO_3S$，分解温度280℃）；②甘草苷、甘草酸二钠（甜宝比蔗糖甜200倍）、甘草酸一钾、甘草酸铵、甘草酸三钠（钾）、甜菊糖苷（比蔗糖甜100~300倍）甜菊糖苷、罗汉果、竹芋甜素、安赛蜜（乙酰磺胺酸钾），三氯蔗糖（TGS比蔗糖甜600~800倍）；③氢化淀粉水解物、糖醇甜味剂D-木糖醇、D-山梨醇、D-甘露醇、异麦芽酮糖、异麦芽酮糖醇；④阿巴斯甜（天冬氨酰苯丙氨酸甲酯含苯丙氨酸）、AK糖、丁磺胺钾、天冬酰苯丙氨酸甲酯（熔点190~245℃）、次生天冬氨酰苯丙氨酸甲酯、新橙皮苷二羟基查耳酮、奇异果、麦芽醇、麦芽酚、天冬氨酰苯丙氨酸甲酯衍生物（比蔗糖甜35000倍）、糖精（saccharin又名邻苯甲酰磺酰亚胺钠分子式$C_7H_4O_3NSNa \cdot 2H_2O$含量>98%，熔点226~

230℃，比蔗糖甜200~700倍）；⑤甜味比较强、回味苦的糖精钙、糖精铵等。（2）糖醇型甜味添加剂由相应的糖加氢还原制成化学稳定性好、对微生物稳定可调理肠胃的蔗糖代用品糖醇产品形式有糖浆、结晶、溶液，糖醇型添加剂有木糖醇、山梨糖醇、麦芽糖醇等。天然衍生物甜味剂有：①氨基酸衍生物蛋白糖 APM（比蔗糖甜150倍）、D-色氨酸；②阿巴斯甜 Aspartame（甜味素，APM）；③天冬氨酰苯丙氨酸甲酯；④阿力甜（天胺甜精）；⑤纽甜{N-N-(3,3-二甲基丁基)-L-α-天冬氨酰-L-苯丙氨酸-1-甲酯}；⑥植物性甜味特产有红枣（Red Dates）、甘蔗（Sugarcane）、果酱（Jam）、甜面酱（Sweet Sauce）、果脯蜜饯（Preserved Fruit）、巧克力（Chocolate）、奶油（Cream）等。

5.1.4.1 蔗糖

禾本科一年生草本甘蔗，株高0.7~6m，茎生蜡粉光滑茎直径10~80mm，茎皮色按种类分绿色、黄色、红色、紫色等，茎生环茎环节连续成长5~30个，节节长出节芽可用于繁殖，栽培甘蔗成熟期能开花，圆锥形花可能不结果，如果结果为颖果。鲜甘蔗（Sugarcane）茎采取8~10t才能产1吨糖，中国蔗糖原糖加工产能1400万t以上，加工生产制品品种主要有白糖、红糖、黄糖、冰糖、营养糖等。甜味剂代表性食糖（Sugar）品种区别有：红糖（Brown Sugar）、糖蜜（Molasses）、白糖（White Sugar）、绵白糖（Powdered Sugar）、冰糖（Sugar candy）、白砂糖（White Granulated Sugar）等，它们原料来源于甘蔗被统称蔗糖（Cane Sugar），蔗糖通常原料来源于甘蔗或甜菜，系 α-D-吡喃葡萄糖基(1→2)-β-D-吡喃果糖苷，别名碳十二糖、β-ι-呋喃果糖基-α-ι-吡喃葡萄糖苷混合物。

蔗糖糖类加热到熔点以上降解发生非酶褐变反应，称为焦糖化反应又称卡拉蜜尔作用。蔗糖被加热至>190℃生成焦糖（黑颜色成分是碳色，俗称糖色 Burnt Sugar），焦糖一般失去甜味。焦糖素分Ⅰ类、Ⅱ类、Ⅲ类、Ⅳ4类，Ⅲ、Ⅳ两类焦糖色中可能制作过程上出现副产致癌物4-甲基咪唑，GB 1886.64规定添加剂糖色不超过200mg/kg食品符合卫生条件。焦糖酱素（caramel）又称糖色，GB 2760食品添加允许使用量中国规定必须<200mg/kg。单斜晶体蔗糖化学式 $C_{12}H_{22}O_{11}$，相对密度（25℃）1.588，蔗糖加热至140~170℃开始脱水、160~185℃熔化—分解、170~200℃以上变成棕褐色或黑色焦糖。蔗糖焦糖化反应，无论处于酸碱何种环境下均能进行。焦糖为异蔗聚糖、焦糖烷、焦糖烯、4-甲基咪唑（致癌物）的聚合物，焦糖受热200℃开始起泡，起泡现象时发生脱水、降解、出现苦味产物异蔗糖酐，逐步成蔗糖酐在达到完全脱水程度形成焦糖烯，蔗糖烯如受热生成深色复杂色素成分焦糖素分子式（$C_{125}H_{188}O_{80}$）胶态物质。

商品糖白砂糖（White Sugar 相当于葡萄糖加果糖复合物）含蔗糖99.82%简称白糖，常见糖的理化指标摘抄部分参数列表见表5-5。

表5-5　　　　　　　　　　　常见糖理化指标

项目名称	白砂糖				绵白糖		红糖
	优级	一级	二级	精制	精制	普通	指标
总糖分不小于（%）	99.75	99.65	99.45	99.85	98.5	98	89.0
还原糖分不小于（%）	0.08	0.15	0.17	0.04	2±0.5	2±0.5	
灰分不大于（%）	0.05	0.1	0.15	0.03	0.03	0.05	
水分不大于（%）	0.06	0.07	0.12	0.03	1.6	2.0	3.5
色数不大于（ST）	1	2	3.5	0.4	0.6	1.0	
杂质不大于（mg/kg）	40	60	80	15	15	30	250

蔗糖甜度是相对蔗糖为1.0（10%蔗糖水溶液20℃时的甜度基准对比数值）基础，设定比值甜度，一些甜味物质甜度通常排列如表5-6所示。

表5-6　　　　　　　一些甜味物质甜度比较（标准蔗糖甜度为1.0/100）

项目	比甜度	项目	比甜度
1，4，6-三氯代蔗糖	50000	β-D-乳糖	0.48/48
异麦芽酮糖（帕拉金糖）	1000	山梨糖	0.5~0.7/50~70
糖精	600~700	α-D-甘露糖	0.68/59~68
甜菊苷	100~350	α-D-葡萄糖	0.7/0.40~79
甘草苷	100~250	β呋喃果糖	1.0/100~175
柚皮苷	100	大豆低聚糖	0.7
甜蜜素B	30~50	α-D-木糖	0.4~0.7/40~70
天冬酰苯丙氨酸甲酯	20~60	鼠李糖	0.3
果糖	1.03~1.73	低聚果糖	0.3~0.6
β-D-呋喃果糖	1.73/100~175	低聚木糖	0.4
蔗糖	标准：1.0/100	大豆低聚糖	0.7
转化糖浆	/80~130	甘露糖醇	0.7
麦芽糖醇	0.75~0.95/75~95	α-D-葡萄糖	0.7
β-D-麦芽糖	0.46~0.52	赤藓糖醇	0.75
α-D-半乳糖	0.3~0.6/27	木糖醇	0.6~1.4/90~140
半乳糖醇	/58	α-D-甘露糖	0.3~0.59
β-D-麦芽糖	/46~0.52	棉籽糖	0.23/23

5.1.4.2 麦芽糖

麦芽糖（Barley Sugar）又名糖稀、饴糖，是米或麦芽蒸熟淀粉酶液化、过滤、浓缩黏稠状糖，分淡黄色软性饴糖或黄褐色硬性饴糖。

麦芽糖化学式 $C_{12}H_{22}O_{11} \cdot H_2O$，无色结晶，甜味为蔗糖甜度三分之一或40%。

麦芽糖易被酵母发酵、能被麦芽糖酶水解成为二分子 α-D-葡萄糖。麦芽糖比重1.54、熔点102~103℃（分解后为葡萄糖），麦芽糖被加热随温度上升色泽由浅黄色→红黄色→酱红色→焦黑色变化。

麦芽糖干燥失重5.0% 灼烧残渣0.1%。

5.1.4.3 乳糖

哺乳动物乳房的乳糖（Lactose）有一分子结晶水含有 αβ 两种立体异构体双糖是白色半晶形。乳糖1分子 D-半乳糖和1分子葡萄糖缩水生成的、一种哺乳动物乳分泌出来的双糖，乳糖为葡萄糖与半乳糖复合物。乳糖化学式 $C_{12}H_{22}O_{11} \cdot H_2O$，比重1.525，加热至120℃过程后一水 α-乳糖变成 β-无水乳糖，变为无水白色半晶形乳糖。乳糖有还原性与右旋光性，α-乳糖熔点223℃，β-无水乳糖熔点252℃，灼烧残渣0.05%，β-晶形乳糖比重1.59（20℃），熔点201~202℃，灼烧残渣0.05%。

人乳含5%~8%乳糖，羊奶中含乳糖可达4.5%~5%，牛奶中含4%~5%乳糖。

5.1.4.4 半乳糖

半乳糖是一种乳糖与葡萄糖结合构成的单糖，别名水解乳糖、分解乳糖，自然界独立存在的较少，半乳糖分子式 $C_6H_{12}O_5$，熔点105℃至168℃（分解）。

人摄入半乳糖消化后，在肝脏内转变成葡萄糖被利用。

5.1.4.5 纤维二糖

纤维二糖、海藻糖为典型 αβ 两种立体异构体纤维二糖化学性质同麦芽糖。纤维二糖由两分子吡喃葡萄糖以 β-1,4 糖苷键结合化合物，纤维二糖为二分子右旋葡萄糖、化学式由 $C_{12}H_{22}O_{11}$ 组成，结晶体无色，溶于水，熔点225℃（分解），灼烧残渣0.1%。纤维二糖或海藻糖可以从海藻、真菌、蕨类、麦角、酵母、昆虫血液等生物内找到。纤维二糖在自然界不呈游离状态存在，是纤维素部分水解后的麦芽糖型双糖中间产物，不能被人体消化系统的酶所分解，通常只能由大便排放。

5.1.4.6 果葡糖浆

纯果葡糖糖浆又称高果糖浆、异构糖浆，是酶法糖化淀粉的葡萄糖异构糖浆，为葡萄糖和果糖浆混合。果葡糖浆质量分数含42%果糖（F_{42}），果葡糖浆质量分数含55%果糖（F_{55}），果糖在果葡糖浆含量达90%，称为 F_{90}。果葡糖 F_{42} 其糖度为蔗糖的1.0倍，F_{55} 其糖度为蔗糖的1.4倍，F_{90} 其糖度为蔗糖的1.7倍。果糖别名左旋糖，斜方形或柱状白色结晶，熔点103~105℃（分解），果糖是最甜的天然果糖，参见表5-7。

表5-7　　　　　　　　　常见甜味剂甜度比较

名称	甜度	名称	甜度
蔗糖	1.00	乳糖	0.16~0.28
果糖	1.07~1.73	半乳糖	0.27~0.52
转化糖	0.78~1.27	甜蜜素	50倍甜度（比蔗糖）
葡萄糖	0.49~0.74	双缩胺酸（双胜）	150
木糖	0.40~0.60	甜叶菊	300
鼠李糖	0.33~0.60	糖精	450~700
麦芽糖	0.33~0.60	二氢查耳酮	10000

5.1.4.7 功能性低聚糖

功能性低聚糖又称寡果糖、低聚果糖、蔗果三糖，有低聚木糖，低聚异麦芽糖，低聚乳果糖，低聚甲壳糖（低聚氨基葡萄糖），低聚龙胆糖，低聚菊糖，帕拉金糖，低聚乳果糖，耦合糖、魔芋低聚糖，低聚木糖等。寡果糖在菊芋、芦笋、洋葱、香蕉、西红柿、大葱、牛蒡、草本食材及蜂蜜中，含低聚果糖的棉籽壳、玉米芯、甘蔗渣、麸皮淀粉 β-D-吡喃果糖苷酶酶解可制得低聚果糖。

5.1.4.8 转化糖

蔗糖经转化酶作用或酸水解后所得等量葡萄糖和果糖混合物（总糖）成为转化糖。转化糖产物中蔗糖有右旋光性（比旋光度 +66.5°），葡萄糖有右旋光性（比旋光度 +52.5°），果糖有左旋光性（比旋光度 -93°），它们的等量混合物则有左旋光性（比旋光度 -40.5°），这种使旋光度由右旋变为左旋的水解过程称作转化（Inversion）。部分水果品种蔗糖、转化糖、总糖含量参数见表 5-8。

表 5-8　　　　蔬菜、水果代表性品种蔗糖-转化糖-总糖含量（%）参数

水果名称	蔗糖含量	转化糖	总糖
苹果	1.27~2.99	7.35~11.62	8.62~14.61
葡萄	16.83~18.04	—	16.83~18.04
草莓	1.48~1.76	5.56~7.11	7.41~8.59
枣	8.0	56.00	64.00

5.1.4.9 棉籽糖

纯净棉籽糖熔点 80℃（带结晶水）或 118~119℃（无结晶水），甜度为蔗糖的 20%~40%，是 α-D-吡喃半乳糖、α-D-吡喃葡萄糖、β-D-吡喃果糖组成的 5 分子结晶水的非还原糖。棉籽糖从棉子、甜菜、马铃薯、粮食、蜂蜜、酵母内都有可能存在。

5.1.5 酸味

人对食材酸味（Sour）酸感强度顺序以柠檬酸为相对酸感强度为 100，磷酸酸度 200~230 > 富马酸 180~260 > 酒石酸 120~130 > 乳酸 110~120 > 醋酸 100~120 > 苹果酸 100~110 > 柠檬酸 100。酸味酸感强弱依次通常认为食材排队：盐酸 > 醋酸 > 甲酸 > 乳酸 > 草酸。

部分酸味物 pH 参见表 5-9。

表 5-9　　　　　　　　　常见食材 pH 数值

名称	pH 数范围	名称	pH 数范围	名称	pH 数范围
人胃液	1	马铃薯汁	4.1~4.4	山羊奶	6.5
柠檬汁	2.2~2.4	黑咖啡	4.8	牛奶	6.4~6.8
食醋	2.4~3.4	南瓜汁	4.8~5.2	母乳	6.93~7.18
苹果汁	2.9~3.3	胡萝卜汁	4.9~5.2	马奶	6.89~7.46
橘汁	3~4	酱油	4.5~5.0	米饭汤	6.7
草莓	3.2~3.6	豆	5~6	唾液	6.7~6.9
樱桃	3.2~4.1	白面包	5.5~6.0	雨水	6.5
果酱	3.5~4.0	菠菜	5.1~5.7	血液	7.2
葡萄	3.5~4.5	包心菜	5.2~5.4	尿	5~6
番茄汁	4.0	甘薯汁	5.3~5.6	蛋黄	6.3
啤酒	4~5	鱼汁	6.0	蛋清	7~8
汽水（CO_2）	4.5~5.0	面粉	6.0~6.5	海水	8.0~8.4

近年来，中国食醋生产技术又有了很大的进步，在基础研究、工艺设计、技术管理、质量

§5 调料、低碳野菜

检验、市场营销、废弃物利用方面取得了不少成就。当今食醋产品有：(1)饮料型醋（醋酸含量10g/L左右苹果醋饮料等）；(2)醋浸食品（醋大蒜头、醋花生米、醋海带丝、醋香菇、醋黄豆、醋玉米、醋洋葱等）；(3)醋胶囊（红花油、珍珠粉、卵磷脂醋等混合物胶囊）；(4)小食品（芦荟醋片或水果粉、糖、维生素、DHA粉混合物醋口嚼片等）。

食材有酸味可能改善风味、防止腐败、促进消化、增加食欲。

酸味食材有收敛固湿、治疗虚汗、泄泻、小便频多等功效。醋文化深厚繁杂，中国食醋分类：1.按生产方式分：(1)酿造食醋有：①粮谷醋中的高粱米原料大曲发酵的陈醋。②糯米原料小曲发酵的香醋。③麸皮原料固体发酵的谷醋。④大米原料固体发酵的谷醋。⑤原料固体发酵加醋醅、加热熏烤成为熏醅的熏醋。⑥不用米以薯类原料固体或液体发酵的谷醋。⑦谷物酿造醋酒精为主要原料的酒精醋。⑧糖类酿造醋酒精为主要原料的糖醋。⑨以水果为主要原料酿造酒精为主配制的果醋；(2)配制醋有：①再制醋（食品级添加冰醋酸、鱼露、虾粉、五香液、生姜汁、砂糖制成品）。②人工合成醋也称醋精（冰醋酸稀释至3%～4%浓度经加营养素和香精等调味过后制成品）。③按产品颜色分有白色醋、黑色醋（如熏醋、黑紫色、棕色、琥珀色、玫瑰色）。2.按原料特征分类：(1)谷物（粮食）醋有：①高粱醋有山西老陈醋、喀左陈醋。②大米醋有镇江香醋、镇江（丹阳黄酒）糟醋、浙江玫瑰米醋、福建糯米红曲醋、天津独流醋、四川麸醋、河南正阳陈醋、以及米芽醋、小麦胚芽醋、薏苡仁醋、紫生薯醋。(2)水果酿成醋的有①美国年产水平$6×10^8$L之类的苹果醋。②德国年产水平$13×10^4$t之类的多品种香葡萄醋。③台湾菠萝（凤梨）醋。④柑橘或山楂、猕猴桃、银杏制品醋；(3)蔬菜醋有马铃薯、鸡腿菇、洋葱之类蔬菜汁制品醋。(4)糖醋有蜂蜜、饴糖、低聚糖、壳聚糖、白芝麻糖之类农副产品汁制品醋。(5)酒配制醋有：①葡萄酒醋以初级酒精为原料经60～70℃杀菌（奥利安法）配制的葡萄酒醋。②白酒为原料经氧化、添加营养液喷淋法制取的透明液体蒸馏白酒。③啤酒醋，用废啤酒泥为原料再经发酵与添加需要营养材料后的醋酸菌制品。④酒糟醋，是利用制酒酒糟里含有的丰富营养成分，再经发酵与添加需要营养材料后的醋酸菌制品。3.按造成原料种类特点与酿造工艺区分分类有糯米醋、粳米醋、麸皮醋、豌豆醋、大麦醋、高粱醋、水果醋等。4.按食醋原料生熟处理情况分：(1)生料醋。(2)熟料醋。5.按食醋酿造利用曲的种类分：(1)麸曲醋。(2)用野生菌糖化曲发酵生产的老法曲醋。6.按食醋颜色分类：(1)浓色醋又称黑醋，一种在酿成过程中或陈化过程中，有葡萄糖和甘氨酸成熟美德拉反应（Maillard Reaction），形成黑色素使醋色变深，另外一种是添加炒米色或添加了焦糖色造成的醋，这类醋的代表醋如熏醋和老陈醋。(2)淡色醋，没有加色素的醋。(3)白醋，例如辽宁丹东白醋。7.按食醋产品分：(1)液态醋。(2)将醋醅粉碎磨浆而制得的半固体醋。(3)粉末醋以及胶囊醋。8.按酿制方法勾兑醋分：(1)醋酸勾兑醋。(2)醋酸杆菌发酵醋；(3)水果酒氧化（慢滴）醋。(4)醋酸菌鼓泡空气发酵巴氏（66℃）灭菌醋。9.按食醋用途分：(1)烹调型醋。(2)佐料型醋。(3)保健型醋。(4)饮料型醋。10.按食醋风味：(1)陈醋。(2)熏醋。(3)甜醋。(4)麻辣醋。11.按味型分类有酸味型、甜味型醋。12.按食醋醋酸菌载体发酵方式分：(1)固体发酵醋。(2)液体发酵醋。(3)固稀发酵醋。

2011年11月1日中国执行GB/T 18623醋标准,醋中含有乙酸、乳酸、琥珀酸、焦谷氨酸四种有机酸。食醋GB 2719/ZBX 66015中微生物与物化指标见表5-10。

表5-10　　　　　　　　　　中国酿造食醋和配制食醋卫生标准

项目	指标	项目	指标
微生物项目	—	酿造食醋理化指标（GB 18187）	—
致病菌金黄色葡萄球细菌群	不得检出	总酸含量（以乙酸计g/100mL）	≥3.50
大肠菌群	≤3	不挥发酸（以乳酸计g/100mL）	≥0.50
菌落总数	≤10000	可溶性无盐固形物（g/100mL）	≥1.0
理化项目		配制食醋理化指标（SB10337）	—
游离无机酸	不得检出	总酸含量（以乙酸计g/100mL）	≥2.5
总砷（以As计mg/L）	≤0.5	可溶性无盐固形物（g/100mL）	≥0.50
铅（以Pb计mg/L·kg）	≤1		
黄曲霉毒素B_1（g/L）	≤5		

5.1.6 鲜味

基本味中的鲜味（Dcllculeumai）,不同于酸甜苦辣四味道是一类不影响其他味觉刺激感觉程度的特征风味,鲜味依靠鲜味剂又名增味剂、风味增强剂。鲜味剂的鲜味效果影响因素:(1)只有在有了食盐存在的情况下,谷氨酸钠（L-Glu·Na）才有可能呈出鲜味,并向有抑制苦涩酸味调味功能;(2)烹调温度120℃以上谷氨酸钠开始分解逐步产生焦性谷氨酸钠（无鲜味仍然无害、无毒）;(3)烹饪过程控制食材pH6~7最好,pH≤3.2增鲜效果进入差阶段,烹饪中食材pH值<7开始生成不起增鲜作用的谷氨酸二钠。

鲜味剂分:(1)多碳有机酸鲜味类;(2)羟基酸有机酸鲜味类;(3)氨基酸类;(4)强鲜味类L-单钠盐谷氨酸（MSG）又名左旋谷氨酸（味精）、腺苷5'-（三氢二磷酸盐）,5'-腺苷酸（5'-AMP）、5'-胞苷酸（5'-CMP）、5'-肌苷酸二钠（5'-IMP简称I）、琥珀酸二钠、L-丙氨酸又称L-2-氨基丙酸、鲜蘑菇中的5'-乌苷酸（5'-GMP简称1+G）比味精鲜160倍。鲜味使食材呈现增强性口味,呈鲜味阈值按增味剂不同而区别,鲜味剂的鲜味效果影响因素:(1)只有在有了食盐存在的情况下,谷氨酸钠（L-Glu·Na）才有可能呈出鲜味,并向有抑制苦涩酸味调味功能的氨基酸类;(2)温度120℃以上谷氨酸钠分解逐步产生焦性谷氨酸钠（无鲜味。仍然无害、无毒）核苷酸类;(3)烹饪过程控制食材pH值6~7最好,pH≤3.2增鲜效果进入差阶段,烹饪中食材pH<7开始生成不起增鲜作用的谷氨酸二钠、琥珀酸二钠的正羧酸类。

鲜味成分中L-谷氨酸钠或D-谷氨酸钠鲜味阈值为0.03%,琥珀酸阈值为0.055%,5'-肌苷酸阈值为0.025%,5'-乌苷酸阈值为0.0125%,甘氨酸1%,丙氨酸0.5%入口感鲜味。

§ 5 调料、低碳野菜

鲜味能降低苦味苦的程度、缓和酸味、使咸味和甜味减少腻味，使食材烹饪后增添滋味丰厚感觉，令人促进唾液分泌。

鲜味刺激味蕾可口性的滋味性味觉，新生儿味觉不发达感觉不到鲜味，呈鲜味物质的谷氨酸（Glutamate 或 G lx）类、肌苷酸（IMP）类、腺苷酸（AMP）类、游离氨基酸类、琥珀酸等。食材（100g）中代表性谷氨酸盐含量（g）常见表5-11成分含量。

表5-11　　　　常见食材（100g）中代表性离子型谷氨酸盐含量（g）

名称	离子型谷氨酸盐	名称	离子型谷氨酸盐	名称	离子型谷氨酸盐
人奶	0.018	牛奶	0.138	蛋	0.023
干奶酪	1.600	鲍鱼	0.138	干海带	2.26~5.367
西红柿	0.246	对虾	0.065	紫菜	0.813
蘑菇	0.180	龙虾	0.009	绿茶	0.264~0.64
鸡肉	0.044	—	—	甜玉米	0.106
猪肉	0.023	胡萝卜	0.004	青大豆	0.075

鲜味成分核苷酸、氨基酸、肽等鲜味剂是复杂的综合性味感，它能引起人食欲与可口滋味。代表性鲜味调料常见味精、高汤、鱼露、虾皮、明胶等。

5.1.6.1 味精

味精，商品又名味素。味精名称来源缘由是因为其原料与小麦有关，故而又称麸酸钠、谷氨酸钠，英文"Monosodium L-glutamate，MSG"，味精已成为家庭烹调、餐饮厨房增鲜必需食材调料。味精在食品加工、医药、工业、农业方面建议用量比例请参考表5-12。

表5-12　　　　常见食材添加味精（MSG标准GB 8967用量）

名称	味精用量/%	名称	味精用量/%	名称	味精用量/%
菜类	0.15~0.2	方便面	0.1~0.2	油炸品	0.17~0.2
鱼肉	0.17~0.2	西红柿酱	0.002~0.007	凉拌菜	0.15~0.35
汤	0.10~0.2	香肠	0.001~0.002	肉馅	0.2~0.3

5.1.6.2 强力味精

鲜味成分核苷酸、氨基酸、肽等鲜味剂是复杂的综合性味感，它能引起人食欲与可口滋味。代表性鲜味调料常见味精、高汤、鱼露、虾皮、明胶等。1913年以来人们陆续从鱼肉干鲜味中和牛肉里发现鸡肉鲜味物质肌苷酸，从香菇鲜味中具有鲜味成分的乌苷酸，从胰脏中鲜味物质成分核苷酸、肌苷酸IMP、乌苷酸GMP。IMP和GMP的1:1化合物称1+G或称WMP，鲜味呈味强度是GMP＞WMP＞IMP。GMP与MSG（味精）混合后发现了它们鲜味的倍增效果，鲜味的相乘效果利用呈味物质与味精生产混合性强力味精（核苷酸与味精混合物），这类生产技术已逐步成熟和产业化。强力味精目前主要规范（QB1500）产品标准规格:(1)

T212g98%强力味精味(精中添加0.8% GMP 或 0.8% GMP 或 1.5% WMP);(2)T213g90%强力味精(味精中添加0.8% GMP 或 1.5% WMP);(3)T214g85%强力味精(味精中添加0.8% GMP 或 1.5% WMP);(4)T214g80%强力味精(味精中添加0.8% GMP 或 1.5% WMP)。20 世纪70年代出现了多种商品强力味精如特鲜味精、复合味素、琥珀酸,5核苷酸(5′- Nucleotide)包括5′-肌苷酸、5′-乌苷酸、胞苷酸(CMP)、尿苷酸(UMP)、黄苷酸(XMP)等。

5.1.6.3 天然调味料

天然调味料现在有两类,一类称为分解型天然调味料,另一类称为抽出型天然调味料。常见动或植物食材原料肌苷酸(IMP)和乌苷酸(GMP)含量见表5-13。

表5-13　　　　动、植物食材原料 IMP 和 GMP 含量(mg/100g)

名称	牛肉	猪肉	鸡肉	面筋	莴苣	凤尾菇	草菇	竹笋	蘑菇	干香菇
IMP	163	186	115	22	32	—	—	—	—	—
GMP	3.7	2.2	5.3	6.5	2~5.0	85	32	6	103	216

食材中氨基酸与糖共热(120℃以上)生成不同的内酯、吡嗪等杂环化合物,有各式各样特征气味,表5-14列出部分氨基酸与糖共热产生气味。

表5-14　氨基酸与糖共热生成气味（++为良,+为可,-为不愉快,--为极不愉快）

℃	糖	甘氨酸	谷氨酸	赖氨酸	蛋氨酸	苯丙氨酸
100	葡萄糖	焦糖味+	旧木料味++	烘甘薯味+	煮过头甘薯味+	腐败焦糖味-
	果糖	焦糖味-	轻旧木料味+	烤奶油味-	切碎甘蓝味-	刺激臭味--
	麦芽糖	微焦糖味-	微旧木料味+	烧湿木味-	煮过头甘薯味-	甜焦糖味+
	蔗糖	轻氨味-	焦糖味++	烂土豆味-	燃木条料味-	甜焦糖味+
180	葡萄糖	燃糖味+	鸡舍味-	燃薯条味+	甘蓝味-	甜焦糖味+
	果糖	牛肉汁味+	鸡粪味-	燃薯条味+	豆汤味+	脏犬味-
	麦芽糖	牛肉汁味+	烤火腿味+	烂土豆味+	山葵菜味-	甜焦糖味+
	蔗糖	牛肉汁味+	烧肉味+	水煮肉味+	煮过头甘蓝味-	巧克力味++

5.1.6.4 鱼露

鱼露用鳗鱼、小杂鱼、糠虾、七星鱼、三角鱼、贝类水产品经盐腌生物发酵→过滤灭菌→提炼加工制成→液体状调味品。鱼露按原料来源又名鱼酱油、虾油、虾卤油、鱼汤、鲇汁、碌等。鱼露生产第一次所得的精品作为特等品,其分次有优质、一级、二级、三级。鱼露味道中有一点鱼虾酱腥气味,无苦涩味,气香味浓、色清呈微橙黄色、琥珀或综红色、无悬浮物,有微咸口感,味道极鲜美。

§ **5** 调料、低碳野菜

5.1.7 酒味

酒味（Aroma）又称酒香，指含有乙醇或类乙醇在加热过程能分解食材中腥膻气味并挥发去的物质。酒味食材香料所含的香味成分能够增加菜肴香味、调节人体代谢功能、促进血液循环、使食用者产生幻觉（上瘾）。酒味来源于运用发酵蒸馏法制得的酒类商品名料，酒有糯米酒（Glutinous Wine）、黄酒（Yellow Wine）、葡萄酒、啤酒、酒酿、香酒糟、白酒、味淋（含≥14%乙醇葡萄糖混合液）等食材产生的烹调效果。用粮食或含有碳水化合物（淀粉或糖）的水果之类植物经过发酵制成含乙醇的饮料酒（Alcoholic 或 Wine），别名醇、酿、酎、醑、醍、醪糟、醪醴、粳酒、淳酒、清酒、美酒、水酒、黄酒等。料酒按 Q/BADB000.S 产品标准酒精度（20℃）≥%10vol，配方中含有水、黄酒、白酒、食用酒精、味精、香辛料等，是烹调去腥的调味品。黄酒用米、酒药、麦曲等酿造而成的低于15%乙醇含量的黄色酒，通常作为饮料之外作烹调去腥物或药剂辅料。

5.1.8 辛辣麻味

辛辣味（Acrid）是加强食材口味的添加剂，也是掩盖异味、解腻加香、刺激唾液分泌、刺激食欲、提高消化功能的调味剂。辣味具有强烈刺激性物质，气味食材代表味是辣味，辣味刺激皮肤、人鼻腔有嗅细胞2000万个、舌头、口腔、肠胃等消化系统产生机械刺激性灼烧感。辛味（Pungent Taste）指姜黄、芥末、葱、蒜、韭菜、甘草、洋葱、辣椒、八角、肉桂、花椒、茴香、胡椒、小茴香、芫荽子、孜然粉、肉豆蔻、葫芦巴、鼠尾草、丁香、砂仁、豆豉、酒等具有发散、行气、活血的功能食材。八角、茴香等辛味含香油、醚、酮类，皮肤病、血管病患者慎食。辣味（Pungency 或 Piquancy）食材口味，是人口腔味觉、触觉、痛觉、温度觉以及鼻腔嗅觉、三叉神经感觉共同性和综合性感受，辣味物质触及皮肤可能引起皮肤灼烧感。麻味（Picotement Taste）指花椒粒、花椒粉末等芸香科植物性热味辛气味芳香浓烈风味。含有花椒烯醇的麻辣食材都有局部麻醉作用，高血压、咽喉炎病患者勿食。香、辛、辣复合味的香辛辣复合味食材有：(1)大蒜、大葱之类辛辣味成分，主要有蒜素、二烯丙基二硫化物、丙基烯丙基二硫化物三种。(2)大葱、大蒜、韭菜的辛辣味主要成分是二丙基二硫化物、甲基丙基二硫化物，韭菜类蔬菜所含二硫化物受热（烹饪加热）分解出硫醇，硫醇显甜味。(3)芥末、萝卜辛辣味主要成分是异硫氰酸酯类化合物，异硫氰酸丙酯即芥子油，这些酯类物质兼溶于水和油、辛和辣复合味强烈、受热水解出异硫氰酸辣味程度变小。辛辣麻味常用食材主要有辣椒（Capsicum）、胡椒（Pepper）、葱（Shallot）、藠头（Chinese Onion）、大蒜（Garlic）、青蒜（Leek）、咖喱（Curry）、芥末（Mustard）、辣根（Horserdish）、生姜（Ginger）等。刺激性的辣味一般指：(1)刺激性辣味是舌口腔黏膜和鼻腔与眼睛受到辣物质味觉与嗅觉催泪性刺激，这类食材有葱、蒜、洋葱、芥末、萝卜、韭菜等；(2)热辣（火辣）味是无芳香辣味、辣嘴引起灼烧感、这类调味剂含有辣椒、胡椒、花椒；(3)辛辣（芳香辣）味是含有芳香添加剂的辣味、这类调味剂含有生姜、肉豆蔻、丁香。

胡椒十字花科植物芥菜种子干燥后研磨成粉末状调味品叫作芥末（Mustard），芥末有淡黄、深黄两种颜色品质,商品种类有芥末油或芥末膏。

商品芥末质量以油(炒温<50℃)性大、辣味足、有香气、无异味、无霉变者为佳。

咖喱(Curry)和咖喱粉(Curry Powder),原料成分由胡椒、辣椒、生姜、肉豆蔻、茴香、芫荽子、甘草、橘子皮、姜黄等二十多种味调料调制。品质以色深黄、粉质细腻、松散无块、无杂质、无异味、辛辣香气味浓激烈者为上品。咖喱成分有姜黄、川花椒、胡椒、桂皮、丁香、芫荽子等。

商品咖喱粉(Hotcurry Powdev)由姜黄、胡椒、辣椒、生姜、肉桂、肉豆蔻、茴香、芫荽、甘草、橘子皮等之类辛味粉末拌和而成,含有多味辛香调料组成姜黄为主辛味剂,辛味剂咖喱粉各国各生产者产品配方各有特色,这种辛味佐料有强烈刺激性姜黄粉气味、有色泽较深特色,专用于防治外邪束表、气滞、血瘀等病症。霉烂姜产生黄樟素诱发肝细胞癌变,伪造假冒咖喱粉不能买。

5.1.9 香味

香味(Odour)来源于人鼻腔每侧鼻黏膜具有2000万个嗅细胞,对挥发物物质小分子在空气中扩散进入鼻腔后的接触感觉。部分物质香气阈值所列参数见表5-15。

表5-15 部分物质香气阈值参数

物质	空气中浓度呈香气阈值/(mg/L)	物质	空气中浓度呈香气阈值/(μL/L)
甲醇	8	维生素B_1分解物	0.0004
乙酸乙酯	4×10^{-2}	2-甲基-3-异丁基吡嗪	0.002
异戊醇	1×10^{-3}	β-紫罗酮	0.007
氨	2.3×10^{-2}	甲硫醇	0.02
香兰素	$5 \times 10^{-}$	癸醛	0.1
丁香酚	$2.3 \times 10^{-}$	乙酸戊酯	5
柠檬醛	3×10	香叶烯	15
二甲硫醚	2×10^{-6}	西酸	240
煮蛋 H_2S	1×10^{-7}	乙醇	100000
粪臭素	4×10^{-7}		
甲硫醇	4.3×10^{-8}		

中国允许使用于食用的香料534种:(1)水溶性(溶解于40%~60%酒精)香料;(2)热敏感油溶性香料;(3)乳化香料;(4)粉末香料。芳香性食材对人体有醒脾开胃、行气化湿、化浊辟秽、爽神开窍、走窜等作用。人们从嗅到气味至产生感觉需要时间仅仅需0.2~0.3s,通常香味分子相对分子质量在20~300,沸点在-50℃至300℃之间。烹调产物的"生香"方法常见有:(1)"借香"借含香食材、辛香料或肉类嫁借香;(2)"合香"加调味料,合成香味;(3)"点香"根据菜肴要求或缺陷加生姜、香葱白糖、醋去腥解苦调味;(4)"裹香"特殊风味依靠红松树木、白糖、茶叶烟熏火燎利用香味挥发物酚类、醇类、有机酸、羰基化合物等辅加香味;

(5)"提香"利用五香粉应用控制腌渍或依靠煮、熬、焖、扒、炖、烧等依靠长时间加热提出原汁原味的香;(6)"披香"利用油炸或上浆、托糊等将菜肴食材表面披上滋味调料。

食材风味空间有万余种不同气味常见不卫生香气成分主要有:(1)一元醇、不饱和醇-醛-类低级醛-羧基-酯-醚类的烃及其含氧衍生物;(2)噻唑类含硫化合物;(3)甲胺、二甲胺、三甲胺、乙胺、腐胺、尸胺、硫酸亚铁配硫化钠形成臭水味等含氮化合物。在20多万种开花植物中散发香味的花,只有4万多种,80%的人闻新鲜苹果、茉莉等感觉舒服。食材香味烹饪形成途径如表5-16所示。

表5-16　　　　　　　　　　食材香味烹饪形成常见途径

类型	说明	举例
生物合成(植物动物长成)	直接由生物合成的香味成分(葡萄糖→丙酮酸→甲羟戊酸→萜类)	以萜烯类、脂类化合物为母体物质有薄荷、柑橘、香蕉中的香味
酶直接作用	酶对香味物质前体作用形成香气成分	蒜酶对亚砜作用形成洋葱香味
酶间接氧化作用	酶促进前体氧化(日光臭)成气味	红茶羧基及酸类化合物生成增香成分
高温分解	烘烤热使香味物质前体作用形成香气成分(油脂、糖、氨基酸相互反应)	咖啡、巧克力生成吡嗪,面包烘烤形成呋喃突出香味
微生物(氧化酶、异构化酶)作用	微生物将香味物质前体转化(水解酶、转移酶连接酶)形成香气	酱油、醋、酒功效源于好的曲母香味
外来赋香遮蔽臭	外来增强剂或烟熏火燎赋上香味成分	烟熏剂渗入成分显香

香味提取稀释分析(Aroma Extract Dlution Aalysis,AEDA)用于鉴别气味物质,知道番茄酱里有400多种挥发物,番茄最主要风味物质见表5-17。

表5-17　　　　　　　　　　番茄浆中最主要七种风味物质

风味化合物	干物质浓度/(μg/kg)	介质中风味阈值/(μg/kg)	风味值
二甲基硫醚	2000	0.3	6.7×10^3
β-大马士革酮	14	0.002	7.0×10^3
3-甲基丁醛	24	0.2	1.2×10^2
1-硝基-2-苯基乙烷	66	2	33
丁子香酚	100	6	17
甲醛	3	0.2	15
3-甲基丁酸	2000	250	8

芳香性食材又称香味调料常见品种主要有:八角(Star anise)又称大茴香、八角茴香、大

料、花椒（Chinese Red Pepper），桂皮（Cinnamon）俗称肉桂、五桂皮、官桂、企边桂、板桂等，小茴香（Fennel Seed）又称茴香、香丝菜，丁香（Clove）也称丁子香，肉豆蔻（Nutmeg）又名红豆蔻、玉果，砂仁（Fructus Amomi）为姜科草本植物阳春砂和缩砂的熟种仁，孜然（Cumin）又称安息茴香，香菜又名芫荽古名胡荽，紫苏又名山苏，藿香别名土藿香、野苏子、排香草，椰汁，糖桂花，酒糟，酒酿，酒酿露（蓼糟汁），香子兰花豆荚制剂香兰素（Vanillin）。全世界4000多种食品香味香料，分类有：(1)按香气类型的Clive法；(2)按调香师对香气日用序列的分类法；(3)按Flavor matrix 香味轮分类法；(4)按主观与客观统一原则的Lucta法；(5)按食材来源食用香精分调和型香精、热反应香精、发酵型香精、酶解型香精、脂肪氧化型香精；(6)按产品形态分液体香精、膏状香精、粉末香精；(7)按香型分水果香型香精、坚果香型香精、乳香型香精、肉香型香精、辛香型香精、花香型香精、蔬菜香型香精、酒香型香精、烟草香型香精；(8)按用途分食品用香精、酒用香精、烟用香精、药用香精、牙膏用香精、饲料用香精。蔬菜或水果芳香气味成分参见表5-18。

表5-18　　　　　　　　　蔬菜或水果芳香气味成分

菜名	香味化学成分	气型
玉米	甲硫醚、2-乙酰-1-吡咯啉、2-乙烯基邻甲氧基苯酚	土腥味
萝卜	甲基硫醇，反-甲基硫醇基、异硫氰酸丙烯酯、二丙烯基二硫化物	刺激辣味
蒜	甲基丙烯基二硫化物、丙烯硫醚、丙基丙烯基二硫化物	辛辣气味
葱	甲基硫醇、二丙烯基二硫化物、二丙基二硫化物	香辛气味
姜	姜酚、水芹烯、姜萜、莰烯	香辛气味
花椒	天竺葵醇、香茅醇、硫氰酸酯	蔷薇花香气
芥菜	异硫氰酯、二甲基硫醚、烯丙基芥子苷	刺激性辣味
卷心菜	1-氰基-2,3-环硫丙烷、叶醇、壬二烯	青草臭
黄瓜	2-甲基丁酸甲酯、壬烯醛、乙烯醛、青叶醇-黄瓜醛	青臭味
苹果	萜烯醇、六甲基5庚烯醇、2-甲基丙基酯、挥发酸	苹果味
梨	乙酸丁酯、乙酸丁酯、法呢烯、甲酸异戊酯	挥发酸
香蕉	350种内有3-甲基丁酸乙酯、戊酯、异戊酯等	香蕉味
香瓜	癸二酸二乙酯	香瓜味
桃	γ-癸内酯、反-2-己醇、醋酸乙酯、沉香醇酯内酯、挥发酸	桃味
葡萄	$C_4 \sim C_{12}$脂肪酸、芳樟醇、香叶醇、邻-氨基苯甲酸四酯、挥发酸	葡萄味
柑橘皮	d-柠檬烯、辛醛、癸醛、沉香醇	橘子皮味
柑橘汁	3-甲基丁醇、蚁酸、乙醛苯乙醇乙酸的酯	柑橘味

食用香精一般有：(1)主香剂（Main Note 大米特征性香料用2-乙酰基吡咯啉）；(2)协调剂又称协调香料（Blender 配制草莓香精用丁酸乙酯）；(3)变调剂又称变调香料（Modifier 配制草莓香精用茉莉油）；(4)定香剂又称定香香料（Fixative 配制香料加植物油增加稳

§ 5 调料、低碳野菜

定性）。食用香精成分还有载体（变性淀粉、糊精、食用油、食盐、抗氧化剂、螯合剂、防腐剂、乳化剂、增重剂、抗结剂等）。鸡肉香精配方：糠醛 1.0，苯甲醛 0.5，3-甲硫基丙醛 1.0，正乙醛 3.0，2.4-癸二烯醛 6.0，1.6-己二硫醇 25.0，乙醇（95%）63.5。

5.1.10 酱味

酱是曲或酶加工大豆或麦面、米、蚕豆等酿成制品：(1)糊状混合物酱、酱油与酿成原料酱干燥粉碎后的酱粉；(2)常见酱商品有中国豆酱（黄豆酱与蚕豆酱）、面酱、蚕豆酱、豆豉四大类型；(3)甜面酱、虾籽酱、牛肉酱、XO酱、沙茶酱、花生酱、芝麻酱、果酱、海鲜酱、柱侯酱、番茄酱、辣椒酱、酱腐乳、酱包等复合调味酱。

酱味按原料性质分类以黄大豆为原料的酱称黄豆酱（Soybean Paste）又称大酱，蚕豆作为原料的酱称蚕豆酱（Broadbean Paste）又名豆瓣酱，各种豆酿制的酱又统称豆酱或大酱。酱（Thick Sauce）的特殊性：(1)小麦粉为原料的酱蛋白质小于8%（面酱又称甜面酱氨基酸氮 0.3/100mL）。(2)大豆为原料的酱蛋白质含量在 10%~12%（氨基酸氮 0.6g/100mL）。(3)芝麻为原料的酱蛋白质含量在 20% 以上。(4)口味带甜、酸、辣、保含有香料保鲜剂的复合调制品如煲仔酱是片皮鸭或柱侯酱、嗜嗜煲、杂菜煲的调味品，柱侯酱原料由豆豉、猪油、白糖、芝麻等精制而成的糊状物。

酱或酱油鲜味来源于酿成制品中的谷氨基酸以及天门冬氨酸品质或含量。酱包基础原料豆酱辅以肉类、食用菌、蔬菜、香辛料通常配制为膏状调味包，是方便面酱包、火锅底料、厨房汤料等广泛采用的复合调味食材。

5.1.11 碱味

碱味调味剂用碱化剂俗名小苏打，又名面起子，重曹，商品名食用碱（Dietary aikali）、苏打粉（Soda）、重碳酸钠、酸式碳酸钠、纯碱、化学名碳酸氢钠等碱性物质是面条、馒头、巧克力等食品碱味产生的来源。对食材有脱脂、软化肌纤维、调节 pH 释放尼克酸、去哈喇味、保护叶绿素、中和发酵面团酸味等作用。小苏打俗称苏打粉（Soda），学名酸式碳酸钠、碳酸氢钠，分子式 $NaHCO$，分类代码 GB06.001.INS500（Ⅱ）/卫生标准 GB 2760，由碳酸钠与二氧化碳反应制品相对密度 2.2，熔点 270~300℃（成为碳酸钠），易溶解于水呈碱性，遇到酸分解出二氧化碳气体。

小苏打用于做食材酸度调节剂、膨松剂、抗结剂，是面制品的碱性剂、膨松剂、pH 调节剂，碱度 pH 可达 8.6，相对密度 2.4~2.5，比重 2.20，在热空气中能缓缓失去一部分二氧化碳，加热至 270℃ 失去全部二氧化碳而分解，质量浓度为 1.35% 溶液与血液等掺和，加热至 850℃ 左右熔化。口碱又名天然苏打，原产地内蒙古、张家口一带故俗名口碱。口碱含不一定比例的碳酸钠、碳酸氢钠、硫酸钠、氧化钠、硼砂等矿物质。口碱有白色或无色、黄色结晶质皮壳，玻璃光泽，比重 2.11~2.14，硬度 2.5~3.0，平行解理完全，是化学沉淀物，作为洗涤剂或食用级碱化剂利用。

泡打粉（Baking Powder, B.P）又名速发粉、蛋糕发粉（膨大剂）是面制品的快速疏松剂,作快速发酵剂使用。白色泡打粉又称发泡粉、发酵粉,泡打粉品种分双效泡打粉、高效泡打粉、无铝泡打粉、烘焙泡打粉等。由玉米粉作填充剂配合酸性材料(苏打粉)的泡打粉有食用型、香甜型。香甜型泡打粉配方中有46%十二水合硫酸铝钾、0.3%糖精钠和香兰素以及淀粉,食用型泡打粉配方中有38%焦磷酸二氢二钠、32%碳酸氢钠、15%淀粉、5%磷酸二氢钠、5%酒石酸氢钾、5%碳酸钙。

酸度调节剂,选碱类氢氧化钠、氢氧化钾、氧化钙等;还可用盐类乙酸钠、倍半碳酸钠(碳酸氢三钠)、碳酸氢钠、硫酸钙(石膏粉)、磷酸盐、柠檬酸一钠、富马酸一钠等。碱味调味剂对面粉具有膨松剂、抗结剂作用,也可根据需要选磷酸氢钙、硫酸铝铵、碳酸氢铵、碳酸氢钾、酒石酸氢钾、亚铁氰化钾、硅铝酸钠、磷酸钙、二氧化硅、微晶纤维素等。

净水剂明矾(Alum)又名硫酸铝钾、白矾、明石、钾铝矾、钾明矾,明矾分子式[KAl(SO$_4$)$_2$·12H$_2$O 或 K$_2$SO$_4$·Al$_2$(SO$_4$)$_3$·24H$_2$O]有酸涩味,在热条件下失去结晶水而能变成粉末白色烧明矾,明矾禁止代替小苏打用于面制品。

5.1.12 腊味

腊味(Dried Meat)是腊肉(Eured Meat)、腊鸡、腊鸭、腊鹌鹑、腊禾雀、腊大兔、腊乳狗、腊鱼、腊肠、金银肝、腊蛇等食物的总称,指晒干的干肉制品。腊味产品吃前水煮去盐、去油脂、去噏味等,可蒸熟或与蔬菜、酸奶做菜,以 VC 和乳酸菌抑制亚硝酸盐型致癌物质。

腊肠腊味香精配方:孜然粉2,芥末油3,芹菜油3,姜油5,丁香油14,甘牛至油18,胡荽油18,众香子油22,黑胡椒油43,辣椒油树脂372,肉豆蔻油500。

腊味肉制品经五香调味腌渍三五天后、涂酒、风吹晒干或烟熏火燎制成品,吃前蒸熟,成熟腊味色半透明、口感不觉油腻、偏甜、渗透油脂香气(腊味)。

5.1.13 食品改良剂

为了改善食品口感、外观、风味、组织形态、质地感观、稳定结构,达到某种加工目的有利于改善加工条件,而加入物种如需要达到水分保持性、面粉后处理等添加的物质称食品品质改良剂,简称食品改良剂。

食品改良剂属于复合食品添加剂,分为食品品质改良剂、食品口感改良剂。

5.1.13.1 酵母

酵母菌俗称酵母、酵母粉,是子囊菌、担子菌等几科单细胞微生物真菌的总称,酵母菌一般指黄白色软固体真菌制品。单细胞微生物真菌酵母菌包括39属1000多种真菌。食用酵母也称酵母粉(Yeast),酵母粉种类主要有压榨酵母、活性干酵母、快速活性干酵母等,常见酵母商品有:(1)面包酵母;(2)食品酵母;(3)药物酵母;(4)饲料酵母。

面包酵母又称酿酒酵母,2012年全球酵母产量超过100万t,产值25亿美元以上。

酵母菌处于环境温度0℃以下或高于47℃都难以生长发育。食材酵母菌主要是鲜酵母,是糖蜜培养基扩大培养、繁殖、分离、压榨制品面包酵母,商品还有食品活性干酵母、快速活性干酵母、药用酵母、饲料酵母。酵母菌在葡萄糖（$C_6H_{12}O$）有氧条件或厌氧条件下，产生不同发酵反应，其化学反应式如下：

有氧呼吸 $C_6H_{12}O+6O_2\rightarrow 6CO_2\uparrow+6H_2O+2871kJ$ 酵母酶、厌氧呼吸

$C_6H_{12}O_6+6O_2\rightarrow 2C_2H_5OH\uparrow+2CO_2\uparrow+100kJ$ 酵母酶→酒精

面包酵母或啤酒酵母被自身酶系自溶或添加细胞壁溶菌酶加工后取得大分子风味蛋白质核酸复合物，酵母酶分解复合物再经分离、去渣、脱臭、生物调香、浓缩、干燥等制得酵母精。酵母菌个体代表构造模式参如图5-1。

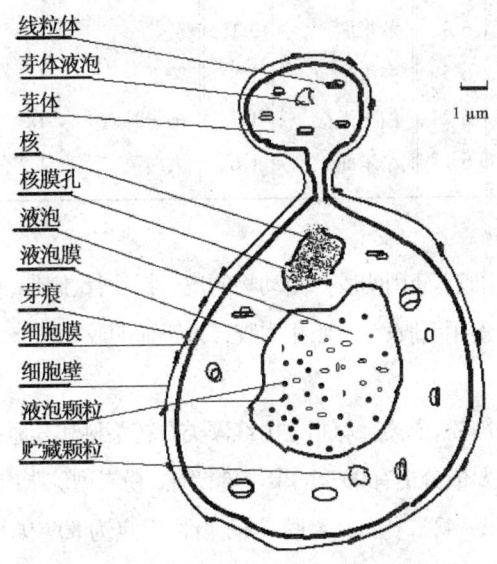

图5-1 酵母菌的细胞构造模式

700多种酵母菌通常可在有氧或无氧环境下都能生存，兼性厌氧菌发酵温度27~38℃，在pH3.0~7.5范围生长，供氧条件有利于产生更多二氧化碳而抑制乙醇、产生有机酸。

5.1.13.2 增稠剂

能增加流体或半流体食材黏度并保持所在体系相对稳定的亲水性大分子材料，称为增稠剂，增稠剂（GB2760）常用39种总体可分：(1)天然物增稠剂；(2)人工合成物增稠剂；(3)复合物增稠剂。天然增稠剂选择性利用海藻类提取物海藻酸、琼脂、卡拉胶，树木渗出物阿拉伯胶，植物种子制取的瓜尔胶、槐豆胶，植物组织提取的玉米淀粉、麦芽糊精、蔗糖脂肪酸酯、果胶、桃胶、魔芋胶、黄原胶，由动物组织或分泌物提取的明胶、酪蛋白，由微生物繁殖分泌的黄原胶等。化学合成增稠剂制品有海藻酸丙二醇酯、羧甲基纤维素钙、羧甲基纤维素钠、磷酸淀粉钠、乙醇酸淀粉钠、羟丙基淀粉等。复合增稠剂有卡拉胶与槐豆胶混合胶（LBG），阿拉伯胶与黄蓍胶（4:1）混合胶，黄原胶与槐豆胶（1:1）混合胶。复合增稠剂可使食材表面形成保护膜，赋予食材某些嫩度、黏度、结晶度，增加食材吸水性、持水性，在食品工业上可与其他添加剂协同作为增稠、胶黏的添加剂应用，安全使用量（ADI）为0.5~1.0g/kg。用于加工食品加包的合物要求保温、防潮、抗氧化、乳化、抗分解等安全使用量（ADI）

为 2.5~100g/kg。

常见食材内含有的粗纤维素一般含量参见表 5-19。

表 5-19　　常见食材中粗纤维素一般含量（粗纤维素含量 g/100g 食材重量）

名称	含量	名称	含量	名称	含量	名称	含量	名称	含量
木耳	33.4	酸枣	10.6	绿豆	5.2	黄豆芽	1.4	茭白	2.6
银耳	33.7	豌豆	7.8	鲜毛豆	4.5	白高粱米	1.3	大蒜苗	2.0
紫菜	27.3	赤小豆	7.1	蘑菇	3.4	小米	1.3	青大蒜	1.9
麸皮	18.0	冬笋	6.8	黄米面	2.1	菠菜	1.4	芹菜	1.4
口蘑	17.2	荞麦面	6.5	白玉米面	1.8	苦瓜	1.5	菜花	1.4
青豆	12.9	芝麻	6.2	白玉米糁	1.7	柿子辣椒	1.3	大葱	1.3
黄豆	11.9	海带	6.1	小米面	1.6	大白菜	1.2	小白菜	1.2

5.1.13.2.1 明胶

明胶（Gelatin）别名白明胶，药用明胶。由动物的皮、骨、软骨、韧带、肌膜等经熬煮水解提取的水解蛋白复合物。明胶分:(1)食用明胶；(2)照相明胶；(3)工业明胶。

5.1.13.2.2 琼脂

琼脂（Agar）别名琼胶、冻粉、洋菜。琼脂是由红藻类石花菜科和其他石花菜属浸出黏液经冰冻干燥制得多糖混合物。琼脂主要成分中有90%的聚半乳糖苷，粉末型琼脂白色，条型琼脂类色泽白色或浅褐色。1%的琼脂溶液于32~42℃凝固其凝胶具有弹性，熔点为80~96℃。琼脂在冷水中能膨胀20倍，溶于热水浓度0.5%以上溶液能形成坚实凝胶，加百倍水煮沸溶液形成黏液，浓度0.1%以下的溶液不能形成凝胶，在42℃时能固化。琼脂是食品的胶黏剂、增稠剂、助悬剂、稳定剂、成膜剂、乳化剂等，是果酱、果冻、饮料、糖果、糕点等常用添加剂之一。

5.1.13.2.3 反式脂肪酸

反式脂肪（Trans-acid）又名反式脂肪酸，食材牛肉、羊肉、牛奶及其制品中存在少量酵母脂肪酶天然发酵产生的反式脂肪。非天然反式脂肪常见主要有以人造食品添加剂氢化油又名植物奶油、植物奶精、植脂末、起酥油形态出现在鸡蛋黄派、薯条、巧克力、蛋糕等中。反式脂肪酸与丁基羟基茴香醚（BHA）和二丁基羟基甲苯（BHT）、溴酸钾、糖精、蔗糖聚酯被称为可怕的食品添加剂。

中国2013年1月1日实施《预包装食品营养标签通则》规定食品使用氢化和（或）部分氢化油脂，必须标示反式脂肪酸含量，通则标准指出正常人每天摄入反式脂肪酸不应超过2.2g。

5.1.13.3 被膜剂

食材被膜剂石蜡（Paraffin）通常用于制造合成脂肪酸、高级醇，由天然石油含蜡馏分经冷榨或溶剂脱蜡制取石蜡，分白蜡、黄蜡，熔点分48℃、50℃、52℃、54℃、56℃、58℃"等晶级"；石蜡应用做食材被膜剂、消泡剂、包复（防水）剂。食材被膜剂还有硬脂酸、白油、紫胶、松香季戊四醇酯等。碳氢混合物食用精制微晶石蜡熔点 48~93℃，分类代码 GB14.002/卫生标准 GB2760、ADI≤20mg/kg 用于胶姆糖基础剂最大使用量≤50g/kg,微晶石蜡与还原剂、氧化剂、强酸、强碱不发生化学反应,在紫外线下可能变黄色。

5.1.14 食材加工工艺用辅料

食材加工工艺用辅料又称食品加工助剂,通常指加工食材成为食品过程需要加入的各种辅助添加剂(物质)有助过滤剂、萃取剂、澄清剂、吸附剂、润滑剂、脱模剂、脱色剂、脱皮剂、发酵用营养基质等,工艺用辅料,加入食品后一般不需再从最终产品里被除去。

中国允许使用食品添加剂23类2300多种(GB 2760),食品添加剂的生产和使用实行许可制度,不应掩盖食品本身或加工过程中的质量缺陷或以掺杂、掺假、伪造为目的【5-24】。

5.1.14.1 防腐剂

能延缓或防止食品腐败、抑制微生物活性、杀死微生物的物质称为防腐剂(保藏剂),抑菌功能好的防腐剂硫磺(又是漂白剂),无机盐有乙二胺四乙酸钠(EDTA)、亚硝酸钠、硝酸钠、乙酸钠、二氧化碳等,有机酸乳酸、对羟基苯甲酸、山梨酸及其盐类、苯甲酸盐类等。禁止用亚硫酸盐、纳他霉素、甲醛、硫氰酸钠作防腐剂;苯甲酸用量参见表5-20。

表5-20　　　　　　　　人每日摄入苯甲酸总量计算

食材品种	每日摄入量/(mg/kg)	最大使用量/(g/kg)
酱油	0~50	0.3~1.0
醋	0~20	0.2~1.0
汽水、配制酒	0~250	≤0.2
果汁	0~100	0.1~0.5
低盐腌渍蔬菜	0~50	≤0.5
胶基糖果	0~150	≤1.5
蜜饯	0~20	≤0.5
鱼制品	10~100	1~4

5.1.14.2 抗氧化剂

可起延迟或阻遏食品变质的添加剂,从而能延长食品保存期的物质称食品抗氧化剂。

食品抗氧化剂有叔丁基苯二酚(TBHQ)、二丁基羟基甲苯(BHT)、丁基羟基茴香醚(BHA)、茶多酚(TP)、生育酚、黄酮类等。

5.1.14.3 营养强化剂

按照增强营养素成分的目的与规定(GB 14880),营养强化剂允许添加二十二碳六烯酸(DHA)、卵磷脂、膳食纤维和氨基酸类(赖氨酸、牛磺酸等)、维生素类(叶酸、生物素、VB/WE/WC/、矿物质类硒、钙等)。

5.1.15 油料

食用添加剂常用能提取油脂脂肪油料(Oil-bearing Erops)主要是指供人食用、作为润滑剂或加热传热媒介质的添加剂食用油。

食用油料由生物体内脂肪类获取的物质称食用油(Edible Oil或Cooking oil)。食用植物油原料来源：豆类、花生、芝麻、向日葵、核桃、油菜籽、玉米胚、亚麻籽、椰子籽、橄榄籽、棉籽、葡萄籽、米糠、油茶籽必须除去有毒的皂素葡萄糖苷成分；棉籽去除酚等才能供人类食用。部分食材的油脂含量参见表5–21。

表5–21　　　　　　　　　　部分食材中种仁的脂肪含量　　　　　　　　　　单位:%

名称	脂肪	名称	脂肪	名称	脂肪	名称	脂肪
稻米	0.4~1.7	柑橘籽	20~30	猪油	99.0	蚌肉	0.98
大豆	18~23	葡萄籽	10~15	鸡蛋	11~12	蛤蜊	1.0
油菜籽	32~45	核桃仁	65	鸡蛋黄	28.2	牛肉	1.8
南瓜籽	30~50.5	樱桃籽	30	鸭蛋	13.0	牛奶粉	27.1
葵花子	56.2	苹果籽	24	鸭蛋黄	33.8	炼乳	8.7
西瓜籽	19~47.7	米糠	12~20	牛肉	6.2	酸奶	1.4
辣椒子	20~25	核桃仁	59~65	瘦猪肉	15.3	黄油	98.8
松籽	70.6	杏仁	42.9	猪肋条肉	59.0	鲜奶	3.2
椰子肉	63~70	芝麻	48~65	里脊肉	12.8	去脂酸奶	0.4
榛子	50.3~	花生米	30~52	青鱼	1~4	面粉	1.4
白菜	0.1	苹果	0.4	草鱼	1.4	植物油	100.0

油脂原(生)油低级脂肪酸(C_{10}以下)油中挥发物气味可能有豆腥味、青草味、泥土味、鱼腥味、霉味等，当氧化性接触剂存在时，不饱和脂肪酸与氢作用生成白色固体的硬化油。游离棉酚为酚毒苷，对动物神经、血管和实质性脏器细胞都有毒物，含≥0.02%棉酚的棉籽油，禁止用于人的食用。

液态油按油品在空气中能否干燥品种分类为:(1)干性油；(2)半干性油；(3)非干性油三类。

非干性食用油(Edible Oil)作为烹饪加热传热介质，又是食材的优良调味、着色、润滑、营养剂。食用油含双键不饱和化合物的植物固醇特点:(1)熔点138~145℃普通植物固醇又名细胞固醇；(2)熔点144~145℃二氢固醇(分子式$C_{27}H_{47}OH·H_2O$)，小麦胚油含α–小麦固醇和β–小麦固醇。粮油部分品种油脂固醇、精炼油含VE mg/100g含量参见表5–22。

表5–22　　　　　　　　　　粮油油脂固醇含量

油脂名	固醇含量/%	精炼油VE/(mg/100g)	油脂名称	固醇含量/%	精炼油含VE/(mg/100g)
麦胚油	1.30~1.70	95~220	芝麻油	0.43~0.55	38.28
玉米油	0.58~1.00	72.48~77.0	大豆油	0.15~0.38	72~177
米糠油	0.75~1.05	0.02~0.03	椰子油	0.06~0.08	0.2~0.9
菜籽油	0.35~0.50	34~60	亚麻籽油	0.37~0.42	—
红花生油	0.19~0.25	27~35	橄榄油	0.060.07	8~9

脂肪酸按烃基性质分低级可挥发脂肪酸又名低级饱和脂肪酸、高级饱和脂肪酸、不饱和脂肪酸。植物油按加工过程分粗制油、精炼油及改性油色拉油(Salad Oil)、调和油(Mediate

§ 5 调料、低碳野菜

Oil）四种规格。花生油、大豆油、棉籽油、菜籽油、葵花子、胡麻油、玉米胚油、米糠油等都含比例较高的亚油酸。亚油酸在人体内与胆固醇结合成为酯，人体新陈代谢转运代谢和排泄、减少血浆里胆固醇含量、减少血管壁上胆固醇含量十分有效。油脂类包含甘油与脂肪酸经过酯化形成的甘油一酯〔$C_3H_5(OH)_2(OCOR)$〕、甘油二酯〔$C_3H_5(OH)(OCOR)_2$〕和甘油三酯〔$C_3H_5(OCOR)_3$〕复合物。脂类分子组成结构是一个分子甘油和三个分子脂肪酸脱水结合而成的酯类，脂肪是在人体小肠内肠液胰液分泌物脂肪酶结合三酰甘油酯。

三酰甘油酯水解后生成二酰甘油酯、脂肪酸，继续水解就可生成一酰甘油酯与一分子脂肪酸。

脂肪酸（Fatty Acid，FA）通式是 R（脂肪烃基）·COOH，是天然脂肪水解得到的脂肪族羧基与脂肪烃基连接而成的一元羧酸，羧酸是烃分子中氢原子被羧基取代的化合物。在室温下呈液体状态的食用油中，含混合烯脂肪酸属于人体无法自行合成又为人体必需的脂肪酸。通常提到的脂肪，泛指 3 分子脂肪酸和 1 分子甘油组成的化学名为甘油三酯。其他脂类还有磷脂类卵磷脂、植酸盐、植物固醇等。普通类脂食用油脂肪酸成分含量参见表 5-23。

表 5-23　　　食用油脂肪酸成分含量（以脂肪酸总量的%表示）

脂肪	饱和脂肪酸	以油酸为主单烯酸	亚油酸	以亚油酸为主双烯	以亚油酸为主多烯酸
可可脂油	80~85	7~10	2~8	2~8	0
黄油	56~70	20~30	3.6	2~14	0
猪油	30~43	44~55	8.3~9.0	5~15	0
橄榄油	9~11	84~86	4~7	4~7	1
花生油	17~18	50~68	37.6	22~28	0
菜籽油	5~10	70~80	14.2	5~10	0
棉籽油	23~27	15~40	50.0	50~55	0
豆油	12~14	22~25	52.2	50~55	7
玉米油	10~13	23~30	47.8	56~60	1
鱼油	20~30	20~45	20~36	1~7	20~36

粗制油又称原油、毛油，毛油色泽较深、有些浑浊、杂质较多、加热会起泡沫、沸腾油泡爱冒黑烟。未精炼毛油常常含有水、纤维质、蛋白质、磷脂、游离脂肪酸、糖类混合物、色素（胡萝卜素和叶绿素）、臭味杂质等，食用口感差不能供人用。

精炼油又称成品油为毛油经溶剂水洗、碱炼、澄清油色较浅后改性油，压榨或浸出法得到粗油经精炼（机械或化学、机械化学兼顾技术制取）成的色拉油、调和油、一级或二级油。

粗制油或精炼油区别在：(1) 色拉油又译成为沙拉油，油酸价≤0.6、耐贮藏、炒菜氧化少，是最好的煎炸油。(2) 调和油即由色拉油级的多种植物油（豆油、米糠油、红花子油等）的组合油，经全精炼造成轻味、芝麻型或花生型风味调和油。

部分油料高温烹饪的精炼油烟点见表 5-24。

表 5－24　　　　植物油部分油料高温烹饪的精炼油烟点、闪点大约温度表　　　　单位℃

精炼油	凝固点	烟点	闪点	精炼油	凝固点	烟点
大豆油	－10～17	压榨法256	296	花生油	0～3	229
米糠油	－5～－10	254		红花子油		221
茶籽油	－5～－10	252		葵花子油		218
菜籽油	－5～－10	243		棉籽油	4～6	213
半精炼菜籽油	－5～－12	241		棕榈仁油	24～30	204
玉米油	－10～－15	232～245		葡萄籽油		265
芝麻油	0～－40					

植物油加热惯用的油温热度，通常称呼低温三四成热温度为（80～120℃），六成热（130～170℃），七成热温度为（180～240℃）。

精炼油再与氢发生（氢气压力 8.08×10^3 Pa 约 8 个大气压 125～250℃ 钯催化剂）加成反应呈液体油酯转变至半固体脂肪或可塑性脂肪（Plastic Fats），最后制成半固体脂肪制品有起酥油（Shortenings）、人造黄油（Margarine）等。氢化油又称硬化油、植物奶油、植物奶精、植脂末、起酥油等，是蛋糕、巧克力、冰淇淋、奶油饼干、方便面、蛋黄派、咖啡伴侣、奶油面包等的食品添加剂由精炼过的液体脂肪（植物油或鱼油）经不同程度加氢（氢化）制成半固体或固体脂肪，以达到液体脂肪熔点低氢化后，植物油熔点提高得到硬化形态脂肪的目的，其实加的氢化油就是油。

食材常见选用乳化剂 HLB 值参见表 5－25。

表 5－25　　　　　　　　　食材常用乳化剂 HLB 值

乳化剂类型		乳化剂	HLB
非离子型	脂肪醇	十六醇	1.0
	一酰基甘油	甘油单硬脂酸酯	3.8
		双甘油单硬脂酸酯	5.5
	一酰基甘油类酯	丙醇酰甘油单硬脂酸酯	8.0
	司盘类	失水山梨醇三硬脂酸酯（Span15）	2.1
		失水山梨醇单月桂酸酯（Span20）	8.6
		失水山梨醇单硬脂酸酯（Span60）	4.7
		失水山梨醇单油酸酯（Span80）	7.0
	吐温	聚氧乙烯失水山梨醇单棕榈酸酯（Tween40）	15.6
		聚氧乙烯失水山梨醇单硬脂酸酯（Tween60）	14.9
		聚氧乙烯失水山梨醇单油酸酯（Tween40）	16.0
阴离子型	肥皂	油酸钠	18.0
	乳酸酯	硬脂酰－2－乳酸钠	21.0
	磷酯	卵磷脂	较大
	阴离子去垢剂	十二烷基硫酸钠	40.0

熟食涂料用油，要求加热不发生泡沫、无烟、无刺激性臭味、黏度以及色泽符合食用标准，生食用油冬季不浑浊不凝固而有一定风味。学名油脂的脂肪是脂类中的甘油、脂肪酸复合物，

别名甘油酯、甘油三(脂肪)酸酯学名甘油三酯、三酰甘油酯。植物油共同特点主要有:植物油脂肪含量≥99%,熔点范围在-18~19℃,都不溶于水。环境5℃时,植物油通常的比重为1.900~0.970,溶于酒精、乙醚等有机溶剂而不溶于水,低温黏度大、液体对光线发生折射现象、与碱结合合成肥皂会分离出甘油。植物油共同特点主要有:(1)脂肪含量≥99%,熔点范围在-18~19℃;(2)都不溶于水;(3)环境5℃时,植物油通常的比重为1.900~0.970;(4)溶于酒精、乙醚等有机溶剂;(5)低温黏度大、液体对光线发生折射现象;(6)与碱结合合成肥皂会分离出甘油。植物油黏度随环境温度上升而降低,液体植物油有折光性,也能与碱结合成肥皂并分离出甘油。

油脂在烹饪中确保食材含有适当含水率可以有利于发挥烹饪制品色香味、形态和维生素等营养素的特长。大多数植物油沸点在180~255℃,发烟点60~70℃,闪点250~300℃,着火点温度时限(≤5s)相近燃点310~360℃。含有油酸43.4%亚油酸39.1%的玉米油烟点在约240℃,大豆油烟点181~256℃、花生油烟点370℃。油脂在烹饪中常用油温在150~250℃,炒菜油温在180~200℃,植物油150℃开始分解,在290~300℃植物油、猪油、牛油都会激烈地热分解。

几种天然油脂溶点与人体可能消化率关系参见表5-26。

表5-26　　　　　　　　　　天然油脂溶点与人体可能消化率(%)

油脂名称	熔点/℃	消化率	油脂名称	熔点/℃	消化率
大豆油	-8~-18	97.5~98	奶脂	28~36	98
花生油	0~3	98.3~98	猪脂	36~50	94
向日葵油	-16~+19	96.5	牛脂	42~50	89
棉籽油	3~4	98	羊脂	44~55	81
麻油	6~10	98	人造黄油	28~30	87
菜籽油	-8~+4	99	奶油	28~36	98
橄榄油	-8~+4	96.5	茶油	-8~+4	91
			椰子脂	28~33	98

食用油300℃以上加热可能产生多种聚合物。油被高温热分解产生的聚合物可能有己二烯环状单聚体、二聚体、三聚体、多聚体、苯并-芘等有害物质。食品中苯并-芘等污染有害物限量,中国(GB 2762)规定粮食中不高于$5\mu g/kg$($1\mu g$=十亿分之一kg)。

植物油生产工业以浸出剂浸出工艺生产的油脂称浸出油,以压榨机生产的油脂称压榨油。粗制稻米米糠油(Rice Bran Oilextraet)含磷脂、果胶、蜡、40%~50%油酸、29%~42%亚油酸、0.5%花生四烯酸、10.5%~10.8%棕榈酸、1%~2%硬脂酸、0.33%角鲨烯、0.04% VE以及VB等。

动物油(Animal Oil)种类中常见:猪油(Lard),又称大油、荤油。其次还有牛油、羊油、鱼肝油、奶油等。

微生物油（SCO）是利用小球藻微藻、油脂酵母、少根根霉菌、破囊壶菌真菌之类某原料预压榨和精炼制取的油脂，市场少有。

混合制品油中的色拉油（Salad Oil）又名生菜油。它又是由棉籽油、豆油、向日葵油、玉蜀黍油等经脱酸、脱杂、脱磷、脱色、脱臭五道工序后制得的混合油。色拉油色泽澄清透明气、味新鲜清淡、加热不变色、无泡沫、油烟少。调和油（Suit Well Oil）是由两种色拉油或两种以上油勾兑而成，油质清澈明亮。起酥油（Shortening）为精炼的动物油和植物油脂、氢化油或其他油脂的混合物。风味油（Typical Local Oil）为精炼的动物油和植物油脂、氢化油或其他油脂中添加风味香料或营养物质的混合物。

油本质上都是脂肪，脂肪一旦在人体积蓄起来慢慢地形成脂肪肝、动脉粥样硬化等引起高血压、冠心病、诱发胆石病症、胰腺炎等。

5.1.15.1 黄豆

黄豆（Soybean）又称大豆，大豆名下统称豆有黄豆、青豆、黑豆等。在黄豆、蚕豆、豌豆、赤豆、绿豆、豇豆、菜豆、刀豆、扁豆等豆类植物中，黄豆属豆科蝶形花亚科，大豆属一年生草本植物，染色体数 $2n$ 或 $4n$ 不同共有9个种。黄豆籽粒和嫩荚豆类植物总名豆类植物根部都有根瘤菌共生，在轮作制生产时根瘤菌能增加土壤肥力。大豆黑白二个品种分长稍种、牛践种，品种名称又有黄高丽豆、黑高丽豆、燕豆、艳豆等，皆大豆类。大豆豆角叫作荚，叶又名藿，茎又名萁。豆类植物根部都有根瘤菌共生，在轮作制生产时根瘤菌能增加土壤肥力。

中国野生大豆为国家二级保护物种，它有高产、高蛋白、抗病虫害等优质基因，是育种与生物工程公司觊觎和争夺专利权的目标。栽培大豆由野生大豆培育而来，中国是世界大豆原产地，拥有世界已知野生大豆原种90%达6000多种。大豆蛋白相对分子量与沉降系数影响见表5-27。

表5-27　　　　　　大豆蛋白相对分子量与沉降系数影响

已知大豆组分	相对分子质量	占总蛋白的百分数	沉降系数/s
胰蛋白酶抑制剂	8000~21500	22	2s
细胞色素C	12000	—	
血球凝集素	110000	37	7s
脂肪氧化酶	102000		
β-淀粉酶	61700		
7S球蛋白	180000~210000	—	
11S球蛋白	350000	31	11s
—	600000	11	15s

黄豆的嫩豆荚称毛豆（Young Soya Bean），豆粒皮青的称青豆（Green Soybean），种皮黑的称黑豆（Black Soybean）。大豆种子形状有肾形、球形、扁圆形、锥圆形、长圆体形等，

§ 5 调料、低碳野菜

种子外形可看见种皮、种脐和其顶端的合点、珠孔和胚根透射处。豆粒大小分类按≥20g/100粒属于大粒，中粒为13~19.9g/100粒，小粒为≤12.9g/100粒。

大豆品种鉴定种子特征按种皮来区分有黄、青、褐、黑、双色（斑色或螺纹）五大类。黄豆的嫩豆荚称毛豆（Young Soya Bean），豆粒青皮的称青豆（Green Soybean），黑种皮的称黑豆（Black Soybean）。大豆籽粒结构，大豆籽粒最外部层名种皮，种皮上分布一道深颜色的肚脐，脐下端有凹陷小点叫作合点，脐上端有大豆种子上明显地可以发现胚芽和胚根以及上下中间的小孔眼称珠孔，当种子发芽时胚根可以从珠孔萌芽出来，珠孔因此又称发芽孔。大豆种皮下分布有胚，胚由子叶、胚芽、胚茎、胚根等组成。大豆种子结构上种皮约占大豆中重量的7%，子叶占大豆中重量的90%。大豆种子子叶组织主要含有颗粒状蛋白体球，蛋白体在子叶肥厚细胞壁包围下含水分≤9.5%，氮10.1%，糖8.5%，矿物质0.70%，磷0.85%，核糖核酸0.4%，蛋白体颗粒的间隙上分布着脂肪球和少量淀粉粒。各类大豆按纯粮率分五个等级，五等之外为等外品。

5.1.15.2 油菜

油菜（Rape）为十字花科（Cruciferae）芸薹属（Brassica）一年生草本植物油菜又称芸薹角果。原产地中国的油菜又称姜叠、萱菜、芸薹、寒菜、寡菜、胡菜、苔菜、苔芥、红油菜。传统菜籽（Rapeseed）油芥酸、硫代葡萄糖苷（硫苷）含量太高不易被人体消化。中国油菜分白菜类型、芥菜类型、甘蓝类型三大类。这三类油菜区别见表5-28。

表5-28　　　　　　　　　　　　油菜主要特征区别

项目	白菜类矮油菜、甜油菜、小油菜、土油菜一般表征学名，染色体数 $n=10$	芥菜类高油菜、苦油菜、辣油菜、大菜一般表征，学名，染色体数 $n=18$	甘蓝类胜利油菜、早生朝鲜油菜及波兰油菜、苏联油菜等一般表征学名，染色体数 $n=19$
株高/cm	45~100	165~200	100~165
叶片特点	卵圆形薄大，淡绿色，无蜡粉，叶抱茎，生育期180~200天	分枝多叶薄密披刺毛，茎叶披针形，全株披蜡粉	叶厚深绿色或灰绿色、浓绿色，叶脉披针形叶柄长，抱茎生叶，生育期210~230天
种子	种皮有黄色、黑色、红色、黄褐色等，千粒重2~2.5g	种皮有黄色、黑色、红色、黄褐色，千粒重1~1.5g	种子圆形黑褐色等，千粒重3g左右

中国油菜籽种类只有芥菜型、白菜型两类，是世界油菜籽种来源中心。芥菜型油菜代表性品种是大菜又名大油菜、高油菜、苦油菜，这种油菜生长株高大、全株上下叶片都有明显叶

柄、开小花、种子小、有辛辣味。白菜型油菜又称甜油菜、北方小油菜。白菜型油菜生长株较矮小、叶椭圆或卵圆或长卵不定形、细叶柄、生长期抽薹茎叶抱茎、花大些、种子无辛辣味。

5.1.15.3 花生

花生（Peanut）又称南京豆、唐人豆、民间称为落花生、长生果、地果、唐人果、番豆等，欧洲人叫作中国坚果，又称"植物肉""绿色牛奶"，祖产地花生产于南美洲，中国明末万历年间有引种故又名番果、及地果、土豆、地豆、落地松、土露子等。花生为豆科落花生属蝶形花亚科，落花生属一年生草本植物，适于不耐霜冻地方砂质土壤里种植。

花生果实荚壳上凹凸不平黄色网络外壳，脉纹形状有网状、条状两类，花生荚果（花生壳果）形状分为斧头形、曲棍形、葫芦形、串珠形、珍珠豆形、多粒形、龙生形等。花生荚果壳内花生仁又称花生种子有1~8粒，籽粒称为花生米又称花生大豆、生大仁、生果、地果、唐人果等，花生种子形状分为桃形、圆锥形、锥圆形三角形等，花生具有独特的先在地上开花后花茎下沉钻入地下育果的习性。花生仁由种皮、胚两部分组成，胚主要由两片肥大子叶、两片肥大子叶内裹着胚芽、胚茎（轴）、胚根。

发芽的花生仁，芽洁白如玉脂肪含量降低、白藜芦醇（药物功能降血脂、防治心血管疾病、抑制癌细胞活性等）提高至百倍，发芽花生别名"万寿果芽"，花生仁芽供焯炒菜吃。中国花生仁标准，有GB 1533花生仁、GB 19693原产地域新昌花生（小京生）、GB 9849.1花生色拉油、GB 9850.1花生高级烹调油、GB 1534花生油。花生代表性产品有花生米粉、花生糖、花生酱、花生乳等。

5.1.15.4 芝麻

芝麻油（Sesa-Oil），因含有浓郁的炒芝麻香味故又称香油，芝麻油中通常含有0.5%抗氧化物芝麻素，芝麻油含乙酰吡嗪麻芳香味。芝麻科芝麻属一年生草本植物芝麻，原产地在南非，中国是芝麻世界种资源地之一，已有五千多年栽培史。在被子植物纲含瓣植物目脂麻科14个芝麻属42个栽培芝麻（Sesame）种中，按芝麻品种种子颜色分类有白芝麻、黄芝麻、红芝麻、黑芝麻与灰色芝麻、褐色芝麻。

芝麻酚林（Sesa-Molin）香味物质主要成分有乙酰吡嗪、愈创木酚、酚、糠醇、2-乙酰（甲酰）吡咯、2-乙酰-3-甲基呋喃等。

5.1.15.5 油橄榄

常绿小乔木木犀科油橄榄（Olive Oil又名齐墩果、阿列布）树，椭圆形叶子对生，开白花有令人愉快的香气，新鲜果实椭圆形含油丰富。橄榄果鲜果果实肉汁内，含非干性青黄色令人愉快香油35%~60%，分离出来的不干性金黄色橄榄油，橄榄油比重0.9145~0.9190（15/15），凝固点0碘值79~88，皂化值185~190，橄榄油特点成分含有油酸（单不饱和脂肪酸）55%~83%、软脂酸、亚油酸的甘油脂等。

橄榄油丰富的亚油酸与维生素，可帮助人体促进血液循环、减少血管病或消化道结石。

§ 5 调料、低碳野菜

5.1.15.6 玉米油

玉米油（Comoil）又称玉蜀黍油、苞谷油等，玉米油从玉米胚芽中提取油脂。玉米提胚工厂化方法有：(1)磨制粉过程可筛分离取胚芽部分；(2)玉米浸泡磨浆可分离取胚芽部分；(3)将玉米先润水汽后破碎筛理分离提胚烘干制油。制油工艺有一次压榨（膨化）或无水乙醇（汽油醇）浸出。

5.2. 低碳野菜

2008年10月中共中央《关于推进农村改革发展若干重大问题决定》指出："推广农林副产品和废弃物能源化、资源化利用，低碳经济 Our Energy Future: Creating a Low Carbon Economy》创建发布"；以中医学理论为基础充分反映自然资源、历史、文化特点的中国药用菜肴称中药（Chinese Drugs），药膳在中医学中指的是药材（Medicinal Materials），部分内用的保健菜"野生之蔬菜"又称低碳野菜；20世纪初人们认识低碳野菜、低碳菜肴、低碳饮食养生时髦，倡导消费者选择生产过程耗能低、排放碳量比较少、利用太阳能比较多一些的低碳经济食材，有利于生态循环经济可持续发展。

低碳野菜（Low Carbon Cooked food）特点有：(1)不用化肥农（兽禽）药；(2)不用转基因技术；(3)依靠自然界热、水、土等营养素源供给对环境友好的生产、繁殖、加工成熟的食材或药材；我国领导人在2007年9月亚太经合组织（APEC）会议上提出："发展低碳经济""低碳能源技术""增加碳汇""促进碳吸收技术发展"。民间传统称呼的野菜（Edible Wild Herbs）是某些地方或地区出产的富有地方色彩的野外自然生长繁殖动物性或植物性可食用食材，中草药称为药用菜（Medicinal Materials）俗称土产（Local Specialty）。低碳野生菜（Potherb）来源于食材或药材菜（Vegetable），指能够做副食品的山野菜，低碳菜往往发现于高山深谷人烟稀少远离城市的野外，这些自然生长无毒害、含丰富营养、素可供人类食用的野菜且含有靶向杀虫、杀菌、杀癌细胞、抗肿瘤药物成分，世界著名中国低碳菜植物单味药膳材野菜(幼苗和嫩叶)有：青蒿(青蒿素)、紫萼香茶菜(硫氧化蛋白)、蒲公英、三叶草、金针菜（小黄花菜）、山芹菜、野胡萝卜、绞股蓝、刺五加、人参、三七、铁皮石斛、冬虫夏草（Chinese Caterpillar Fungus）等。低碳菜是高蛋白、低脂肪、富含碳水化合物、富含维生素、价廉物美的美食家爱挑选的食材包括野味食材，无公害营养素丰富、长得快成本低、适应老百姓常态化消费，野味稻田鸭、饲养40～56天速成安全鸡、稻田螃蟹、鹌鹑、肉鸽等。补品有（或药品）鹿肉、田鼠、竹鼠、果子狸、狍子、野鸡、牛蛙、甲鱼等。低碳菜类野味不包括国家保护动物、对人体有潜在毒害性动物。低碳野菜不作药用、只为食用原料，一般是指经过产地简单加工的野生植物、野生动物、野生微生物、矿物的综合性的（天然存在以及现代化人工生产的）野生食材或类似野生食材俗称野菜。

中国已发现和选用的传统野菜有8000多种，木类有：槐树嫩叶或花、小黄花菜、松树松黄（花）、榆钱花或嫩叶、香椿树嫩芽、楤树嫩芽、刺五加嫩芽等。

低碳经济为低能耗、低污染、低排放等基础的经济模式,"农业是让人吃饭的"必须有"健康农业的取向",农业的核心是建立生态系统生物多样性良性循环,为人类提供健康食品来源常态化产业。

野菜(Potherb)又称野生蔬菜(Wild Vegetable)、野生菜、药菜等原则指为非人工栽培、长期天然生长繁衍在深山幽谷或茫茫草原、旷野旱荒地、浅海礁岩、河塘湖荡田埂、房屋旁边等环境下供作食用或药用的蔬菜主流种类外的植物,现代低碳菜野菜是传统药食两用推动下人工栽培的万余种食材族群,其中有些菜被宣传为对食用者集天然、营养、保健于一身誉为"天然食品""绿色食品""森林食品""药食两用食品"原料。低碳菜概念中的野菜(Edible Wild Herhs)指人吃的野生或人工栽培植物性食材、野味(Game Venison)指人工饲养肉食鸟兽或允许食用动物,相对应与高碳菜植物光呼吸作物(三碳作物光合作用第一个产物为三磷酸甘油酸)有小麦、水稻、甘薯、大豆、油菜、甜菜、菠菜等,非光呼吸作物(四碳作物光合作用第一个产物为四碳合成产物草酰乙酸)有玉米、甘蔗、高粱米等。低碳野菜鲜叶嫩芽应用于菜肴、食疗的生凉拌菜,小炒,加豆制品或畜禽肉烹调,做包子馅,蒸后熟食,煲汤等。

5.2.1 药膳用食材

保健用低碳野菜能做蔬菜供人食用,也有一些在适当情况下被医生引用作为药物或药膳组成部分,供患病者作为药膳药材单味或配方成分部分参与服用。药膳材又名药膳用菜厨师俗称"药菜",大多数应当划归野菜类专指未经人类驯化改良在自然界自己生长、发育和繁殖并与现在人工栽培作物在起源进化上有密切亲缘关系的野生植物类蔬菜。药物(Medicinal;Drug)为用于诊断、预防、治疗疾病有一些治疗功效的物质,仅限于药店、医院销售。药分植物药、动物药、微生物药、矿物药。汉许慎《说文解字》:"药,治病草","凡物可以治病者,皆谓之药,古以草本石谷为五药"。中医药药膳材指人类主食粮食或副食菜肴、食品、饮料等食疗膳食中添加的材料称药膳材。药膳食材混合物俗称药膳材,能调节人体机体正常生理功能或人体细胞新陈代谢,诊断、预防、治疗疾病,药膳材可能有一定副作用,应该在有病时医生指导下按规定目的服用药膳材。药膳材在《神农本草经》里收录的药物365种中,对各药性味、功用、主治、配伍、制剂、禁忌、用法都有所评述,提出药分"君臣佐使"三品:药膳材无毒称上品为"君";毒性小的称中品为"臣";毒性剧烈的称下品为"佐使"。

上品药膳材有苡仁(薏仁米)、枸杞、胡麻、萝卜、藕实茎、大枣、瓜子、葡萄、酸枣、橘柚、海蛤、鲤鱼胆等120种;中品药膳材有百合、梅实、龙眼、栗米、赤小豆、黍米、酸酱、海藻、干姜、蟹等120种;下品药膳材有杏仁、桃仁、杨桃、羊蹄等125种。

低碳野菜是否能吃,与产地、气味、功效、加工等有关。

中国"一村一品"全国传统土特产野菜从人参开始数至茶叶、知了等,已有6万多个国家级土特产品的品种。从物种起源来看,至今存在于世上的植物全部都是"有益"的并无"有害"之说,只是一些植物在代谢过程中产生某些有毒、有害成分,如有毒的生物碱、蛋白、有机酸、无机化合物或有毒的胺、酚、蒽、肽、萜、醚、醇、苷类等。野菜常常会含有苦味、药味、微甜味。国际公认的生物多样性丰富国家为巴西、哥伦比亚、印度尼西亚、扎伊尔、澳大利亚、墨西哥、中国等,世界排列列第七位植物药的中国植物已知3万多种中草药发现1.1万多种。中草药又称植物药、民族药、中药材、中药、中药材、药膳材、野菜、野味、土特产菜、保健菜等8000多种。中国野菜菜谱现代已有2.3万多品,常用保健菜菜谱采用食用菌之外,有发菜豆腐、酱油冬笋、香椿芽炒鸡蛋、马兰头炒鸭蛋、拌大巢菜、凉拌土三七、清炒枸杞头、西湖莼菜汤、奶汤蒲菜、榆钱煸豆腐、百合花煎鸡蛋、小鸡炖蘑菇等。食用低碳野菜八大碗品种分别有油鸡菌、醋泡的戟菜、素炒的芭蕉花、清汤的薄荷、蘸水的甜荞菜、油炸的香椿头、蚕豆炸蕨菜、油炸的木耳。保健食品(Health Food;Health Products;Protective Foods)又称保护健康产品(Care For Ones Health Products)、膳食补充剂(Dietary Supplement)等,是食品添加剂的单一或复合物,适宜于特定人用于调节机体功能,不得以治疗疾病为目的一类型特点营养品。

5.2.2 低碳野菜粗加工

世界上具有特殊香辛气味类的植物繁盛得很,达3000多种。其中具有芳香调味物质的种子植物中国有103个科288个属500多种。食材充分利用应注意:(1)低碳野菜要求新鲜有度、数量多少按照一两天为宜、脱水好贮藏。(2)时令果实瓜菜比反季节的安全、卫生、实惠。(3)每天能够吃到五种色彩蔬菜,绿色菜富含维生素、膳食纤维丰富,红色蔬菜花青素、紫色蔬菜微量无机盐含量较高,黄色蔬菜含胡萝卜素,白色蔬菜膳食纤维可清除肠道垃圾。(4)可生吃生菜、黄瓜、西芹、青菜、萝卜、大葱、西红柿、胡萝卜等尽可能炒、煮熟了再吃。(5)烹调蔬菜先洗、后切、再焯水,确保"清水出芙蓉"。(6)吃饭之前喝口汤、进餐之前蔬菜当先,最好不吃隔夜蔬菜。

低碳野菜保健植物类菜性"野",体质差些的人吃了可能"过敏",取新鲜、安全卫生部分食用;放弃含有毒素部位:(1)枇杷叶或种子含有苦杏仁苷水解后生成氢氰酸毒素,绵枣儿鳞茎味苦含绵枣儿毒苷,鲜嫩黄花菜有秋水仙碱毒素,酢浆草含5%~7%草酸盐、氰苷或硝酸盐等。(2)素土豆芽、魔芋芽、虎杖芽、入木鳖嫩茎叶含龙葵。(3)野生全毒素草有狼毒断肠草、蛇玉米(天南星)、毒素蘑菇等,都禁采、坚决不买卖,误食后应尽快进医院求治。

低碳野菜粗加工:新鲜野菜含水量70%~96%,采取菜保绿,是让叶绿素控制在pH值7.4~8.3,使钙离子Ca^{2+}延长保脆、保鲜期,可先将新鲜野菜处于在弱碱性水(0.05%小苏打水)环境下,或用淡食盐水(0.2%盐水)浸泡一下、1%~2%食盐水溶液浸泡护色,或0.1%比久水溶液浸泡10min,或0.1%抗坏血酸水溶液喷洒,或0.05%~0.1%苯甲酸钠喷雾处理后真空包装,或0~2℃相对湿度90%保鲜贮运(山芋保鲜贮运温度10~15℃)等,延缓鲜野菜发芽或再变色、皱缩、萎蔫;0.04~0.07mm食品袋包装,-2~2℃×90%相对湿度存贮15~20天。商品化处理低碳野菜要求好差分级、防晒去伤、预冷包装、保鲜上货架。

低碳野菜前加工需要剔除泥土、糜烂叶、杂物,以石灰水或草木灰水溶液浸泡去除毒素和苦味,用醋水溶液浸泡去除生物碱,用食盐水溶液浸泡去除虫卵、微生物,75~80℃×2~10min水焯杀青(杀单宁类水解酶、多酚氧化酶)漂洗去草酸;野菜精加工焯水3~5min可杀灭单宁类水解酶活性防止褐变,焯水必须开水下锅,盖面不用盖,适量霎时间快速度开水锅沸水烫一下,随即过冷水冷却沥去余水,以便去除野菜里的一些生物碱类物质,免得吃起来口感苦涩味、毒素过敏等。

野菜干制,热空气自然风、阳光晒干要求防灰尘污染,300~300000MHz波长1m~1mm高频电磁波干燥加热均匀要求食材切定长或片状。

野菜腌制,依靠高浓度食盐水浸泡使菜内微生物细胞质壁分离而达到杀菌效果,一次粗初腌7~10天后,二次复腌用30%食盐水溶液浸泡10天再用50~55℃的0.6%氯化钾水溶液浸20min脆化。镇江糖醋大蒜头配料:鲜胚大蒜头50kg加食醋350g、红糖200g、五香粉(少许八角山柰)20g。

低碳菜野味广州腊田鸡制作:田鸡(青蛙)去除内脏洗干净食用腌码一天,阳光下晒干后,低温烘烤一晚,次日连续晒3天至干成为腊田鸡。

低碳菜野味卤兔制作:鲜兔肉50kg用食盐3~3.5kg和350g香料(大香、山柰、排灵草、白胡椒粉、老蔻、老姜等)卤汁,50kg兔肉与11kg水煮熟透,用香料卤汁卤置后凉去水分,卤兔就卤成功了。

§6 饮料、嗜好品

酒、烟草并非是人类生活必需的嗜好品，它们不是，也不可能是人一生不可缺少的物品，其用途和地位至今仍为许多学者议论、研讨。

6.1 饮、品一句话

生物生命第一营养素为水；"嗜好品"与生物生命关系比较小，只能有限食用。

6.1.1 饮料

饮（Drink）泛指"喝"又称"吃"，宋代庞安时撰《伤寒总病论》著述"附子饮之：候极冷取饮子"，意冷服者为"饮"。廖平撰辑刊于1913—1923年《药治通义辑要》中叶仲坚：叙述"饮"与汤有别，服有定时者名汤，服时不拘者名"饮"。人们考究饮食课题往往以饮为第一。汉文字"饮"，是"食与欠"构成，食在前、欠在后，食又叫吃，一般从二，二者有同等重要地位。

饮原料食材白开水、矿泉水、汽水、奶、咖啡等统称"饮"料（Beverage；Drinks），饮料分酒精饮料、无酒精饮料两类。

酒精含量小于0.5%（V/V）流质食"品"称为无酒精饮料又名软饮料、嗜好品。重口味饮料茶（大红袍、乌龙茶、普洱茶）、酒、可乐、蜂蜜、果汁、粗粮饮料、碳酸饮料、含乳饮料、功能饮料、蔬菜汁等也俗称饮品（Drinking Products）。商品饮料、嗜好品15大类分500多个品种。

6.1.2 食材水

与人命相关的水（Water），包括食材水（Edible Material Water）比如淡水（Fresh Water）、生水（Immature Water）、自来水（Running Water）、矿泉水（Mineralized Water）、磁化水（Magnetization Water）、蒸馏水（Distilled Water）、天然泉水（Natural Spring Water）、天然矿泉水（Natural Mineral Water）、有气矿泉水（Sparkling Mineral Water）、河流活水（Flowing Water）等．常见水质替代参数见表6-1。

表6-1　　　　　　　　　　　水质替代参数对象

替代参数	替代的水质对象	替代参数	替代的水质对象
浊度	悬浮颗粒物	BOD	生物降解有机物
色度	腐殖物	COD	有机物和无机物
臭	产生臭味物质	TOC	四种三卤甲烷
味	产生味觉物质	总三卤甲烷 TTHM	三卤甲烷前体
电阻率	溶解离子	TTHMFP	—
总溶解固体 TDS	溶解固体	UV254nm 吸光度	TOC、THM 前体
硬度	钙离子与镁离子	叶绿素	藻类计数
碱度	碳酸氢根、碳酸根、氢氧根	NPTOC	非挥发性有机物
总大肠杆菌类	病原菌	PTOC	挥发性有机物

　　食材水不等同于天然水(雨、雪、雾、霜)、地表水(江、湖、河、海、生物水)、地下水(井、泉、山岩矿层水、孔隙水、深层地下水等)、功能水(汽水、纯净水、电解水、频谱水、茶水、水果汁水、葡萄糖水、维生素水、生理盐水、微量元素水)、纯净水(GB 17323 净水、高纯水、高化学纯度水、电子级高纯水);食材内的水又称营养素水,是独立或构成大多数食材的主要成分,有机物都有足以显示其品质特性的水合物。

　　食材中水分大都不是简单地以游离形式分布着,而是以植物性水与动物性水形式按水与营养素成分结合程度强弱分类有结合水、毛细管水、自由水,成为食材原料里通常含有的总水。食材内生物结合水（Bond Water）又称束缚水（Bound Water）。

　　食材内结合水与自由水一起一般不容易自行流出来,这些水存在于食材溶质或非水组分附近,会与食材溶质分子之间通过化学键结合着。结合水分类有:(1)构成水。(2)邻近水。(3)多层水。食材内结合水有两个特点:第一个特点是不易积冰,其冰点可能达 -20 ~ -40℃。第二个特点是生物含有束缚水的水分不易散失蒸发也不能被微生物所利用。食材自由水（Free Water）即游离水指食材组织结合水以外所有水,水果、蔬菜由于束缚水含量少在80% ~ 96%,故0℃以下果、蔬容易冷冻坏,而存贮时原料生物水失水5%会萎蔫、皱缩,品质下降;食材内自由水又称体相水,指没被非水物质化学结合水又称生物水。自由水包括滞化（Immobilized Water）水、在 0.1m 直径毛细管（Capillary Water）里自由流动水（Fluidly Water）两类。食材内自由水影响食材硬度、脆度、黏度、韧滑度（嫩或筋、滑、滞糙）等。

　　几种食材品质特性含水量参数,见表6-2。

表 6-2　　　　　　　　　　食材品质特性中的含水量

类别	食材名称	水分含量/%
肉类	猪肉 肥猪肉 瘦猪肉、羊肉 切碎牛肉 新鲜蛋 鸡肉、兔肉、鹅肉	43~60 47.4 72.55~75.17 46~76 74~81 70.24~75.47
水果	香蕉、樱桃、梨、葡萄、猕猴桃、柿子、菠萝、苹果、桃、柑橘、橘子、甜橙、李子、草莓、杏、椰子、西瓜	69~95
蔬菜	青豌豆、甜玉米 甜菜、硬花甘蓝、胡萝卜、马铃薯、食用菌 芦笋、青大豆、大白菜、红辣椒、花菜、莴苣、番茄	74~80 80~90 90~95
粮油类	稻谷、小麦、玉米、大豆面粉、粗燕麦粉、粗面粉 花生仁 芝麻 山芋（鲜） 山芋（干）	10~13.8 8.0 5.4 67.0 13.8
乳制品	鹅蛋、鸭蛋、鸡蛋、鸽蛋 奶油 山羊奶 奶酪、冰淇淋（含水量与品种有关） 奶粉、蛋粉	69.5~76.8 15 87 40~75 4
烘烤品	面包 饼干、方便面	35~45 5~8
糖及制品	蜂蜜 白糖、硬糖、纯巧克力 果冻、果酱 蜂蜜 食用油	20 ≤1 ≤35 20~40 0

食材生产加工操作用淡水或调控食材干物质组织内食材生物水含量,是决定食材老或嫩与食材含水量的关键控制点,一些食材对水溶解性好,水的存在可能溶解掉许多食材。食材水性能保持,可维持食材某些物理、化学特性,使碳水化合物、蛋白质、脂肪、矿物质等形成固体或胶体、溶液、悬浊液、乳状液之类千姿百态、五颜六色、滋味香味齐至。食材内原有水通常为水合物、结晶水、离子水形式存在保鲜着,这些水分确定着食材的嫩度、柔软度、风味、口味、营养价值。食材通过烹饪中的不同烹调(烧、炖、煮、扒、烤、熘、烟熏、煎炸、水蒸)方法,食材及其添加剂形态、色泽、滋味、营养素变化,都是有水变化或在水溶液中发生的。食材体内或体外水分,作为介质受温度、压力、传味物影响,能加快反应速度。作为参与反应的含水食

材,在反应中会发生水解反应、羰氨反应,反应发生后食材断生成熟,去腥增香。

焯水(Scald Water),水和食材从室温加热至沸或以沸水、蒸汽烫洗食材(蔬菜、畜禽肉)短促时间,食材经水焯的工艺要点,食材经过是水沸进沸出,加热时间尽量短、沸水温度尽可能高,取出食材动作要敏捷。有研究指出:焯水后的大豆DDT异构体降低20%~80%、DHC异构体降低31%~67%,番茄西维因降低69%、DDT降低85%,马拉硫磷降低90%;核桃仁焯水后方便去皮水分解单宁;菠菜焯水后草酸失去有利于人体吸收蔬菜里的钙、铁营养素,黄花菜有效焯水(或热水浸泡)后要求除去秋水仙碱,达到防止食物中毒目的。热水焯菜有消除一部分亚硝酸盐的功能。蔬菜中氧化酶50~60℃活性最强,80℃以上氧化酶活性下降,食材≥90℃低温烹调时水作为浸润剂,食材上浆挂糊充填剂以及浸泡吃水,以及旺火爆炒媒介采用水稀释和糊化。食材内水溶性营养素的损失大小与温度、pH、时间变化,成正比。烹饪后,食材含有的抗坏血酸与叶酸损失率可能达100%。

中国生活用水指混凝沉淀过滤消毒杀菌后总硬度不超过25度的地面水,健康用水硬度50~100mg/L相当于中等硬水,饮用水指标参见表6-3。

表6-3　　　　　　　　饮用水与饮料用水在指标上的差别

指标	生活饮用水水质标准(GB 5749)	自来水厂出厂水质	饮用水	饮料用水
浑浊度(NTU)	<3度	0.30	<3	<2
余氯(mg/L)	≤250	0.53	0.30	<0.1
色度(H单位)	≤15度	≤5度无色	<15	<5
溶解性[总固体/(mg·L)]	1000		<1000	<500
硬度[以$CaCO_3$计/(mg·L)]	450	50~100	<142.8	<100
铁(以Fe计/mg·L)	0.3	≤1	<0.3	<0.1
高锰酸钾消耗量(/mg·L)	≤10	≤0.1		<10
碱度(以$CaCO_3$计/mg·L)	≤50	≤50		<50
游离氯/(mg·L)	≤1.0		≤0.3	<0.1
菌落总数(CFU/mL)	<100	未检出	未检出	未检出
总大肠菌群(MPN/100mL)	不得检出	未检出	未检出	未检出

黄河流域水质硬度一般为1.07~1.78mmol/L,长江水质硬度一般为1.78~3.92mmol/L,山西省等地区水质硬度在8.92mmol/L上下。将水中溶解钙、镁离子与碳酸盐和重碳酸盐的量,用mg/kg来表示,是水质标准重要指标之一。中国水硬度标准为:在100mL水中含有1mg氧化钙称为1度,氧化镁的量换算成氧化钙换算公式如下:1mg氧化钙=0.74mg氧化镁,大硬度水影响水对面团发酵品质、会增加面筋韧性抑制发酵,水硬度过大煮沸分离钙离子多。中国工业水硬度分类硬度与德国标准(1度相当于水中含有10mLCaO)参见表6-4。

表 6-4　　　　　　　　　　　中国水硬度分类硬度与德国标准

分类	硬度（$CaCO_3$）/(mg/L)	暂时当量※	德国标准水硬度/度
极软水	<0~27	—	—
软水	72~144	1.5~3.0	<2.8
中度软水	50~100	3.0~6.0	2.8~5.6
轻度硬水	100~150	—	5.6~8.4
中度硬水	150~250	—	8.4~14.0
硬水	250~576	6.0~9.0	14.0~19.6
高（很或极）硬水	>576	>9.0	>19.6

※——1毫克当量/升等于2.804度。

水或冰的主要物理性质参数见表6-5。

表 6-5　　　　　　　　　　　水或冰物理参数

项目	物理量名称	物理常数值			
相变性质	相对分子质量	18.0153			
	熔点（101.3kPa）	0.0000℃			
	沸点（101.3kPa）	100.000℃			
	临界温度	374.150℃			
	临界压力	22.14MPa			
	三相点	0.01℃和610.4Pa			
	熔化热（0℃）	6.012kJ/mol			
	蒸发热（100℃）	40.03kJ/mol			
	升华热（0℃）	50.91kJ/mol			
其他性质	物理名称	物理常量			
		20℃	0℃	0℃（冰）	-20℃冰
	密度（$g8cm^3 \times 10^{-3}$）	4.00	0.99984	0.9168	0.9193
	黏度 $Pa \cdot s 1.8 \times 10^{-3}$	1.00	75.	—	—
	界面张力（相对于空气 $N/m \times 10^{-3}$）	72.7	—	—	—
	蒸汽压（KPa）	2.3388	0.6113	0.6113	0.103
	热容量（J/g·K）	4.1818	4.2176	2.1009	1.9544
	液体热导率（W/m·K）	0.5984	0.5610	2.240	2.433
	热扩散系数 $m^3/s \times 10^{-7}$	1.4	1.3	11.7	11.8
	介电常数（ε80.4）	80.20	87.90	约90	约98

中国科学家2013年拍摄到2个氢与1个氧组成水的内部结构照片，氢与氧可以构成18种性质不同的水。自然界9种形式水中，单个水分子的氧-氢原子键O-H排列，结构呈非对称分布V字形，O-H键导致分子内电荷分布不对称的呈$H_2^{16}O$（普通水）性质又表达H_2O分子式水为常见水。水分子中氧原子电负性远大于氢原子，普通纯水含有$^{16}O-^{1}H$还存在有$^{17}O-^{18}O-^{2}H$等18种HOH同位素变体，实际上纯水里有33种以上HOH化学变体。水分子键被加热至1600℃以上分解。水分子处于2450MHz（家用）微波炉的微波作用下在1s时间内能旋转24.5亿次。液体水化学性质：(1)水热性能稳定只有加热至2000K也只有0.588%水分解出氢、氧；(2)内溶解多数离子结晶水合作用强；(3)能与多数金属离

子反应放出氢气;(4)水本身 pH 为 7 属于质子合成水。

水 pH≤6.5 时呈苦酸味,pH≥8.5 时有腻滑感,呈苏打味。水分子之间存在强吸引力,每个小簇水分子键离解能达 110.2kcal/mol (4.614×10^2 kJ/mol),O-H 键导致分子内电荷分布不对称。最近发现 8 个水的 20 面体(280 个水分子)链状纳米级结构由 1750 个水分子组成。图 6-1-1 水三相平衡图,表示理想条件下水的三种固态、液态、汽态等形态关系,图 6-1-2 为单个水分子氢氧根离子和氢键结合的 sp^3 型示意图(HH 键 104.52 度)。

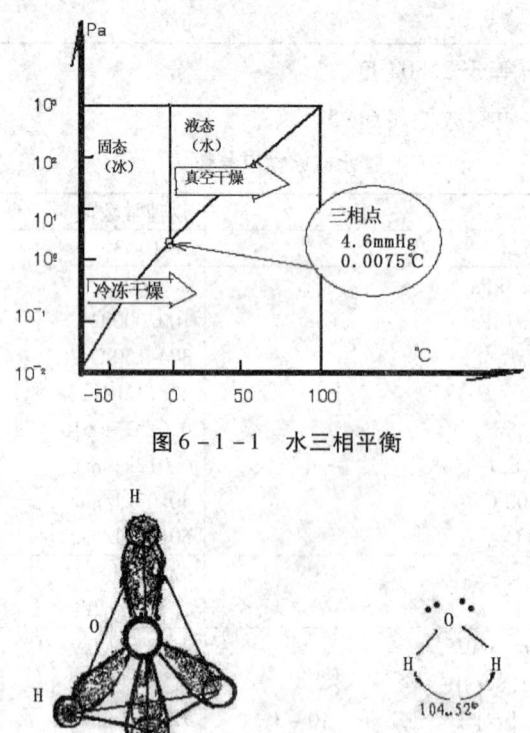

图 6-1-1　水三相平衡

图 6-1-2　单个水分子氢氧根离子和氢键结合的 sp^3 型示意图(HH 键 104.52 度)

水分子形式在 1781 年由 Priestley 和 Cavendish、Morley 研究至 1805 年确定 H_2O,水分子结构有混合型结构、填隙结构、连续四面体结构三种,水分子中氧原子电负性远大于氢原子,普通纯水除含通常水分子之外还含有 $^{16}O-^1H$ 同位素 $^{17}O-^{18}O-^2H$ 和 ^3H 等构成 18 种 HOH 同位素水分子变体,实际上纯水里有 33 种以上 HOH 化学变体。

作为食材使用的自来水,其中消毒剂副产品含量不能超过饮用水卫生标准国家《GB 5749 生活饮用水卫生标准》106 项水质指标。

6.1.3 奶

奶(Milk)是哺乳动物分娩后乳腺通过乳房(Breasts)分泌微黄色或乳白色透明液体,又名乳汁。

婴幼儿哺乳的奶是母亲泌出赐予孩子最好的先天性营养品和嗜好品。

§ 6 饮料、嗜好品

奶由哺乳动物乳腺分泌出来的乳白色液体,奶汁中含有水、蛋白质、乳糖、无机物盐等营养物质。为婴儿母乳辅助液态营养食材,动物奶含有营养素比人乳蛋白质含量高,乳糖比人乳含量低,是营养价值高又易于消化吸收的母乳食材。动物乳腺的乳腺泡和细小乳导管系统,选择性吸收新物质分泌乳的过程,依靠新物质乳汁和血管内血浆原料供给。乳房组织乳细胞内生成的白血球与皮细胞分泌物牛乳中乳糖及盐微粒直径 <1nm,含有水分 855 ~ 895 goL^{-1},形成乳浊液脂肪球直径在 0.1 ~ 20μm。

白色或乳黄色不透明液体乳,是哺乳动物乳腺分泌物,产犊 7 天内乳称初乳,初乳热稳定性不好加热容易凝固,不能作乳制品原料;哺乳动物泌乳后期,乳房内神经刺激下乳腺泡缩小、细小乳导管萎缩、乳腺系统被结缔组织与脂肪组织所代替,渐渐地泌乳量下降,直至乳房缩小泌乳活动停止。

末乳也称"老乳",干乳时期产的乳无乳香、味道苦微咸。

末乳或初乳都属于异常乳,异常乳或正常乳都属于天然乳,初乳至末乳之间的常态化奶称通常奶。

动物奶及其乳状物俗称奶制品、细菌食品。奶(Milk)又称乳(乳汁)奶子、奶水、乳液、乳剂,通常指人奶、牛奶、水牛奶、牦牛奶、酸奶、马奶、羊奶、骆驼奶等。

奶加热至沸点 101.05℃ 以上时乳糖发生焦化,乳糖焦化后立即分解成乳酸同时出现甲酸,变质后液态乳色、香、味、营养素带动改变食用价值下降。

中国奶产品又称乳制品(Milk Product)酸凝奶、炼乳、奶粉、稀奶油、奶油等,从 2005 年 2865 万吨上升至 2009 年的 3650 万吨。

2015 年中国婴幼儿乳粉生产企业 103 家拥有 2000 多个配方、年产乳粉 142 万吨。

常见奶产品中的鲜牛奶(Fresh Milk)又称牛乳(Cow's milk),是母牛的乳房泌乳供哺养幼畜的胶体分散体,这类分散质化学成分在百余种的乳蛋白质存在的乳状液体中。

牛乳通常化学成分参数有:

(1)85.5% ~ 89.5% 水分;

(2)乳干物质(总乳固体) 10.5% ~ 14.5%。

牛奶矿物质与人乳矿物质含量,一般见表 6-6。

表6-6　牛奶矿物质与人乳矿物质含量（g/100mL乳中含量的毫克数值）

项目（g/100mL）	热量千卡	蛋白质	脂肪	碳水化合物	钾	钙	锌	铁
牛乳	54	3.~3.2	3.2	3.4	0.15	0.12	0.0004	0.0003
人乳	62~67	1.~1.5	3.4	6.9	—	0.03	—	0.0001
羊奶	59	1.5~3.8	3.5	5.4	—	0.08	0.0002	0.0005

项目（μg/100mL）	叶酸	泛酸	烟酸	胆固醇	VA	VB$_2$	VD	硒
牛乳	5	550	200	151000	11	70	240	1.94
人乳	3	230	180	11000	11	300	11	—
羊奶	7	—	—	—	84	110	—	1.75

奶品种中人奶、牛奶、山羊奶等主要营养素成分差别参见表6-7。

表6-7　常见山羊奶、牛奶等与人奶成分（%）差别

项目	人奶	牛奶	山羊奶	西门达尔牛奶	牦牛奶	水牛奶
蛋白质	1.03	3.28	3.56	3.34	5.00	7.10
乳糖	6.90	4.80	4.45	4.81	5.00	4.15
脂肪	4.40	3.50	4.14	3.79	7.80	7.47
灰分	0.20	0.70	0.80	0.71	—	0.84
总干物质	12.50	12.50	12.97	12.82	18.40	18.59

奶制品乳酸牛奶发酵饮料中酸奶、SOD双歧酸奶、益寿酸奶、分解酶酸奶、婴儿断奶酸奶、组分抗癌口服药、酸乳酪糖果、乳粉末制品或固体复合物，有奶粉、奶糕、奶油、奶糖等，个别人生来就缺乏乳糖酶（LM）有乳糖不耐症（LD），喝牛奶过敏有反应会恶心、呕吐等。

乳酸牛奶发酵饮料工艺流程如图6-2所示。

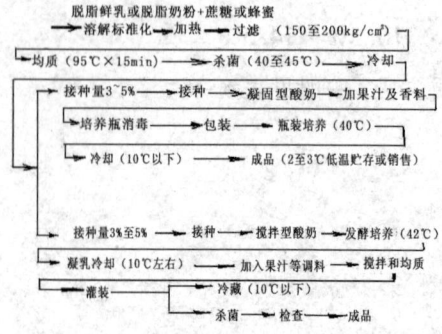

图6-2　乳酸牛奶发酵饮料工艺流程

牛奶与奶常见品种中主要营养素成分差别参见表6-8。

表6-8　　　　　　　　　　奶常见品种中主要营养素成分差别　　　　　　　　　单位:%

种类	总固形物	脂肪	蛋白质	乳糖	灰分
人乳	12.2	3.8	1.0	7.0	0.2
牛乳	12.7	3.7	3.4	4.8	0.7
山羊乳	12.3	4.5	2.0	4.1	0.8
绵羊乳	19.3	7.4	4.5	4.8	0.7
水牛乳	16.8	7.4	3.8	4.8	0.8
马乳	11.2	1.9	2.5	6.2	0.5
猪乳	18.8	6.8		5.5	—
驴乳	11.7	1.4	2.6	7.4	0.5

牛奶的含糖量可能达血液含糖量90倍。

牛奶的含钙量可能达血液含钙量132倍。

1升（L）牛奶需要有400~500L血液从乳房细小乳导管系统滤流经过。

奶种类中的鲜羊奶（Ewe's Milk），与牛奶相比乳蛋白比酪蛋白多，其乳糖含量可高达20%左右高于牛奶乳糖含量3倍，羊乳VC含有109mg/L、马乳VC含有200mg/L。

商品牛奶分类分:鲜牛奶、纯牛奶（Pure Milk）、乳酸牛奶（Lactic Acid Milk）。消毒牛乳符合《乳与乳制品卫生管理规定》中国标准GB 5408，参见表6-9数据。

表6-9　　　　　　　　　　消毒牛乳理化指标

项目	指标	感官	
比重（γ_4^{20}）	1.028~1.032	滋味和气味	具有消毒牛乳固有纯香味，无其他任何外来滋味或气味
脂肪，(%)≥	2.8~3.00		
全乳固体，(%)≥	10.80~11.70	组织状态	呈均匀流体无沉淀、无凝块、无机械杂质、无黏稠、浓厚现象
杂质度，ppm≤	2		
酸度，°T≤	18.00~20.00		
汞（以Hg计）ppm≤	0.01		
细菌总数CFU，个/mL≤	30000		
大肠菌群（近似数个/100mL）≤	90		
致病菌	不得检出	色泽	呈乳白色或稍微带微黄色

食材学

牛奶结构组成参见图6-3。

项目	牛乳			
	脂肪球	乳浆		
		酪蛋白胶束	乳清	
			球蛋白	脂蛋白颗粒
主要成分	脂肪	酪蛋白、水、盐	清蛋白	脂肪、蛋白质
分散状态	乳化	分散	胶体态	胶体分散状态
含量百分比（干）	4	2.8	0.6	0.01
体积分数百分比	0.04	0.1	0.006	0.0001
粒子直径	0.1至10微米	20至300纳米	3至6纳米	10纳米
1mL牛乳中的数量（亿）	10	1万	百万	百万
等电点	至3.8	至4.6	4至5	4至7
适用观看仪器	显微镜	超级显微镜	电子显微镜	
脂肪球成分：1.三酰甘油酯38g，2.二酰甘油酯0.1g，3.脂肪酸0.025g，4.甾醇0.1g 5.类胡萝卜素0.4mg，6.溶脂性维生素2mg，7.水分60mg，8.其他30mg				
脂肪球膜成分：1.水分80mg，2.蛋白质350mg，3.磷脂210mg，4.脑苷脂30mg，5.神经节苷脂5mg， 6.固醇15mg，7.中性甘油酯4mg，8.包含碱性磷酸酯酶、氧化黄嘌呤、其他金属离子…				
酪蛋白胶束成分：1.蛋白质26g，2.酪蛋白26g，3.蛋白胨0.4g，4.钙离子0.8g，5.磷酸酯0.95g， 6.柠檬酸食盐0.14g，7.其他离子0.15g，8.包含脂蛋白酶、血纤维蛋白溶酶…				
乳清成分：1.磷酸酯1.6g，2.甲酸盐40mg，3.乙酸盐30mg，4.乳酸盐30mg， 5.草酸盐20mg，6.包含其他盐、中兴甘油酯…7.氧气6mg，8.氮气13mg， 9.脂肪酸15mg，10.磷脂110mg，11.脑苷脂10mg，12.固醇15mg，13.B族维生素0.2mg， 14.抗坏血酸20mg				
1000g白细胞成分：1.水分870g，2.乳糖46g，3.其他糖0.4g				

图6-3 牛奶结构与组成

6.1.4 茶

中国人待客礼貌往往以茶水（Tea Water）承奉，待客之饮料叫作茶（Tea）。

茶分粗茶、精制茶两类，粗茶一般指农家自制茶，精制茶通常由主人添加红糖或冰糖或葡萄干干果之类泡成的茶，俗称八宝茶又名待客茶。对来客致茶礼：亲朋好友稀罕客人泡糖茶，一般客人泡绿茶，未婚青年茶叶加糖泡鸳鸯茶，办喜事要送茶礼、办丧事要送祭祀茶礼。茶喝多了的人可能因为茶内水溶物生物碱咖啡因、茶碱等摄入量过大引起茶中毒，有些人喝多了茶水由于对茶碱、咖啡因敏感性高、过多饮茶急性食物中毒。春天嫩茶叶富含咖啡因、活性生物碱、多种芳香物质而多酚、醛类物质氧化不够等，春茶对肠胃病患者胃肠有强烈刺激性，喝春茶易引起口干、便秘、腹胀。茶中毒表现在呕心呕吐、头痛头晕，严重病例有肺水肿，心力衰竭。茶癖者茶醉后，可能有一点点心慌、头晕、四肢无力等。饮茶过敏者，需留心控制用茶。

茶标准检验项目200多个，其中茶的重要营养素含义参见表6-10。

表 6-10　　　　　　　　　　　茶主要营养素含义

营养素成分	含量/%	组成
碳水化合物	35~40	淀粉,纤维素,果胶,蔗糖,麦芽糖,葡萄糖
蛋白质	20~30	谷蛋白、白蛋白、球蛋白、精蛋白
茶多酚	20~35	儿茶素,黄酮,黄酮醇,酚酸类
矿物质	4~7	有机钾、氟、磷、钙、镁、硒、铁、硅等30多种
脂类氧化物	4~7	磷脂、硫脂、糖脂
生物碱	3~5	咖啡碱,茶碱,可可碱
氨基酸	1~5	茶氨酸、天门氨酸、精氨酸、谷氨酸、丙氨酸
有机酸	<3	苹果酸、棕榈酸、柠檬酸、琥珀酸、亚油酸
色素	<1	叶绿素、类胡萝卜素、叶黄素
维生素	0.6~1	叶酸、泛酸、烟酰胺、维生素 $V_A、V_B、V_C、V_D、V_E、V_K、V_P、V_U$

茶多酚是包括儿茶素类、黄酮、黄酮醇、花青素、酚酸、缩酚酸、花黄素类、花色素类、酚酸类、茶鞣质、萜烯类、醛类、脂类、酸类、醇类、酚类等30多种化合物的总称茶多酚类,茶多酚清除超氧阴离子的能力优于天然抗氧化剂 VC、VE 等,其余是可可碱、茶碱、黄嘌呤,咖啡碱属中枢神经兴奋剂,有兴奋大脑和心脏的作用。茶含有益人体健康的生物碱嘌呤类生物碱指的是茶碱、咖啡碱、可可碱、腺碱、黄嘌呤、6-氨基嘌呤等,安徽歙县五级条茶叶含咖啡碱2%~4%。

6.1.5 豆浆

植物蛋白的溶液豆浆（Soya-bean milk）,通常是用大豆（为黄豆或黑豆、青豆）去杂后在 8~10℃水中浸泡 16h,磨浆、过滤去豆腐渣,煮浆。豆浆煮浆加热至 70~80℃时豆浆内皂毒素受热膨胀,豆浆液表面形成假沸腾产生泡沫上浮,必须加热至 90℃以上后才能使皂毒素受热分解破坏皂毒素的存在,需要加热至 95~98℃,3~5min 才为熟豆浆。大豆豆浆 90~120℃水中加 0.2%碳酸氢钠浸泡 5min 后 pH 值达 9 以上,磨浆、煮好浆无豆腥味。

6.1.6 果蔬汁

按 GB 10789 饮料通则品种分别有果蔬汁饮料类、蛋白饮料类、碳酸饮料类、发酵饮料类、包装饮用水类、茶饮料类、特殊饮料类等十多种,品种有豆浆、维维豆奶、玉米汁、玉米笋花须饮料、金针菇汁发酵饮料、丝瓜保健饮料、玫瑰花饮料、水果汁、坚果汁等。

鲜水果汁或者鲜蔬菜汁称为蔬果汁饮料,又称纯蔬果汁、蔬果饮料、蔬果味饮料。果蔬汁饮料生产的压榨、浸提、离心等工艺流程如图 6-4 所示。

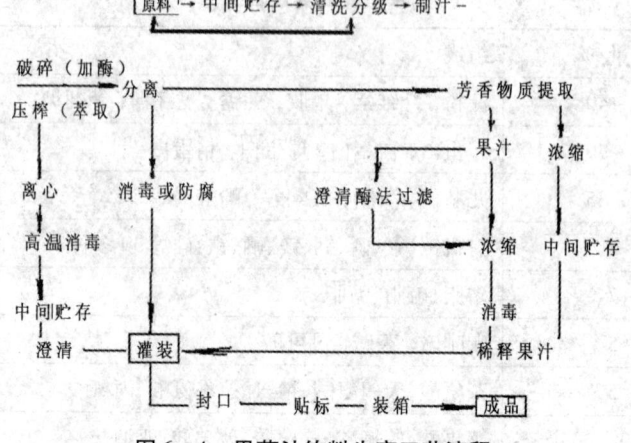

图 6-4 果蔬汁饮料生产工艺流程

果蔬汁饮料中假如原料成分标注 100% 原蔬果汁称为纯蔬果汁，那么两种或两种以上原蔬果汁制品称为混合蔬果汁，经过过滤除去固形物的蔬果汁称为清汁，未经过过滤除去固形物的蔬果汁称复混果汁。

中国国家食品药品监督管理总局 2012 年 5 月 10 日关于保健食品消费提示："国家从来未批准过补脑、提高智商等功能的保健食品"。

功能性饮料中，蔬果饮料种类分：

(1) 2.5% 浓度含蔬果汁原料含 2.5%~20% 原蔬果汁，其他成分还有水、糖液、酸味剂。

(2) 蔬果汁原料含 2.5% 以下的化合饮料，称为蔬菜味或果味饮料。

(3) 含有食盐的碳酸饮料和运动性饮料（符合 GB 16740 标准）。

(4) 发酵型碳酸饮料（小于 1.2% 酒精酸度、3%~17% 格瓦斯乳酸菌或酵母菌产生二氧化碳的碳酸饮料）。

果味碳酸饮料制作时使用果汁或蔬菜汁，添加必要的水果香精油及风味物质如各种果味汽水等；含乳饮料分：配制型含乳饮料、发酵型含乳饮料。

配制型含乳饮料品种有咖啡乳饮料、可可乳饮料、果汁乳饮料、巧克力乳饮料、红茶乳饮料、蛋乳饮料、麦精乳饮料、配置乳酸饮料等。含乳饮料奶茶成分复杂，pH 值低于 4.5 奶茶中蛋白质即可能发生酸凝，奶茶 pH 值低大于 4.5，验奶茶是否含奶只需让奶茶滴上几滴食醋，看有没有乳酸钙出现。

奶茶液体浑浊分层后澄清液体越多说明其中水分越多，看不到奶茶中牛奶类蛋白质与醋的凝结物，说明奶茶添加剂里不含奶粉或牛奶。

6.2 嗜好品

嗜好品被指有特殊爱好者食用的嗜好的物品（Foodstuff Of Article Hobby），食品（Foodstuff 或 Food）是人类赖以生存的基本需要，具有一定营养价值、无毒无害、安全卫生的食物，食品属性包含嗜好品（Addiction Matter）；食品不包括以治疗为目的的物品和烟草，嗜好品通常

§ 6 饮料、嗜好品

特指少数人在主食和副食品之外产生不良嗜好而且并非生命必需营养素物质,多指嗜痂之癖、满足嗜欲的食物例如烟、酒、咖啡、食盐、味精等。

随着社会发展人类应用可食用食材维持生命的营养素之外,把休闲娱乐用食材作为嗜好来品尝,品得多了上瘾了,品用食材成了嗜好品。嗜好品与人体的个体性关系比较密切,因为凡是嗜好品都有刺激分泌活动、刺激神经系统活动、刺激感观类物质活动等功效,嗜好品类刺激性物质在不同环境、时间、个体反应下,出现彼时彼地彼物彼人条件反射,其中有效成分物又称嗜欲元素。千叟词语在《孟子·梁惠王上》:"叟,不远千里而来,亦将有以利吾国乎?"《南史·刘穆之传达》:"穆之孙邕,性嗜食疮痂,以为味似鳆鱼"。"嗜痂之癖",形容人的乖僻嗜好。嗜好品分别有固态、液态、气体、混合物体四物态。其中小零食形态有果脯、食盐、糖、酒、茶、奶、水、香气、烟雾等,嗜好品本质上不能向人体提供必需营养物质,罂粟壳鸦片上瘾"嗜好品"伤害神经系统,人食用后会危害社会《治安管理处罚法》第71条明令禁止。实验研究当老鼠需要盐时脑细胞就会产生与海洛因、可卡因上瘾的神经结构。物品毒性按GB 15193.3《食品安全性毒理学评价程序和方法》衡量,比如使一组受试动物死亡50%的剂量(单位:mg/kg体重)称为半数致死量(LD_{50})又称急性毒性,毒理学经口急性毒性实验测定D 了解受试物毒性强度评价,LD_{50}是判断食物、食品添加剂安全性的第二种常用指标。生物(有机物)、化学物质(无机物)依据LD_{50}分成物质毒性划分级别,排列参见表6-11。

表6-11 物质急性毒性(LD_{50})剂量划分级别

毒性分级	大鼠一次口服 LD_{50}/(mg/kg)	6大鼠经口服4h死亡 2~4只浓度/[10^{-6}ppm]	兔经皮 LD_{50}/(mg/kg)	对人可能致死估计量	
				g/kg	g/60kg
极毒	<1	<10	<5	<0.06	<0.1
高毒	1~50	10以上	5以上	4	3
中等毒	51~500	100以上	44以上	30	30
低毒	501~5000	1000以上	350以上	250	250
实验无毒	5001~15000	10000以上	2820以上	1200	>1000
基本无毒	>15000	100000以上	>22600	>1200	

例如:亚硝酸钠属中等毒性,LD_{50}为220mg/kg体重。

联合国食品添加剂专家委员会(JECFA)制定人体每日允许摄入量:A类A_1认为毒性有限值、A_2允许食用,B类B_1认为毒理学资料不足、B_2允许限制食用,C类C_1认为使用不安全、C_2允许严格限制只能特殊应用。毒品(Narcotic Drugs)箭毒蛙体型不超过5cm分泌神经性毒素1g可使1.5万人死亡,蓝环章鱼0.18mg就能使人致死等。

低毒毒物、毒品使用者通常会产生对该药物的心理和身体的依赖性,这是"成瘾"。

盐、糖、烟、油、酒精、咖啡等过量摄入、食用时间长者，一旦形成嗜好品有毒残留物聚积、堆积，对人体健康有害。

6.2.1 酒

酒（Alcoholic Beverage）是对含有酒精（乙醇）饮料的总称。酒（Wine）水中的酒精进入人的胃、肠消化后进入人体血液循环系统，只能依靠肝脏拥有的乙醇脱氢酶（ADH）把乙醇分子中的两个氢原子分解变成乙醛、依靠肝脏拥有的乙醛氢酶（ALDH）把乙醛中的两个氢原子分解变成二氧化碳或水排出体外，乙醛氢酶的多少因人先天性遗传多少而异，这就造成各人酒量大小有天生的区别。酒精（乙醇）进入人体，在人体内渗透性很强，在肝脏血液内乙醇被脱氢酶氧化 CYP_2E 酶分解成为乙醛，乙醛被人体血液内的乙醛脱氢酶脱氢后转化为乙酸，乙酸被人体血液内乙酸脱氢酶脱氢后氧化成二氧化碳与水，最后排出体外。饮酒者应根据自己的乙醛氢酶解酒量适可而止，以不醉、不乱、不废事、不损健康为原则。大多数成年人酒精中毒致死量为摄入纯酒精 250~500mL。

男性成年人每天安全饮酒量不应该超过 25g（g = 液体酒 mL × 酒度数 × 酒精的比重）。

女性成年人每天安全饮酒量不应该超过 15g（g = mL × 酒度数 × 酒精的比重）。

成年人不宜空腹饮酒、不宜饮用混合酒。酒精含量 65% 以上称高度酒，酒精含量 41%~50% 白酒称中度酒、43% 以上称烈性酒，酒精含量 28%~40% 白酒称低度酒，通常白酒酒精含量在 55% 以内。

酒精度不同外观和风味参见表 6-12。

表 6-12　　　　　　　　　　不同酒精度外观和风味

酒精含量/%	65	60	53	45	40	38
外观	无色透明	无色透明	透明	严重失光	乳白浑浊	白色浑浊
品尝	纯正清香、醇甜爽净、余香味长	纯正清香、醇甜较爽净、香味较长	清香较纯微甜、有余香	清香风格、欠醇甜、后味短	口味淡没清香、杂水味	没清香、杂水味大

酒内营养素通常成分摘录见表 6-13。

表 6-13　　　　　　　　　　　酒一般营养素成分摘录　　　　　　　　　　单位：mg/100g

酒类	热量/kcal	蛋白质/g	糖类/g	叶酸/μg	泛酸	烟酸	钙	铁
啤酒	56	0.4	3.1	7	0.08	1.0	4	0.3
红葡萄酒	132	0.2V1.5	0	0.07	0.1	27	0.4	
白葡萄酒	62	0.1	2	0	0.07	0.1	23	0.3
白酒	352	0	0	0	0	0	0	0

酒类	磷	钠	镁	锌	硒/μg	VB_1	VB_2	VB_{12}/μg
啤酒	15	2.5	7	0.01	0.1	0.2	0.02	0.1
红葡萄酒	5.0	12.6	4	0.18	0.1	0.04	0.01	
白葡萄酒	1.0	2.8	4					
白酒	0	0.5	0	0.04	0	0	0	0

中国啤酒始于距今 5000 年前新石器时代西安米家崖 HB2、H7B 遗址陶器内，考古学家测试从米家崖陶器内谷物植硅体，发现黍大麦薏米植物根茎自然氧化发酵 Wine 法"啤酒"。（那时没有啤酒花调味不能用酵母菌发酵 Beer 法）的沉积草酸钙，这种古"啤酒"是利用发芽谷物淀粉加 65～70℃水糖化后的副产品。

6.2.2 烟草

烟草（Tobacco）制成的商品香烟（Cigarette），为用烟叶切细丝添加糖料、甘草、蜂蜜、甘油、香草油、枣酊、乙酸乙酯、可可香精等以烟纸卷制棒状烟，称为纸卷烟，简称烟（Tobacco）。纸卷烟品种分雪茄、香料烟、黄花烟、药烟等。非纸卷烟品种还有斗烟、旱烟、水烟、鼻烟、嚼烟等。香烟里已查明有 5289 种物质，烟雾里除了含糖类、油脂、蛋白质、氮气、一氧化碳、烟焦油、苯并芘、烟碱尼古丁（拉丁文 Nicotine）、^{210}铅、^{201}钋、甲醛、丙烯醛、甲苯、二甲基亚硝胺之类之外，还含有毒性成分超过 1200 种毒素物，其中"至少有 69 种为致癌物质"（Carcinogens）。烟雾、烟焦油中生物碱进入吸烟者呼吸道，刺激物质 10s 内使大脑受到尼古丁等强烈刺激信号，在尼古丁等强烈刺激信号影响下吸烟者就有自身宿氨酸肽（吗啡激素），故而能出现兴奋感。烟吸多了，吸烟者自身宿氨酸肽多会产生恐慌感、心烦意乱、头昏昏然，至恶心、流眼泪等醉烟状态。烟草原料烟叶译名淡巴菰（Tobacco）也称蒸又名吕宋烟、金丝烟、还魂草、淡肉果、仁草、八角草、相思草。烟草可以用于作为纸、杀虫剂、止血药、饲料蛋白之类综合工业的药用材料。英国牛津大学教授蒂姆·基在《英国癌症杂志》上报告："蔬菜水果的正面影响比吸烟饮酒的负面影响小得多，吸烟、饮酒和肥胖，仍然是最大的癌症诱因"。

一年生或多年生取用叶部分的茄科烟草属草本植物烟草植物种类有66种。烟草茎直立株、正常生长烟草茎株高十余厘米至数百厘米，叶互生矩圆形长10~30cm、宽8~15cm叶基部半抱茎，茎和叶生茸毛，圆锥花序，蒴果（成熟种子不含烟碱）。栽培品种烟草常见有普通（红花）烟草、黄花烟草。烟草的叶一般用作烤烟、晒凉烟、白肋烟、作卷烟或斗烟、水烟、旱烟、鼻烟等的原料，次等烟草或下脚料碎烟叶、梗、筋根等供杀虫剂生产厂提取杀虫剂原料烟碱。红花烟草植株含3%烟碱，黄花烟草植株含10%~15%烟碱。工厂化生产的商品杀虫剂烟碱原药，含40%烟碱，稀释800~1000倍配制喷雾剂杀虫液，操作者需配戴橡胶黏套、工作防护帽。碎烟叶粉可直接作为稻纵卷叶螟、蓟马等喷洒杀虫剂。烟草石灰水按原料药1：1比例配制作子孓、跳甲、锯蜂、禽虱等杀虫剂。5%稀硫酸加入游离烟碱成磷酸盐溶液浓缩后为硫酸烟碱，40%烟碱溶液以水稀释800~1000倍作为喷雾杀虫剂，可杀死叶跳虫、卷叶虫、菜青虫、蚜虫、甘蓝夜蛾、木虱、大蓟马等。烟草化学成分内主要有：（1）碳水化合物中的木质素、果胶质、淀粉及其转化而来的葡萄糖、糖分；（2）有机酸中的乌头酸、延胡索酸、草酸等20多种有机酸；（3）油类混合物12~25mg/100g的醇、糠醛、树脂、油脂、蜡、芳香类物质；（4）甙、酚、醛、单宁类缩合有机化合物；（5）色素中的叶绿素、胡萝卜素、叶黄素等；（6）烟碱（Nicotine）俗称尼古丁商品名果圣、蚜克；（7）酶类（淀粉酶）；（8）≤1%的矿物质；（9）还有12±1%水分；（10）烟雾里有致癌物质40多种和10多种促进癌细胞发展的物质。

烟草烟雾涩口并且富有刺激性，对尝试和初次使用者造成了严重障碍。为了吸引更多人烟草上瘾，卷烟内添加了大量提高可口性的组成成分，如枣子酊、香草、合成香乙酸、乙酯、使人上瘾的乙醛、香料等。一般香烟中含复合成分2400多种，其中苯并芘与黄曲霉素、亚硝酸胺并称为对人类的"三大致癌杀手"。

香烟烟雾里化学物质有3000多种，对人体的有害物质中油脂、芳香油、树脂、蜡之类40多种，对人毒性大的物质烟碱、酚类、醇类、酸类、醛类等40多种。

科学家指出吸烟影响睡觉、味觉、视觉、促进血管硬化、脑血栓、脑溢血、口腔癌、气管炎、肺气肿、肿瘤等。

6.2.3 咖啡

咖啡（Cafe）种类按生产地分为：(1)巴西圣多斯阿拉比卡种（质量分为2~8级）；(2)阿拉伯种摩卡种；(3)印度尼西亚种；(4)古巴ETL种（尤库斯杜拉·杜乌尔基）、TL（杜乌尔基·拉巴杜）、AL种（阿尔杜乌拉·拉巴杜）3个档次；(5)牙买加BM种（蓝山）HM（高山）、PM（布拉伊姆·奥兹舒特）。咖啡制品种类按最终产品分为：(1)咖啡豆（现加工产品）；(2)咖啡粉（袋装粉末状）；(3)速溶咖啡（袋或瓶装粉末状）；(4)低咖啡因咖啡（含微量咖啡因）。在餐厅供应的咖啡分为：(1)普通咖啡（Hot Coffee）也称清咖啡（Black coffee）、加奶称奶咖啡（White Coffee）；(2)爱斯普莱索（Espresso）意大利咖啡；(3)卡布奇诺（Cappuccino）咖啡，这是一种爱斯普莱索加奶油或巧克力的混合物咖啡；(4)冰咖啡（Ice Coffee）加入冰淇淋的咖啡；(5)爱尔兰咖啡由爱尔兰威士忌、热咖啡、糖、鲜奶油调和而成的热饮。

速溶咖啡中含3%~4%的咖啡因，咖啡内含有甲基黄嘌呤类化合物咖啡碱（Offline）、可可亚碱（Theo Bromine）、茶碱以及咖啡鞣酸、碳水化合物、油脂等。咖啡性味甘，温，具有兴奋神经、强心利尿食疗功效。咖啡中咖啡因具有促进脂肪分解、促进VB破坏作用，孕妇、喝醉酒的人以及肠胃病、容易失眠、皮肤病、高血压病患者不宜喝咖啡茶。多喝速溶咖啡茶的人可能产生便秘、不育症、CT干扰、糖尿病、心脏病等以致猝死。

原料咖啡（Coffee），是炒熟咖啡豆研磨的粉末。冲煮咖啡的水温，取88~94℃，煮咖啡的水温取92~96℃。咖啡中含300多种芳香物质和10%~14%脂肪，含蛋白质5%~9%，含咖啡因（Caffeine）1.2%~1.8%以及碳水化合物、矿物质、维生素等，1份额咖啡加3份85~93℃水冲泡，保持咖啡茶温度在85~88℃口味好。

6.2.4 巧克力

巧克力（Chocolate）在粤语广东话中称朱古力。巧克力总体来说成分中大多数（至多65%）是糖、35%左右是处于悬浮状态的固体可可粉或可可脂（可可含量大于85%味道都不好）。

可可脂（Cocoa Butter）产品又称可可豆油，是可可树种子可可豆炒熟后磨细用压机压榨出来的可可豆种子固态脂肪油。可可脂成分主要有硬脂酸、棕榈酸、油酸、亚油酸和月桂酸的甘油酯、可可碱等。可可脂固态淡黄色或白色，具微脆性，味平淡有可可香，相对密度0.585~0.864，在25℃环境下可变软，熔点31~43℃，碘值35~40，皂化值188~195，能溶于沸无水乙醇。

巧克力食品花色70多个品种，主要有黑巧克力、牛奶佩弗斯巧克力、格拉西斯巧克力、纯巧克力、花色巧克力、夹心（红葡萄酒芯或非酒芯）巧克力、白巧克力等。黑巧克力有含35%~63%糖与64.5%孟佳瑞巧克力（Sweet，FDA15%）都是俗称的甜巧克力，黑巧克力熔点36℃左右，性热，含儿茶酸、咖啡因、苯乙酸、镁离子等"情绪激素"物质较多，儿童不宜多吃。

§7 检验、提制

食材的安全生产品质,涉及栽培、加工、物流、监管等到烹调、餐桌可追溯的检验监控大数据等问题,食材有效成分含量或分离,需要使用检验、提制技术等帮助。

食材靶向性技术

安全食材是生产出来的,检验证明食材安全吃后放心。食材检验靶向性技术有"食品安全放心工程"抽样检验、营养素成分提制、"营养素提取制品""食品质量安全认证制度"等。

中国政府2002年起开始实施"Quality Safety,QS食品质量安全认证制度"。QS食品质量安全认证制度规定,适用于食物安全、安全食品、无公害食品、绿色食品、有机食品、营养品等,2013年1月14日起对米、面、油、酱油、醋五大类开始实行食物质量安全市场准入标志"QS承诺"。

常见食材品种和成分参见表7-1。

表7-1 DA7200远红外分光光谱测定食材品种和成分

类别	品种	成分
谷物	小麦、大豆、玉米、高粱、大米	水分、蛋白质、糖分、氨基酸、脂质
果品、蔬菜	鲜果、果汁、干果、鲜菜、干菜	水分、维生素、色素、纤维素、糖分
肉制品	肉糜、香肠、腊肠	蛋白质、氨基酸、脂质
饮料	葡萄酒	酒精
食品	加工食品	水分、蛋白、糖分、氨基酸、脂质
经济作物	咖啡豆、可可豆、核桃、花生	水分、脂质、咖啡碱
中草药	植物类、动物类、微生物类、药材	黄酮类、色素、多糖、氨基酸

部分食材热导率实验室数据参见表7-2摘录。

表7-2　　　　　　　　　　　食材热导率实验室部分数据

名称	温度/℃	含水量/%	热导率λ/[W/(m·k)]
苹果	8	85~93	0.418~514
苹果汁	20	87	0.599
苹果汁	80	87	0.531
干苹果	23	41.6	0.219
瘦牛肉	3	75	0.506
瘦牛肉	-15	75	1.42
猪肉脂肪	3~15	6	0.215

食材安全(Security to Edible raw materials)涉及食材资源、种源、生产、质量、数量、贮备、合理循环供应利用等安全卫生状况，食品生产工序的种植、养殖、运输、加工、包装、存贮、销售、餐饮方式等操作卫生安全，影响食物不再有可能损害或威胁人体健康的有毒、有害因素和物质。正常情况下食用食物不会导致健康损害。

食材安全指：(1)转基因产品(GMO food, genetically modified organiam food 玉米 Bt 抗生素标记毒死黑脉金斑蝶幼虫作物之类转基因危害，潜在毒性、潜在过敏性致敏性、膳食平衡、人体肠道菌群谱和、对天然生物毒素含量影响)。(2)生物因素微生物污染(致病菌、寄生虫、霉菌、昆虫、啮齿动物)。(3)化学物质污染(农药、兽药、食品添加剂残留量及汞铅砷镉、有毒元素)。(4)食品毒素(霉菌、藻类、糖苷生物碱抗营养因子、动物组胺河豚鱼毒素等)。(5)环境污染。(6)土壤污染。(7)包装容器材料污染。

食材安全生产保障依靠科技、政府政策性支持、管理部门监管、监控机构检验、全面质量管理、法律整治。食材安全知识少不了需要一些对常见食材的鉴别、提制技术，食材提供者有义务向消费者提供"本应无毒、无害和防止食品污染"的安全商品。

7.1 检验

检验(Examine 或 Inspection)是人们对食品的营养性、安全性和可接受性提出了更高的要求。依国家强制性标准和企业明示质量技术指标，使用相应仪器、设备，对产品进行的检测、试验后，做出产品是否符合规定要求的判断。理化检验报告数据有效数字是"四要舍、六要入、五后有数则进一、五后无数看前位、前位奇数则进一、前位偶数要舍去、不论舍去位、必须一次修约成"，如6.05456修约至6.06。数据误差，测定结果与真值差值。

酸碱性$\{10^{-7}mol/L[H^+]$ 和 $[OH^-]\}$对应数值如下：

$[H^+]$ 10^{-0} 10^{-1} 10^{-2} 10^{-3} 10^{-4} 10^{-5} 10^{-6} 10^{-7} 10^{-8} 10^{-9} 10^{-10} 10^{-11} 10^{-12} 10^{-13} 10^{-14}

pH←—酸性增强—0—1—2—3—4—5—6　7　8—9—10—11—12—13—14—→碱性增强

食材检测主要方法过程选择：(1)感官检验法；(2)化学检验法；(3)仪器检验法；(4)微生物检验法；(5)酶检验法。

食材检验实践技能有：(1)会使用烧杯、容量瓶、滴定管等玻璃器皿，能配制标准溶液，能排除一般故障、能清洗干净玻璃器皿。(2)会安装一般的仪器设备，能对食材中的密度、折射率、水分、白度、酸度、杂质含量、总固形物、二氧化碳、水不溶物、酒精含量指标完成测定操作。(3)会配制洗液、百分比浓度溶液、杀菌剂、杀虫剂，能对食材中的熔点、溶点、冰点、色泽、斑点、色素、主要营养素、盐残留物等成分，进行定性、定量测定。(4)会计算、记录。(5)能编制检验报告。

食材生产者自行检验一般指：(1)对原材料、添加剂、包装材料、容器等验货，出厂合格指标报告。(2)参与委托专门出厂合格指标项目检测。(3)办理监督或发证检测检验。

食材通常质地检验构成或要素参见表7-3。

表7-3　　　　　　　　　　食材质地检验构成或要素

要素		构成
感官特性	（一）外观（视觉）	大小（面积、重量、体积）、比重
		形态（＝形状/形式＝直径/长度比，光滑度，坚实度，一致性）
		颜色（深浅色强度，一致性）
		光泽（光面蜡质状况）
		缺陷（外内部缺陷形状，机械和物理缺陷形态大小，生理病理昆虫、微生物学缺陷程度）
	（二）质地（触觉）	坚实度（硬度、软度）、粉性（粗细度）、韧性、纤维量、脆性、多汁性
	（三）风味（味觉）	芳香味、异味、苦味、苦涩味、涩味、酸味、甜味
生化属性	（一）营养价值	碳水化合物（膳食纤维）、蛋白质、脂肪、维生素、矿物质
	（二）安全性	自然有毒素、污染物（重金属、化学残留物超标、微生物毒素）、昆虫污染物

7.1.1 取样

食材取样样品性质分为：(1)随机样品；(2)原始样品；(3)平均样品。检验按样品用量分类，又分为单粒量、大量、常量、半微量、微量分析方法。物质的量（符合 n ）单位叫作摩尔，用符号 mol 表示，实验测出 1mol 任何物质都包含 6.02×10^{23} 个粒子，物质的量 $n=$ 物质的质量 m/mol 乘以质量 M。例：5mol（H_2O）＝水相对分子量 $18g\times5mol=5mol$（H_2O）质量为 90g。

常量分析样品用量 0.1~2g，半微量分析样品用量 0.01~0.1g，微量分析样品用量 0.1~10mg，超微量分析样品用量 0.001~0.1mg。

7.1.2 检验方法

食材无损伤检测技术现代科学与应用方法分类摘录如图7-1所示,仅供参考。

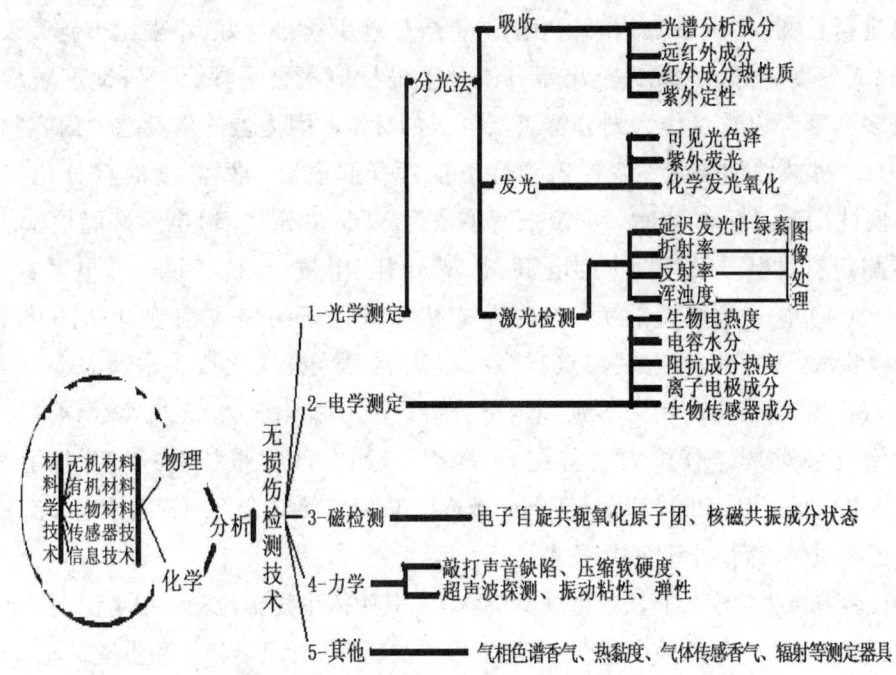

图7-1 无损伤检测技术基础科学技术分类

粮油检验杂质的试样用量参见表7-4。

表7-4 粮油检验杂质的试样用量规定取样重量(g)

名称		大样	小样
小粒度	栗、芝麻、油菜籽	500	10
中粒度	稻谷、小麦、高粱米、红小豆、棉籽	500	50
大粒度	大豆、玉米、豌豆、葵花籽、小粒蚕豆	500	100
特大粒度	花生米、蓖麻子、茶籽、文冠果、大蚕豆	1000	200
其他	甘薯片、大稻谷粒	500~1000	—

食材种类6335种中,可检验品种有矿物类75种、动物类1130种,检测方法分类有:(1)传统经验鉴别;(2)原产地(基原)鉴定、显微鉴定、理化鉴定、制剂鉴定等。

传统经验鉴别食材利用检验人员感觉器官功能即眼看、手摸、鼻闻、口品尝等方法。眼看食材色泽、形状、大小、质地、断面,鼻闻气味,有时辅以水试、火试等。检测常用仪器设备主要有分析天平(单盘天平或电子天平)、高温马弗炉、电热恒温水浴锅、培养箱、组织捣碎机、超净工作台、分光光度计、高压蒸汽灭菌锅、计算器。选择适当放大倍数的显微镜、电子显微镜、扫描电镜等观察食材花、茎、叶、根、果实、骨骼、肌肉、心、肝等宏观组织,也能清清楚楚地观察食材微观细胞等组织结构。

依赖各种仪器、器具配合物理、化学分析规范检验方法来判断,已经减少检验人员主观性影响:(1)度量衡中的长度(尺寸)、重量(斤两)、细度(目数)、体积(M2)等利用工具进行检测:①重量检验法,相同重量数量越少质量越好;小麦比重越大表明颗粒度越饱满、成熟度越好,为此人类出于方便公平最早应用公平秤、天平;②度量检验法为世界上许多国家都以重量作为划分鲜鸡蛋等级的标准,因为蛋的重量越大内容物所占比率越大。(2)机械性能衡量法,冲击弹性以摆锤弹起高度与原高度的百分比(%)表示,冲击韧性用hgM/cm^2表示,抗拉强度单位为N/mm^2等。(3)电学性能检验法,利用电子仪器测定食材电子学特性中的电阻、电容、电压、电流、容抗、阻抗、介电系数、静电性能等参数。(4)电子显微镜放大7000倍可见青菁种子的表皮细胞具凹凸格的斑纹。(5)热学检验法,检验食材有关溶点、熔点、凝固点、沸点、软化点(玻璃态温度点)、滴点、闪点。(6)薄层层析法用来鉴别和定量分析许多有机化合物、无机化合物。

实验室设备对来样分析方法有:(1)重量检验;(2)容量检验;(3)电化学分析;(4)毛细管电色谱(Capillary Electro Chromatography,CEC)结合毛细管电泳电渗流驱动与高效液相色谱溶质保留高选择性联用技术。

生物检验有微生物学检验法或生理学检验法,其中微生物学检验法用于识别微生物的种类、有公害微生物品种和其存在程度;生理学检验法,依靠组织学分析和生理试验多种方法:(1)组织学分析;(2)生理学检验;(3)生物传感器法,采用生物敏感部件(感温元件或DNA/RNA探针)与传感器紧密结合,如酶传感器或免疫传感器、微生物传感器与乙酰胆碱酯酶(AcbE)和丁酰胆碱酯酶(BcbE)为敏感材料,再与光导纤维、微电子技术结合制作成离子敏感效应晶体管型传感器,两种生物传感器均可用于蔬菜检测有机磷毒死蜱、DDVP、伏杀磷、涕灭威、西维因、灭多虫等,测定线性范围$5×10^{-3} \sim 50\mu g/g$。

生物传感器按信号电化学转化技术特点在:(1)电化学(电极)生物传感器;(2)半导体(半导体)生物传感器;(3)测热(热敏电阻)型生物传感器;(4)测光(光纤光度计)型生物传感器;(5)测声(表面等离子共振)型生物传感器;(6)测基因型生物传感器;(7)1985年出现的无细胞分子克隆系统(特性DNA序列体外引物定向酶促扩增法又称聚合酶链反应PCR)检测技术;(8)生物芯片检测技术;(9)气体分析、水质速测、离子浓度仪器计算机检测等。

7.1.2.1 感官检验

食材感官分析检验有:《感官分析方法成对比较检验》GB/T 12310、GB/T 12311、GB/T 12312、GB/T 12313、GB/T 12314、GB/T 12315、GB/T 12316等。食材感官检验一般选择下述之一方法或多方法并用:(1)视觉检验看,看食材色泽、形态、包装破损情况、外形变化、色泽程度。(2)听觉检验通过声音判断商品新鲜度、成熟程度。(3)味觉检验滋味,被检验物环境温度处于24~25℃茶叶在50~56℃茶水里品评、品尝食材的甜酸苦辣程度、啤酒中双乙酰含量≥0.2mg/L有酸馊味。(4)嗅觉检验气味,根据食材具有特殊气味(例如香类型、臭香类型、

§ 7 检验、提制

酒曲香类型、药材香类型等）由检验人按照检验规范要求检验记录评审，据历史统计显示，成年人只有17%的人，具有正常嗅觉；嗅觉检验人员应该持有有效资格证书执证者。(5)触觉检验，触觉指人对食材具有的触压感觉、触摸感觉等以便了解食材形状、厚度、温度、强度、硬度、韧性、黏性、弹性、紧密度，以便定性地说明食材状况。

7.1.2.2 卫生检验

微生物测定项目：

(1)菌落总数计数参考 GB/T 4789.2 测定；(2)大肠菌群计数参考 GB/T 4789.3 测定；(3)沙门氏菌计数参考 GB/T 4789.4 测定；(4)金黄色葡萄球菌计数参考 GB/T 4789.10 测定；(5)溶血性链球菌计数参考 GB/T 4789.11 测定；(6)霉菌计数参考 GB/T 4789.15 测定、商业无计数参考 GB/T 4789.26 测定；(7)志贺氏菌计数参考 GB/T 4789.5 测定；(8)菌落数水平计算法（30℃）记数参考 ISO4833 测定；(9)空肠、结肠弯曲菌计数参考 NMKL119—1990 食品中空肠、结肠弯曲菌的检定；(10)测定黄曲霉菌毒素；硝酸盐的测定。

食品生产安全试验指：

(1)毒性试验；(2)局部刺激试验；(3)溶血试验；(4)过敏试验；(5)热原试验；(6)澄明度检查、灭菌检查、重金属检查；(7)动物体内抗感染试验。毒性试验指：(1)急性毒性试验；(2)亚急性和慢性毒性试验；(3)半数致死量的测定。

动物体内抗感染试验：

(1)挑选重三市斤左右健康家兔数只，分两组每日二次服用实验物，观察动物2周以病症判断结果。(2)小白鼠选健康体重 18~22 克 20 只，服用实验物七天，记录实验鼠病症。

7.1.2.3 营养素测定

7.1.2.3.1 水硬度

用移液管吸取水样 100mL，置于 250mL 锥形瓶中，加稀释盐酸数滴后置于石棉网上加热至沸以逐去水中二氧化碳，冷却，逐滴加入浓氨水至能嗅到氨臭味为止，然后加 5mL 氨－氯化铵缓冲液和铬黑T指示剂3滴，再用 0.01mol/L EDTA 标准溶液滴定至溶液由酒红色变纯蓝色，终点记录滴定数。

或取水样 100mL 置于 250mL 锥形瓶中加 5ml 氨－氯化铵缓冲液摇匀，再加 0.01g 铬黑T指示剂以 0.0200mol/L 的 EDTA 标准溶液滴定至纯蓝色为终点。水总硬度(°) = C(EDTA 标准溶液摩尔浓度)×M(标准溶液 CaO 滴定数)/V(水样 100ml 数)×10^5 求得结果。

7.1.2.3.2 食品添加剂

全世界食品添加剂有9万多种，经过现代法定允许添加的食材常用食品添加剂，需要强调的是添加剂必须是经过法定允许的食材。

人们熟悉的食品添加剂有甜味剂、防腐剂、抗氧化剂、漂白剂、着色剂五大类。防腐剂与甜味剂检验选用分光光度计或高效液相色谱、气相色谱仪、薄层色谱仪、高效毛细管电泳仪、离子色谱仪等；着色剂检验选用聚酰胺吸附法、液－液分配法、羊毛染色法、溶剂分离与柱色谱组合法、季铵滤柱法、基质固相分散法、固相萃取法、阴离子交换树脂液－液分配法、助滤剂柱层析法、链霉蛋白酶－固相萃取法；抗氧化剂检验选用液相色谱 C18 柱 FID 检测器；香料检验选用蒸馏或萃取液色谱分析；增味剂检验选用水溶液 HPLC 色谱分析；无机盐检验选用离子色谱分析。

7.1.2.3.3 蔬果、食用菌物理性状

蔬菜、水果、食用菌物理性状测定：(1)单重（蔬菜单棵或水果单果天平称重取 10 分之一平均数作为代表单重）；(2)果形指数（尺寸纵径/横径）；(3)果面特征（分别称出果皮、果核、果种子、果净肉各部分重量得到各部分占有量的百分率，汁液多的蔬菜水果压榨出汁液可称出出汁率）；(4)硬度（硬度计测定或耐压性测定仪测定），果实硬度用 HP－30/DY－1 果实硬度计，或 Magness－Tylor 型硬度计或果实耐压测定仪检测；(5)比重（P＝重量 W/体积 V）g/cm^3，或容重（容纳 $1m^3$ 的蔬菜水果 kg/m^3）；(6)果肉比率（用%表示）。

7.1.2.3.4 肉类

细菌污染度检验：(1)菌数测定；(2)涂片显微镜检；(3)色素还原试验。

生物化学检验有：pH 检验法、H_2S 试验法、胺测定法、球蛋白沉淀试验法、过氧化物酶反应法、酸度—氧化力测定法、挥发性盐基氮测定法、挥发性脂肪酸测定法、TBA 测定法、有机酸测定法、爱氏试剂法等。观察肉新鲜度 pH 数值与颜色关系（参照肉色评分标准图，精密度 ±0.2）如表 7－5 所示，正常肉 pH 在 6.0~6.4，劣质肉 pH 在 6.3~6.6，变质肉 pH 在 7.0 以上；灰白色水样肉又称 PSE 肉 pH 在 5.1~5.5。

表 7－5　　　　　　　　肉新鲜度 pH 数值与颜色关系

pH	颜色	判断	pH	颜色	判断
5.8~6.0	正常红色或鲜黄色一级肉	新鲜肉	6.5	橄榄绿色	不正常肉
6.2	微红色或淡棕色二级肉	新鲜肉	6.8 以上	蓝紫色、紫色	腐败肉
6.4	淡黄绿色	不正常			

对带骨骼保鲜肉、剔骨包装及解冻肉进行新鲜度检验，以确定该肉利用价值，感官和理化检验参照 GB 2707、GB 2708、GB 2710 指标。新鲜肉主要感官及其理化检验指标项目请查阅表 7－6。

§7 检验、提制

表7-6 鲜肉感官及其理化检验指标

项目	鲜肉	冻肉
	猪肉、牛肉、羊肉、兔肉	猪肉、牛肉、羊肉、兔肉、禽肉
色泽	肌肉有光泽,红色均匀,脂肪洁白或微黄色	肌肉有光泽,红色或稍暗,脂肪洁白或微黄色
组织状态	纤维清晰、有坚韧性	肉质紧密、坚实
黏度	外表微干或湿润不黏手、切面湿润或有风干膜	外表微干或有风干膜或外表湿润不黏手,切面不黏手
气味	具猪肉、羊肉、兔肉、禽肉固有气味,无臭味、无异味	解冻后肉有猪肉、羊肉、兔肉、禽肉固有气味,无臭味、无异味
弹性	指压后凹陷立即恢复	解冻后,指压后凹陷立即恢复
煮沸后肉汤	澄清透明脂肪团聚于表面,具有畜禽各自特有香味	澄清透明或稍浑浊,脂肪团聚于表面,具各自特有香味
挥发性盐基氮/(mg/100g)	猪肉≤20、牛肉≤20、羊肉≤20、兔肉≤20	猪肉≤20、羊肉≤20、兔肉≤20、禽肉≤20
汞(以Hg计mg/kg)	猪肉≤0.05、羊肉≤0.05、兔肉≤0.05、禽肉≤0.05	猪肉≤0.05、羊肉≤0.05、兔肉≤0.05、禽肉≤0.05
四环素	禽肉≤0.25(mg/kg)	禽肉≤0.25(mg/kg)

7.1.2.3.5 蛋及蛋制品

蛋及蛋制品总脂肪测定用氯仿甲醇提取法或酸水解法,蛋及蛋制品游离脂肪含量测定用索氏提取法或三氯甲烷冷浸法。蛋及蛋制品中磺胺类药物(Sulfonamidse,ASs)残留检验用高效液相色谱法,蛋及蛋制品中ASs含量通常不得检出。

四环素族(土霉素、四环素、金霉素等)用平板试样法,从标准曲线上查出。

7.1.2.3.6 奶及乳制品

刚刚挤出的新鲜奶(Freshmilk)又名新鲜乳,如若不及时冷却,污染的微生物就会迅速地繁殖使乳中细菌数增加、酸度增高、乳风味恶化、新鲜度下降、影响乳品质及乳制品加工利用。

通常人们把液态奶分"初乳""常乳""末乳""异常乳"、含有抗生素的液态奶叫作"有抗乳"。异常乳分低成分乳、细菌污染乳、酒精阳性乳、混入杂质乳等。新鲜液态奶制品分巴氏杀菌乳(GB 5408.1)、不添加辅料的灭菌纯牛(羊)奶称为复原乳(GB5408.2)、经发酵配制的酸牛乳(GB 2746)等。新鲜乳化学成分有100多种,检验方法很多,可因地制宜选择:(1)感官检查;(2)酒精试验;(3)煮沸试验;(4)酸度测度;(5)刃天青(利色唑林)试验。新鲜乳感官检验乳样是否为正常乳或异常乳方法:①正常牛乳倒入培养皿静置30min观察无沉淀物及絮状物、颜色为乳白色或淡黄色、手指头沾乳无黏稠感觉。②新鲜乳加热嗅得到乳香,无异味。③新鲜乳加热后口品尝滋味清淡。新鲜乳刃天青(利色唑林)试验:刃天青为氧化还原反应的指示剂加入到正常新鲜乳中时,乳液显示呈青蓝色。随着乳液有细菌数量的增加能使刃天青还原变色,刃天青还原变色与乳液有细菌数量的增加色变递变关系:青蓝色(良好)→紫色→红色→白色(很坏),表7-7项目判断乳的等级质量。

表 7-7　　　　　　　　　　　　　乳等级与颜色变化

级别	乳的质量	乳的颜色		每毫升乳中的细菌数
		经过 20min	经过 60min	（60min）
1	良好	—	青蓝色	100 万以下
2	合格	青蓝色	蓝紫色	100 万至 200 万
3	不好	蓝紫色	粉红色	200 万以上
4	很坏	白色	—	—

正常乳冰点在 -0.512 ~ -0.534℃，pH6.5 ~ 6.7，新鲜乳酸度在 16 ~ 18°T，°T 乳酸度检验精确吸取 150mL 样品于锥形瓶中加 20mL 经煮沸、冷却后，滴数滴发酵指示剂摇一摇用 0.1000mol/L 氢氧化钠标准滴定溶液滴至初现粉红色并在 30s 内不褪色，消耗 0.1000mol/L 氢氧化钠标准滴定溶液滴数 mL ×10 即为酸度°T。

7.1.2.3.7 鱼、贝新鲜度

鱼、贝类食材产品新鲜度评定常见方法：(1)感官法；(2)化学法；(3)物理法；(4)微生物学法。感官法检测鱼、贝食材产品新鲜度依靠视觉或味觉、嗅觉、听觉、触觉等通过人体灵敏性感觉检查到食材本质性鲜与腐的程度。鱼、贝类食材产品新鲜度评定常见化学方法：(1)以鱼肉成分分解产物 K 值（%）或挥发性盐基氮（VBN）、pH（活鱼 pH = 7.2 ~ 7.4)测定；(2)测定盐溶性蛋白质或肌原纤维蛋白质 ATP 酶活性。

鱼类鲜度感官指标参见表 7-8。

表 7-8　　　　　　　　　　　　　鱼类鲜度感官指标

检查项目	等级标准			
	Ⅰ	Ⅱ	Ⅲ	Ⅳ
体表	有鲜明本色与光泽、黏液透明	色泽黯淡，无光泽、黏液透明度差	色泽暗淡无光黏液浑浊	色全黯淡、光泽差黏液干有污垢
鳞	鳞完整或稍有花鳞，鳞紧贴鱼体不易剥落	鳞不完整易剥落	鳞不完整松弛易剥落	鳞易剥落
鳃	鳃盖紧合、鳃丝鲜红（或紫红色)清晰、黏液透明无异味	鳃盖松、鳃丝紫红色或淡红色，鱼腥味较重	鳃盖软弛鳃丝黏连有明显臭味	鳃丝黏结糟臭味
眼睛	眼球饱满、角膜光亮	眼球平坦、角膜暗	眼球凹下、角膜糊	角膜呈脓样封闭
肌肉	坚实光泽或富有弹性	肉压凹下慢凸起	肉弹性差、无臭味	肌肉模糊、腐败

鱼、贝类食材肌肉 ATP 在相关酶作用下由 ATP 代谢途径而分解为：ATP→ADP→AMP→IMP→HxR→Hx。

用 K 值（%）表示：(HxR + Hx ÷ ATP + ADP + AMP + IMP + IxP + Hx) ×100%，K 值鲜度

参考值:活鱼即杀K=10%,生鱼片K=20%,新鲜鱼K<40%;鱼、贝类食材产品新鲜度评定常见物理方法有:(1)以弹性仪器指示数值表示;(2)样品氢离子浓度与电导率关系用鱼、贝肉的电导率仪器指示数值表示。鱼、贝类食材产品,新鲜度评定常见微生物学方法以细菌数值表示,一般新鲜鱼、贝肉细菌总数小于1×10^4个/g作为准新鲜加工品,大于作为腐败看待。

7.1.2.3.8 饮料总酸测定

饮料总有机酸(g/100mL)测定,用碱标准溶液滴定时被中和成盐类,以酚酞乙醇溶液为指示剂滴试液滴至呈淡红色(pH=8.2)且0.5min不褪色为终点。食醋($HC_2H_3O_2$)总酸(HAr)取50mL样品置于250mL三角试剂瓶内移稀释水溶液25mL发酞指示剂2滴,用0.1000 mol/L氢氧化钠标准溶液滴至红色液30s不变色为终点。饮料总有机酸(g/100mL)测定操作:准确吸取25mL饮料置于250mL三角试剂瓶内加50~100mL水(可视饮料的色泽深浅加多少水量),取10g/L酚酞乙醇溶液为指示剂滴2滴,用0.1mol/L氢氧化钠标准溶液滴至呈微红色且0.5min不退色为终点。结果计算:总酸(g/100mL)以柠檬酸计=V(25mL饮料消耗氢氧化钠标准溶液滴至体积mL数)C(氢氧化钠标准溶液浓度0.1mol/L)×K。(柠檬酸换算系数为0.070、乳酸为0.090、磷酸为0.033、苹果酸为0.067)/25(样品饮料体积25mL)×100(饮料总酸换算系数)。饮料颜色深,可选用电位滴定法。饮料中色素测定用薄层层析法检验。简易定性检验办法取样品10mL加入10%氯化钠溶液1mL混匀,投入脱脂棉0.1g于水浴加热搅拌片刻,取出脱脂棉以水洗涤后在蒸发皿中加入1%氢氧化铵溶液10mL,再水浴加热数分钟如脱脂棉染了色,说明饮料中被添加有非食用色素物质。饮料中苯甲酸又名安息香酸测定用与4-氨基安替比林比色法分析检验。

7.1.2.3.9 咖啡因检验

咖啡是生咖啡豆焙炒时经马拉德反应、磨碎成为棕色粉状固体,咖啡含0.8%~1.8%咖啡因,速溶咖啡含4%左右咖啡因,含0.8%以下咖啡因的饮料可能为掺假或低劣咖啡饮料。咖啡含咖啡因检验操作:样品1g加50~60℃热水100mL和10g氧化镁在水浴锅中水浴加热20min,冷却至室温用水定容至200mL后过滤,取滤液100mL于分液漏斗中,分别以氯仿20mL、15mL、10mL三次提取,合并提取液经无水硫酸钠脱水定容至50mL后,用1cm比色杯于276纳米波长下测其吸光度。查标准曲线检样(%)咖啡因含量=G(查曲线得相应标准咖啡因含量mg/mL)×V3(氯仿提取液总体积mL数)×100%/W(样品质量1g)×(取样品液的总体积的ml数V2/V1检样加热20min后水定容至200ml的定容总体积的mL数)×1000。

7.1.2.3.10 成熟水

成熟水又名白开水俗称开水,需为生水经煮沸加热促使氧化氢释放出氧气后的液体,生水内微生物生长繁殖产生过氧化氢酶被煮沸破坏了,取 15mL 检样置于瓷蒸发皿或 25mL 具塞比色管中,加入 5%碘化钾 10 滴、1%淀粉指示剂 5 滴、3%过氧化氢溶液 2~3 滴,混匀,放置片刻后仔细观察如若检样液呈现淡蓝色。评估检样液可能认为是由生水配制;假如不出现蓝色,可认为是熟水料。

7.2 营养素成分提制例

一般未弄清楚单体食材有效成分之前,往往先想办法提取多糖类或有机酸类、生物碱、苷类、挥发油类等。

有机物营养素作为天然食材分离出来的生物次级代谢产物生物分子,营养素生物分子都具有生物功能。生物功能大分子又名生物分子肽、氨基酸、糖类、维生素、脂肪。某种食材有效成分、香味物质的提制,常见根据食材代表性有效部位、构造。营养素分离从理化性质及其成分特点来考虑,尽可能采用卫生安全方法提取出有效成分来,食材有效成分提制物有时叫做提取物。有机物分离营养素成分提制方法通常选择物料在物理、化学、生物学等方面(表 7-9)特性差异:

表 7-9　　　　　　　　　　有机物分离选择特性差异

类型	特性	选择物料差异分离方法
物理	力学性质	密度、摩擦系数、表面张力、尺寸、质量
	热力学性质	熔点、沸点、临界点、转变点、蒸汽压、溶解度、分配系数平衡
	电磁学性质	电导率、介电常数、迁移率、电荷、湘度、磁化率
	输送性质	扩散系数、分子飞行速度
化学	热力学性质	反应平衡常数、化学吸附平衡常数、分离分解常数、电离电位
	反应速度	反应速度常数
生物	生物学性质	亲和力、吸附平衡、反应速度常数

水内待分离不纯物可能有非电解质成分:(1)溶解物:①有机化合物;②溶解的气体。(2)悬浊物:①不溶性有机化合物;②微生物;③浮游生物;④藻类;⑤油性物系。

营养素成分提制提取方法过程可选方法有:过筛、分液、溶解、萃取、蒸馏、渗透、透析、扩散、蒸发、结晶等,其中原料粉末加入溶剂后,溶剂浸泡、扩散逐渐通过原料粉末细胞膜渗透到细胞内将有效成分溶解出来,这个过程也成为某种食材某些有效成分提制的第一步。影响食材成分提取品种因素主要有:(1)原料破碎度。(2)提取环境温度。(3)提取需用时间。(4)提取利用溶剂。常用食材成分提取方法选择:(1)冷浸法:①浸渍法。②渗漉法。③自动渗漉法。④套浸。(2)加热提取(温浸法、连续提取法)。(3)萃取法。(4)提取液澄清和过滤。(5)浓缩。

营养素成分提制设某种食材某些有效成分提制的第一步之前，要求目的提制项目食材为溶解有效过程提供：(1)常用30~40目粉碎颗粒度食材原料；(2)按操作规范处于适当操作实验室温度下进行提制作业（指作业或许在冷却或加热条件下进行）；(3)选用对食材成分溶解度大价廉物美不产生二次污染的溶剂；(4)控制有效提制时间。

营养素成分提制天然产物动物血液移输或骨椎液移殖，是动物营养素提取主要方法，人们提制植物营养素丝瓜水、黄瓜水等截断青瓜藤取藤滴液获得。

生物有机物单一碳水化合物、多肽化合物等有效成分提制方法：

(1)冷浸法提制食材某些提制中的氨基酸或蛋白质、单糖、低聚糖、多糖、甙类、无机盐等选择采用：①浸渍法；②渗漉法；③自动渗漉法；④渗漉筒套浸法。

(2)加热提取食材中的果胶、菊糖、糖甙类等用：①温浸法。②连续沙氏提取法。

(3)双向逆流萃取法提取食材中的脂肪油、挥发油、叶绿素、植物甾醇、某些游离生物碱。

(4)氯仿提取物食材中的游离生物碱、某些甙H类等还需要澄清、过滤，或用乙醚提取物食材中的植物色素、树脂、内酯、游离黄酮、醌类、游离蒽醌、某些有机酸、某些游离生物碱等，或用乙醇提取食材中的鞣质、有机酸或其盐、甙类、氨基酸、生物碱或其盐、某些单糖及某些醇溶蛋白。

(5)母液浓缩以备再进行乙醇或乙醚等溶解目的浸出物。

(6)选择性将目的浸出物喷雾干燥制得提取物。

水作为常见极性溶剂的负面反应，是溶剂的结合水、离子水、溶剂的富余水或称多余水，有机化合物成分包含的多余水需要脱去水称为干燥处理，又称脱水干燥。

天然产物提取常用溶剂一般利用范围参见表7-10。

表7-10　　　　　溶剂提取天然产物一般利用范围

提取方法	溶剂	操作	效率	使用范围	备注
浸渍法	水或有机溶剂	不加热	低	各类成分	出膏率低，易发霉，需要加防腐剂
渗漉法	有机溶剂	不加热	—	脂溶性成分	消耗溶剂多费时间
煎煮法	水	直火加热	—	水溶性成分	易挥发、热不稳定
回流提取	有机溶剂	水浴加热	—	脂溶性成分	热不稳定耗溶剂多
连续回流	有机溶剂	水浴加热	高	亲脂溶性成分	多费时

有机化合物成分提取溶液脱水干燥方法分：(1)液体有机物选择萃取法、吸附法、蒸馏水法等干燥；(2)固体有机物针对物料耐热性选择空气恒温烘干、真空烘干、冷冻烘干、远红外线烘干、微波烘干等干燥；(3)被干燥气体有机物进入玻璃导气管(U形管或干燥塔)或洗气瓶选择氧化铝吸水(可吸15%~20%水)、硅胶吸水(可吸20%~30%水)、反复干燥。

7.2.1 南瓜子氨酸

南瓜子氨酸提取:取压榨去过油的南瓜子渣,加入6倍量的蒸馏水,50℃温浸4小时,冷后过滤,如此反反复复加入6倍量的蒸馏水至过滤温洗南瓜子渣五次,合并五次南瓜子渣提取液,通过强酸型阳离子交换树脂柱,以水洗至流出液澄清为止,然后加入1%氢氧化铵溶液洗脱,收集对茚三酮试剂为正反应的呈碱性的洗脱部分,合并洗脱液,减压浓缩至干。

加入2倍量蒸馏水溶解,溶液为棕褐色,分次加入10倍量乙醇,搅拌至不溶物下降后,倾倒出乙醇液放置一些时间再过滤,过滤前滴加高氯酸于滤液使滤液至pH=5放置析出结晶。

过滤出结晶体,滤液中加入95%乙醇至溶液微浑浊时为止,冷却有白色柱状晶体析出为南瓜子氨酸的高氯酸盐。

冷却后南瓜子氨酸的高氯酸盐溶于水再通过弱碱性阴离子交换树脂除去高氯酸离子,流出液减压浓缩至干,残渣在水,乙醇或乙醚混合溶剂反复结晶后得到南瓜子氨酸。

7.2.2 佩兰油

佩兰油提取:取蒸馏佩兰的水蒸气冷却的油水溶液,用5%碳酸氢钠溶液振摇除去其中的酸,将乙醚干燥、过滤、收回溶剂,此不含酸成分的挥发油减压分馏共得8个挥发油组分,其中馏得沸点为62.0~65.5℃/15毫米汞柱部分以硫酸洗涤,然后将油层洗至中性干燥后常压蒸馏。馏得沸点为95~97.5℃/15毫米汞柱部分为5-甲基-2-异丙基苯甲醚。馏得沸点为118~121℃/15毫米汞柱部分为橙花醇乙酸酯。馏得沸点为174~176℃的无色液体为对?聚繖花素。

7.2.3 花青素

香味物质的提制方法有:蒸馏提取(Simultaneous Distillation – Extraction,SDE),常压SDE方法中样品在水溶液或溶剂里是浆状物,蒸馏香味挥发物冷凝后从冷凝器取到。

香味物质提制溶剂常用水之外、按需要可选酒精、二氧化碳、乙醚、氯仿、112-三氯三氟乙烷和戊烷混合物、三氯三氟乙烷、甲基正丁基醚、乙酸乙酯、己烷、戊烷、二氯甲烷等。

玫瑰精油提制从玫瑰浸膏用水蒸气蒸馏法提取或有机溶剂萃取法、超临界流体萃取法、分子蒸馏技术等提取。

从玫瑰花花瓣内提取花青素的分离,参见图7-2分离工艺路线图:

§7 检验、提制

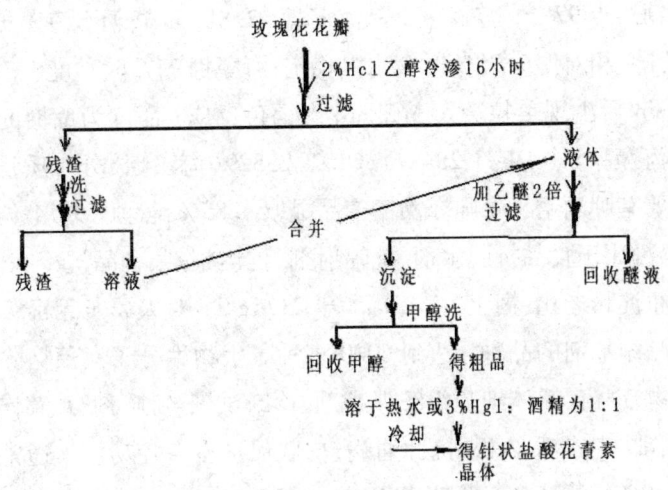

图7-2 从玫瑰花分离出玫瑰精油工艺路线

7.2.4 真菌多糖

从真菌中提取多糖（Ientinan）原料有子实体、固（液）体培菌丝体、液培发酵液及菌核,大多数真菌多糖不溶于冷水,真菌多糖溶于热（≤50℃）水呈黏液、遇到乙醇会沉淀,因此提取真菌多糖选择用:(1)水提法;(2)稀酸提取法;(3)冷热稀碱提取法;(4)有机溶解提取法;(5)双酶提取法;(6)复合酶提取法。

蘑菇（Lentinus Edodes）提取多糖:蘑菇加水煮取浓液减压浓缩,加入等量乙醇,分出沉淀的多糖部分,将此多糖溶于水中慢慢地加入0.2M十六烷三甲基季铵碸使pH为13.2,离心滤出沉淀物以乙醇洗涤后,沉淀物依次用20%、50%醋酸溶液提取,不溶物再用6%氢氧化钠溶液处理,离心分出溶液。蘑菇水煮碱溶液中加入3倍量乙醇,滤出沉淀物,用乙醇和乙醚依次洗涤。蘑菇水煮碱溶液洗涤液沉淀物再经除蛋白质的精制处理后得纯蘑菇多糖。

原料真菌中提取多糖分离蛋白、色素、低聚糖流程:(1)Sevag试剂法（氯仿:正丁醇为4:1）加入原料激烈振荡20~30min后离心分离去水和变性蛋白;(2)pH值为8.0左右浓氨水与原料在≤50℃滴双氧水使原料色素呈浅黄色保温2~3h氧化脱色;(3)原料加80~90℃水2~3h后过滤去杂渣、蒸发浓缩、半透膜逆向流水透析、喷雾干燥得粗真菌多糖。

7.2.5 虾青素

虾青素（Astaxanthin,ASTA）,可以酯或游离态存在,也能与蛋白质结合成为色蛋白。

利用小龙虾壳以黏红酵母菌BF-6发菌株经紫外线和EMS诱变处理,在80℃、压力45MPa/CO_2、流量20mg/kg、萃取时间215h,虾青素萃取率20mg/kg。

7.2.6 海藻糖

海藻糖（Trehalose）,旧称茧蜜糖、漏芦糖、蘑菇糖、麦角糖等又称生命之糖、神奇之糖是由两个吡喃型葡萄糖单体以$\alpha,\alpha-1,1-$糖苷键连接的双糖,化学名$\alpha-D-$吡喃葡萄糖基$-D-$吡喃葡糖苷分子式$C_{12}H_{22}O_{11} \cdot 2H_2O$,结晶密度$1.512g/cm^3$,加热出现玻璃形态、失水。

结晶无水海藻糖熔点97℃，熔解热结晶海藻糖57.8kj/mol、无水海藻糖熔解热53.4 kj/mol、溶解于水、热乙醇、相对湿度75%时含水量稳定；海藻糖25℃时黏度5.7厘泊（cP），与甘氨酸100℃×90min后出现美拉德（Maillard）褐色反应，甜度为蔗糖的45%，小肠可消化。中国2007年《海藻糖》（QB/T 2848）GB/T 23529《海藻糖》分布质量国家标准。海藻糖工业提制原料主要有啤酒糟（每吨海藻糖产品提取率85%纯净度99.4%成本2000元左右）、酶转化法。海藻糖用于食品抗脱水剂、抗辐射剂、抗酒精剂、食品抗冷冻保护剂、食品加工水合剂（减缓或防止淀粉老化、糊化），LD_{50}大于21.5g/kg对人属于无毒级食材。2006年以来用海藻糖作为食品添加剂的品种，达到6000多种。生物大分子海藻糖除广泛用于食品添加剂之外，抗体药物、疫苗、活体细胞组织保护剂、诊断试剂、矫味剂、蔬菜肉类保鲜剂等也使用，海藻糖食用对干眼症、骨质疏松、抗肿瘤病、皮肤保护有食疗功能。通常食材蜂蜜含有海藻糖成分0.1%~1.9%，蘑菇含海藻糖成分8%~17%。

§8 食材业

传统大农业中种子、机械等的科学利用,使"中国制造2025"十大领域教育体系向"新工科"调整;食材生产生物、农机、机器人、互联网等的发展,促进了"食材业"产业链正稳健地创立着。

概 述

人们吃(Eat)的、喝(Drink)的原料食材,与食品生产过程利用的原料(种或苗)繁殖、生产与收获加工两阶段工序,从食材产出到食品消费离不开与"农业现代化机械与加工"的特性定位。农业称第一产业、饮食称第三产业。本书所讨论的包含"农林牧副渔食用材料原料生产→物流(商业、运输、销售)→检验→食用→废弃物利用→食用材料原料生产等环链产业"食用材料产业,简称"食材业"。

食材业供给侧生产过程,是特定社会义务有价资格"食材品牌化"产品形成过程,是具有某种同类属性的经济活动的集合或系统种植业、林业、畜牧业、渔业、副业五产业的统称,是产业为法人所拥有土地、房产、工厂等部门和机构相对独立形成内涵与外延特定资产的活动。食用材料(传统称农产品)产后与采购的产值比例在$(3.7 \sim 1.0):1.0$,采购的产值一般只有30%~70%可能为食用材料生产者(农民)产出的收入(包括种苗、机械、田间管理劳动力等成本),也是食用材料供给侧生产者对其消费侧、市场侧的常态化特定社会义务。

食用材料生产者对食用材料产后市场的社会效益贡献通常为3~5倍。

"食用材料产业链"开拓、建设等供给侧链上,人在特定社会的义务中奉献着,中国特色菜8大菜系流派中,饭、菜、点心品种很多,烹调食材原料有3000多种;从农田到餐桌的食品安全,关系到食材供给侧与食用者之间的经济和营养价值,关系到物与人的经济社会稳定、和谐、繁荣。

食用材料与食品生产过程是特定社会供给侧创新、可持续发展地推动人类文明进步的期望,需要考虑:(1)土壤、种子(种畜禽苗)呼唤产业无公害化、普惠老百姓。(2)栽培、养殖依法供应链网络化。(3)从农田到餐桌的食材生产机械有安全、卫生保证体系。(4)全国形成价廉物美"食材业物流业"的网络商、城乡社区电商供给侧和消费侧常态和谐经济系统。

古食用农业史从神农氏时代开始,《史记·平准书》:"江南火耕水耨",唐·罗隐《别池阳所居》诗:"火耨刀耕六七年",火耨刀耕(Slash – And – Burn Cultivation)食用农业开始,从刀(Knife)为切、割、削、砍、铡类工具,河南省新郑县裴李岗新石器遗址出土石制农具石铲、石镰、手推石磨盘、石斧、耜、石刀等。中国古人发明"刀耕火种",以改善土壤耕层结构、消除病虫害、杂草,"烧草下水种稻,草与稻并生高七八寸,因悉芟去,复下水灌之,草死,独稻长,所谓火耕水耨也。"这种火烧荒草与雨后用耒、耜耕土地、下种是古代农业技术之一,刀耕火种农业,体力劳动多、太费工夫。中国古人约在公元前3218—3079年应用木犁,《史记·晋世家》记载有:"犁二十五年,吾冢上柏大矣。"人力拉木犁、畜力拉木犁、后来又发明了铧式犁、圆盘犁、旋转犁等,春秋战国时代出现的生铁冶铸技术,带动了铁农具发展,铁铲、铁口锄、铁耜、铁犁等流行。春秋时期人耕种方法上出现二三人一组以便用耒耜翻地,将"入土较易的耒与耜入土困难但覆土较易的耜合并而成耒耜",春秋时已由休闲耕作制过渡到连年种植制,由人拉犁耕进步到牛拉犁耕",春秋战国出现铁犁铧、铁犁壁,用三脚耧播种,1980年出土的秦始皇铜车马代表了当时铸造技术、金属加工和组装工艺水平,汉代时期中国出现整地碎土工具地槌(耰),唐代出现整地曲辕犁、铁齿人字耙、耢、陆轴等多系列整地农具,随之铸造、锻造和热处理机械、热加工技术在这一时期迅速发展,大型铸件在两晋时期用于自动磨车、舂车、水碾,宋元时期农业机械广泛利用冷锻或冷拔技术锻制犁刀、制造活塞风箱。

古今中外有识之士都认为食材中的营养素是维持人生命、推动社会发展的动力。

各个国家都有许多部门监管材与药材,并进行分散管理模式监管。

8.1 食用农业

食用农业中的农(Farming),是专指种田中的饲养、耕种工作,从事畜牧业、种植业、土地经营行为称事农。农业史学家把农业分为原始农业、古代农业、近代农业、现代农业、当代农业。农业学学科系统分为:农学、农艺学、农业生态、农药学、农业技术、农业环境、农业气象、农用机械、农业政治经济、食用农业。传统农业(Agriculture)是以有生命的动植物为主要劳动对象、以土地为基本生产资料、利用动植物等生物的生长发育规律、通过人工培育来获得产品的社会生产部门产业。

广义农业(Farming;Agricultural)的大农业包括种植业、林业、畜牧业、渔业、副业,还有为农业提供生产资料的农产品加工、贮藏、运输、销售等部门归纳于农业范畴。

狭义农业又称小农业,仅指种植业或农作物栽培业。小农业是食用材料,农产品指的是指农民生产的产品。食材业需发展出更大更多产量、经济贡献以及有保证的卫生安全营养。农业世界范围内面临着大气环境不同、土壤贡献率、种子优势、种养殖业技术、智能化机械水平

§ 8 食材业

以及仓贮效能等问题。食材产业链自然生态循环好比地球自转生生不息，食物链系统本质近似图8-1模式。

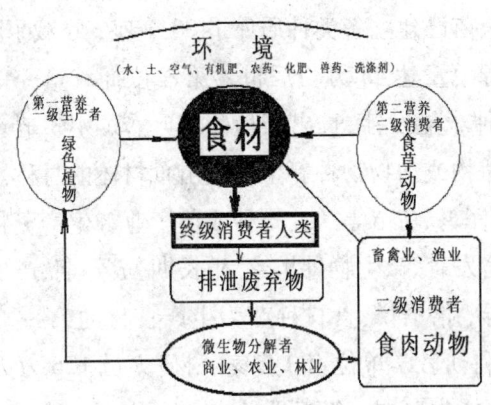

图8-1 食材在食物链系统本质近似位置模式

国之大纲，通常是栽培农作物和饲养牲畜的生产、经营产业，它包括农、林、牧、副、渔和农村加工生产业。食用农作物用途分为供人食用的、供饲养用的、供工业用的三类。

现代供人食用的农作物生产，是国家生存、富强的基础。现代化农业需要科学农艺、需要现代化涉农生产理论实践和农业机械化的食材生产产业链。食材生态农艺、生产机械化、加工电气化、安全监管法规得到重视、物联网网络不断发展等，从传统农业环境中脱颖而出了新产业食用材料产业——"食材业"。

食材业，从刀耕火种发展到当代的农业机械化、智能化、生态化，食材加工从烟熏火燎到烹饪厨艺蒸、煮、爆、炸、营养化等。

古人口感检验有生吃、熟食两类，生吃一般是未经煮（又称未热处理或未烹饪）过或冷制凉吃品尝食材口感，只能反映食材品质一部分指标，古人燧人氏发明钻木取火以火炙肉化腥臊，神农氏石上燔谷，黄帝蒸谷煮饭、烹谷为粥，彭祖捉雉烹羹，伊尹掌割烹煎和子事等。《史记·十五从军征》："烹谷待作饭，采葵待作羹。"一代一代古人发明饮食文化中丰富的烹饪技术，遗传给后人运用烹调技艺对食材进行原料选择、原料初步加工、初步热处理（焯水、水煮、走红、过油、汽蒸），制汤（清汤、素汤、奶汤等），刀功处理（块、片、条、丁、粒、末、茸等基础原料成形），整料出骨、烹调、上浆挂糊勾芡→调味（码味、定味、和入味）、装盘、口感检验后上餐桌。

食材业选择供给侧物资及制品要求供给侧粮农、菜农、果农或渔民、肉店、超市等以好（种苗、种子）种、好生产资料（土地、机械、肥料、饲料、药剂）、好服务，在物理化检测标准常态化现代科学技术食材产业链系统生产可追溯条件控制下，确保消费者吃得放心。生产食材和药材的个人或企业，担当食材和药材生产、质量、卫生、安全，责任关系到人命，关系重大。

8.1.1 种、苗

食材种和苗指实生芽、叶、种子、根状茎、地下根或块茎、地下秸秆、藻苗、食用微生物（菌种）、畜苗禽蛋、水产（鱼、虾）苗。

好种出好苗、好苗出好肉,只有有了安全卫生的健康的好种或好苗才有可能出好的食材。种子执法三性 DUS 测试强调异性(Different in nature)、一致性(Unanimous)、稳定性(Stability)。全世界食材种、苗已建立各类种质库 1400 余座,收藏了种质资源 700 多万份,其中中国长期保存的种质资源总量达 45 万份居世界第二位拥有量。食材的种苗泛指种子,籽是植物种被、胚乳、胚构成种子能发芽、长出新植物茎叶;动物卵、苗鸡、鱼苗、苗猪、人工种子(胚乳体细胞胚粒)等,是植物或动物物种新生命种苗食材体的总称。种或苗泛指种子植物初生嫩茎叶或种畜类的仔猪、仔鸡、鱼苗等。食材种或苗产业链生产资料品质,关系到生物种的嫁接、植物种发芽、动物种畜发育、微生物种扩繁、生长期、成熟期、产出效益等。育种强调地方性、多元化、特色化鼓励差异,俗语说:食材种苗为生产食材的第一要素。中国登记在案种子(Seed)企业 5000 多家、科研教学单位 400 多家、科研人员 1.6 万人,其中一些企业并不具备承担责任能力,自主创新能力薄弱,负担品种多、杂、乱、小、散,难出大品种,导致国际种业巨头纷纷抢滩中国市场。

食材生产要素田地、种子、栽培、收获和收获后运输、储藏、粗加工、精加工、食用前时加工,及某种加工后卫生安全的机械、理化学仪器检验,食材中的主要有效成分,有关食材危害成分或物质毒性及其风险大小研究,开拓食材"人工种子"体细胞胚的安全生产存贮运输种植再利用,将为可持续生产优良种、苗扩大食材生产要素和降低上市成本,提供有价值可持续生产支持。

8.1.2 机械

食材产业链生产资料农业机具又称农机具,是农田的耕、耙、种、灌溉、收割、田间管理以及运输、烘干库中存贮、粗加工等装备,通常不包括深加工(制粉、研磨、切断、或屠宰、烹饪处理等设备机具)。从田间至餐桌食物生产安全卫生保证可追溯五大基础:(1)食材生产物料进出要求方便(有路)、给排水可能(有水)、环境不在污染,生产中食材与生产人员与产品(产品有安全卫生保鲜产出保障);(2)物流、资金流、人才流、机械流等;(3)植保机械、运输机械、粮棉油畜禽粗加工机械、烹调设施、包装器材按规章持证采用等;(4)外来物品控制有预案、对策;(5)管理有标准程序和责任追究质量监控体系。农机功能是农业部门使用的机器拖拉机、育秧机、播种机、收割机、动力排灌机、机动车辆等,一些农机仍然粗、大、笨、雨淋锈蚀、售后没有服务、配件买不到、故障时间平均 30~40 小时(世界发达国家平均无故障时间 70~100 小时),"一卖了之"的农机不久在农民家成了废铁。

食材机械指供人吃的食用机械,食材机械源于农业机械中食材生产机械的选种机、烹饪、物流(安全卫生保鲜上市)等,食材的机械工艺涉及种植业、养殖业、食用菌业、畜牧业、渔业、轻工业、重工业、冶金、制粉(屠宰)加工、保鲜(冷冻)、化工(食用添加剂、调味品)、烹饪、食品加工工业等。

传统食材生产机械化正在逐步实现

中国特色食材机械中的耕地,是恢复土壤肥力改善土壤结构、消灭杂草及病虫害;用铧式犁、圆盘犁、旋耕机、耕耙犁、组合犁、开沟犁、水田耙、联作耙、推土机、平地机、水稻中耕机、吸泥机、稻麦秸秆粉碎还田机、水田埋草起浆整地机、田园管理机、拖拉机组耕深横平电子液压自动控制旋耕机、微耕松土机、数显深松多用施肥播种机、遥控微耕机,整田指田地前茬作物秸秆利用处理、施基肥、耕地、平田、土壤沉实、播种;播种运用良种浸种或催芽选择播种机点播、撒播、智能机动播、飞机航播、飞机排粉机、飞机喷烟机、植保用无人飞机、植保用人力水稻插秧机、水直插机用手动喷雾器、背负喷粉器等,播种后立苗前保持水分湿润、芽期除草杀虫、中期定穗防虫保花、水浆管理施粒肥防止病虫害、抢收或采摘,用割草机、施肥滴/喷灌机、精密蔬菜播种机、蔬菜移栽机、自走式多功能育秧机、便捷式多功能育秧机、2BL-280B 水稻盘育秧播种流水线、东风-2S 机动水稻插秧机、PF455S 插秧机、2BYS-6 型水田中耕除草机、韭菜收割机、自走履带式半喂入稻麦联合收割机、油菜联合收割机、叶菜收割机、茶树修剪机、连续流下式稻麦烘干机、柱状筛型干燥机、流化床层式干燥机、窑形烘干机、干燥机(窑)等,十亩大棚"育秧工厂"6000 平方米机械化一次性可培养 6500 亩机插秧秧苗,一台无人机一天能喷洒 300~800 亩地成本一亩在五六十元。

食材加工机械与食材加工后营养素的价值、外观、滋味、口感等方面品质评价统称质构(Texture),又称质地。国际标准化组织(ISO)规定食品质地指"力学的、触觉的"任何食材的气味、口感、品质、营养如何,都是人类对食材食用价值最早、最权威、历史最久的检验方法。中国菜烹调厨房必须备切菜刀、刀砧板、中国锅、杓子、蒸笼、漏勺。

食材机械标准种类分:

(1)技术标准:①检查标准;②产品标准;③设计标准;④工艺标准;⑤检验与试验标准;⑥信息标识、包装搬运储存安装交付维修服务标准;⑦设备工艺装备标准;⑧基础设施能源标准;⑨职业健康标准;⑩安全标准;⑪环境标准。

(2)管理(计划考核)标准。

(3)工作(岗位)标准。食材加工往往最需要刀功处理(块、片、条、丁、粒、末、茸等基础原料成型)→整料出骨→上浆挂糊勾芡→调味(码味、定味、和入味)→装盘→口感检验,是现代人仍然在使用中的办法。因为现代物理化学检验最机械(格式化)、最便于标准化、最能够被国际公认。

食材初步粗加工常见方法食材加工洗涤方法有:(1)流水冲洗浸泡 10min。(2)2%~3%浓度食盐水浸泡(15~20min)。(3)2%~0.5%浓度高锰酸钾水浸泡(5~6min)。(4)上述两项工艺复合使用。(5)巴氏杀菌温度监控到 -24℃ 贮藏解冻后,酪蛋白在解冻后形成不易分解沉淀。巴氏消毒法在 62℃(低温法在 63~65℃×30min 或高温法在 85~105℃×1.5min)下加热 30min,以杀死芽孢菌之外的微生物。(6)采用干热灭杀菌箱 105~110℃×120min 热杀微生物。(7)应用漂白粉、酚类或醇类、高锰酸钾等化学药剂抑制微生物成长或杀死。

食材现代加工通常采用保鲜机械技术措施有:(1)杀灭微生物方法,采取破坏食材中的酶活性,能够有效保持食材的色、香、味道、风味、形状、品质与新鲜度。微生物杀灭方法有加热法、辐射法、充氮或真空法，使酶活性钝化；酶的活性保鲜方法是在水分降低至≤1%时，活性才能会完全失去。(2)冷却贮藏方法简称冷藏，食材物流中冷藏有加工、储藏、运输、销售四环节，往往需要有由冷冻装备构成；美丽的砂锅釉超标涂料物可能发生污染，只有铁锅的溶出物是无公害的。冷藏-18℃可确保大多数食材蛋白质较稳定、微生物生长也受抑制、食材风味品质损失尽可能小，耗时短的营养价值基本不会降低。食材通常贮存期限机械适宜贮存条件与期限参数见表8-1。

表8-1　　　　　　　　　食材适宜贮存条件与期限参数

食材	冻结点/℃	冷藏相对湿度/%	冷藏温度/℃	含水量/%	贮存期限/天(月)
猪肉	-2.2~-1.7	85~90	0~1.2	35~42	3~10
冻猪肉	—	85~95	-24~-18	—	(2~8个月)
初腌咸肉	—	90~95	-23~-10	39	(4~6个月)
腊(熏)肉	—	—	15~18	13~29	(12~18个月)
火腿肉	-2.2~-1.7	85~90	0~1.0	47~54	7~12
牛肉	-2.2~-1.6	88~92	0~1.1	62~77	7~42
冻牛肉	—	90~95	-12~-18	—	9~12
羊肉	-1.7	86	0	60~70	10
冻羊肉	—	80~85	-12~-18	—	(3~8个月)
兔肉	-1.7	80~90	0~1.0	60	(5~10个月)
冻兔肉	—	80~90	-24~-12	—	(6个月)
保鲜家禽	-1.7	80	0	74	7
冻家禽	—	80	-30~-10	60	(3~12个月)
鲜鱼	-2~-1	90~95	-0.5~4	73	7~14
冻鱼	—	90~95	-20~-12	—	(8~10个月)
食盐水腌鱼	-1.7	90~95	4.4~5	—	(10~12个月)
烟熏鱼	—	50~60	4.4~5	—	(6~8个月)
干鱼	—	75~80	-9~0.0	45	(3个月)
鲜蛋	-2.2	80~85	-1.0~0.5	70	(8个月)
冻蛋	-2.2	—	-18.0	73	(12个月)
牛奶	-2.8	80~95	0~2.0	87	7
啤酒	-2	—	0~5.0	89~91	(6个月)
苹果	-2	85~90	-1~1.0	85	(2~7个月)
香蕉	-1.7	85	11.7	75	14
西瓜	-1.6	75~85	2~4	92.1	14~21
葡萄	-4	85~90	-1~3	82	(1~4个月)
菠菜	-0.9	90	0~1.0	92.7	10~14
甘蓝	-1.0	90~95	0~1.5	85	21~28
马铃薯	-1.8	85~90	3~6	77.8	(6个月)
萝卜	-2.2	85~95	0~1	93.6	14
胡萝卜	-1.7	80~95	0~1	83	(2~5个月)
番茄	-0.9	80~90	1~5	94	(7~21个月)

食材机械特征：机械从田间至餐桌所采用的各个工序，种种机械要求能够不对生产中食材发生有公害污染、要保证终端产品安全卫生并且营养素损失尽可能地损失小、生产成本尽可

能地低、产品批量必须大。

8.1.3 食材安全生产技术

吃的学问不仅含有经济问题、技术问题、还有生活社会问题等,笼统地讲吃的所有问题都是来源于关乎食材带来的问题。2014年,中国吃的产业中餐饮业全年总收入27860.2亿元,按当年同期商业零售全年总额234533.9亿元相比较,餐饮业经济占国民经济总量的十分之一,食品安全成为大事。食品安全含义指:(1)食品对人无有毒有害威胁保证卫生安全;(2)食品有一定营养素和含量有营养安全;(3)食品不对环境生态发生负面影响保证环境安全;(4)食品数量充足有量的安全;(5)食品货真价实,不虚假销售,价格有安全性。"食材"用语的法律含义指,无毒、无害,符合应当有的营养要求,对人体健康不造成急性、亚急性或者慢性危害供人吃的食用材料。"食品"的法律(Law)含义具有:(1)向人体提供热能或营养素的营养性;(2)刺激食欲促进消化的触觉或视觉-嗅觉、味觉、的感官性;(3)激发人体健康状态转变保持可能的安全性。大农业中食品(Potentially hazardous foods)潜在危害有四类不安全食材生产卫生安全最大危害(Hazard):(1)物理(Physical)的土泥、昆虫尸体、小石头、木屑铁屑、头发、碎玻璃等;(2)化学的(Chemical)重金属、自然毒素、化学农药、增白剂、机械润滑油;(3)生物的(Biological)致病菌、病毒、寄生虫、霉菌等;(4)转基因食品的遗传性危害。

8.1.3.1 物流

物流(Logistic)主题词是"物(Thing)"流通(Citeulate),构成指"物"的流从原材料生产开始到加工、营销、销后对用户服务的过程。物流定义又称物资交流特性,是物质资料的物包括一切劳动产品、各种自然资源,也包括生产、流通和到消费者手上的设计和管理过程,物流的"物",包括一切劳动(农业的、工业的、商业的、文化的、信息的等)产品生产资料运营过程中所产生的一切回收物和废弃物处理。农产品中食材物流流通从自产自销、上批发市场到批发商上门收取、运销商定向经营(农贸市场或超市),是食材从种子开始物流至餐桌的系统工程。中国2001年GB/T 18354物流术语表达:"物流"为物品根据需要从供应地向接受地实体流动过程,是物生产、运输、包装、流通加工、信息处理基本功能实施有机的结合。现代物流涉及原材料生产加工到最终顾客服务,包括物资配送(Physical Distributiontiong)、物料流(Material Flow)、采购管理(Purchase And Management)。世界80%的大棚集中在中国,中国大棚物流农业生产出了全球67%的蔬菜以及相当数量的畜禽蛋农产品;智慧人类"从社会分工的第一次产业革命有畜牧业与农业分离,对第三次产业革命有了不从事生产、专门从事商品交换的商人阶级","为了适应生产、流通和科学研究的需要,使现代物流作为第三利润源和第三产业,在经济发展的今天受到了广泛的重视。"智能物流系统内部信息传感器开关型、模拟型、数字型,传感器元器件测监控数量、位置、角度、温度等显示或记录。电子标签无线射频识别(Radio Frequeney IDentification RFID)技术创新了条形码(一维码)、由定位图案资料储贮区组成单元矩阵式信息二维条码(微信二维方码或微博二维方码)、由24层颜色组成承载 0.6~1.8MB 信息可与计算机接口识别记录打印的三维码 3DBarcode 可移动设备（条码阅读器）。现代物流学把资源至供需双方对象分七类：(1)宏观物流与微观物流；(2)社会物流与企业物流；(3)国际物流与区域物流；(4)一般物流与特殊物流；(5)传统物流与现代物流；(6)企业物流与第三方（3PL 又称合同制物流）和第四方物流；(7)采购物流、厂内物流、销售物流、退货物流和废弃物回收物流。食用商品（Commodities）为适应生产、流通和科学研究的需要，使现代物流企业形成物流合作网"物联网"，物流产业被称为全球下一个数十万亿元级、规模最大的新兴产业之一。食材物流管理包括：①运输组织管理；②仓储管理；③包装；④装卸搬运；⑤流通加工；⑥信息流管理；⑦物流战略性研究；⑧物流服务；⑨配送管理；⑩物流成本管理；⑪物流管理；⑫现代食材物流安全相关可追溯法律执行。

食品安全生产安全性评估毒理学方法：(1)急性毒性试验→(2)遗传毒理学试验→(3)亚慢性毒性试验和代谢试验→(4)慢性毒性试验。

食品安全指：(1)不发生食物中毒；(2)保持风味；(3)保持形态；(4)保有色泽；(5)保证营养素。

食品安全卫生检验名词：(1)酵解（Fermentation）或发酵，指食材内碳水化合物（糖类、淀粉）被酶或微生物分解出水分、二氧化碳、羧酸、酮、醇等；(2)酸败（Rancidity），指食材内脂肪自身自由基（游离基）发生氧化或微生物作用产生游离脂肪酸，畜禽肉出现"哈喇"味、鱼类肉出现"油烧"；(3)腐败（Spoilage），指植物食材组织酶与微生物分泌的肽链内切酶（Endopetidase）蛋白酶（Protease）作用产生水解多肽；动物食材组织酶与微生物分泌的酶分解蛋白质后产生胺类、氨、碳氢化物、有机酸类等臭味。

食品安全卫生标准是指在一定范围内获得最佳食品安全次序、促进最佳社会效益为目的，以科学、技术和经济经验综合性成果为基础，经各有关方协商一致并经一个公证机构批准的，对食品的安全性能规定共同的和重复使用的规则、导则、或特性的文件。食材生产安全关系食品的生产品质，农家原料生产与食品控制品质关系密切，食材安全要抓从"农地到餐桌"的原料加工、检验点开始，以排除原料食材中可能残留的危害，形成生产控制保障食品安全体系来确保食品安全。部分植物性有害物组分参见表 8-2。

表 8-2　　　　　　　　　　　部分植物性有害物组分

有害物	化学性质	来源	人中毒病症
毒性生物碱	龙葵素（茄碱）	发芽土豆、鲜黄花菜	误食后呕吐、头昏、死亡
蛋白质	分子量 0.4 万~2.4 万	大豆、绿豆豆类与土豆薯类	胰腺肥大、生长受阻碍
血球凝集素	蛋白分子量 1.12.4 万	小扁豆、豌豆豆类	红细胞凝集丝状分裂
皂苷即皂素	糖苷类	大豆、甜菜、花生、菠菜	试管内红细胞溶解
芥子苷	硫代糖苷类	油菜、芥菜、甘露、小萝卜	甲状腺肿大、功能亢进
氰	葡萄糖苷生氰	豆类、亚麻、果核、木薯	HCN 中毒
棉酚色素	棉酚	棉籽	肝损伤、出血、水肿

续表

有害物	化学性质	来源	人中毒病症
山薰豆素	β氨基丙腈及衍生物	鹰嘴豆	骨畸形、中枢神经损伤
过敏原	蛋白性物质	所有食物	过敏反应
苏铁苷	甲基氧化偶氮甲醇	苏铁属坚果	肝脏或有关器官癌
蚕豆病	嘧啶葡糖苷与嘧啶核苷	蚕豆	急性溶血性贫血
植物抗毒素	呋喃类化合物、异黄酮	甘薯、芹菜、蚕豆、豌豆	肺水肿、肝－肾－皮肤过敏
双稠吡咯啶	二氢吡咯	茶叶、发芽土豆	致癌物、损伤肺功能
黄樟素	烯丙基取代苯	黄樟、黑胡椒	致癌物
苍术苷	甾族糖苷	洋飞廉、苍术、树胶	糖原消耗

微生物藏在鲜活食材内，从生理类群分类分三种群：(1)嗜冷(-20~5℃)微生物群；(2)嗜温(5~35℃)微生物群；(3)嗜热(35~78℃)微生物群，食材环境温度只有在-20~45℃下能保存时间长些。

8.1.3.2 保鲜

人类发明用低温保鲜技术将食材体温降低，从而抑制、减缓酶与微生物对食材作用，使食材在一定时间内保持良好鲜度。寄生虫在-0℃以下不能繁殖或缓慢繁殖或-10℃以下停止繁殖，细菌、霉菌、酵母菌不能期待利用低温保鲜，它们不害怕冷冻，一些细菌在海底喷出250℃高温水流的火山口附近还有生成迹象，对付细菌最有效的办法是采用杀菌剂。

8.1.3.3 外来入侵物

外来入侵物种（Alien Invasive Species AIS 或 Alien Organism）有544种，其中危害严重物种100多种，包括植物265种，动物171种，菌类微生物26种。2015年中国检验检疫部门截获外来入侵物种超过45.44万批次。

外来入侵中国的物种植物有互花米草、水葫芦（俗称浮水莲花、凤眼莲）、水花生、紫茎泽兰等；动物有巴西龟、小龙虾、福寿螺、鳄雀鳝、美国白蛾、蟑螂、稻水象甲、葡萄根瘤蚜虫、马铃薯甲虫、白蚁、食人鱼等。外来入侵物种导致中国本地出现新病虫害、新人畜共患病（禽流感、疯牛病、口蹄疫）、物种减少或灭绝、生物多样性降低以致丧失，甚至整个生态系统也将遭到直接破坏。按照国际《生物多样性公约》各个国家要求强化信息处理能力、快速反应能力、预警能力、阻击能力、监管能力、教育宣传以及迅速治理、监控能力。预防和控制外来入侵生物，要提高政府对外来入侵生物危害性的认识水平，要加强对外来入侵生物危害早期预警信息系统，要加强对外来入侵生物危害中期边境海关检验检疫，要加强对外来入侵生物危害晚期发现物的宣布、人工或机械防除、生物防治、化学清除或生态替代，立法并且科普知识宣传相结合地引导公众，及时处置外来入侵生物危害。

8.1.3.4 转基因农业技术

中国是全世界转基因生物滥种最厉害的国家，转基因技术对人是一把"双刃剑"，转基因植物在自然界的释放可能会给人类带来难以预料的风险。转基因食品危害与优点共存，转基因的水果蔬菜虽然产量大、颜色鲜艳、形体优美，但是在食用的口味和营养上却要大打折扣，研究表明，食用转基因食品的哺乳动物免疫功能伤害严重，比如，试验用的仓鼠使用了此类食品容易得癌症，到了三代就绝种了。1973年美国斯坦福大学科恩教授开发成功转基因技术，是将目的基因（Gene）又名遗传因子导入受体细胞，产生新的基因组成生物体（如植物、动物、微生物）。过程参见表8-3。

表8-3　　　　　　　　　　目的基因导入受体细胞过程

生物种类	植物细胞	动物细胞	微生物细胞
常用方法	农杆菌转化法	显微注射技术	Ca^{2+}处理法
受体细胞	体细胞	受精卵	原核细胞
转化过程	目的基因插入Ti质粒的TDNA上→农杆菌→导入植物细胞→整合到受体细胞的DNA→表达	将含有目的基因的表达载体提纯→取卵（受精卵）→显微注射→受精卵发育→获得具有新的动物	Ca^{2+}处理细胞→感受态细胞→重组表达载体与感受态细胞混合→感受态细胞吸收DNA分子

1997年中国农业部批发转基因生物生产安全证书达82个，到2014年8月17日到期失效，始终未获得商业化批准。当前转基因食品有：(1)植物性转基因食品；(2)动物性转基因食品；(3)微生物转基因食品；(4)免疫转基因特殊食品又称"疫苗食品"。2008年中国国务院批准设立转基因重大专项至2009年批准抗虫水稻华恢1号、抗虫水稻Bt籼优63、转植酸基因玉米BVLA30101共三个，至2013年6月前，中国农业部批准发放了巴斯夫农化有限公司申请的抗除草剂大豆CV127等三个进口原料的农业转基因生物安全证书，中国转基因作物只有棉花、木瓜，已产业化了。

中国国家质检总局公布新一批不合格进口食品化妆品黑名单共183批进口食品，其中台湾永和豆浆被检出转基因成分。中国农业部多次声明尚未发放一例转基因水稻获得生物安全证书。

转基因食物应该遵循：(1)整体性(Integrity)；(2)不伤害(Nonmaleficence)；(3)实质等同性(Substantialequivalence)；(4)效用(Utility)；(5)尊重(Respect)；(6)公正(Justice)；(7)责任(Responsibility)；(8)伦理原则(Codes Of Ethics)。

市场上转基因食品也称基因修饰食品：(1)转基因动物、转基因植物、转基因微生物；(2)转基因动物直接加工制品、植物直接加工制品、微生物直接加工制品；(3)以转基因动物、植物、微生物直接加工制剂又称添加剂。

转基因植物还是转基因动物的食品都存在安全问题，因为这些转基因生物不是通过自然的有性杂交的方法得到的原材料，它们对于生物进化、生态环境及人类健康有何影响都是未知数，如果把这种转基因动物或转基因植物不加任何限制地利用，必然会带来这样或那样的问题，须慎重对待。转基因食品范围指：(1)植物性转基因食品；(2)动物性转基因食品；(3)微生物转基因食品；(4)免疫转基因食品。人们对转基因食品担忧方面在：(1)可能造成土质变坏、药物残留超标等对环境的影响；(2)标记基因传递可能引起抗生素耐性；(3)转基因食品引起食物过敏的可能性；(4)毒素含量；(5)符合民族伦理；(6)关于植物中微生物宿主细胞安全性或动物生长、发育、繁殖的安全性。转基因食品检验方法主要有：(1)外源蛋白质测定；

(2)外源 DNA 检验;(3)定性 PCR;(4)定量 PCR;(5)PCR - ELISA 大批量自动化检测;(6) Cry1Ab/CryiAc 快速检验试纸(中国农科院油料所)。表 8-4 介绍鉴别转基因植物办法。

表 8-4　　　　　　　　　　　　转基因食材及食品的鉴别

食材名称	非转基因的特征	转基因的特征	简单检验方法	价格特点
大豆	籽粒椭圆形、扁、豆肚脐眼为浅褐色,豆粒大小不一,豆浆是乳白色	籽粒圆、豆脐黄褐色或黄色,豆皮黄亮,豆粒大小相近,豆浆是乳黄	转基因大豆遇到水不发芽,只能膨胀;非转基因水发三天能够发芽	转基因大豆价格比较低
胡萝卜	胡萝卜表面凹凸不平、不光滑,头尾部从粗至细	胡萝卜表面平直、较光滑,头尾差不多粗细	基因检测	转基因胡萝卜价格比较低
土豆	土豆皮颜色深,坑坑洼洼的,削皮后肉白色表面颜色很快变深、变褐色	表皮淡黄色、坑坑洼洼很浅,削皮后肉白色表面没有什么变化	基因检测	转基因土豆价格比较低
玉米	籽粒不够饱满,头大尾小	籽粒饱满、颗粒差不多,口感甜而脆	基因检测	转基因玉米价格比较低
大米	一般米为灰白色	金米粒细长、漂亮	基因检测	转基因米价

8.1.3.5 无公害农业点议

传统农业应该是顺天农业、有机农业、绿色农业、科学农业、现代化农业等生态农业统称无公害农业。无公害农业推行"标准化生产、投入品监管、关键点控制、安全性保障"采取产地认定与产品认证不收取费用、政府推动发展机制。无公害农业是推动现代农业高效益、可持续发展的唯一低成本举措,泛指有机农业、生物农业、自然农业、综合农业、持续循环农业等,能常态化出产"常规食品(Conventional food)"。无公害农业顺应市场导向发展生物农业科技,采用生物技术,替代化学农药、化肥,减少农药、化肥的投入,有助于减少或避免化学农药、化学化肥等对环境的影响,从源头上提升农产品的安全质量。农产品质量安全为核心从"菜篮子"为突破口,无公害农产品标准涉及粮油、蔬菜、水果、茶叶、肉、蛋、奶、鱼等 70 多类农产品 535 个品种,无公害农产品标准认证由农业部农产品质量安全中心负责,在 2001 年农业部颁布标准 9 项 GB 18604~GB 18607 下监控,指食材生产产前、产中、产后三个生产环节严格把关,实行综合检测、书面保证各项指标符合标准,保证食材初级生产严格控制化肥、农药用量,禁用高毒及高残留 DDT、六六六、甲胺磷等农药。获得无公害农产品标志的产地需要具备条件:(1)产地环境达到无公害标准要求;(2)区域范围明确;(3)具有规定生产规模。

8.1.3.5.1 化学残留物

世界上已知 800 多万种化学物质中,常用化学品大约在 7 万多种。食材内可能含有化学残留物中的农药、兽药残留量,又称持久性有机污染物可能导致食用者有致过敏、致病、致突变、致畸、致癌等后遗症,是食材能不能达到无公害标准的主要品质控制点。生产资料农药（pesticides）、植物生长调节剂、化学肥料（Chemical Fertilizer）简称化肥必须按照地方法规计划监控。

8.1.3.5.2 有机肥

1959年9月19日，毛泽东主席在天津郊区看了一个农场的水稻后，1959年10月31日在专列上给新华社社长吴冷西信中写道："除少数禁猪的民族以外，农业恐怕要抓住这两个东西就好办事，一个水，一个猪。只要水和肥料充足，粮食就能上得去。化学肥料放到第二位，主要靠粪肥。一亩一口猪，不增产我就不相信。"中国有机肥料历史悠久，古称肥料作"粪"施肥叫"粪田"，长用有机培肥不仅能显著提高土壤微生物量、多样性及土壤酶活性，更使土壤中微生物类群分布均匀，表8-5资料参数可见不同有机肥料酶活性差别。

表8-5　　　　　　　　　　　不同有机肥料的酶活性

种类		状态	蔗糖酶	淀粉酶	蛋白酶	脲酶	磷酸酶
秸秆肥	麦秸	风干	1160	15.6	5.12	5.70	120.2
	玉米秸	风干	584	30.0	6.14	6.96	165.6
	豆秸肥	风干	3210	63.0	11.63	21.30	552.5
畜禽肥	猪粪	腐熟	4	0.4	6.37	23.10	79.2
	牛粪	风干	12	0.2	6.79	18.75	218.4
	马粪	半腐熟	42	1.0	4.10	2.52	99.7
	羊粪	半腐熟	370	8.0	9.67	26.25	351.8
	鸡粪	半腐熟	400	35.4	10.42	54.30	338.6
土肥	塘泥	风干	0.5	1.9	0.35	0.33	5.0
	堆肥	风干	164.3	16.0	0.91	3.30	54.0
饼肥	芝麻饼	风干	192	18.2	3.44	1089	73.3
其他	草皮肥	风干	1952	58.4	6.23	7.02	447.0
	苜蓿粉	干茎叶	3230	40	5.67	6.72	433.8
	粪蚯蚓	菇渣饵	52~110	1.4~4.0	4.46~3.79	0.96~2.6	58~82
	潮土	~20 cm	4.8	1.0	0.43	0.51	4.1

有机肥（Organic Fertilizer Or Manure）用量大（亩需上吨）、运输成本大、资源比较紧缺，潮土每亩施有机肥8千公斤（湿重）的土壤物理性状请查看表8-6资料中参数。

表8-6　　　　　　　　　　　有机肥对潮土物理性状的影响

处理	湿度/cm	容重/g/cm³	孔隙率/%	饱和含水率/%	>0.25毫米水稳性团粒/%
麦秸秆肥	0~23 23~50	1.22 1.57	53.69 42.15	37.5 25.5	10.0 10.2
猪粪肥	0~33 23~50	1.17 1.56	55.34 42.48	40.4 26.3	17.0 12.0
马粪肥	0~23 23~50	1.23 1.50	53.09 42.15	37.5 25.0	16.0 10.2
化肥	0~50	1.27~1.57	52.~44.13	34.3~26.1	12.2~7.4

2017年中国农业部提出《开展水果蔬菜茶叶有机肥替代化肥行动方案》，针对有机肥用量大（亩施上吨）、资源紧缺等，专家建议过度阶段须有机、无机相结合，实现到2020年化肥零增长。

8.1.3.5.3 农业杂交技术

农民必须年年去购买杂交种子，认识到只有杂交好种子才能种出好庄稼。过时的农作物、恐怕会绝种，过去种的很多农作物品种基本都消失了，而且杂交种子也像流行歌曲一样，风水轮流转，不少乡村的农作物生态已经彻底改变。研究生物育种的基本原种培育程序通常如图8-2。

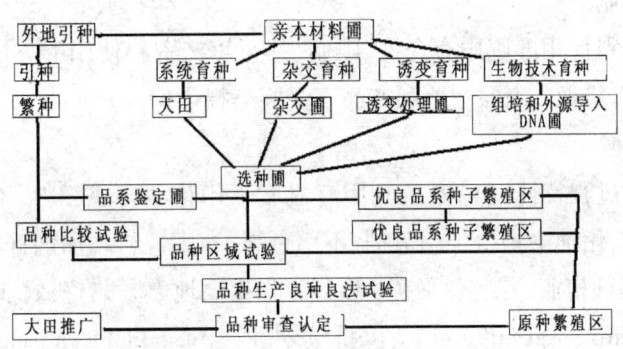

图8-2　通常育种程序

8.1.3.5.4 饲料与饲料添加剂

中国饲料（Forage）分类法中共可容纳饲料数量 $8 \times 16 \times 9999 = 1279872$ 种。经口供给动物生命活动和生产必需的物质称饲料；能强化饲料效果的某些非营养物质称为饲料添加剂（Feed Additive）也划归在（饲料）之列。通常饲料成本占养殖总比例的50%~80%。

饲料类有：(1)植物性饲料；(2)动物性饲料；(3)微生物性饲料；(4)矿物质饲料；(5)人工合成饲料。按营养成分分类饲料一般有：(1)蛋白饲料；(2)淀粉性饲料；(3)脂肪类饲料；(4)纤维性饲料；(5)多汁饲料；(6)矿物质饲料；(7)维生素饲料；(8)1%盐化玉米秸秆喂羊。

新饲料添加剂必须说明：(1)命名依据；(2)有效组分；(3)理化性质及化学结构测试资料；(4)微生物菌种或培养基规格；(5)饲喂试验报告；(6)适用范围、使用方法或添加量；(7)创新型产品必须在国内进行残留毒性安全性评价试验并提出评价报告；(8)新饲料和新饲料添加剂试产期为两年，试产摄取内技术不得转让。

8.1.4 精准农业

精准农业为利用高科技手段挖掘农田最大生产潜力，利用好水肥资源最大限度地提高农产品产量和品质，并减少土地污染。

精准农业是根据土壤情况与生产力空间变异由信息技术支持，根据空间变异定位、定时、定量地实施一整套现代化农事操作技术与管理系统。精准农业系统组成有：(1)全球定位系统；(2)地理信息系统；(3)遥感RS农用技术系统；(4)作物生产管理专家决策系统；(5)田间肥力墒情苗情杂草及病虫害监测和信息采集处理技术设备；(6)智能化农业机械设备。

精准农业研究栽培基质分：(1)原野有土壤栽培。(2)人工无土壤栽培。

精准农业技术来源于传统农业、顺天农业、无公害农业、有机农业、绿色农业、生态农业、食材农业等。

8.1.4.1 绿色农业

绿色食品产品以初级农产品为基础、加工农产品为主体推行"两端监测、过程控制、质量认证、标志管理"制度，采取质量认证和证明商标管理收取一定保障费用，提倡政府推动与市场拉动相结合发展机制。

绿色食品生产资料使用准则中有允许、限制、禁止生产资料使用的方法、剂量、次数、休药期等，为截断生产中污染源，确保产地和产品不受污染提供保证。

8.1.4.2 有机农业

有机食材生产全过程特征：(1)系统利用有机肥不用化学合成肥料、不用化学农药、不用化学合成禽兽药、不用化学生物生长调节剂、不用色素、不用饲料添加剂；(2)不使用转基因技术及其产品；(3)协调种植业、养殖业平衡，依靠轮作提高地力。"有机农业"之前农学名词有再生农业（Regenerative Agrieulture）、可持续农业（Sustainable Agrieulture）、综合农业（Integrated Agrieulture），1993年农业部中国绿色食品发展中心开展绿色食品认证管理，为生产安全健康的有机食品。

有机食品生产加工认证条件（CNAB-SI 21、HJ/T 80、GB/T 19630.1~19630.4）：(1)有机食品生产加工原料来自有机颁证农产品或野生天然产品；(2)有机食品原料在终产品所占比例不得少于95%；(3)可使用天然的调料、色素、香料等辅助原料，禁止使用规定以外化学合成添加剂；(4)禁止使用基因工程生物及其产物；(5)尽可能使用可回收利用或可再生资源材料；(6)区分相同品种的常规产品；(7)生产加工贮存运输过程保鲜杜绝化学物质污；(8)生产全过程必须有完整档案记录、建立跟踪审查体系。

8.1.4.3 生态农业

生态农业（Ecological Agriculture）承继了中国传统无废弃物农业的思想精华，1980年曲格平在银川全国农业生态经济学术讨论会上第一次使用"生态农业"主题词。生态农业"植物生产、动物转化、微生物还原"产品认证标准要求生产过程中，不允许使用化学合成农药、不得使用基因技术。

在人多、土地分散、机械触及不到的地方，秸秆焚烧问题突出，影响周围正常大气品质，利用土壤生命的摇篮、生物栖息地、土壤（Soll）是丰富矿物质元素、有机质、水分、酶等来源，发展众多生态系统专门学问——土壤学。土壤学包括土壤物理学、土壤化学、土壤生物学、土壤地理学、土壤矿物学、土壤管理学、土壤自净（Soll - Purificotion）、有机物腐殖质化肥力与植物营养。可持续发展需要增加食材政治学投入，依靠科技，强化监督，加快建设生态农业县市、生态农业乡镇、生态农村，促进农业生态环境改善，使生产、生态、环境协调。现代人"免耕"焚烧秸秆污染大气是要不要蓝天的环境维持问题、自然生态保护问题、也是生态文明建设必需面临的可持续发展的大问题。玉米小麦稻草菌糠秸秆饲料可以替代30%左右的精料，是广大农村利用秸秆的一条有效途径。

秸秆（Straw）转化为生态高蛋白精料，利用食用菌能够分解纤维素和木质素的特点，秸秆原形已不能辨认，易粉碎成细粉，菌糠饲料适口性好，粗蛋白质含量比菌前增加了1~3倍，粗脂肪含量增加1~5倍，纤维素和木质素的下降率分别为30%~50%和20%~30%，不同秸秆化学成分排列表8-7仅供研究参考。

表8-7 成熟秸秆部分营养成分参数 单位:%

项目	水分	粗蛋白	粗脂肪	粗纤维	无氮浸出物	粗灰分
玉米	10	9.6	5.6	3.9	69.9	1.0
玉米秸	5.5~10.9	3.5~5.7	0.8~1.6	29.3~33.4	42.7~51.3	8.4~6.6
玉米芯	3.2~7.7	2.6~11.0	0.5~0.6	31.8~33.1	51.8~52.9	1.3~3.2
稻草	13.0	4.1~4.3	1.3~1.7	28.9	36.9~37.3	14.8~15.3
米糠	12.8~13.5	11.8~15	14.5~17	7.2	28.0~39.4	8.5~25.0
稻壳	1.0	2.9	1.2	42.7	28.5	14.7
小麦秸	10.9~13.2	2.7~3.1	1.1~2.0	37.0	35.9~44.6	5.7~9.8
麦麸	12.2	11.4~16	8.2~8.8	54.2~56.3	5.0~6.5	
棉籽壳	11.9~15.0	6.3~17.6	0.6~8.8	26.0~32.0	29.6~43.0	3.1~6.1
大豆秸	11.7	13.8	2.4	28.7	34.0	7.6
木屑	23.3	0.4	4.5	42.7	28.5	0.6

秸秆为成熟农作物脱粒后剩下的茎叶（穗）部分的总称，通常又指农作物籽实收获后的小麦、水稻、玉米、薯类、油料、棉花、甘蔗等植物类植株，为食用农作物脱去食用部分后的残留

物。秸秆营养价值很低,平均只有0.2~0.3个饲料单位,有机物组成有20%~50%纤维素、10%~30%半纤维素、10%~30%木质素、1%~15%粗蛋白质、1%~8%油脂与蜡质。五谷杂粮产生和蔬果叶茎的废弃物,又称农业副产品的草木、谷壳、秕糠、油渣等,在工农医各业上的综合利用,经济价值较高,不能再采用刀耕火种焚烧秸秆的办法,粗暴利用秸秆了。

食材废弃物秸秆之源来之于土地,秸秆"入土为安"除了简单点火之外,采用就地不焚烧原地发酵还田作有机肥。秸秆也可就地打浆制成薄膜,覆盖田地防止杂草生长。或就地加工打包包装做饲料,或就地加工做建材,或加工成为颗粒做燃料添加剂、制备乙醇、甲醇、秸秆碳、秸秆柴油、秸秆沼气等。

农民过度依赖所谓的良种,也可认为农民被良种绑架了。就种子问题而言,甚至可以说很多农民也患上了斯德哥尔摩综合症。

8.1.5 食材生产的法律责任

食材产业,从食用农业→粗加工业→运输业→销售市场或餐饮业、食品工业、研究机构及政府食品医药监控管理执法部门、摄入者→食材废弃物处理企业→食用农业再生产者,形成了长长的循环产业链,这个产业链构成了人类活动的最大循环经济,食材产业链上链节主货物是食材。

农业现代化需要:(1)食材产业劳动力占一二三产业全部劳动力比重达20%以下;(2)食材产业投资占当年食材产业净产值的40%以上;(3)食材产业劳动者收入数(不包括物流、商业行业)能养活10人(平均生活水平每人收入数)以上(中国台湾、墨西哥等1985年达到,美国1950年已达到)。

《论语·乡党第十》孔夫子曰:"鱼馁而肉败,不食。色恶,不食。臭恶,不食。失饪,不食。不时,不食。"公元630年唐代律书《唐律》明文"脯肉有毒曾经病人,有余者速焚之,违者杖九十;若放与人食,并出卖令人病者徒一年;以故致死者,绞。"1226年英国针对防止石膏粉掺入面粉,颁布面包法;1906年美国颁布食品与药物法。

1958年毛泽东主席根据农民经验总结8项措施称农业八字宪法:土、肥、水、种、密、保、管、工(《人民日报》1959年10月19日),农业八字含义为土地深耕改良土壤、土壤普查和土地规划、合理施肥、发展水利和合理用水、推广良种、合理密植、植物保护防治病虫害、田间管理、工具改革。1959年Pillsbury(美国)公司为保证太空舱食品具有100%安全、保证食品不能含有可能导致疾病或损伤的物理危害,采用当时普遍使用的传统质量控制技术HACCP,由W. Edward Emiing"全面质量管理原则"组合Hazard Analysis Critical Control Point,HACCP危害分析关键点控制技术。

1982年11月19日《中华人民共和国食品卫生法》颁布,施行后取代了《中华人民共和国食品卫生管理条例》。1997年中国水产品企业施用HACCP危害分析关键点控制技术企业就达180多个。

1997年至2011年资料显示中国就禁止瘦肉精在饲料和畜牧生产中使用,已侦破瘦肉精

§ 8 食材业

案件125起，抓获犯罪嫌疑人980余人，查获瘦肉精非法生产线12条，捣毁非法加工仓储窝点19个，查处涉案企业30余家，缴获瘦肉精成品2.5t。

2002年中华人民共和国国家质检总局推出《食品生产加工企业质量安全监督管理办法》从2003年5月1日起法定应用标志QS，对米、面、油、酱油、醋五类商品印（贴）QS。

2011年，中国农产品质量安全继续保持稳中有升的态势，法律禁止使用兽药及化合物有瘦肉精，前三个季度，蔬菜、畜禽产品和水产品的抽样合格率分别为97.4%、99.5%、96.5%。

食材引发安全问题的主要因素多，中国实行的《食品卫生法》对104种农药在粮食、水果、蔬菜、食用油、肉、蛋、水产品等规定了允许残留量，共含291个指标。

农产品中食材除了提供农产品外，还具有涵养水源、防风固砂、净化空气、消除燥音，具有就业、满足生产者生活需要、优秀传统农业文化传承与保护、提供农业景观以及教育的功能。

要下决心治理农药、化肥、农膜以及部分地区大气、水、工业废弃物对环境和农业的污染。

8.2 开拓安全食材产业

人类的生活方式和思维方式，会受到深远影响，航天员食品特供基地，在位于大漠深处是完全纯天然的，这是为了航天员们的食材卫生安全，必须万无一失。

吃饭的学问对推动食材产业发展、人类文明发展，从自古至今从未间断。食物的获得从公元八千年前或更久远的"食物采集时期food – gathering period"，发展至今。吃饭是当代世界食材产业革命的原动力。一饭膏粱，维系万家。务农为本，国之大纲。丰衣足食，强国富民。

农业信息化技术网络化集成平台利用北斗定位系统（BDS）、地理信息系统（GIS）、遥感系统（RS）统称（3S）系统技术，物联网，食用农业虚拟技术，发挥"产品特色、价格合理、用心服务"的实力，将杂交技术农业、原生态农业、转基因技术农业、石油农业、科学农业中的无公害农业、测土配方农业、工厂化农业、绿色农业、有机农业、生态农业、沃土农业、无土农业等，取各业之长处，常态化开拓食用材料农业。

食材从业者分布在农业个体户、家庭农场、农业合作社、农业研究机构，还需要包括那些为食材加工服务的机器、仪表、药物、销售、物流、食用添加剂以及器具科研、教育、检验、研究人员、生产者、经商管理从业者。

食材工厂化生产需要：(1)植物种植或动物养殖在基质材料（土壤或砾石、蛭石、椰糠、秸秆等或地炕上大棚内）系统，以方便营养素供应。(2)温、湿度控制系统，以方便温度、湿度供给。(3)LED光效照明系统，以满足光合作用与工业作业方便。(4)生产机械水肥一体化循环、智能收割或动物驱赶系统，以实现高的生产自动化。

食材工厂化生产特点：(1)生产过程工序标准化。(2)生产时间不间断。(3)生产条件不受环境影响，能够保障生产出安全、卫生、具有一定营养价值与品质的食材。

运用工业化思维取向、发展智能食材（如鸡蛋产业化工厂一条线）生产理论，原种、机械等供应商食材生产者（商）、物流商（经营户）合作形成食材产业链供给侧，食材产业链供给侧与食品消费者食品制造商餐饮业建立纵向默契协作（Vertical Contract Coordination，VCC），在政府监控管理下依靠 VCC 确保食材亲民成本和安全，同时建立了法制的餐桌对食用者可追溯安全网络。食材供给侧和食品消费侧默契协作（VCC）智能化之路在于：

（1）好种子（比如秧苗、种蛋、种苗等），市场竞争力强。

（2）会经营（零售市场规模适度、了解本行业价格"天花板"），能有把握在成本"地板、没补贴"与环境"红灯笼"展经营实力，低投入能够高产出。

（3）实施耕整、种植、植保、收获、烘干、秸秆处理等生产全程机械化。

（4）生物质能、太阳能、水力能、风能等人工灯光（LED）照射、动力、热能，利用其一二。

（5）食材产品质量、价格、售后服务由信息化物联网与当事法人备案以确保"大家"放心。

（6）管理人员利用 APP 客户端对远程控制可点击（手机）显示屏屏幕，监控生产工序过程的大数据（Big Data）进行人工智能（Artificial Imtelligemce，AI）作业。

（7）物流营销（期货市场）及时可控、营销嫁接都市居民和超级市场，把"互联网+"与传统食材行业鸡养殖业、猪养殖业、大白菜种植业、蘑菇种植业等相互联成网络，互联网+与电商在线脱线 O2O（Online to Offline）线上线下自产自销，推广工、贸、客户端之间互联网+众筹网 F2F（Familyto-Fam），实现产业成本最低化利润空间最大化。

（8）食材产业效益比原料综合成本达到3成以上（≥3∶1）。

坚守耕地"红线"建立高标准农田12亿亩，食材产业区域分布特点或涵括：（1）靠山、靠河、靠湖、靠海食材业；（2）靠水田农业；（3）靠干旱地食材业；（4）专业化大棚和厂房食材业；（5）靠实验室经营性食材业；（6）加工商业物流生产线性食材业；（7）靠大牧场食材业；（8）为食材服务机器、仪器仪表务农制造营销体；（9）食材专业科研、教学、管理单位；（10）有关食材添加剂和服务食材产业的营销法人……食用材料产业领域还有多种多样食材业从业者的为生产供人吃的材料、添加剂、与相关的加工器具、物流装备、检验器材、科研教学用品等，服务为吃的材料产物组成产业链，称为食材业。食材业的产品，必须是依标准、依法规生产的合格食材及生产资料。

2015年3月5日国务院《政府工作报告》提出，中国制造2025：（1）以质量铸就中国制造的灵魂；（2）以标准引领中国制造的质量提升；（3）以品牌打造中国制造的名片；（4）以质量次序保障中国制造的健康繁荣。核心要素在十大建设工程农机装备：重点发展粮棉油糖等大宗粮食和战略性经济作物的育、耕、种、管、收、运、贮等主要生产过程使用的先进农机装备，加快发展大型拖拉机以及复式作业机具、大型高效联合收割机等高端食材业装备以及关键核心零部件，提高农机装备信息收集、智能决策和精准作业能力，推进形成面向农业生产的信息化整体方案。

食材生产者享受到政府对食材产业经营者的政治经济科技以及装备优惠，依法生产、按

§ 8 食材业

理记录表应用在食材之人为科学发展合理组织生产的食材，食材生产者都处于有产品质量规格化法律规范作用、强制作用、社会道德赞许作用下。食材产业链"从农村到餐桌"全过程食品安全工作严防、严管、严控食品安全风险，保证广大人民群众吃得放心、安心。

§9 跋

本书在编写过程中摘录了大量典籍、新闻报道、研究成果论文、科普著作。

食材产业萌兴,是人类生存之根。希望本书能推进食材之产、学、研、创新应用理论。

书尾特再摘常用食材的特点,点解,以供助您网上再查考研。

9.1 食材部分信息速览

9.1.1 主粮

9.1.1.1 稻

谷稻(Paddy),去壳后叫做米(Rice);粳米(大米,Polished Round-Grained Rice);早稻米可用于充饥;晚陈粳大米饭(浓汤粥)养人;糙米糊粉层完整粗糙抗皮肤过敏,VB_{12}含量大于$20\mu g/100g$泻者慎食;蒸谷米是稻蒸熟脱壳得黄色半透明煮饭汤不混,口感原汁原味筋道;新粳米,利止泻除烦益精强志耳聪目明,补虚损劳伤;新米动风;陈仓米,库存年久皮泛红色不霉可食用,较难消化;过食伤胃;黑米,米皮黑含胡萝卜素$\geq 3.87mg/100g$ $VB_{12} \geq 104\mu g/100g$;糯米补脾益肺降逆暖胃体虚心慌多汗;米秕糠,治呃噎、充饥、开胃、磨积块、通肠,使人皮肤光滑;籼米(Polished Long-Grained Non Glutinous Rice)补肾。

9.1.1.2 小麦

麦(Wheat),籽粒成熟磨出的粉叫做小麦粉(Wheat meal),俗称面粉(Flour);生长期嫩小麦苗榨汁饮料除麻闷、利小便,炒麦苗粉食者润肌体;麦奴穗成熟前小麦籽粒出现的黑霜,解口渴去烦热;成熟小麦面粉制品充饥除烦补虚实人肤体厚肠胃、强体力;吃麦麸皮止虚汗,醋与麸皮热敷治手脚风湿痹痛,北小麦面粉制品适合久病体弱、胃酸过多者选食。

9.1.2 杂粮

9.1.2.1 玉米

玉蓁子(Corn),嫩籽粒烘烤甜食、做玉米糊;老籽粒爆米花、粉100淀粉酶2大麦芽15/70℃熬糖稀,制玉米粉制品;籽玉米皮醇聚酯纤维制"玉米服装"。

9.1.2.2 大麦

大麦(Barley)苗汁饮料祛黄疸、利小便,洗涤治冻疮;炒熟大麦泡茶制饮料;大麦粉"炒面"打浆糊吃;麦芽浆淀粉糊在淀粉酶(55℃)作用下制饴糖、麦芽糖,或在啤酒花、酵母作用下制生啤酒或杀菌后熟啤酒。

9.1.2.3 燕麦

皮燕麦(Cat)嫩苗,煮茶饮润肠;籽粒含 VB_1、VB_6 皂苷素调血糖有"菟葵燕麦,动摇春风",过敏人勿食。

9.1.2.4 裸燕麦

莜麦(Naked Oats),铃铛麦、油麦为低糖(63.2g/100g)食材。莜麦面有降低血液内胆固醇、对中老年人冠心病、动脉粥样硬化都有食疗预防功效。

9.1.2.5 小米

谷子(millet),100g 含糖类 72~76g,小米油(脂肪)3.1g 膳食纤维 4.3g,健脾益气和胃增强小肠生理功能,安眠利小便解毒除热,吃中药杏仁忌食。

9.1.2.6 青稞

淮麦、元麦(Highland Barley),在燕麦类为低糖(63.2g/100g)食材,莜麦面有降低血液内胆固醇、对低血压、冠心病、动脉粥样硬化有食疗功效。

9.1.2.7 高粱

"青纱帐"芦黍(Broomcorn),富含单宁、淀粉渗湿止泻健脾益中充饥涩肠胃止霍乱,适合慢性腹泻、脾胃不和者食用;加工酸碱破坏 VB 冷饭会"回生",热结便秘糖尿病者忌食。

9.1.2.8 山芋

甘薯(Sweet Potato),100g 含 VC 30mg(高于苹果 10~30 倍);山芋细胞膜只有高温煮蒸烤可破坏故不宜生吃;熟山芋多吃消化难;糖尿者慎少吃。

9.1.2.9 马铃薯

土豆(potato),富淀粉;土豆芽茄苷(龙葵素)≥153℃×10min 分解;发芽毒土豆禁食用。

9.1.3 根、茎菜

9.1.3.1 萝卜

紫菘 Radish,"多吃萝卜少生癌";偏食萝卜积累抗甲状腺物质硫氰酸盐存在久留导致伤脾胃、甲状腺肿大。

9.1.3.2 胡萝卜

金笋(Carrot),90% 胡萝卜素油溶故生吃不消化、抑制排卵功能;胡萝卜含微量琥珀酸钾盐会使低血压病情加重,泄泻肠虚者多食有害。

9.1.3.3 莲藕

光膀(Lotus Root),涩液含抗氧物单宁酸色素、焦性儿茶酚、新绿原酸、葫芦巴碱、天门碱等;便溏不生吃莲藕;莲子含荷叶碱 β-甾固醇,黄心树宁碱补血通脉降血压。

9.1.3.4 山药

淮山药(Yam),黏液甘露聚糖、植酸、尿囊素保护血管弹性是糖尿者美食;便秘者少吃。

9.1.3.5 荸荠

地栗(chufa),球茎马蹄含荸荠英食疗调节人体血压、糖、脂肪、蛋白质代谢,治便秘。

9.1.3.6 芋头

蹲鸱(Taro),子芋奶红梗优于母芋无龙葵素乳液皂甙刺激皮肤过敏痒;久吃益胃通便补肾。

9.1.3.7 百合
夜合花(Lily)，蒜脑，薯秋水仙碱抑制黄曲霉毒素去心火肺热除皮肤病患；便溏少吃。

9.1.3.8 洋葱头
玉葱(Onion)，百克生物素210μg含前列腺A硫氨基酸硫胺素、槲皮黄素、花青素抗过敏抑制炎症去头屑减少老年斑，降胆固醇防脑血栓胃癌咽喉炎，皮肤眼患者少吃。

9.1.3.9 甘蔗
糖梗(Sugarcane)，竿蔗果浆多糖甜蜜润肠除心烦意乱止呕止渴解酒；烂甘蔗如有病原菌节菱孢霉菌分泌3-硝基丙酸可引起血尿癫痫，儿童控制食用。

9.1.4 嫩叶苗芽花菜

9.1.4.1 大白菜
黄芽菜 Chinese cabbage 芥菜属十字花科草本植物花交菜(黄芽菜)，百克含水分≥95 锌0.87mg、钾90 mg、膳食纤维1.2g、微量有机硅能增强精子活力，对降血压、调整血脂、通肠利便、防治糖尿病、消化系统溃疡、预防乳腺癌结肠癌、便秘、解酒等有功效。

9.1.4.2 生菜
菊科"西花菜(Lettuce)"，肉厚涮火锅适合高血压者食用；低血压肠胃病者不适用。

9.1.4.3 小白菜
青菜鸡毛菜(a Variety of Chinese cabbage)，百克含低糖类1.6mg、高叶酸110μg、VK110μg、钙90mg、磷36mg、膳食纤维1.1g、叶绿素丰富，使用者有利于减肥清火通肠缓解精神压力、促进骨骼发育坚固牙齿、食疗消化系统性溃疡；饮用小白菜汁需要洗干净，食盐5%杀菌酶榨汁过滤后加少许甜味调料即时限量饮用。

9.1.4.4 芹菜
蒲芹(Celery)，百克含有机钾163mg，膳食纤维促进排便、中和尿酸、降血压、血糖、血脂，缓解关节炎视网膜病变、减轻胃溃疡抑制蛋白糖化；减少男精子、血压低者慎食。

9.1.4.5 蒲儿菜
莞菜(Cattail)，香蒲科宿根水生幼柔嫩叶鞘抱合假茎白色扁圆柱形中空肉质，百克含糖类1.5g有机磷25mg膳食纤维0.9g，性清凉解夏天闷烦、妇女病解毒消肿促进食欲。

9.1.4.6 卷心菜
包菜(Cabbage)，甜味55包。菜水果甘蓝亩产5000kg、单包15叶重可达6kg，无农药残留。芥酸硫苷比较低含水分90%、VU百克15mg，健胃通路明耳目治黄毒防便秘。

9.1.4.7 空心菜
空心菜(Water Spinach)，旋花科蔓生蕹菜蔓茎，空叶肉嫩碱性，百克含糖类4.5g植物蛋白2.2g含胰岛素成分、胶浆果胶纤维素性清热凉血、降血压血糖胆固醇；低血压慎食。

9.1.4.8 菠菜
菠菜(Spinach)，含草酸多、类胰岛素物质利血糖平衡还有微量辅酶Q_{10}；儿童少吃。

9.1.4.9 油菜
油菜(Rape)，芸薹苔芥嫩苗茎叶百克含叶酸66μg、VK33μg，可当小青菜用，多吃齿痛。

9.1.4.10 韭菜

韭菜(Leek),起阳草"春香夏臭",温阳补肾,百克含膳食纤维1.6g;眼疾者不宜多食。

9.1.4.11 花菜

花菜(Cauliflower),绿西兰花。百克含VK17μg,莱菔硫烷抗氧化酶减轻过敏、杀幽门螺杆菌、抗乳腺癌发生,含黄酮类可增强肝解毒功能,预防感冒。

9.1.4.12 黄花菜

黄花菜(Dried Lily Flower),中国特产干金针菜。冷水发"冬碱"安神,花蕾肉肥美、健脑安神益智下奶药,秋水仙碱氧化毒素令人喉干,不宜多吃。

9.1.5 豆类

9.1.5.1 黄豆

黄豆(Say Bean),固氮植物荚豆科,大豆富含黄酮雌激素,皂苷促进骨细胞活性、健脾宽中防心血管疾病食道直肠癌;毒血细胞血球凝集素、尿酶胰蛋白酶煮透才分解;南(8%石膏)豆腐(Bean Curd)含钙高,南(4%盐卤)豆腐含钠高,腹泄者少食;黄豆芽(Bean Sprout)干扰素诱发剂抗癌肿、营养毛发、除湿解酒毒。

9.1.5.2 绿豆

绿豆(Green Bear),800多个品种。都富含VB,性平皮寒,解草木金石砒霜诸毒,消暑解毒解酒解舌干口渴,疗肠胃炎动脉硬化高血压、糖尿病、冠心病、食物中毒,绿豆皮明目。

9.1.5.3 豌豆

荷兰豆(Pea),含胡萝卜素K因子,活化血管、丰富VC清肠排乳石毒;多食腹胀。

9.1.5.4 蚕豆

蚕豆(Broad Bean),不能生吃;豆苗炒食,快胃、解醉酒止出血;蚕豆过敏者忌食,胆碱多巴有调和五脏六府功能;蚕豆病(缺G6PD葡萄糖-6-磷酸脱氢酶)者忌食。

9.1.5.5 决明

决明(Semen Cassia),豆科小决明子,味甘苦咸微寒,含蜂花醇决明素、红夫刹林、葫芦巴碱,清热明目润肠通便,决明芽凉拌菜或茶饮促进胃液分泌、降高血压。

9.1.5.6 蔫豆 haricot

蔫豆(haricot bean),滋补荚蔫豆。鲜食可获得更多VAVC安养精神健脾益肾,治女赤白带下痔疮,生蔫豆荚筋含血球凝集素A、哌啶酸2、酪氨酸酶豆固醇须≥125℃分解。

9.1.5.7 硬荚四季豆

硬荚四季豆(Common bean),软荚芸豆又名菜豆,多含蛋白酶、抑制剂血球凝集素、葡萄糖、苷鸟嘌呤衍生物、滋阴解热利尿消肿、疗脚气病,提高人的免疫力;忌生食消化道溃疡少吃。

9.1.5.8 刀豆

刀豆(Sword Bean),挟剑石绿色嫩荚有机钼、刀豆赤霉素Ⅰ、赤霉素Ⅱ、刀豆氨酸疗肾虚腰痛,尿激酶减少氨沉积,多种血球凝集素激活淋巴母细胞,增强机体免疫力;忌生食。

9.1.5.9 赤豆

赤豆(Red Bean),含铁45mg/100g,除热祛水肿,丹毒腮腺炎,通乳利尿下水肿;尿频者忌食。

9.1.6 花蕊浆果

9.1.6.1 东方菜

东方菜(Eggplant)，茄子，又名落苏浆果紫皮。百克含 VE1.13mgVP(路丁)700μg、甘草甙葫芦巴碱水苏碱胆碱，清热宽肠利于提高毛细血管活力，改善微细血管弹性，增强人体细胞黏着力，抗衰老，为高血压、动脉硬化、咯血、紫斑症、坏血病、冠心病或放疗、乳腺发炎、便秘者食疗食材；秋后老茄子茄碱微毒更多，眼疾、孕妇、肠胃病者慎食。

9.1.6.2 辣椒

辣椒(Capsicum)，微辣甜椒辣椒素祛牙龈出血、扩张皮肤微血管、排汗、刺激胃肠蠕动、抑制消化系统异常发酵；溃疡、肺结核、气管炎、牙齿痛、咽喉炎者忌用。

9.1.6.3 西红柿

西红柿(Tomato)，生番茄含龙葵(毒素)尼古丁，熟红番茄百克含 VP700μg、糖类 3.54g、番茄红素芦丁适合胰腺癌、高血压体弱多病者食用；急性肠胃溃疡病患者不宜取食。

9.1.7 瓜

9.1.7.1 冬瓜

冬瓜(White gourd)，葫芦科变种毛瓜，单瓜可达80kg，肉质充实百克含≥95g 水分、0g 脂肪、0.2g 蛋白质、0.5g 纤维素、1.5g 糖类，煮食丙醇二酸抑制糖类转脂肪，营养胃液，涤秽消肿，利于孕产妇泽胎化毒；便溏病患者不宜食用。

9.1.7.2 南瓜

南瓜(Pumpkin)，单瓜可达130kg，含南瓜多糖、有机钴，助肾清除体内亚硝胺、防治糖尿病、高血压、肝肾病、胆结石、抗贫血、动脉硬化；多吃头昏；籽富含锌亚麻酸泛酸杀绦虫、血吸虫幼虫，健脑调节血糖；胃热者少吃。

9.1.7.3 西瓜

西瓜(Watermelon)，葫芦科夏瓜。蛋白酶转化人体不溶性蛋白为可溶性蛋白，减轻肾负担、配糖体、降血压，适合肾盂肾炎、胆囊炎、浮肿、汗多清热；食冰瓜伤胃；瓜籽生熟皆可吃，含磷 760mg、铁 4.7mg/100g，止咳化痰清肺润肠；多吃伤肾、费津液、口干。

9.1.7.4 木瓜

蔷薇科贴海棠落叶乔木果肉木质又名榠楂(中药)(Chinese Flowering quince)，适合制蜜饯或蒸食，不能生吃，含木瓜酸素有机钾 VC 去除口臭，多糖高热量；小便淋涩、大便溏者忌食。

9.1.7.5 番木瓜

番木瓜科常绿软性乔木果实铁脚梨(Pawpaw)番瓜有转基因品种，单重0.5~2.5kg，皮薄肉嫩厚，含木瓜酶清香、甜滑、多汁作水果鲜食(去皮肤污垢、通乳丰胸)或做菜肴食材，番木瓜碱蛋白酶、凝乳酶果胶和齐墩果酸清肠排毒养颜，缓解痉挛。孕产妇或过敏者忌食。

9.1.7.6 瓠瓜

"夜开花"老瓠可作茂水容器水瓠，嫩瓜含干扰素诱生剂和两种胰蛋白酶，调节血糖阻止人体内致癌物生成，清热解暑止渴除烦疗水肿；脾胃虚寒者少吃。

9.1.7.7 荽瓜
葫芦科美洲南瓜类南瓜变种西葫芦(vegetable marrow)，荽瓜拌炒烫吃瓜丝状肉，荽瓜单重1.5kg，"植物海蜇"纵筋绿白色鲜香清脆可口，富含腺嘌呤天门冬氨酸，葫芦巴碱百克含有机钾320mg，是夜盲症补钾理想菜肴食材。

9.1.7.8 丝瓜
水瓜(towel gourd)，含黏液质木胶瓜氨酸、葫芦素皂甙，凉血通便解毒，干扰素诱生剂抗病毒，茎藤汁液润皮肤；肾阳虚、腹泻、肠胃炎者少吃丝瓜菜肴。

9.1.7.9 苦瓜
癞葡萄(balsam pear)，含苦瓜酸5－羟色胺半乳糖醛酸，能清脂、刺激胰腺类物质、微量生物碱奎宁、α－氨基丁酸、脂蛋白VB族营养素，调节血脂；多草酸；脾胃虚寒者不食。

9.1.8 食用菌

9.1.8.1 平菇
伞菌目黑伞科白蘑属侧耳(oyster mushroom)，鲍鱼菇又名天花蕈百克含植物多糖体69g、异体蛋白7.8g及侧耳素、蘑菇核糖核酸，食疗能降血压降胆固醇，辅助治溃疡病；过敏者慎食。

9.1.8.2 草菇
秸秆菇(button mushroom)，是新鲜水浸腐烂稻草3寸撒草菇栽培菌种半月生长期鹅膏科草菇嫩子实体，百克含植物蛋白24.4g、多糖体19g、能增强肝肾活力；脾胃虚寒病患者慎食。

9.1.8.3 金针菇
白色毛柄金钱菇(needle mushroom)，菌盖尺寸(cm)$\varphi 1.5\sim 2$，菌柄$\varphi 0.5\sim 1\times L3\sim 10$，富含黏稠金针菇素适合癌病、糖尿病、高血压、高血脂动、脉硬化、肝炎、肥胖患者选食；腹泻者忌食。

9.1.8.4 猴头菌
渴巴拉(monkey head mushroom)，木腐菌针猴头菌、珊瑚状猴头菌、假猴头羊毛菌，百g含蛋白质26.6g、猴头多糖44.9g、雪胆皂苷、猴头菌吡喃酮、异二氯茚酮、神经成长因子(NGF)等，治胃癌贲门癌有效率69.3%，胃溃疡86.6%，多食猴头有益健康，男女老少适合菜肴食材与百病无忌。

9.1.9 藻类

9.1.9.1 海带
褐藻门翅昆布科带状叶昆布(黑菜)(sea-tangle)，长1m左右，干叶面(中药)清痰利水，睾丸肿痛；褐藻门昆布科扁平大叶褐藻海带kelp长至7m，含多糖22%与钙碘硫酸酯褐藻氨酸，预防骨骼痛动脉出血高血压；降低脑水肿、肾功能衰竭；甲状腺亢进孕产妇忌食。

9.1.9.2 紫菜
红藻门红蕨类红毛科索菜(Laver)，叶片体呈膜状叶，按品种或生长环境有卵形、竹叶形、不规则圆形，叶厚度33μm左右，质量以黑紫色、片薄、光泽清洁、无杂质、含水量≤9%为佳，百克含有机碘1.8mg、蛋白质28.9g(为大豆8倍、海带4倍)，紫菜胆碱增强人的记忆力；双鞭甲藻类、蓝绿藻类海藻有毒，高温不分解，岩藻蓝色是假紫菜，不能做食用。

9.1.10 鲜果

9.1.10.1 苹果

柰(apple)，含苹果酸 P-香豆素奶酪氨酸水溶性纤维果胶槲皮黄酮，助人抗过敏哮喘、降低血液组胺、顺气醒酒、补脑、润肺补津液不足；过食损伤脾胃导致腹泻，尿结石者忌食。

9.1.10.2 葡萄

草龙珠(grape)，富含酒石酸，皮含白藜芦醇有破坏白细胞复制能力，葡萄干滋肝肾、生津液、强筋骨、通小便；糖尿病患者忌食。

9.1.10.3 草莓

蔷薇科草莓属种子包藏在果肉内的假浆果(strawberry)，含花色素苷生物类黄酮桃薰鞣花酸、米糖、丰富有机钾磷铁叶酸，生津止渴；多食水杨酸中毒，泻病、高血糖者忌食。

9.1.10.4 菠萝

凤梨(pineapple)，水解酶益人；蛋白酶与胃液生大分子异体蛋白渗入血液令人过敏发病。

9.1.10.5 桑葚子

黑或白桑果文武实(mulberry)都含氢氰酸胰蛋白酶，"桑葚益血而除热为凉血、补血、益阴药"；桑葚胰蛋白酶抑制物抑制人体消化道内酶致出血性肠炎，食者控制食量多吃伤肠。

9.1.11 干果

9.1.11.1 红枣

大红枣(jujube)有700多品种都含双葡萄糖A环磷酸腺苷，百克含多糖55~80mg，297mgVP320mg，益气补血和缓解过敏性疾病；霉糜烂枣作为废弃物有机肥原料。

9.1.11.2 枸杞

红耳坠(matrimony vine)，嫩茎叶叫枸杞头与果实，含甜菜碱有机锗β-芳甾醇，玉蜀黄素酸浆果红素，有降血压血脂、护肝功效；脾虚泄泻者忌食。

9.1.11.3 花生米

唐人豆(peanut)，百克含植物蛋白12.1~27.6g，有机钾674~1004mg和白藜芦醇化合物、花生止血素亚油酸卵磷脂脑磷脂，是醒脾开胃、润肺利水、健脑抗衰老、补乳汁食材；新鲜花生不宜直接食用，因为不知道是否感染黄曲霉菌，最好煮熟食用；高血脂、胆囊炎、脾虚、便溏、肠炎、骨折瘀肿、动脉硬化、口腔炎、肠胃炎病患者食病相克。

9.1.12 低碳野菜

9.1.12.1 秧草

多年生豆科苜蓿(Alfalfa)叶1~2cm倒卵形柔毛叶、春夏季开花前质嫩富含VB蛋白质、苜蓿涩素，性平下膀胱结石、舒筋活络、疗急性黄疸型肝炎、白血病，去脾胃湿热，解毒利大小便、轻身健人；生煸适当料酒提味，泄泻肠胃病者慎食。

9.1.12.2 香菜

芫荽(caraway)，嫩茎叶百克含VB_{12}(氰钴铵)120μg，挥发油去腥臊、食用发汗透疹、下气健胃、呆腹胀、利大肠、降血糖、促进血液循环、疗流行性感冒；胃溃疡气虚目昏、口臭狐臭龋齿者忌食。

9.1.12.3 落葵

木耳菜(Jews-ear),原产地中国红梗落葵秦代至今,叶鞘嫩肥壮口感相似木耳而多汁,落葵多糖黏涎,洗干净沥水炒烹料酒勾芡,淋麻油下饭菜,脾冷人不可食、孕妇忌食。

9.1.13 畜产品

9.1.13.1 猪肉

豕肉(Pork),润泽肌肤生津液,适合脚气病、多发性神经炎、羸瘦体弱、腰膝倦痛者选食。

9.1.13.2 猪血

血豆腐(Pig blood),百克含70~116mg胆固醇、含736mg有机铁钴等有机物、利肠通便可清除消化道垃圾,适合哺乳期妇女、老年人、矽肺病病患者长期食疗性食用。

9.1.13.3 猪蹄

猪蹄(Pork trotters),猪蹄爪(Pig's feet)百克含0~120mg胆固醇脂肪、17.7mg富胶原蛋白、增强人体生理、促进儿童发育、抗衰老、光洁肌肤;高血压、胆囊炎、胆结石、肝硬变病患者少食。

9.1.13.4 猪肝

煮熟老猪肝(Pig liver),百克含288~369mg胆固醇、VA16μg,适合夜盲症、贫血、眼睛疲劳等人作菜肴食用;高血压、冠心病患者不要多食。

9.1.13.5 猪肾

猪腰子(Pig kidney),百克含354mg胆固醇以及嘌呤,食疗腰酸背痛;多食引发痛风、血脂升高、肾阳虚、水肿病患者忌食。

9.1.13.6 牛肉

肉牛(Beef),百克含胆固醇45~122mg,养血冬吃暖胃;性湿热、内火便秘或过敏者慎食。

9.1.13.7 羊肉

羊肉(Mutton),百克含60~92mg胆固醇,益气养血补虚;牙痛口舌生疮、便秘患者慎食。

9.1.13.8 兔肉

兔肉(Hare meat),百克含59mg胆固醇和卵磷脂,性凉消渴解毒,服止血药者忌食。

9.1.13.9 鹿肉

鹿肉(venison),秋冬肉含矿物质多氨基酸,改善睡眠、益肾填精,外伤或发热、阳盛病者慎食。

9.1.13.10 鼠肉

鼠肉(rat's meat),味甘性热,祛风热疗小儿哺露、大腹惊痫。

9.1.13.11 猫肉

猫肉(cat's meat),味甘酸,有疏风通络,疗血小板减少性紫癜;家畜猫有狂犬病肉,不能吃。

9.1.13.12 狗肉

狗肉(Dog meat),百克含62.5mg胆固醇,温肾助阳安五脏六腑,阴虚阳亢、热病者忌食。

9.1.13.13 驴肉

驴肉(Donkey meat),百克含74mg胆固醇,息风安神、滋肾养肝;生痰,心血管中风病患者忌食。

9.1.13.14 马肉

马肉(horseflesh)，补血滋补肝肾，马脂肪富含不饱和脂肪酸，利动脉粥样硬化者食疗。

9.1.14 禽及其副产品

9.1.14.1 鸡肉

鸡肉(chicken)，百克含62～157mg胆固醇，脂肪富含不饱和脂肪酸，活血脉补精添髓，产妇增乳；血脂偏高者慎食。

9.1.14.2 鸡蛋

鸡卵(egg)，百克含脂肪9.1～9.6g、胆固醇297mg，润肺利咽、明目养血、息风祛心烦，高血压高血脂冠心病可每天一蛋延缓衰老；胆囊炎、心血管病患者慎食。

9.1.14.3 鸭肉

鹜肉(duck meat)，百克含89～125mg胆固醇，少食利水肿、便秘、明目养神；脾虚、心血管胃痛者忌食；鸭蛋性凉补心止热，百克含胆固醇89～550mg，多食发痼疾。

9.1.14.4 鹅肉

家雁肉(goose)，百克含胆固醇7.7～7.9mg，皮肤过敏者"发物"；鹅肝百克含7.78mg有机铜，为各类食物含铜量之最，可减少食者心脏病风险。

9.1.14.5 鹌鹑肉

鹑肉(partridge meat)，百克含胆固醇138mg，鹌鹑蛋胆固醇1500～3640mg，含脑磷脂适宜血胆固醇不高、皮肤易过敏病、高血压肥胖病患者食用；高血脂血胆固醇高者慎食。

9.1.14.6 鸽肉

白凤肉(pigeon meat)，百克含胆固醇130mg、泛酸4.48mg、利于毛发易脱落男女、阴囊湿疹患者食用、消痘毒、心力衰竭；尿毒症者忌食。

9.1.15 鱼虾蟹海蜇

9.1.15.1 花鲢

鳙鱼(bighead carp)，单尾可生长至40多kg，以白鳞鱼为佳，食用补虚弱、暖脾胃、祛风寒、缓解眩晕；鱼胆苦毒不能吃，荨麻疹瘙痒症者忌食。

9.1.15.2 白鲢

花鲢(silver carp)，鱼身没有黑斑点体型与鳙鱼相似，"鲢鱼味美在腹，鳙鱼之美在头"。

9.1.15.3 草鱼

白鲩(grass carp)，鱼身圆筒形，肚大、皮灰白色、肉嫩刺少，"草鱼胆无毒，青鱼胆大毒(毒素≥600℃分解)"，草鱼多吃易生疮。

9.1.15.4 青鱼

黑鲩(herring)，鱼肚小身细长最大个体达70kg，体长达1米多。秋冬天最肥壮，鳞可制鱼皮胶。

9.1.15.5 鲤鱼

穆龙(carp)，抽去鱼体两侧发物白筋，煮熟少腥气味，肉富含牛磺酸促进人体细胞再生。

9.1.15.6 虾

长须公(shrimp),百克含钙325～2000mg,肉补肾壮阳、通乳抗毒;哮喘病患者慎食。

9.1.15.7 蟹

郭索(crab),有红王蟹只重11kg多,肉养筋活血、充胃液下胎盘,血胆固醇高者禁食。

9.1.15.8 海蜇

水母(jellyfish),腔肠动物,降血压消肿治大便干燥,新鲜海蜇五羟色胺组胺被明矾食盐腌渍祛毒后上市,淡水60～70℃烫再凉至室温做菜吃,海蜇甘露多糖、乙酰胆碱扩张血管、降血压、软坚散结、活血化瘀;肾衰竭、甲状腺亢进、肠胃炎病患者慎食。

9.2 体差者对症挑食

需要	首选食材(副作用)	辅助食材
饥饿	奶(多食呕吐、伤胃、腹泻)	大米,小麦面,玉米,土豆
充饥	小麦面(多食伤胃、腹泻或便秘)	米,蔬菜,鱼,畜禽肉,水果
疲劳	粳米(多食伤胃、便秘、尿含糖)	人参,冰糖
耳鸣	羊肉(多食多汗、四肢无力)	香椿嫩头,皮蛋,枸杞叶,桑葚子
自汗	燕麦(多食胃胀或胃痉挛)	浮小麦,鸭肉,马齿苋
脚气病	荞麦	黄豆,白砂糖,螃蟹;多食伤脾、过敏
皮肤痒	山药(多食滞气便秘)	地肤子,红枣,鸭肉,豆豉,羊肉
失眠	浮小麦(多食嗜睡、多梦)	桂圆肉,猪心,黑豆,米酒
便秘	芋头(多食胃肠不舒服、肿胀)	芋头,山芋,芝麻,核桃
宽肠	山芋(多食气化酶伤胃)	砂糖,蜂蜜,粳米

参考文献

1. 鞠鲁粤.工程材料与成形技术基础[M].北京:高等教育出版社,2005.
2. 葛竞天,田克勤.食品营养与卫生[M].大连:东北财经大学出版社,2000.
3. 张志健.食品安全导论[M].北京:化学工业出版社,2009.
4. 中国社会科学院语言研究所词典编辑室.现代汉语词典[M].北京:商务印书馆版,2002.
5. 乔正康.餐饮文学[M].北京:中国商业出版社,1992.
6. 孙一慰主编.烹饪原料知识[M].北京:高等教育出版社,1995.
7. 高必达.植保生物技术[M].北京:清华大学出版社,2007.
8. A.H.恩斯明格等.营养素[M].北京:农业出版社,2000.
9. [德]K.H.贝斯勒等.营养学基础知识[M].北京:人民卫生出版社,1979.
10. 罗卓洲.中医饮食与健康[M],镇江:江苏大学出版社,2012.
11. 窦国祥.中华食物疗法大全[M],南京:江苏科技出版社,1999.
12. 顾奎琴.现代营养知识全书[M],北京:现代出版社,1997.
13. 王三根.微量元素与健康[M],上海:上海科学普及出版社,2004.
14. 霍永胜.厨师手册[M].济南:山东人民出版社,1985.
15. 马永昆,刘晓庚.食品化学[M].南京:东南大学出版社,2007.
16. 夏征农.辞书·生物学分册[M].上海:上海辞书出版社,1987.
17. 摘自中国医药公司上海化学试剂采购供应站.试剂手册[M].上海:上海科学技术出版社,1963.11.
18. 中国烹饪协会美食营养专业委员会.维生素金典[M].北京:北京出版社,2005.
19. 欧善华.常用植物鉴别手册[M].上海:上海科技教育出版社,1993.
20. 陆时万等.植物学[M].北京:高等教育出版社,2005.
21. 曹广才,王绍中.小麦品质生态[M].北京:中国科学技术出版社,1994.
22. 倪泰一,杨晓军.日常食用本草[M].重庆:重庆大学出版社,1997.
23. 曹广才,王绍中.小麦品质生态[M].北京:中国科学技术出版社,1994.
24. 倪泰,杨晓军.日常食用本草[M].重庆:重庆大学出版社,1997.
25. 慧缘.慧缘佛医学[M].南昌:百花洲文艺出版社,2003.
26. 金光钧等.蛋鸡良种引种指导[M].北京:金盾出版社,2003.

27. 孙宝国.躲避开的食品添加剂 告诉你食品添加剂[M].北京:化学工业出版社,2012.

28. 赵燏黄.中国新本草图志[M].福州:福建科学技术出版社,2006.

29. 刘英汉.葛的栽培与葛根的加工利用[M].北京:金盾出版社,2002.

30. 赵佩芸.适用酱菜大全[M].北京:中国旅游出版社,1997.

31. 崔富章.诗经·荡[M].杭州:浙江古籍出版社,1996.

32. 丁兴华.食品检验工(技师/高级技师)[M].北京:机械工业出版社,2006.

33. 李乡状,陈璞.未来的农业科技[M].长春:东北师范大学出版社,2011.8.

34. 袁珂.古神话选译·炎帝·一·晋·干宝撰(搜神记)[M].北京:人民文学出版社,1979.

35. 严健民.远古中国医学史[M].北京:中医古籍出版社,2006.